黑龙江建筑职业技术学院
国家示范性高职院校建设项目成果

国家示范性高职院校工学结合系列教材

建筑工程造价

（工程造价专业）

谷学良　编著
王春宁　张成仁　主审

中国建筑工业出版社

图书在版编目（CIP）数据

建筑工程造价/谷学良编著. —北京：中国建筑工业出版社，2010

国家示范性高职院校工学结合系列教材（工程造价专业）

ISBN 978-7-112-11853-3

Ⅰ.建… Ⅱ.谷… Ⅲ.建筑工程-工程造价-高等学校：技术学校-教材 Ⅳ.TU723.3

中国版本图书馆CIP数据核字（2010）第031890号

本教材是国家示范性高职院校建设项目成果，是建筑工程技术专业群建筑工程造价专业系列教材之一，它系统介绍了建筑工程计量与计价的基本方法，全书共分十个学习情境，其内容包括：基本建设的基本知识、建筑工程造价、建筑工程概预算种类及内容、定额基本知识、建筑面积、基础工程计量与计价、主体工程计量与计价、屋面及防水工程计量与计价、一般装饰工程计量与计价、措施项目。每一个部分均包括建筑构造、建筑材料、建筑施工、土建预算相关内容。本教材知识全面、观点新颖、简明适用，具有很强的实用性、指导性和可操作性。

本书可作为高职高专院校中建筑经济管理、建筑工程造价、建筑工程管理、建筑工程监理、房地产经营与估价等专业的教材，也可供建筑工程技术管理人员和有关岗位培训人员学习参考。

* * *

责任编辑：朱首明　张　晶
责任设计：赵明霞
责任校对：王金珠　陈晶晶

国家示范性高职院校工学结合系列教材
建 筑 工 程 造 价
（工程造价专业）

谷学良　　编著
王春宁　张成仁　主审

*

中国建筑工业出版社出版、发行（北京西郊百万庄）
各地新华书店、建筑书店经销
北京红光制版公司制版
廊坊市海涛印刷有限公司印刷

*

开本：787×1092毫米　1/16　印张：28　字数：698千字
2010年8月第一版　2015年5月第三次印刷
定价：**58.00**元
ISBN 978-7-112-11853-3
（19057）

版权所有　翻印必究
如有印装质量问题，可寄本社退换
（邮政编码100037）

前　言

本教材属于国家示范性高职院校建设项目成果,是建筑工程技术专业群建筑工程造价专业系列教材之一。以《建设工程工程量计价规范》(GB 50500—2008)、《建筑工程建筑面积计算规范》(GB/T 50353—2005)、《建筑安装工程费用项目组成》建标[2003]206号文、《全国统一建筑工程基础的定额》(GJD—101—1995)为依据,以建筑工程工作过程为导向,以建筑工程计量与计价的基本方法为主要内容,理论与实践相结合,突出学生职业实践能力的培养和职业素质的提高。

本书具有如下特色:

全面。教材以建筑工程工作过程为导向,以建筑工程计量与计价的基本方法为主要内容,以项目法教学为主线,将全书划分为十个项目,把《建筑构造》、《建筑材料》、《建筑施工》、《建筑工程预算》的相关内容进行整合后分别融入十个项目。

新颖。教材内容以《建设工程工程量计价规范》(GB 50500—2008)、《建筑工程建筑面积计算规范》(GB/T 50353—2005)、《建筑安装工程费用项目组成》建标[2003]206号文等新的规定和工程造价领域最新发展动态及研究成果编写。内容、体系全新。

务实。教材以技能操作和技能培养为主线,注重实际应用,力求做到可操作性和可读性的统一。全书内容通俗,图文并茂,便于读者学习和掌握。

本书由黑龙江建筑职业技术学院谷学良主编并统稿,王春宁、张成仁主审。具体分工是:谷学良、徐国良(学习情境一、学习情境四、学习情境五建筑面积部分、学习情境六至学习情境十计量与计价部分)、张博、咸耀国(学习情境六至学习情境十施工工艺部分)、高凯(学习情境五建筑构造部分、学习情境六至学习情境十建筑材料部分)、曾爱民(学习情境二、学习情境三)、于顺达、贡珊(学习情境六至学习情境八建筑构造部分)。王松为本书的编写做了许多工作并提出不少修改建议,在此表示感谢。同时在编写过程中参阅了大量的文献资料,对这些文献的作者及资料的提供者也表示深深的谢意。

本书可作为高职高专院校土建大类中建筑工程造价、建筑经济管理、建筑工程管理、房地产经营与估价等专业的教材,也可作为建筑工程经营管理人员的培训教材或参考资料。

目 录

学习情境一　基本建设的基本知识 …… 1
　任务一　基本建设程序认知 …… 1
　　【实训练习】 …… 6
　　【复习思考题】 …… 6
　任务二　建设项目划分 …… 6
　　【实训练习】 …… 8
　　【复习思考题】 …… 8

学习情境二　建筑工程造价 …… 9
　任务一　建设工程造价计算 …… 9
　　【实训练习】 …… 12
　　【复习思考题】 …… 12
　任务二　建筑安装工程费用计算 …… 12
　　【实训练习】 …… 18
　　【复习思考题】 …… 18
　任务三　工程量清单的费用计算 …… 19
　　【实训练习】 …… 21
　　【复习思考题】 …… 22

学习情境三　建筑工程概预算种类及内容 …… 23
　任务一　建筑工程概预算分类 …… 23
　　【实训练习】 …… 26
　　【复习思考题】 …… 26
　任务二　施工图预算编制 …… 26
　　【实训练习】 …… 30
　　【复习思考题】 …… 30

学习情境四　定额基本知识 …… 31
　任务一　建筑工程定额认知 …… 31
　　【实训练习】 …… 33
　　【复习思考题】 …… 33
　任务二　建筑工程基础定额认知 …… 33
　　【实训练习】 …… 38
　　【复习思考题】 …… 38
　任务三　建筑工程预算定额（消耗量定额）认知 …… 39

【实训练习】 ··· 43
　　　【复习思考题】 ··· 44
　　任务四　预算定额应用 ·· 44
　　　【实训练习】 ··· 47

学习情境五　建筑面积 ··· 49
　　任务一　民用建筑认知 ·· 49
　　　【实训练习】 ··· 62
　　　【复习思考题】 ··· 62
　　任务二　工业建筑认知 ·· 63
　　　【实训练习】 ··· 75
　　　【复习思考题】 ··· 75
　　任务三　建筑施工图首页和总平面图识读 ································· 75
　　　【实训练习】 ··· 82
　　　【复习思考题】 ··· 82
　　任务四　建筑平面图识读 ··· 82
　　　【实训练习】 ··· 88
　　　【复习思考题】 ··· 88
　　任务五　建筑立面图识读 ··· 88
　　　【实训练习】 ··· 92
　　　【复习思考题】 ··· 92
　　任务六　建筑剖面图识读 ··· 92
　　　【实训练习】 ··· 96
　　　【复习思考题】 ··· 96
　　任务七　建筑面积计算 ·· 96
　　　【实训练习】 ··· 104
　　　【复习思考题】 ··· 104

学习情境六　基础工程计量与计价 ··· 105
　　任务一　识读基础工程构造 ··· 105
　　　【实训练习】 ··· 108
　　　【复习思考题】 ··· 109
　　任务二　基础工程建筑材料识别 ·· 109
　　　【实训练习】 ··· 129
　　　【复习思考题】 ··· 129
　　任务三　基础工程施工 ·· 130
　　　【实训练习】 ··· 175
　　　【复习思考题】 ··· 175
　　任务四　基础工程计量与计价 ·· 175
　　　【实训练习】 ··· 189
　　　【复习思考题】 ··· 189

学习情境七　主体工程计量与计价 ……………………………………… 191
任务一　识读主体工程构造 ………………………………………… 191
【实训练习】 …………………………………………………… 209
【复习思考题】 ………………………………………………… 210
任务二　主体工程建筑材料识别 …………………………………… 210
【实训练习】 …………………………………………………… 227
【复习思考题】 ………………………………………………… 228
任务三　主体工程施工 ……………………………………………… 228
【实训练习】 …………………………………………………… 260
【复习思考题】 ………………………………………………… 260
任务四　主体工程计量与计价 ……………………………………… 260
【实训练习】 …………………………………………………… 280
【复习思考题】 ………………………………………………… 281

学习情境八　屋面及防水工程 …………………………………………… 282
任务一　识读屋面及防水工程构造 ………………………………… 282
【实训练习】 …………………………………………………… 298
【复习思考题】 ………………………………………………… 298
任务二　屋面防水及保温建筑材料识别 …………………………… 298
【实训练习】 …………………………………………………… 309
【复习思考题】 ………………………………………………… 309
任务三　屋面及防水施工 …………………………………………… 309
【实训练习】 …………………………………………………… 343
【复习思考题】 ………………………………………………… 344
任务四　屋面及防水工程计量与计价 ……………………………… 344
【实训练习】 …………………………………………………… 350
【复习思考题】 ………………………………………………… 350

学习情境九　一般装饰工程计量与计价 ………………………………… 351
任务一　一般装饰材料识别 ………………………………………… 351
【实训练习】 …………………………………………………… 359
【复习思考题】 ………………………………………………… 359
任务二　一般装饰工程施工 ………………………………………… 359
【实训练习】 …………………………………………………… 387
【复习思考题】 ………………………………………………… 388
任务三　一般装饰工程计量计价 …………………………………… 388
【实训练习】 …………………………………………………… 400
【复习思考题】 ………………………………………………… 401

学习情境十　措施项目 …………………………………………………… 402
任务一　施工排水、降水工程计量 ………………………………… 402
【实训练习】 …………………………………………………… 408

【复习思考题】……………………………………………………… 408
任务二　脚手架工程计量 ……………………………………………… 408
　　【实训练习】……………………………………………………… 420
　　【复习思考题】……………………………………………………… 420
任务三　模板工程计量 ………………………………………………… 420
　　【实训练习】……………………………………………………… 432
　　【复习思考题】……………………………………………………… 432
任务四　垂直运输计量 ………………………………………………… 433
　　【实训练习】……………………………………………………… 436
　　【复习思考题】……………………………………………………… 436
任务五　建筑物超高计量 ……………………………………………… 437
　　【实训练习】……………………………………………………… 438
　　【复习思考题】……………………………………………………… 438
任务六　大型机械场外运输及基础轨道安装与铺拆计量 …………… 438
　　【实训练习】……………………………………………………… 439
　　【复习思考题】……………………………………………………… 439
参考文献 …………………………………………………………………… 440

学习情境一　基本建设的基本知识

任务一　基本建设程序认知

【引入问题】
1. 什么是基本建设？
2. 基本建设包含哪些内容？
3. 什么是基本建设程序？

【工作任务】
了解基本建设的概念，了解基本建设程序及其相互关系。

【学习参考资料】
1.《建筑工程概预算》黑龙江科技出版社，王春宁主编．2000．
2.《建筑工程概预算》电子工业出版社，汪照喜主编．2007．

【主要学习内容】

一、基本建设概念

1. 基本建设的含义

基本建设是指投资建造固定资产和形成物质基础的经济活动。凡是固定资产扩大再生产的新建、扩建、改建及其与之有关的活动均称为基本建设。基本建设的实质是形成新的固定资产的经济活动。

2. 固定资产的概念

固定资产是指在社会再生产过程中，可供生产或生活使用较长时间，在使用过程中基本保持原有实物形态的劳动资料和其他物质资料，如建筑物、构筑物、电气设备及运输设备等。

为了便于管理和核算，目前在有关制度中规定，凡列为固定资产的劳动资料，一般应同时具备两个条件：

(1) 使用期限在一年以上；
(2) 单位价值在规定的限额以上。

不同时具备上述两个条件的劳动资料应列为低值易耗品。

3. 基本建设内容构成

(1) 建筑工程：
①土建工程；
②装饰装修工程；
③水暖工程；
④电气照明工程；

⑤场内清理，绿化工程；
⑥工业管道工程，如蒸汽、压缩空气、燃气等；
⑦特殊构筑工程，如设备基础、烟囱、桥梁、涵洞、水利等。
（2）设备安装工程：
①生产、起重、动力等设备的装备、安装；
②与设备相连的工作平台、梯子等的装设；
③与设备密切相联系的各种管道安装；
④各种生产线的调试、试车工作。
（3）设备、工具、器具的购置。
（4）勘察与设计工作。
（5）其他工作。如科学研究、人员培训、土地购置等。

二、基本建设分类

基本建设是由若干基本建设项目（简称建设项目）组成的。根据不同的分类标准，基本建设项目大致分为以下几类。

（一）按建设项目的性质分类

1. 新建项目

新建项目是指新开始建设的项目，或对原有建设单位重新进行总体设计，经扩大规模后，其新增加的固定资产价值超过原有固定资产价值三倍以上的建设项目。

2. 扩建项目

扩建项目是指原有建设单位，为了扩大生产能力或效益，或增加新产品生产能力，在原有固定资产的基础上新建一些主要车间或其他固定资产。

3. 改建项目

改建项目是指建设单位为了提高生产效率或质量，改善生产环境，对原有设备、工艺流程进行技术改进的项目。

4. 迁建项目

迁建项目是指原有企事业单位，由于某些原因报经上级批准进行搬迁建设，不论规模是维持原状还是扩大建设，均属于迁建项目。

5. 恢复项目

原有企事业单位因受自然灾害、战争等特殊原因，使原有固定资产已全部或部分报废，需按原有规模重新建设，或在恢复中同时进行扩建的项目，均称为恢复项目。

（二）按建设项目的建设阶段分类

1. 筹建项目

筹建项目是指正在准备建设的项目。

2. 施工项目

施工项目是指正在施工中的项目。

3. 收尾项目

收尾项目是指主要项目已完工，只有一些附属的零星工程还在施工的项目。

4. 竣工项目

竣工项目是指工程全部竣工验收完毕，并已交付建设单位的项目。

5. 投产或使用项目

投产或使用项目是指工程已投入生产或使用的项目。

（三）按建设项目的用途分类

1. 生产性建设项目

生产性建设项目如工业、矿山、地质资源、农田水利、交通运输、邮电等建设项目。

2. 非生产性建设项目

非生产性建设项目即消费性建设项目，如住宅、文教卫生等。

（四）按建设项目的规模分类

按建设项目的规模分类有：大型建设项目、中型建设项目、小型建设项目。

（五）按建设项目资金来源和渠道分类

按建设项目资金来源和渠道分类有：国家投资项目、自筹投资项目、银行贷款项目、引进外资项目、债券投资项目。

三、基本建设程序

（一）基本建设程序含义

基本建设程序是指建设项目在基本建设工作中必须遵循的先后顺序。不同的阶段有不同的内容，既不能互相代替，也不能互相颠倒或跨越。只有循序渐进，才能达到预期的成果。总之基本建设是一项综合性很强的工作。

（二）基本建设各个阶段

1. 决策阶段

（1）提出项目建议书：

项目建议书是项目建设程序中的最初阶段工作，是由建设单位向国家提出要求建设某一建设项目的建设文件，是对建设项目的轮廓设想；它是从拟建项目的必要性及大方向的可能性加以考虑的。在宏观上，建设项目要符合国民经济长远规划，符合部门、行业和地区规划的要求，初步分析拟建项目的可行性。项目建议书的内容如下：

①建设项目提出的必要性和依据，若是引进技术和进口设备的项目，要说明国内外技术差距和概况以及进口设备的理由。

②产品方案，拟建规模和建设地点的初步设想。

③资源情况、建设条件、协作关系。需要引进技术和进口设备的，要做出引进国别、厂商的初步分析和比较。

④投资估算和资金筹措设想。利用外资项目要说明利用外资的理由、可能性，以及做出偿还能力的大体测算。

⑤项目进度安排。

⑥经济效益和社会效益的初步估计。

项目建议书编制完成后应当报批。大中型或限额以上项目的项目建议书，首先要报送行业归口主管部门，抄送国家发改委。行业归口主管部门根据国家中长期规划的要求，着重从资金来源、建设布局、资源合理利用、经济合理性、技术政策等方面进行审批，初审通过后报国家发改委。国家发改委再从建设总规模、生产力总布局、资源优化配置、资金供应的可能、外部条件等方面进行综合平衡，委托有资格的工程咨询单位评估，然后审批。

(2) 进行可行性研究：

项目建议书经批准后，即可进行项目建设可行性研究的论证工作。它是根据国民经济长期发展规划、地区和行业经济发展规划的基本要求与市场需要，对拟建项目在工艺和技术上是否先进可靠和适用，在经济上是否合理有效，对社会是否有利，在环境上是否允许，在建造能力上是否具备等各方面进行系统的分析论证，提出研究结果，进行方案优选，从而提出拟建项目是否值得投资建设和怎样建设的意见，为项目投资决策提供可靠的依据。可行性研究内容如下：

①项目提出的背景；投资的必要性和经济效益；研究工作的依据和范围。

②需求预测和拟建规模。包括国内外需求情况的预测；国内现有项目及在建项目生产能力的估计；销售预测、价格分析、产品竞争能力；进入国际市场的前景；拟建项目的规模、产品方案和发展方向的技术经济比较与分析。

③资源、原材料、燃料及公用设施分析。包括原料、辅助材料、燃料的种类、数量、来源和供应可能；所需公用设施的数量、供应方式与供应条件等的分析。

④建厂条件和厂址方案。建厂的地理位置，气象、水文、地质、地形条件和社会经济现状；交通、运输及水、电、气的现状和发展趋势；以及厂址比较与选择的意见。

⑤设计方案。包括项目的构成范围、技术来源和生产方法，主要技术工艺和设备选型方案的比较，引进技术、设备的来源国别；全厂布置方案的初步选择和土建工程量情况；公用辅助设施和厂内外交通运输方式的比较和初步选择。

⑥环境保护，调查环境现状，预测项目对环境的影响，提出环境保护和"三废"治理的初步方案，防震要求等。

⑦项目生产管理的组织设置、劳动定员和人员培训计划。

⑧项目建设实施进度的建议。

⑨投资估算和资金筹措，含建设投资和生产流动资金的估算；资金来源，筹借方式，贷款的偿付方式。自筹投资应附财政部门的审查意见。

⑩项目经济评价，包括财务和国民经济及综合评价。

可行性研究论证后，即可做出可行性研究报告并上报，作为投资决策机构评判拟建项目是否可行的依据。

2. 准备阶段

(1) 勘察设计：

设计文件的编制是以批准的可行性研究报告为依据，将建设项目的要求逐步具体化，成为可用于工程建设的工程图纸和说明书。对一般不太复杂的中小型的建设项目多采用两个阶段的设计，即初步设计和施工图设计；对重要的、复杂的、大型的建设项目，应采用三个阶段的设计，即初步设计、技术设计（扩大初步设计）和施工图设计。

①初步设计。可行性研究报告已经批准，建设项目初步拟定后，就要进行初步设计，对项目的一切基本问题作出决定，并说明拟建项目在技术上突破的可行性和经济上的合理性，同时编制建设项目总概算。初步设计的主要内容包括以下几方面：设计指导思想，建设地点的选择，建设规模，产品方案或纲领，总体布置和工艺流程，设备选型，主要设备的规格、型号和主要材料用量，主要技术经济指标，劳动定员，主要建筑物、构筑物，公用设施，综合利用与"三废"治理，生活区建设，占地面积和用地数量，建设工期，分析生产成本和利润、预计投资收回期限，编制总概算文字说明和图纸。

初步设计是实质性的规划设计，建设主管部门根据这些资料来评价决定这个项目是否可建，并提出修改补充意见。

②技术设计。技术设计是根据批准的初步设计和更详细的调查研究资料编制的，进一步解决初步设计中的重大技术问题，如工艺流程、建筑结构、设备选型及数量确定等，以使建设项目的设计更具体、更完善，技术经济指标更好。技术设计应满足下列要求：各项工艺方案逐项落实，主要关键生产工艺设备可以根据提供的规格、型号、数量进行订货。为建筑安装和有关的土建、公用设施建设提供必要的技术数据。提供建设项目的全部投资和总定员，从而可以编制施工总设计。编制修正总概算，并提出符合建设总进度的各年度所需资金的数额，作为投资包干的依据。修正总概算金额应控制在初步设计概算金额之内。列举配套工程项目、内容、规模和要求配合建成的期限。为使建设项目能顺利建设投产，做好各项组织准备并提供必要的数据。

③施工图设计。施工图设计是在初步设计或技术设计的基础上将设计的工程加以形象化和具体化，完整地表现建筑物外形、内部空间分割、结构体系、构成状况以及建筑群的组成和周围环境的配合，具有详细的构造尺寸。它还包括各种运输、通信、管道系统、建筑设备的设计。在工艺方面，应具体确定各种设备的型号、规格及各种非标准设备的制造加工图。正确、完整和尽可能详尽地绘制建筑、结构、安装图纸。设计图纸一般包括：设计总平面图，建筑平、立、剖面图，结构构件布置图，安装施工详图，非标准的设备加工详图及设备明细表。施工图设计应全面贯彻初步设计的各项重大决策，是现场施工的依据，在施工图设计阶段，还应编制施工图预算，施工图预算一般不得突破初步设计总概算，设计方案还应在多种设计方案进行比较的基础上加以选择，且应可行；结构设计必须安全可靠；设计要求的施工条件应符合实际，设计文件的深度应符合建设和生产的要求。

设计文件完成后，应报有关部门审批，批准后，不得随意变动；如有变动，必须经原审批部门批准方可。

（2）建设准备：

建设项目设计任务书批准后，便进入建设准备阶段。建设准备包括建设单位准备和施工单位准备。

建设单位准备。建设单位准备的主要工作内容包括：取得土地使用权、拆迁和场地平整；完成施工用水、电、路等工程；组织设备、材料订货；准备必要的施工图纸；组织施工招标投标，择优选择施工单位。

施工单位准备。施工单位准备的主要工作内容包括：组织项目管理机构，制定管理制度和有关规定；招收并培训生产人员，组织生产人员参加设备的安装、调试和工程验收；签订原料、材料、燃料、水电等供应及运输的协议；进行工具、器具、备品、备件等的制造或订货；其他必需的生产准备。

3. 实施阶段

(1) 组织施工：

在完成建设准备工作后，具备开工条件正式开工建设工程。施工单位按施工顺序合理地组织施工。施工中，应严格按照设计要求和施工规范进行施工，确保工程质量，努力推广应用新技术，按科学的施工管理方法组织施工、努力降低造价，缩短工期，提高工程质量和经济效益。

(2) 生产准备。

(3) 竣工验收，交付使用：

建设项目的竣工验收是建设全过程的最后一个施工程序，使投资成果转入生产或使用的标志。符合竣工验收条件的施工项目应及时办理竣工验收，上报竣工投产或交付使用，以促进建设项目及时投产、发挥效益、总结建设经验、提高建设水平。

按批准的设计文件和合同规定的内容建设成的工程项目，其中生产性项目经试运转和试生产合格，并能够生产合格产品及非生产性项目符合设计要求，能够正常使用的，都要及时组织验收，办理移交固定资产手续。

竣工验收前，应及时整理各项交工验收资料。建设单位编制工程决算，组织设计、施工等单位进行初验。在此基础上，向主管部门提出竣工验收报告，并由建设单位组织验收，验收合格后，交付使用。

【实训练习】

活动：案例分析与分组讨论。

讨论：某开发商拟在某地开发一个高档住宅小区应如何进行？

【复习思考题】

1. 建设项目按性质如何分类？
2. 建设项目按建设阶段如何分类？
3. 基本建设程序分为哪几个阶段和工作内容？

任务二　建设项目划分

【引入问题】

1. 什么是建设项目？
2. 什么是单位工程？
3. 什么是分部分项工程？

【工作任务】

了解建设项目的概念,了解建设项目如何划分。

【学习参考资料】

1. 建筑工程概预算,黑龙江科技出版社,王春宁主编. 2000.
2. 建筑工程项目管理,武汉理工大学出版社,危道军主编. 2005.

【主要学习内容】

建设工程项目是一个系统工程,为适应工程管理和经济核算的需要,可以将建设工程项目由大到小,按分部分项划分为各个组成部分。

一、建设项目

建设项目一般是按一个计划任务和一个总体设计进行施工,经济上实行统一核算,行政上有独立组织形式的工程建设单位。建设项目按用途可分为生产性项目和非生产性项目。在生产性项目中,一般是以一个企业(或联合企业)为建设项目;在非生产性项目中一般是以一个事业单位,如一所学校为建设项目,也有营业性质的,如以一座宾馆为建设项目。一个建设项目中,可以有几个单项工程,也可以只有一个单项工程。

二、单项工程

单项工程又称工程项目,它是建设项目的组成部分,是指具有独立的设计文件,竣工后可以独立发挥生产能力或使用效益的工程。如一个工厂的生产车间、仓库,学校的教学楼、图书馆等。单项工程是具有独立存在意义的一个完整工程,它由若干个单位工程组成。

三、单位工程

单位工程是单项工程的组成部分,是指具有独立的设计文件,能单独施工,但建成后不能独立发挥生产能力或使用效益的工程。如一个生产车间的土建工程、电气照明工程、给水排水工程、机械设备安装工程、电气设备安装工程等都是生产车间这个单项工程的组成部分,即单位工程。又如,住宅工程中的土建、给水排水、电气照明工程等分别是一个单位工程。

四、分部工程

分部工程是单位工程的组成部分,是按建筑工程的主要部位或工种及安装工程的种类划分的。如作为单位工程的土建工程可分为土石方工程、砌筑工程、脚手架工程、钢筋混凝土工程、楼地面工程、屋面工程及装饰工程等。其中每一部分都分别是一个分部工程。

五、分项工程

分项工程是分部工程的组成部分,是建筑工程的基本构造要素。它是按照不同的施工方法、不同材料和不同规格等,将分部工程进一步划分。

【实训练习】

活动：分组讨论。

讨论：一个民用项目和一个工业项目建设项目如何划分？

【复习思考题】

1. 举例说明什么是建设项目？什么是单项工程？什么是单位工程？什么是分部工程？什么是分项工程？

2. 单项工程与单位工程有何区别？

学习情境二 建筑工程造价

任务一 建设工程造价计算

【引入问题】
1. 什么是工程造价?
2. 工程造价包括哪些内容?
3. 工程造价如何计算?

【工作任务】
了解工程造价的基本概念,了解我国现行建设工程造价的构成,熟悉我国现行建设工程造价计价方法。

【学习参考资料】
1.《建筑工程预算》中国建筑工业出版社,袁建新、迟晓明编著. 2007.
2.《建设工程工程量清单计价规范》(GB 5055—2008),中国计划出版社. 2008.
3. 中华人民共和国国家标准《建设工程工程量清单计价规范》宣贯辅导材料. 中国计划出版社,《建设工程工程量清单计价规范》编制组. 2008.

【主要学习内容】

一、工程造价的含义

工程造价有工程投资费用和工程建造价格两种含义。

1. 工程投资费用

从投资者(业主)的角度来定义,工程造价是指建设一项工程预期开支或实际开支的全部固定资产投资费用。

2. 工程建造价格

从承包者(承包商)或供应商,或规划、设计等机构的角度来定义,为建成一项工程,预计或实际在土地市场、设备市场、技术劳务市场,以及承包市场等交易活动中形成的建筑安装工程和建设工程总价格。

二、我国现行建设工程造价的构成

我国现行建设工程造价构成主要内容为建设项目总投资(包含固定资产投资和流动资产投资两部分),建设项目总投资中的固定资产投资与建设项目的工程造价在量上相等。也就是说,工程造价由建筑安装工程费用,设备及工、器具购置费用，工程建设其他费用，预备费，建设期贷款利息，固定资产投资方向调节税等费用构成，具体构成内容如图 2-1-1 所示。

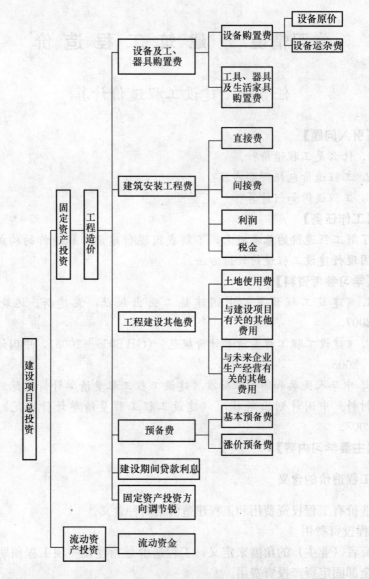

图 2-1-1 我国现行建设工程造价的构成

三、我国现行工程造价计价方法

我国现行工程造价计价的方式分为工程量清单计价和定额计价两种。

定额计价是我国长期使用的一种基本方法，它是根据统一的工程量计算规则，依据施工图纸计算工程量，套取定额，确定直接工程费，再根据建筑工程费用定额规定计算工程造价的方法。

工程量清单计价是国际上通用的方法，也是我国目前推行的计价方式，是指由招标人按照国家统一规定的工程量计算规则计算出工程数量，由投标人依据企业自身的实力，根据招标人提供的工程数量自主报价的一种方式。这种计价方式与工程招投标活动有着很好的适应性，有利于促进工程招投标公平、公正和高效地进行。

不论是哪种计价方式，在确定工程造价时，都是先计算工程量，再计算工程价格。

1. 定额计价概述

（1）定额计价的概念。定额计价是我国传统的计价方式，在招投标时，无论是作为招标标底还是投标报价，其招标人和投标人都需要按国家规定的统一工程量计算规则计算工程数量，然后按建设行政主管部门颁布的预算定额或单位估价表计算工、料、机的费用，再按有关费用标准计取其他费用，汇总后得到工程造价。

在整个计价过程中，计价依据是固定的，即权威性"定额"。定额是计划经济时代的产物，在特定的历史条件下，起到了确定和衡量工程造价标准的作用，规范了建筑市场，使专业人士在确定工程造价时有所依据，但定额指令性过强，不利于竞争机制的发挥。

（2）定额计价方式下建筑工程计价文件的编制方法。采用定额计价方式确定单位工程价格，其编制方法通常有单价法和实物法两种。

①单价法。单价法是利用预算定额（或消耗量定额及基价表）中各分部分项工程相应的定额单价来编制单位工程计价文件的方法。首先按施工图纸计算各分部分项工程的工程量（包括实体项目和非实体项目），并乘以相应单价，汇总相加，得到单位工程的定额直接费和技术措施费，再加上按规定程序计算出来的组织措施费、间接费、利润和税金等，最后汇总各项费用即得到单位工程造价。

②实物法。实物法是首先计算出分项工程量，然后套用预算定额中相应人工、材料、机械台班消耗量，经汇总，再分别乘以该工程当时当地的人工、材料、机械台班的实际单价，得到直接工程费，并按规定计取其他各项费用，最后汇总就可得出单位工程价格。

2. 工程量清单计价概述

（1）工程量清单计价的概念。工程量清单计价，是在建设工程招投标中，招标人或工程造价咨询人编制工程量清单，并作为招标文件中的一部分提供给投标人，由投标人依据工程量清单进行自主报价，经评审合理低价中标的一种计价方式。在工程招投标中采用工程量清单计价是国际上较为通行的做法。

（2）工程量清单计价的方法。

①工程量清单。工程量清单是建设工程的分部分项工程项目、措施项目、其他项目、规费项目和税金项目的名称和相应数量等的明细清单。由招标人按照《建设工程工程量清单计价规范》附录中规定的项目编码、项目名称、项目特征、计量单位和工程量计算规则编制明细清单，它包括分部分项工程量清单、措施项目清单、其他项目清单、规费项目清单、税金项目清单中的部分项目。

②工程量清单计价。工程量清单计价是指投标人完成招标人提供的工程量清单所需的全部费用，包括分部分项工程费、措施项目费、其他项目费、规费和

税金。

工程量清单计价应采用综合单价计价，即分部分项工程费、措施项目费、其他项目费，各项目的单价应为综合单价。

综合单价是指完成工程量清单中规定计量单位项目所需的人工费、材料费、机械使用费、管理费和利润，并考虑风险因素。综合单价不但适用于分部分项工程量清单，也适用于措施项目清单及其他项目清单中的部分项目。

【实训练习】

实训项目：分组讨论。
讨论内容：建设项目总投资的组成内容是什么？

【复习思考题】

1. 我国现行建设工程造价构成主要内容有哪些？
2. 工程量清单计价和定额计价有何区别？

任务二　建筑安装工程费用计算

【引入问题】

1. 我国现行建筑安装工程费用包括哪些内容？
2. 我国现行建筑安装工程费用如何计算？

【工作任务】

掌握建筑安装工程费用的组成及内容，熟练掌握定额计价程序。

【学习参考资料】

1.《建筑工程预算》中国建筑工业出版社，袁建新、迟晓明编著. 2007.
2.《建设工程工程量清单计价规范》(GB 5055—2008) 中国计划出版社. 2008.

【主要学习内容】

根据原中华人民共和国建设部、财政部，2003年10月15日联合颁发的关于《建筑安装工程费用项目组成》的通知（建标[2003]206号），我国现行建筑安装工程费用由直接费、间接费、利润和税金四个部分组成。

一、直接费

直接费由直接工程费和措施费组成。

1. 直接工程费

直接工程费是指施工过程中耗费的构成工程实体的各项费用。内容包括：人工费、材料费、机械使用费。

（1）人工费：是指直接从事建筑安装工程施工的生产工人开支的各项费用。内容包括：基本工资、工资性补贴、辅助工资、职工福利费、保健费用。

①基本工资：是指发给生产工人的基本工资。

②工资性补贴：是指按规定标准发放的物价补贴、煤电补贴、肉价补贴、副食补贴、粮食补贴、自来水补贴、粮价补贴、电价补贴、燃料补贴、燃气补贴、市内交通补贴、住房补贴、集中供暖补贴、寒区补贴和流动施工津贴等。

③辅助工资：是指生产工人年有效施工天数以外非作业天数的工资。包括职工学习、培训期间的工资，调动工作、探亲、休假期间的工资，因气候影响的停工工资，女工哺乳期间的工资，病假在六个月内的工资及产、婚、丧假期的工资。

④职工福利费：是指按规定标准计提的职工福利费用。

⑤徒工服装补贴、防暑降温费及在有害身体健康环境中施工的保健费用。

(2) 材料费：是指施工过程中耗费的构成工程实体的原材料、辅助材料、构配件、零件、半成品的费用。内容包括：材料原价、材料运杂费、运输损耗费、采购及保管费、检验试验费。

①材料原价（或供应价格）：是指材料出厂价或批发价。

②材料运杂费：是指材料自来源地运至工地仓库或指定堆放地点所发生的全部费用。

③运输损耗费：是指材料在运输装卸过程中不可避免的损耗。

④采购及保管费：是指在组织采购、供应和保管材料的过程中所需要的各项费用。包括采购费、仓储费、工地保管费、仓储损耗。

⑤检验试验费：是指对建筑材料、构件和建筑安装物进行一般检测、检查所发生的费用，包括自设试验室进行试验所耗用的材料和化学药品等费用。不包括新结构、新材料的试验费用和发包人对具有出厂合格证明的材料再次进行检验、对构件做破坏性试验及其他特殊要求检验试验的费用。

(3) 机械使用费：是指施工机械作业所发生的机械使用费以及机械安拆费和场外运费。内容包括：折旧费、大修理费、经常修理费、中小型机械安拆费及场外运费、人工费、燃料动力费、养路费及车船使用税。

①折旧费：是指施工机械在规定的使用年限内，陆续收回其原价值及购置资金的时间价值。

②大修理费：是指施工机械按规定的大修理间隔台班进行必要的大修理，以恢复其正常功能所需的费用。

③经常修理费：是指施工机械除大修理以外的各级保养和临时故障排除所需的费用。包括为保障机械正常运转所需替换设备与随机配备工具的摊销和维护费用，机械运转中日常保养所需润滑与擦拭的材料费用及机械停滞期间的维护和保养费用等。

④中、小型机械安拆费及场外运费：安拆费是指施工机械在现场进行安装与拆卸所需的人工、材料、机械和试运转费用以及机械辅助设施的折旧、搭设、拆除等费用。场外运费是指施工机械整体或分体自停放地点运至施工现场或由一施工地点运至另一施工地点的运输、装卸、辅助材料及架线等费用。

⑤人工费：是指机上司机（司炉）和其他操作人员的工作日人工费及上述人员在施工机械规定的年工作台班以外的人工费。

⑥燃料动力费：是指施工机械在运转作业中所消耗的固体燃料（煤、木柴）、液体燃料（汽油、柴油）及水、电等。

⑦养路费及车船使用税：指施工机械按照国家规定和有关部门规定应缴纳的养路费、车船使用税、保险费及年检费等。

2. 措施费

措施费是指为完成工程项目施工，发生于该工程施工前和施工过程中的技术、生活、安全等方面的非工程实体项目所需的费用。

(1) 定额措施费。

①特、大型机械设备进出场及安拆费：是指机械整体或分体自停放场地运至施工现场或由一个施工地点运至另一个施工地点，所发生的机械进出场运输转移费用及机械在施工现场进行安装、拆卸所需的人工费、材料费、机械费、试运转费和安装所需的辅助设施的费用。

②混凝土、钢筋混凝土模板及安拆费：是指混凝土施工过程中需要的各种模板、支架等的支、拆、运输费用及模板、支架的摊销（或租赁）费用。

③脚手架费：是指施工需要的各种脚手架搭、拆、运输费用及脚手架的摊销（或租赁）费用。

④施工排水、降水费：是指为确保工程在正常条件下施工，采取各种排水、降水措施所发生的各项费用。

⑤垂直运输费：是指施工需要的垂直运输机械的使用费用。

⑥建筑物（构筑物）超高费：是指檐高超过 20 米（6 层）时需要增加的人工和机械降效等费用。

⑦《建设工程量清单计价规范》规定的各专业定额列项的各种措施费用。

(2) 安全生产措施费：指按照国家有关规定和建筑施工安全规范、施工现场环境与卫生标准，购置施工安全防护用具、落实安全施工措施以及改善安全生产条件所需的费用。内容包括：

①环境保护费：包括主要道路及材料场地的硬化处理，裸露的场地和集中堆放的土方采取覆盖、固化或绿化等措施，土方作业采取的防止扬尘措施，土方（渣土）和垃圾运输采取的覆盖措施，水泥和其他易飞扬的细颗粒建筑材料密闭存放或采取覆盖措施，现场混凝土搅拌场地采取的封闭降尘措施，现场设置排水沟及沉淀池所需费用，现场存放的油料和化学溶剂等物品的库房地面应做的防渗漏处理费用，食堂设置的隔离池费用，化粪池的抗渗处理费用，给水排水管线设置的过滤网费用，降低噪声措施所需费用。

②文明施工费：包括"五版一图"，现场围墙的墙面美化（内外粉刷、标语等）、压顶装饰，其他临时设施的装饰装修美化措施，符合卫生要求的饮水设备、淋浴、消毒等设施，防燃气中毒、防蚊虫叮咬等措施及现场绿化费用。

③安全施工费：包括定额项目中的垂直防护架，垂直封闭等防护；"四口"（楼梯口、电梯口、通道口、预留口）的封闭、防护栏杆；高处作业悬挂安全带的悬索或其他设施；施工机具安全防护而设置的防护棚、防护门（栏杆）、密目式安全网封闭；起重机、塔吊等起重设备（含井架、门架）及外用电梯的安全防护措

施；施工安全防护通道的费用。

④临时设施费：是指企业为进行建筑工程施工所必须搭设的生活和生产用的临时建筑物、构筑物和其他临时设施费用等。

⑤防护用品等费用：包括扣件、起重机械安全检验检测费用；配备必要的应急救援器材、设备的购置费及摊销费用；防护用品的购置费及修理费、防暑降温措施费用；重大危险源、重大事故隐患的评估、整改、监控费用，安全生产检查与评价费用；安全技能培训及进行应急救援演练费用以及其他与安全生产直接相关的费用。

（3）一般措施费用。

①夜间施工费：是指按规范、规程正常作业所发生的夜班补助费、夜间施工降效、夜间施工照明设备摊销及照明用电等费用。

②材料、成品、半成品（不包括混凝土预制构件和金属构件）二次搬运费：是指因施工场地狭小等特殊情况而发生的二次搬运费用。

③已完工程及设备保护费：是指竣工验收前，对已完工程及设备进行保护所需费用。

④工程定位、复测、点交清理费：是指工程的定位、复测、场地清理及交工时垃圾清除、门窗的洗刷等费用。

⑤生产工具用具使用费：是指施工生产所需不属于固定资产的生产工具及检验用具等的购置、摊销和维修费，以及支付给工人自备工具的补贴费用。

⑥室内空气污染测试费：是指按规范对室内环境质量的有关含量指标进行检测所发生的费用。

⑦雨期施工费：是指在雨期施工所增加的费用。包括防雨措施、排水、工效降低等费用。

⑧冬期施工费：是指在冬期施工时，为确保工程质量所增加的费用。

⑨赶工施工费：是指发包人要求按照合同工期提前竣工而增加的各种措施费用。

⑩远地施工费：是指施工地点与承包单位所在地的实际距离超过 25 千米（不包括 25 千米）承建工程而增加的费用。包括施工力量调遣费、管理费。

二、间接费

间接费由企业管理费和规费组成。

1. 企业管理费

企业管理费是指企业组织施工生产和经营所需费用。内容包括：

（1）管理人员工资：是指管理人员的基本工资、工资性补贴和职工福利费等。

（2）办公费：是指企业管理办公用的文具、纸张、账表、印刷、邮电、书报、会议、水电、烧水和集体取暖（包括现场临时宿舍取暖）用燃料等费用。

（3）差旅交通费：是指职工因公出差、调动工作的差旅费、住勤补助费、市内交通费和午餐补助费，职工探亲路费，劳动力招募费，职工离退休、退职一次性路费，工伤人员就医路费，工地转移费以及管理部门使用的交通工具的油料、燃料、养路费及牌照费。

（4）固定资产使用费：是指管理和试验部门及附属生产单位使用的属于固定资产的房屋。

（5）工具用具使用费：是指管理使用的不属于固定资产的工具、器具、家具、交通工具和检验、试验、测绘用具等的购置、维修和摊销费。

（6）劳动保险费：是指支付离退休职工的异地安家补助费、职工退职金、六个月以上的病假人员工资、职工死亡丧葬补助费、抚恤费和按规定支付给离休干部的各项经费。

（7）工会经费：是指企业按职工工资总额计提的工会经费。

（8）职工教育经费：是指企业为职工学习先进技术、提高文化水平，按职工工资总额计提的费用。

（9）财产保险费：是指施工管理用财产和车辆保险费用。

（10）财务费：是指企业为筹集资金而发生的各项费用。

（11）税金：是指企业按规定交纳的房产税、车船使用税、土地使用税及印花税等。

（12）其他：包括技术转让费、技术开发费、业务招待费、广告费、公证费、法律顾问费、审计费和咨询费等。

2. 规费

规费是指政府和有关部门规定必须交纳的费用（简称规费）。内容包括：

（1）危险作业意外伤害保险费：是指按照《建筑法》规定，企业为从事危险作业的建筑安装施工人员支付的意外伤害保险费。

（2）定额测定费：是指按规定支付工程造价管理部门的定额测定费。

（3）社会保险费：包括养老保险费、失业保险费、医疗保险费。

①养老保险费：是指企业按规定标准为职工缴纳的基本养老保险费。

②失业保险费：是指企业按规定标准为职工缴纳的失业保险费。

③医疗保险费：是指企业按规定标准为职工缴纳的基本医疗保险费。

（4）工伤保险费：是指企业按规定标准为职工缴纳的工伤保险费。

（5）住房公积金：是指企业按规定标准为职工缴纳的住房公积金。

（6）工程排污费：是指企业按规定标准缴纳的工程排污费。

（7）计划生育保险费：是指企业按规定标准为职工缴纳的计划生育保险费。

三、利润

利润是指企业完成承包工程所获得的盈利。

四、其他

其他包括如下内容：

（1）人工费价差：是指人工费信息价格（包括地、林区津贴、工资类别差等）与省定额规定标准的差价。

（2）材料价差：是指材料实际价格（或信息价格、价差系数）与省定额中材料价格的差价。

（3）机械费价差：是指机械费实际价格（或信息价格、价差系数）与省定额中机械费价格的差价。

（4）暂列金额：是指招标人在工程量清单中暂定并包括在合同价款中的一笔款项。

（5）暂估价：是指招标人在工程量清单中提供的用于支付必然发生的，但暂时不能确定价格的材料的单价以及专业工程的金额。

（6）总承包服务（管理）费：是指总承包人为配合协调发包人进行的工程分包自行采购的设备、材料等进行管理、服务以及施工现场管理、竣工资料汇总整理等服务所需的费用。

（7）计日工：是指在施工过程中，完成发包人提出的施工图纸以外的零星项目或工作，按合同中约定的综合单价计价。

五、税金

税金是指国家税法规定的应缴纳的建筑安装工程造价内的营业税、城市维护建设税及教育费附加。

为更好的理解掌握本部分内容，现将某省颁布的建筑安装费用计算程序列出，如表2-2-1所示。

定额计价的单位工程费用计算程序　　　　　　　　　　表2-2-1

序号	费用名称	计　算　式	备　注
（一）	定额项目费	按预（概）算定额计算的项目基价之和	
（A）	其中：人工费	Σ工日消耗量×人工单价(35.05元/工日)	35.05元/工日为计费基础
（二）	一般措施费	(A)×费率	
（三）	企业管理费	(A)×费率	
（四）	利润	(A)×利润率	
（五）	其他	(1)+(2)+(3)+(4)+(5)+(6)+(7)	
（1）	人工费价差	人工费信息价格（包括地、林区津贴、工资类别差）与本定额人工费标准35.05元/工日的(±)差价	
（2）	材料价差	材料实际价格（或信息价格、价差系数）与省定额中材料价格的(±)差价	采用固定价格时可以计算工程风险费（定额项目费×费率）
（3）	机械费价差	机械费实际价格（或信息价格、价差系数）与省定额中机械费的(±)差价	
（4）	材料购置费	根据实际情况确定	预算或报价中不含此材料费时可以计算
（5）	暂列金额	[（一）+（二）+（三）+（四）]×费率	工程结算时按实际调整

续表

序号	费用名称	计 算 式	备 注
(6)	总承包服务(管理)费	分包专业工程的(定额项目费+一般措施费+企业管理费+利润)×费率或材料购置费×费率	业主进行工程分包或业主自行采购材料时可以计算
(7)	计日工	根据实际情况确定	
(六)	安全生产措施费	(8)+(9)+(10)+(11)	
(8)	环境保护费文明施工费	[(一)+(二)+(三)+(四)+(五)]×费率	工程结算时，根据建设行政主管部门安全监督管理机构组织安全检查、动态评价和工程造价管理机构核定的费率计算
(9)	安全施工费	[(一)+(二)+(三)+(四)+(五)]×费率	
(10)	临时设施费	[(一)+(二)+(三)+(四)+(五)]×费率	
(11)	防护用品等费用	[(一)+(二)+(三)+(四)+(五)]×费率	
(七)	规费	(12)+(13)+(14)+(15)+(16)+(17)	
(12)	危险作业意外伤害保险费	[(一)+(二)+(三)+(四)+(五)]×0.11%	
(13)	工程定额测定费	[(一)+(二)+(三)+(四)+(五)]×0.10%	
(14)	社会保险费	①+②+③	
①	养老保险费	[(一)+(二)+(三)+(四)+(五)]×2.99%	
②	失业保险费	[(一)+(二)+(三)+(四)+(五)]×0.19%	
③	医疗保险费	[(一)+(二)+(三)+(四)+(五)]×0.40%	
(15)	工伤保险费	[(一)+(二)+(三)+(四)+(五)]×0.04%	
(16)	住房公积金	[(一)+(二)+(三)+(四)+(五)]×0.43%	
(17)	工程排污费	[(一)+(二)+(三)+(四)+(五)]×0.06%	
(八)	税 金	[(一)+(二)+(三)+(四)+(五)+(六)+(七)]×3.41%	或3.35%、3.22%
(九)	单位工程费用	(一)+(二)+(三)+(四)+(五)+(六)+(七)+(八)	

【实训练习】

实训项目：计算工程总造价。

资料内容：某文体娱乐中心综合楼，钢筋混凝土框排架结构，桩基础，建筑面积5595.87平方米，檐口高度18.1米，定额项目费5861527.93元，其中人工费948237.82元。依据当地现行费用定额及文件，学生独立计算工程总造价。

【复习思考题】

1. 直接费是由哪些费用组成的？

2. 间接费中包括哪些内容?
3. 什么是规费?包括哪些内容?
4. 简述定额计价的费用组成内容及计算方法。

任务三 工程量清单的费用计算

【引入问题】
1. 工程量清单计价费用包括哪些内容?
2. 工程量清单计价费用如何计算?

【工作任务】

掌握工程量清单计价费用的组成及内容,熟练掌握工程量清单计价的计算方法。

【学习参考资料】

1.《建筑工程预算》中国建筑工业出版社,袁建新、迟晓明编著. 2007.

2.《建设工程工程量清单计价规范》(GB 5055—2008)中国计划出版社. 2008.

【主要学习内容】

根据《建设工程工程量清单计价规范》的规定,工程量清单计价费用由分部分项工程费、措施项目费、其他项目费、规费和税金组成。

一、分部分项工程量清单费

分部分项工程量清单费用采用综合单价计价。综合单价指完成工程量清单中单位项目所需的人工费、材料费、施工机械使用费、管理费和利润,并考虑风险因素。

(1) 人工费:是指直接从事建筑安装工程施工的生产工人开支的各项费用。

(2) 材料费:是指施工过程中耗费的构成工程实体的原材料、辅助材料、构配件、零件、半成品的费用。

(3) 施工机械使用费:是指使用施工机械作业所发生的费用。

(4) 管理费:是指建筑安装企业组织施工生产和经营管理所需的费用。

(5) 利润:是指按企业经营管理水平和市场的竞争能力,完成工程量清单中各个分项工程应获得并计入清单项目中的利润。

分部分项工程费用中,还应考虑风险因素,计算风险费用。风险费用是指投标企业在确定综合单价时,客观上可能产生的不可避免的误差,以及在施工过程中遇到施工现场条件复杂,自然条件恶劣,施工中意外事故,物价暴涨和其他风险因素所发生的费用。

二、措施项目费

措施项目费是指施工企业为完成工程项目施工,应发生于该工程施工过程中生产、生活、安全等方面的非工程实体费用。

三、其他项目费

其他项目费包括下列内容：

（1）暂列金额：是指招标人在工程量清单中暂定并包括在合同价款中的一笔款项。

（2）暂估价：是指招标人在工程量清单中提供的用于支付必然发生的但暂时不能确定价格的材料的单价以及专业工程的金额。

（3）总承包服务（管理）费：是指总承包人为配合协调发包人进行的工程分包自行采购的设备、材料等进行管理、服务以及施工现场管理、竣工资料汇总整理等服务所需的费用。

（4）计日工：是指在施工过程中，完成发包人提出的施工图纸以外的零星项目或工作，按合同中约定的综合单价计价。

四、规费

规费是指政府和有关权力部门规定必须缴纳的费用。其内容包括工程排污费、工程定额测定费、社会保障费、住房公积金、危险作业意外伤害保险等。

五、税金

税金是指国家税法规定的应计入建筑工程造价内的营业税、城市维护建设税及教育费附加税等。

表 2-3-1 是某省颁布的工程量清单计价的工程费用计算程序。

工程量清单计价的工程费用计算程序　　　　表 2-3-1

1. 分部分项工程、定额措施、计日工的综合单价计算程序

序号	费用名称	计 算 式	备 注
(1)	人工费	Σ工日消耗量×人工单价	35.05元/工日为计算基础
(2)	材料费	Σ（材料消耗量×材料单价）	
(3)	机械费	Σ（机械消耗量×台班单价）	
(4)	管理费	(1)×费率	
(5)	利润	(1)×利润率	
(6)	工程风险费	[(1)+(2)+(3)]×费率	自行确定费率
(7)	综合单价	(1)+(2)+(3)+(4)+(5)+(6)	

2. 单位工程费用计算程序

序号	费用名称	计 算 式	备 注
（一）	分部分项工程费	Σ（分部分项工程量×相应综合单价）	
（A）	其中：人工费	Σ工日消耗量×人工单价(35.05元/工日)	35.05元/工日为计费基础

续表

序号	费用名称	计 算 式	备 注
(二)	措施费	(1)+(2)	
(1)	定额措施费	Σ(工程量×相应综合单价)	
(B)	其中：人工费	Σ工日消耗量×人工单价(35.05元/工日)	35.05元/工日为计费基础
(2)	一般措施费	[(A)+(B)]×费率	
(三)	其他	(3)+(4)+(5)+(6)	
(3)	材料购置费	根据实际情况确定	报价中不含此材料费时可以计算
(4)	暂列金额	[(一)+(二)]×费率	工程结算时按实际调整
(5)	总承包服务（管理）费	分包专业工程的(分部分项工程费+措施费)×费率或材料购置费×费率	业主进行工程分包或业主自行采购材料时可以计算
(6)	计日工	Σ(工程量×相应综合单价)	
(四)	安全生产措施费	(7)+(8)+(9)+(10)	
(7)	环境保护费文明施工费	[(一)+(二)+(三)]×费率	工程结算时，根据建设行政主管部门安全监督管理机构组织安全检查、动态评价和工程造价管理机构核定的费率计算
(8)	安全施工费	[(一)+(二)+(三)]×费率	
(9)	临时设施费	[(一)+(二)+(三)]×费率	
(10)	防护用品等费用	[(一)+(二)+(三)]×费率	
(五)	规费	(11)+(12)+(13)+(14)+(15)+(16)	
(11)	危险作业意外伤害保险费	[(一)+(二)+(三)]×0.11%	
(12)	工程定额测定费	[(一)+(二)+(三)]×0.10%	
(13)	社会保险费	①+②+③	
①	养老保险费	[(一)+(二)+(三)]×2.99%	
②	失业保险费	[(一)+(二)+(三)]×0.19%	
③	医疗保险费	[(一)+(二)+(三)]×0.40%	
(14)	工伤保险费	[(一)+(二)+(三)]×0.04%	
(15)	住房公积金	[(一)+(二)+(三)]×0.43%	
(16)	工程排污费	[(一)+(二)+(三)]×0.06%	
(六)	税 金	[(一)+(二)+(三)+(四)+(五)]×3.41%	3.35%、3.22%
(七)	单位工程费用	(一)+(二)+(三)+(四)+(五)+(六)	

【实训练习】

实训项目：计算工程总造价。

资料内容：某工程实验楼，建筑面积 $6795m^2$，5层，檐高 23.95m，现浇钢筋混凝土框、排架，钢屋架，桩基础。分部分项工程费13036275.02元，（其中人工费1023949.6元），定额措施费3038869.50元（其中人工费618496.15元）。依据当地现行费用定额及文件，学生独立计算工程总造价。

【复习思考题】

1. 什么是综合单价？
2. 简述工程清单计价的费用组成内容及计算方法。

学习情境三 建筑工程概预算种类及内容

任务一 建筑工程概预算分类

【引入问题】
1. 什么是概算？
2. 什么是预算？
3. 建筑工程概预算有哪些？

【工作任务】
了解建筑工程概预算分类，明确建筑工程概预算编制时间、编制单位及所确定的费用。

【学习参考资料】
1.《建筑工程概预算》黑龙江科技出版社，王春宁主编．2000．
2.《建筑工程概预算》电子工业出版社，汪照喜主编．2007．
3.《建筑工程预算》中国建筑工业出版社，袁建新、迟晓明编著．2007．

【主要学习内容】
在基本建设全过程中，根据基本建设程序的要求和国家有关文件规定，除编制建设预算文件外还要编制其他各类文件。为了便于系统地掌握它们彼此间的内在联系，以下按建设工程的建设顺序进行分类。

一、投资估算

投资估算一般是指在基本建设前期工作（规划、项目建议书和设计任务书）阶段，建设单位向国家申请拟立建设项目或国家对拟立项目进行决策时，确定建设项目在规划、项目建议书、设计任务书等不同阶段的相应投资总额而编制的经济文件。

国家对任何一个拟建项目都要通过全面的可行性论证后，才能决定其是否正式立项。在可行性论证过程中会考虑经济上的合理性。投资估算在初步设计前期各个阶段工作中，也作为论证拟建项目在经济上是否合理的重要文件。其作用有：

（1）国家决定拟建项目是否继续进行研究的依据。
（2）国家审批项目建议书的依据。
（3）国家批准设计任务书的重要依据。
（4）国家编制中长规划，保持合理比例和投资结构的重要依据。

二、设计概算

设计概算是初步设计文件的重要组成部分，是在投资估算的控制下由设计单位根据初步设计或扩大初步设计的图纸及说明,利用国家或地区颁发的概算指标、概算定额或综合预算定额、设备材料预算价格等资料,按照设计要求,概略地计算建筑物或构筑物造价的文件。其作用有:

(1) 设计概算是编制建设项目投资计划、确定和控制建设项目投资的依据。国家规定,编制年度固定资产投资计划,确定计划投资总额及其构成数额,要以批准的初步设计概算为依据,没有批准的初步设计文件及其概算的建设工程不能列入年度固定资产投资计划。

设计概算一经批准作为控制建设项目投资的最高限额。竣工结算不能突破施工图预算,施工图预算不能突破设计概算。如果由于设计变更等原因建设费用超过概算,必须重新审查批准。

(2) 设计概算是签订建设工程合同和贷款合同的依据。在国家颁布的合同法中明确规定,建设工程合同价款是以设计概预算为依据,且总承包合同不得超过设计总概算的投资额。银行贷款或各项工程的拨款累计总额不能超过设计概算,如果项目投资计划所列投资额与贷款突破设计概算,必须查明原因,之后由建设单位报请上级主管部门调整或追加设计概算总投资,凡未批准之前,银行对其超支部分拒不拨付。

(3) 设计概算是控制施工图设计和施工图预算的依据。设计单位必须按照批准的初步设计和总概算进行施工图设计,施工图预算不得突破设计概算,如确需突破总概算时,应按规定程序报批。

(4) 设计概算是衡量设计方案技术经济合理性和选择最佳设计方案的依据。设计部门在初步设计阶段要选择最佳设计方案,设计概算是从经济角度衡量设计方案经济合理性的重要依据。因此,设计概算是衡量设计方案技术经济合理性和选择最佳设计方案的依据。

(5) 设计概算是考核建设项目投资效果的依据,通过设计概算与竣工决算对比,可以分析和考核投资效果的好坏,同时还可以验证设计概算的准确性,有利于加强设计概算管理和建设工程的造价管理工作。

三、修正概算

修正概算是指采用三阶段设计,在技术设计阶段随着设计内容的深化,可能会发现建设规模、结构性质、设备类型和数量等内容与初步设计内容相比有出入,为此设计单位根据技术设计图纸,概算指标或概算定额,各项费用取费标准,建设地区自然、技术经济条件和设备预算价格等资料,对初步设计总概算进行修正而形成的经济文件。其作用和初步设计概算的作用基本相同。

四、施工图预算

施工图预算是指在施工图设计阶段,当工程设计完成后,在单位工程开工之前,施工单位根据施工图纸计算的工程量、施工组织设计和国家规定的现行工程预算定额、单位估价表及各项费用的取费标准、建筑材料预算价格、建设地区的自然和技术经济条件等资料,预先计算和确定单位工程或单项工程建设费用的经济文件。

施工图预算在基本建设中的作用主要表现在以下几点。

（1）施工图预算经过有关部门的审查和批准，就正式确定了该工程的预算造价，即工程价格。它是国家对基本建设投资进行科学管理的具体文件，也是控制建筑工程造价、确定施工企业收益的依据。

（2）它是签订工程施工承包合同、实行工程预算包干、进行工程竣工结算的依据。施工企业根据审定批准后的施工图预算，与建设单位签订工程施工合同。同时在建设单位与施工企业协商并征得主管部门同意、实行预算包干的基础上，根据双方确定的包干范围和各地基本建设主管部门的规定，确定预算包干系数，计算应增加的不可预见的费用。双方以此为据，签订工程费用包干施工合同。当工程竣工后，施工企业就以施工图预算为依据向建设单位办理结算。

（3）它是业主支付工程款的依据。审定批准后的施工图预算是业主支付工程款的重要基础数据。

（4）它是施工企业加强经营管理、搞好经济核算的基础。施工企业为了加强管理、搞好经济核算、降低工程成本、增加利润，为自己提供更多地积累，就必须及时准确地编制出施工图预算。施工图预算所确定的工程造价是施工企业产品的计划价格，它提供货币指标、实物指标，在加强企业经营管理和经济核算方面所起的作用一般表现为以下几方面：

①它是施工企业编制经营计划或施工技术财务计划的依据。

②它是单项工程、单位工程进行施工准备的依据。

③它是施工企业进行"两算"对比的依据。"两算"是指施工图预算和施工预算。

④它是施工企业进行投标报价的依据。

⑤它是反映施工企业经营管理效果的依据。

五、施工预算

施工预算是施工单位在施工图预算的控制下，根据施工图纸、施工组织设计、企业定额、施工现场条件等资料，考虑工程的目标利润等因素，计算编制的单位工程（或分部、分项工程）所需的资源消耗量及其相应费用的文件。

施工预算在基本建设中的作用主要表现在以下几点：

①它是企业对单位工程实行计划管理，编制施工作业计划的依据。

②它是企业对内部实行工程项目经营目标承包，进行项目成本全面管理与核算的重要依据。

③它是企业向班组推行限额用工、用料，并实行班组经济核算的依据。

④它是企业开展经济活动分析，进行施工计划成本与施工图预算造价对比的依据，以便预测工程超支或节约的情况，进行科学的控制。

六、工程结算

工程结算是在一个单项工程、单位工程、分部工程或分项工程完工，并经建设单位及有关部门验收后，由施工单位以施工图预算为依据，并根据设计变更通知书、现场签证、预算定额、材料预算价格和取费标准及有关结算凭证等资料，按规定编制向建设单位办理结算工程价款的文件。

工程结算一般有定期结算（如按月结算）、阶段结算（即按工程形象进度结算）和竣工结算等方式。竣工结算是反映工程全部造价的经济文件，施工单位以它为依据，向建设单位办理最后的工程价款结算，竣工结算也是编制竣工决算的依据。

七、竣工决算

建设工程竣工决算是由建设单位编制的反映建设项目实际造价和投资效果的文件，是竣工验收报告的重要组成部分，是基本建设经济效果的全面反映，是核定新增固定资产价值，办理其交付使用的依据。

进行基本建设的目的是提供新的固定资产并及时交付使用，扩大再生产。通过竣工决算及时办理移交，不仅能够正确反映基本建设项目实际造价和投资结果，而且对投入生产或使用后的经营管理，也有重要的作用。通过竣工决算与概算、预算的对比分析，考核建设成本，总结经验教训，积累技术经济资料，促进提高投资效果。

【实训练习】

实训项目：分组讨论。
活动内容：建设预算的种类、编制时间及作用。

【复习思考题】

1. 什么是"两算"对比？
2. 什么是"三算"对比？

任务二 施工图预算编制

【引入问题】

1. 根据什么编制施工图预算？
2. 如何快速编制施工图预算？
3. 单位工程施工图预算书包括哪些内容？

【工作任务】

熟练掌握施工图预算的编制依据、编制步骤。熟悉单位工程施工图预算书的内容。

【学习参考资料】

1.《建筑工程概预算》黑龙江科技出版社，王春宁主编．2000．
2.《建筑工程概预算》电子工业出版社，汪照喜主编．2007．
3.《建筑工程预算》中国建筑工业出版社，袁建新、迟晓明编著．2007．

【主要学习内容】

一、施工图预算的编制依据

1. 经过批准和会审的施工图设计文件和有关标准图集

编制施工图预算所用的施工图纸，必须经过建设主管部门批准，并经过建设单位、设计单位、施工单位和监理单位参加图纸会审、签署"图纸会审纪要"。同时，预算编制单位还应有与图纸有关的各类标准图集。通过这些资料，可以对工程情况有一个详细的了解，这是编制预算的必要前提。

2. 经过批准的施工组织设计

施工组织设计确定各分部分项工程的施工方法、施工进度计划、施工机械的选择、施工平面图的布置及主要技术措施等内容，是编制施工图预算的重要依据之一，与工程量计算、选套定额项目等有密切关系。

3. 建筑工程预算定额

建筑工程预算定额是编制施工图预算的重要依据，定额对于分项工程等项目都进行了详细的划分，同时对于分项工程的工作内容、工程量计算规则等都有明确规定，定额还给出了各项目的人工、材料、机械台班等消耗，是编制施工图预算的基础资料。

4. 经过批准的设计概算文件

经过批准的设计概算文件是国家控制工程拨款或贷款的最高限额，也是控制单位工程预算的主要依据。如果工程预算确定的投资总额超过设计概算，应该补充调整设计概算，经原批准单位机关批准后方准许实施。

5. 建筑工程费用定额

定额项目费计算出来以后，根据地区的建筑工程费用定额及计算程序，确定工程预算造价。

6. 材料预算价格。

各地区材料预算价格是确定材料价差的依据，是编制施工图预算的必备资料。

7. 预算工作手册。

预算工作手册的内容有各种常用数据和计算公式、金属材料的规格和单位质量等，是编制预算必备的工具书。

二、施工图预算的编制步骤

1. 收集并熟悉编制预算的有关依据

了解施工现场情况。在编制施工图预算时，首先应熟悉上述编制依据，并了解施工现场情况，如障碍物拆除、场地平整、施工道路、土方开挖和基础施工状况等情况。

2. 计算工程量

正确计算工程量是准确编制施工图预算的基础。工程项目划分及工程量进行具体计算是工程预算编制工作中一项最繁重、细致的重要环节，在整个编制工作中，许多工作时间是消耗在工程量计算阶段内，而且工程项目划分是否齐全、工程量计算的正确与否将直接影响预算的编制质量和速度。

(1) 正确划分计算项目。在熟悉施工图纸和施工组织设计的基础上，要严格按预算定额的项目确定分项工程项目，为了防止丢项、漏项的情况，在确定项目时应将工程划分为若干个分部工程，在划分各分部工程的基础上再严格按照定额的项目划分各分项工程项目。另外有的项目在建筑图和结构图中都未作表示，但预算定额中单独编排了项目，如施工用的脚手架等。对于定额中缺项的项目要作补充，计量单位应与预算定额相一致。

(2) 正确计算工程量。工程量是以规定计量单位表示的工程数量。工程量是计算工程预算造价的基础数据，同时也是编制施工组织设计、施工作业计划、资源供应计划等的依据，工程量计算的准确与否直接影响到工程预算的质量。

①工程量计算要求。

(a) 计量单位要求。计算工程量时，主要有物理计量单位和自然计量单位两种，如 m、m^2、m^3、kg、t；榀、樘、根、个等。而定额计量单位是以其整数倍为单位，如 $10m^3$、$100m^2$、100m 等。

(b) 计算精度要求。在施工图上除标高是以"m"为单位外，其他尺寸都是以"mm"标注单位。计算时，所有尺寸都应换算成以米为单位进行计算。在工程量计算过程中，各数据一般保留三位小数，而最终结果通常保留两位小数。

②工程量计算注意事项。

(a) 分部分项工程项目的划分和计量单位的确定应与定额的规定保持一致。

(b) 尺寸的确定要准确，要与图纸尺寸相吻合，工程量计算方法要符合工程量计算规则的要求。

(c) 要按照一定的计算顺序计算，防止重复和遗漏，计算公式各组成项的排列次序要尽可能一致，以便审核。

(d) 工程量计算底稿要整齐、数字清晰、数值准确。

③工程量计算顺序。

对于一般建筑工程中同一分部工程内的不同分项工程，通常可按施工顺序、定额编排顺序、统筹法顺序进行计算。如按施工顺序安排基础工程的工程量计算顺序可以为：挖土方——垫层——基础——回填土——余土外运。

④对于同一分项工程，工程量计算通常采用以下几种计算顺序。

(a) 按顺时针方向计算。从图纸左上角开始，按顺时针方向从左向右进行，当计算路线绕图一周后，再重新回到施工图纸左上角的计算方法。

这种计算顺序适用于外墙挖基槽、外墙砖石墙、外墙墙基垫层、楼地面、顶棚、外墙粉刷、内墙粉刷等项目。

(b) 按横竖分割计算。按照先横后竖、从上到下、从左到右的原则进行计算。这种方法主要适用造型或结构复杂的工程。

这种计算顺序适用于内墙挖基槽、内墙基础、内墙砖石墙、内墙基础垫层等项目。

(c) 按构件编号计算。按图纸注明的不同类别、型号的构件编号进行计算。这种计算顺序适用于桩基础工程、钢筋混凝土构件、金属结构构件、门窗等项目。

(d) 按轴线编号计算。根据平面上定位轴线编号,从左到右、从上到下进行计算。这种方法主要适用于造型或结构复杂的工程。

(3) 套用定额,计算直接费,进行工料分析。

①正确选套定额项目,选套定额项目时,一般有以下三种情况:

(a) 当所计算项目的工作内容与预算定额一致,或虽然不一致但规定不可以换算时,应直接选套定额项目单价。

(b) 当所计算项目的工作内容与预算定额不完全一致,而且定额规定允许换算时,应首先进行定额换算,然后套用换算后的定额基价。

(c) 当设计图纸中的项目在定额中缺项,没有相应定额项目可套时,应编制补充定额,作为一次性定额纳入预算文件。

②填列分项工程单价。通常按照定额顺序或施工顺序逐项填列分项工程单价。

③计算分项工程直接费。分项工程直接费主要包括人工费、材料费和机械费,它们分别有以下公式确定:

分项工程直接费＝定额基价×分项工程量。

人工费＝定额人工费单价×分项工程量。

材料费＝定额材料费单价×分项工程量。

机械费＝定额机械费单价×分项工程量。

④计算直接费。直接费为各分部分项工程直接费之和,即

$$直接费 = \Sigma 分项工程直接费$$

(4) 工程造价计算。使用建筑工程费用定额,按照规定的费用项目、费用标准和计算程序,计算构成工程造价的各项费用。

(5) 计算工程技术经济指标、编写施工图预算书的编制说明、复核、装订、签章和审批。

工程的主要技术经济指标如下:

每平方米建筑面积造价指标＝工程预算造价/建筑面积。

每立方米建筑体积造价指标＝工程预算造价/建筑体积。

每平方米建筑面积劳动量消耗指标＝劳动量/建筑面积。

单位工程施工图预算书编制说明没有统一的格式要求,但一般应包括以下内容:

①编制的依据:单位工程的编号和工程名称;设计图纸及其有关说明,包括设计单位、设计编号、图纸编号、张数等;所采用的标准图集、规范、工艺标准、材料做法、设备安装图册等;编制工程预算是否包括了技术交底中的设计变更;使用的定额、材料预算价格及其有关的补充定额、规定、说明解释等;编制工程预算所依据的费用定额的名称及有关文件名称;进口设备、材料或加工订货单价来源。

②本工程建设地点。

③施工企业的性质(国有、集体)及企业的所在地。

④其他需要说明的内容。

【实训练习】

实训项目：填写整理施工图预算书。

资料内容：学生根据所给资料，在教师指导下独立地完成学习情境二中任务二的实训练习的施工图预算书的编制（封面、编制说明、工程造价计算表）。

【复习思考题】

1. 施工图预算的概念及作用是什么？
2. 施工图预算的编制依据是什么？
3. 施工图预算的编制步骤是什么？

学习情境四 定额基本知识

任务一 建筑工程定额认知

【引入问题】
1. 什么是定额？
2. 什么是建筑工程定额？
3. 建筑工程定额有哪些？

【工作任务】
了解定额、建筑工程定额的基本概念，熟悉我国现行建设工程定额作用与种类。

【学习参考资料】
1.《建筑工程概预算》黑龙江科技出版社，王春宁主编．2000．
2.《建筑工程概预算》电子工业出版社，汪照喜主编．2007．
3.《建筑工程预算》中国建筑工业出版社，袁建新、迟晓明编著．2007．
4. 当地的各种建筑工程概预算定额

【主要学习内容】

一、建筑工程定额的概念

1. 定额

广义的定额是指规定的额度、标准。即标准或尺度。

狭义的定额是指在社会化施工生产中，在正常的施工条件下，先进合理的施工工艺和施工组织的条件下，采用科学的方法制定每完成一定计量单位的质量合格产品所必需消耗的人工、材料、机械设备及其价值的数量标准。

它除了规定各种资源和资金的消耗量外，还规定了应完成的工作内容，达到的质量标准和安全要求。

定额作为加强企业经营管理、组织施工、决定分配的工具，主要作用表现为：它是建设系统作为计划管理、宏观调控、确定工程造价、对设计方案进行技术经济评价、贯彻按劳分配原则、实行经济核算的依据；是衡量劳动生产率的尺度，是总结、分析和改进施工方法的重要手段。

2. 建筑工程定额

建筑工程定额是指在正常的生产条件下，完成单位合格建筑产品所必需消耗的人工、材料、机械台班及费用的数量标准。它与一定时期的工人操作水平，机械化程度，新材料、新技术的应用，企业生产经营管理水平等有关，是随着生产力的发展而变化的,但在一定时期内是相对稳定的。

二、建筑工程定额的性质

(一)科学性

定额是用科学的方法确定的。它利用现代科学管理的科学理论、方法和手段,对工程的建筑过程,进行严密的测定、统计与分析而制定的。因此,它具有一定的科学性。

(二)法令性

定额是由国家各级主管部门按照一定的程序编制、审批和颁布的,一经颁布,便具有法令的性质。在规定的范围内无论是建设单位,还是施工单位、设计单位以及相关中介机构都必须严格执行,任何单位无权更改定额内容和水平。若必须修改,应经国家或授权颁布机关修订。定额的法令性保证了建筑工程统一的造价和核算制度。

(三)群众性

定额的制定与执行都离不开广大的生产者和管理者。制定是对实际工程的施工过程进行分析,并结合群众的先进生产经验和操作方法,听取群众意见,请有经验的工人参与制定工作。

三、建筑工程定额的作用

(一)编制计划的基础

在组织管理施工中,需要编制进度与作业计划,其中应考虑施工过程中的人力、材料、机械的需用量,是以定额为依据计算的。

(二)确定建筑工程造价的依据

根据设计规定的工程标准、数量及其相应的定额确定人工、材料、机械所消耗数量及单位预算价值和各种费用标准确定工程造价。

(三)定额是推行经济责任制的重要依据

建筑企业在全面推行投资包干制和以招投标为核心的经济责任制中,签订投资包干的协议,计算招标标底和投标报价,签订总包和分包合同协议等,都以建设工程定额为编制依据。

(四)企业降低工程成本的重要依据

以定额为标准,分析比较成本的消耗。通过比较分析找出薄弱环节,提出改革措施,降低人工、材料、机械等费用在建筑产品中的消耗,从而降低工程成本,取得更好的经济效益。

(五)提高劳动生产率,总结先进生产方法的重要手段

企业根据定额把提高劳动生产率的指标和措施,具体落实到每个工人或班组。工人为完成或超额完成定额,将努力提高技术水平,使用新方法、新工艺。改善劳动组织、降低消耗、提高劳动生产率。

四、建筑工程定额的分类

定额种类很多,根据使用对象和组织生产的目的按其内容、形式、用途和使

用方法要求进行分类。

（一）按生产要素分

生产的三要素为劳动者、劳动对象和劳动工具。所以相应定额分别为劳动定额、材料消耗定额和机械台班消耗定额。

（二）按编制程序和用途分

可分为施工定额、预算定额、概算定额、概算指标和估算指标。

（三）按编制单位和执行范围分

可分为全国统一定额、主管部门定额、地方统一定额和企业定额。

（四）按适用专业分

可分为建筑安装工程定额（包括土建工程、电气工程、暖卫工程、通风工程、热力工程、市政工程和铁路工程等）和设备安装工程定额。

（五）按费用性质分可分为直接费定额和其他费定额

【实训练习】

实训项目：熟悉各种定额。教师指导学生阅读各种定额，讲解定额的总说明。
资料要求：现行的各种定额。

【复习思考题】

1. 定额按生产要素划分有哪些？
2. 定额按编制程序和用途划分有哪些？

任务二　建筑工程基础定额认知

【引入问题】

1. 什么是基础定额？
2. 什么是劳动定额？什么是材料消耗定额？什么是机械台班定额？

【工作任务】

了解基础定额的基本概念，了解劳动定额、材料消耗定额编制方法，熟悉劳动定额的基本形式，熟悉工人工作时间的构成。

【学习参考资料】

1.《建筑工程概预算》黑龙江科技出版社，王春宁主编. 2000.
2.《建筑工程概预算》电子工业出版社，汪照喜主编. 2007.
3.《建筑工程预算》中国建筑工业出版社，袁建新、迟晓明编著. 2007.

【主要学习内容】

建筑工程基础定额是指劳动定额、材料消耗定额和机械台班消耗定额。

一、劳动定额

劳动定额也称为人工定额。它是建筑安装工程统一劳动定额的简称，是反映建筑产品生产中活劳动消耗数量的标准。

劳动定额是指在正常生产和合理组织施工的条件下，完成单位合格建筑产品所需劳动消耗的数量标准。

（一）劳动定额的作用

（1）劳动定额是计划管理的基础。建筑施工企业编制施工（生产）计划，施工作业计划和签发施工任务单，都是以劳动定额为依据的。例如，编制施工进度计划时要根据施工图纸计算出分部分项工程的工程量，然后根据劳动定额计算出各分项工程所需的劳动量，在此基础上按工期及工人数量安排工期并组织工人进行生产活动。

（2）劳动定额是提高劳动生产率，贯彻按劳分配的依据。劳动定额用于衡量和计算劳动生产率，便于从中找出问题、分析原因并加以改进，从而促进提高劳动生产率。按劳分配是社会主义的分配原则，实行按劳取酬多劳多得，要以劳动定额为取酬依据。

（3）劳动定额是施工企业实行内部经济核算、考核工效或实行定额承包计算人工的依据。单位工程的用工及人工成本是企业经济核算的重要内容，为了考核计算和分析工人在生产中的劳动消耗和劳动成果，必须以劳动定额为依据进行人工核算。只有用劳动定额严格、正确地计算和分析生产中的消耗与成果，才能降低成本中的人工费，达到经济核算的目的。

（4）劳动定额是施工企业编制计算定员的依据。劳动定额为各工种人员的配备提供了科学的数据。只有依据劳动定额才能编制出合理的定员标准，按定员定额组织生产，合理配备劳动组织，把劳动者的活动在空间上协调起来，保证企业生产均衡、连续有节奏地进行。

（二）劳动定额的基本形式

劳动定额的基本形式分为时间定额和产量定额。

1. 时间定额

时间定额是指某种专业、技术等级的工人班组或个人，在合理的劳动组织、合理的使用材料和施工机械同时配合的条件下，完成单位合格产品（如 m、m^2、m^3、t、根、块……）所必需消耗的工作时间。

时间定额以工日为单位，每个工日工作时间按现行制度规定为 8h（小时）。

2. 产量定额

产量定额是指在合理的劳动组织，合理的使用材料以及施工机械同时配合的条件下，某种专业、技术等级的工人或班组，在单位时间内所完成的质量合格产品的数量。

3. 时间定额与产量定额的关系

（1）个人完成的时间定额和产量定额互为倒数。

（2）小组完成的时间定额和产量定额，两者就不是通常所说的倒数关系。时间定额与产量定额之积，在数值上恰好等于小组成员数总和。

4. 时间定额与产量定额的作用

时间定额和产量定额虽是同一定额的不同表现形式，但其作用不相同。

(1) 时间定额是以单位产品工日数表示,便于计算完成某一分部(项)工程的工日数,核算工资,编制施工进度计划和计算分项工期。

(2) 产量定额表示单位时间内完成的产品数量,便于小组分配任务,考核工人的劳动效率和签发施工任务单。

（三）劳动定额的制定

为了正确地制定和使用劳动定额,就必须对施工过程和工作时间加以研究。

1. 施工过程分析

施工过程是指在建筑工地范围内所进行的生产过程。一个建筑物或构筑物的施工是由许多施工过程组成的。施工过程可按性质、完成方法、复杂程度和劳动分工等进行分类。

按复杂程度分为综合过程、工作过程和工序。综合过程是为最终获得一种产品而进行组织上有相互联系的工作过程的总和。如钢筋混凝土工程,是由支模、绑筋、浇混凝土、养护和拆模等工作过程组成的综合过程。而每个工作过程又是由几个操作上相互联系的工序组成。如绑筋,是由除锈、切断、弯曲、成型等工序组成。工序是在技术上相同、组织上不可分割的最简单的施工过程。工序是施工过程中一个基本施工活动单元,即一个工人或一个班组在一个工作地点对同一劳动对象连续进行的生产活动。它的特点是劳动者、劳动对象和劳动手段均不改变,如果其中有一个发生变化,就意味着从一个工序转入另一个工序。工序可以分解成若干操作过程,操作过程可以分解成若干动作。如钢筋剪切这道工序可分为取筋、把筋放于台上、操作剪切、送至堆放地等操作；又如取筋这一操作可分为走到筋堆放处、弯腰、抓筋直腰、走至操作台等动作。

2. 工作时间分析

工作时间是指工人在工作班内消耗的工作时间,按性质分为两大类:定额时间(必需消耗时间)和非定额时间(损失时间)。

(1) 定额时间。

定额时间是工人在正常施工条件下、完成一定建筑产品所消耗的时间。必需消耗时间的内容：

①有效工作时间。与生产产品直接有关的时间消耗。包括基本工作时间、辅助工作时间、准备与结束工作时间。

(a) 准备与结束工作时间,是指基本作业开始前或完成任务后所消耗的工作时间。如作业前的熟悉图纸、准备工具、领材料等工作时间和作业结束工具整理、工作地点清理等工作时间。准备与结束工作时间的长短与工程量大小无关、与工作内容有关。

(b) 基本工作时间,是工人完成一定产品施工过程所消耗的时间。基本工作时间的长短和工作量大小成正比。

(c) 辅助工作时间,是为了保证基本工作能顺利完成所做的辅助性工作消耗时间。如施工过程中工具的校正与小修,机械的调整,机器加油,搭设临时脚手架等所消耗的时间。辅助工作时间长短与工作量大小有关。

②不可避免的中断时间。是由于施工过程的工艺特点引起的工作中断所消耗

的时间。如汽车司机在汽车装货时消耗的时间,预制构件安装时安装工的等待时间。此时间把与工艺特点有关的工作中断时间包括在定额时间内;与工艺特点无关的工作中断时间,属于损失时间。

③休息时间。是工人在工作过程中为恢复体力所必需的暂短休息和生理需要所消耗的时间。

(2) 非定额时间。是与产品生产无关而与施工组织及技术上的缺点有关;与工人在施工过程的个人过失或某些偶然因素有关的时间消耗。属于不应消耗的时间,不应计入定额内。包括多余或偶然的工作时间;停工时间;违反劳动纪律时间。

①多余或偶然的工作时间,是在正常的施工条件下,工人进行了多余的工作或偶然情况下进行了任务以外的工作所消耗的时间。如质量不合格重新砌墙,水磨石多余的磨光。

②停工时间,是由于施工组织不合理、材料供应不及时、工作面不足、气候变化、停水停电等造成的停工时间。

③违反劳动纪律时间,是指工人迟到、早退、擅自离开工作岗位,工作时间内聊天及违章操作引起的工作时间损失。

3. 劳动定额的制定方法

制定劳动定额的方法有:经验估工法、类推比较法、技术测定法和统计分析法等。

(1) 经验估工法。是由定额专业人员、工程技术人员和有一定生产管理经验的工人相结合,根据个人或集体的经验、施工、图纸、施工规范等有关的技术资料,进行座谈讨论、分析研究和综合计算制定的。其特点是编制简单,工作量小,易于掌握,但精确度差,存在主观现象。

(2) 比较类推法。以同类型或相似类型的产品或工序的典型定额项目为标准,经分析比较类推出一组相邻项目的定额标准。其特点工作量小,方法简便,速度快;但选择典型定额标准要恰当,要与推比的产品相同或相似,以保证定额水平的准确性。

(3) 技术测定法。在施工现场对施工过程的具体活动进行实地观察,记录工人在施工中操作和使用机械的工时消耗、完成合格产品的数量及有关影响因素,将记录结果进行整理分析,确定定额的标准。其特点是工作量大,但准确、科学,是确定劳动定额的主要方法。

(4) 统计分析法。是根据过去施工中同类工程或同类产品的工时消耗等统计资料,结合当前施工技术及组织条件的变化因素,实行科学的分析制定定额标准。其特点为方法简单,有一定的准确度;若过去的统计资料不足会影响定额的水平。

二、材料消耗定额

材料消耗定额是指在合理使用及节约材料的条件下,完成单位合格的建筑产品所必须消耗的一定品种、规格的建筑材料、半成品、构配件等的数量标准。

在建筑产品的直接成本中,材料费占70%左右,在施工中节约还是浪费材料对建筑产品价格的影响极大。

材料消耗定额是确定材料需要量、签发限额领料单和编制预算定额的依据。

(一)材料消耗定额的制定方法

主要材料消耗定额的制定方法,通常有观测法、试验法、统计法和计算法四种。

1. 观测法

在合理使用材料条件下,对施工生产过程进行观察并测定完成产品的数量与材料消耗的数量,通过计算来确定材料消耗定额的方法。采用这种方法首先要选择观察对象。被观察对象应满足的要求:

(1)建筑结构应具有代表性;
(2)施工技术和条件应符合操作规范要求;
(3)建筑材料的规格和质量应符合技术规范要求;
(4)被观测对象的技术操作水平、工作质量和节约用料情况良好。

其次要做好观察前的准备工作。

此法通常用于制定材料的损耗量。通过现场的观察,获得必要的现场资料,才能测出哪些材料是施工过程中不可避免的损耗,应该计入定额内;哪些材料是施工过程中可以避免的损耗,不应计入定额内。在现场观测出合理的材料损耗量,即可据此制定出材料消耗定额。

2. 试验法

在试验室通过仪器设备确定材料消耗定额的一种方法,适用于在试验室条件下测定混凝土、沥青、砂浆等材料的消耗定额。

试验室与施工现场的施工条件有一定差别。试验室取得的数据详细精确,但不能充分考虑施工中某些因素对材料消耗量的影响。因此,对测出的数据还要用观察法进行校核修正。

3. 统计法

在现场施工中,对分部分项工程提出的材料数量、完成建筑产品的数量、竣工后剩余材料的数量等资料,进行统计、整理和分析而编制材料消耗定额的方法。此方法是通过工地的施工任务单,限额领料单等有关记录取得所需要的资料;因而不能将施工过程中材料的合理损耗和不合理损耗区别开来,得出的材料消耗量准确性也不高。

4. 理论计算法

根据施工图纸、施工规范及材料规格,运用理论计算公式确定材料消耗定额的方法。此法主要适用于按件论块的现成制品材料。

例如运用计算法确定每立方米砖墙的砖与砂浆消耗量的公式为:

$$每1m^3 砌体的砖净用量 = \frac{墙厚的砖数 \times 2}{墙厚 \times (砖长 + 灰缝) \times (砖厚 + 灰缝)}$$

标准砖的计算厚度								例表
砖数（块）	1/4	1/2	3/4	1	1.5	2	2.5	3
计算厚度（mm）	53	115	180	240	365	490	615	740

砂浆净用量＝1m³－每1m³砌体的砖净用量×每块砖的体积

砖的消耗量＝砖净用量×(1＋损耗率)

砂浆消耗量＝(1－砖净用量×每块砖体积)×(1＋损耗率)

(二) 材料消耗定额的组成

材料消耗定额由两部分组成。一部分是直接用于工程的材料，称为材料的净用量。另一部分是操作过程中不可避免的工艺损耗和现场内不可避免的运输、装卸损耗，称为材料损耗量。

单位合格产品中某种材料的消耗量等于净用量和损耗量之和。即

材料消耗量＝净用量＋损耗量

损耗量＝净用量×损耗率

损耗率＝损耗量/消耗量×100％

材料消耗量＝净用量/(1－损耗率)≈净用量×(1＋损耗率)

三、机械台班定额

机械台班定额是指在正常施工条件、合理劳动组织、合理使用材料的条件下，完成单位合格产品所必须消耗机械台班数量的标准。

机械工作一个工作日即8小时称为一个台班。

机械台班定额的基本形式分为机械时间定额和机械产量定额

1. 机械时间定额

机械时间定额是指机械在合理的施工条件和合理的组织条件下所必须消耗的台班数量。

2. 机械产量定额

机械产量定额是指机械在合理的施工条件和合理的组织条件下，某种机械在单位时间内完成合格产品的数量。

【实训练习】

实训项目：阅读基础定额。教师指导学生阅读基础定额，讲解基础定额的组成。

资料要求：现行的基础定额。

【复习思考题】

1. 什么是建筑工程基础定额？
2. 定额时间（必须消耗时间）和非定额时间（损失时间）包括哪些内容？
3. 劳动定额和材料消耗定额编制方法有哪些？

任务三 建筑工程预算定额（消耗量定额）认知

【引入问题】

1. 什么是建筑工程预算定额？
2. 建筑工程预算定额包括哪些内容？

【工作任务】

了解建筑工程预算定额的基本概念，掌握建筑工程预算定额的内容，熟悉"三量"、"三价"的构成。

【学习参考资料】

1.《建筑工程概预算》黑龙江科技出版社，王春宁主编．2000．
2.《建筑工程概预算》电子工业出版社，汪照喜主编．2007．
3.《建筑工程预算》中国建筑工业出版社，袁建新、迟晓明编著．2007．
4. 当地建筑工程预算定额．

【主要学习内容】

一、预算定额（消耗量定额）基本概念

（一）概念

预算定额是指在正常合理的施工条件下，规定完成一定计量单位的分项工程或结构构件所必需的人工、材料和施工机械台班以及价值货币表现的消耗数量标准。

预算定额是国家或各省、市、自治区主管部门或授权单位组织编制并颁发执行的，是基本建设预算制度中的一项重要技术经济法规。

它的法令性质保证了在定额适用范围内的建筑工程有统一的造价与核算尺度。

（二）预算定额的作用

预算定额主要有以下作用：

(1) 它是编制施工图预算的依据，也是编制标底和确定投标报价的基础。
(2) 它是编制施工组织设计的依据；也是评价工艺设计方案合理性的基础。
(3) 它是承发包双方办理工程结算的依据；也是施工企业进行经济核算的基础。
(4) 它是编制概算定额和概算指标的基础。

（三）编制原则

(1) 必须全面贯彻执行党和国家有关基本建设产品价格的方针和政策。
(2) 必须贯彻"技术先进、经济合理"的原则。
(3) 必须体现"简明扼要、项目齐全、使用方便、计算简单"的原则。

（四）编制依据

(1) 国家或各省、市、自治区现行的施工定额或劳动定额、材料消耗定额和施工机械台班定额，以及现行的建筑工程预算定额等有关定额资料。

(2) 现行的设计规范、施工及验收规范、质量评定标准和安全操作规程等文件。

(3) 通用设计标准图集、定型设计图纸和有代表性的设计图纸等有关设计文件。

(4) 新技术、新结构、新工艺和新材料以及科学实验、技术测定和经济分析等有关最新科学技术资料。

(5) 现行的人工工资标准、材料预算价格和施工机械台班费用等有关价格资料。

(五) 预算定额的编制步骤

(1) 准备工作阶段；

①拟定编制方案；②划分小组。

(2) 收集资料阶段；

①专题座谈会；②现行规定、规范和政策法规；③定额管理部门积累的资料；④专项调查及实验。

(3) 定额编制阶段；

①确定编制细则；②确定定额的项目划分和工程量计算规则；③定额人工、材料、机械台班消耗量的测定。

(4) 定稿报批阶段；

(5) 修改定稿，整理资料。

二、预算定额的内容

为了便于确定各分部分项工程或结构构件的人工、材料和机械台班等的消耗指标及相应的价值货币表现的指标，将预算定额按一定的顺序汇编成册称为建筑工程预算定额手册。

建筑工程预算定额手册的内容：由目录、总说明、建筑面积计算规则、分部分项工程说明及其相应的工程量计算规则、定额项目表和有关附录等组成。附录主要作为定额换算和编制补充预算定额的基本依据。

1. 文字说明部分

(1) 定额总说明；

(2) 建筑面积计算规则；

(3) 分部工程说明。

2. 分项工程定额项目表

3. 定额附录

建筑工程预算定额手册中的附录包括：

(1) 混凝土、砂浆配合比表；

(2) 材料名称规格及价格取定表；

(3) 定额材料、成品、半成品损耗率表。

三、预算定额"三量"消耗指标的确定

（一）定额项目的计量单位

（1）当物体的长、宽、高都发生变化时，应当采用立方米为计量单位，如土方、砖石、钢筋混凝土等工程；

（2）当物体有一定的厚度，而面积不固定时，应当采用平方米为计量单位，如地面、墙面和顶棚抹灰、屋面工程等；

（3）当物体的截面形状和大小不变，而长度发生变化时，应当采用延长米为计量单位，如楼梯扶手、阳台栏杆、装饰线工程等；

（4）当物体的体积或面积相同，但重量和价格差异较大时，应当采用"吨"或"千克"为计量单位，如金属构件制作、安装工程等；

（5）当物体形状不规则，难以量度时，则采用自然单位为计量单位，如根、樘、套等。

（二）定额计量单位的表示方法

（1）建筑工程预算定额的计量单位均按公制执行：

长度采用 mm、cm、m 和 km；

面积采用 mm^2、cm^2、m^2；

体积采用 m^3；

重量采用 kg、t。

（2）定额项目单位及其小数的取定：

人工以"工日"为单位取两位小数；

主要材料及成品、半成品中的木材以"m^3"为单位，取 3 位小数；

钢材和钢筋以"t"为单位，取 3 位小数；

水泥和石灰以"kg"为单位，取整数；

砂浆和混凝土以"m^3"为单位，取 2 位小数；

其余材料一般取两位小数；

单价以"元"为单位，取 2 位小数；

其他材料费以"元"为单位，取两位小数；

施工机械以"台班"为单位，取两位小数。

数字计算过程中取 3 位小数，计算结果"4 舍 5 入"，保留 2 位小数。定额单位扩大时，通常是采用原单位的倍数，如砖石砌体以 $10m^3$，楼地面抹灰以 $100m^2$，挖土方以 $100m^3$ 等。

（三）人工消耗指标的确定

人工消耗指标是指完成一定计量单位分项工程或结构构件所必需的各种用工量。

人工消耗指标的内容：

（1）基本用工。完成一定计量单位分项工程或结构构件所必需消耗的技工和主要普工。如墙体砌筑中的砌砖、调运砂浆和运砖的用工量。

（2）超运距用工。指编制预算定额时材料半成品的运输距离超过劳动定额运

输距离所增加的用工量。

(3) 辅助用工。指基本工以外的现场材料加工的用工量。如筛砂子、淋石灰膏等。

(4) 人工幅度差。在劳动定额中未包括，但在正常施工条件下不可避免发生的一些零星用工等因素所造成的一定幅度的差异而增加人工。包括工序搭接，交叉作业的停歇时间；工程质量检查和隐蔽工程验收影响工人操作的时间；施工中交叉作业相互影响所耽误的时间；施工中难以测定的不可避免的零星用工；施工现场内单位工程之间操作地点转移的用工。

(四) 材料消耗指标的确定

材料消耗指标是指完成一定计量单位的分项工程或结构件所需各种材料或半成品的消耗量。

1. 材料在定额中的分类

(1) 按材料的使用性质分类，可分为非周转材料和周转材料。

①非周转材料是指直接消耗在工程上的材料，所有构成工程实体的材料，如砖、石、砂、水泥等。

②周转材料是指施工中多次使用但不构成工程实体的材料，如模板、脚手架等。

(2) 按材料用量分类，可分为主要材料、辅助材料和次要材料。

①主要材料，指构成实体的材料。

②辅助材料，指构成工程实体，但用量较小的材料。

③次要材料，指用量少，价值不大、不便计算的零星材料，用估算确定，以"其他材料费"用"元"表示。

2. 非周转材料消耗量的计算

预算定额的材料消耗量是根据材料消耗定额，结合工程实际，通过图纸计算与施工现场测定相结合等方法确定。

3. 周转材料消耗量计算

周转材料在定额中通常按多次使用分次摊销的方法计算。

(五) 机械台班消耗指标的确定

机械台班消耗指标，是按全国统一劳动定额规定的机械台班产量或小组产量进行计算。

1. 大型专业机械

大型专业机械的台班量，是根据国家劳动定额并考虑一定的机械幅度差确定。

机械幅度差是指全国统一劳动定额规定范围内没有包括而实际中又难以避免发生的机械台班量。机械幅度差包括的内容：

(1) 施工中机械转移及配套机械相互影响损失的时间；

(2) 机械在正常施工情况下，机械不可避免的工序间歇（指能连续作业的工程）；

(3) 施工初期限于条件所造成的工效差，工程结尾工作量不饱满所损失的时间；

(4) 检查工程质量影响机械操作的时间；

(5) 临时水电线路的移动和临时停水、停电（不包括社会正常停电）所发生的不可避免的机械操作间歇的时间；

(6) 冬期施工期内发动机械的时间；

(7) 配合机械施工的工人，在人工幅度差范围内的工作间歇影响的机械操作时间。

在计算机械台班消耗量时，机械幅度差用幅度差系数来表示。大型专业机械幅度差系数规定，如土方机械1.25，石方机械1.33，打桩机械1.33，构件吊装机械1.3，构件运输机械1.25，金属构件制作机械1.33。

2. 塔吊及中小型机械

塔吊及中小型机械是与工人操作小组配套使用的。按小组产量计算台班产量确定机械台班消耗指标，不考虑机械幅度差。

四、单位价格表的基价确定

单位价格表是由若干个分项工程或结构构件的基价所组成。编制单位价格表的主要工作就是计算分项工程或结构构件的基价。基价的计算公式为：

定额基价＝人工费＋材料费＋机械使用费

（一）人工费

人工费＝分项工程预算定额人工消耗量×定额日工资

定额日工资由基本工资、工资性质津贴、生产工人辅助工资、职工福利费及生产工人劳动保护费等内容组成。

（二）材料费

材料费＝Σ（分项工程预算定额材料消耗量×材料预算价格）＋其他材料费

材料预算价格是指材料由来源地或交货地点，购买并运到施工现场指定地点经保管之后出库价格。

材料预算价格由材料原价、运杂费、运输损耗、采购及保管费及检验试验费组成。

（三）机械使用费

机械使用费＝Σ（分项工程定额机械台班消耗量×机械台班预算价格）

机械台班预算价格是指在一个台班内为保证机械正常运转所支出和分摊的各种费用之和。

机械台班预算价格由折旧费、大修理费、经常修理费、安拆费及场外运输费、燃料动力费、人工费、运输机械养路费、车船使用税及保险费等组成。

【实训练习】

实训项目：熟悉掌握预算定额（消耗量定额）及其单价表具体内容。教师指导学生阅读预算定额（消耗量定额）及其单价表定额，讲解预算定额（消耗量定额）及其单价表定额的组成。

资料要求：现行预算定额（消耗量定额）及其单价表。

【复习思考题】

1. 什么是人工消耗指标？人工消耗指标包括哪些内容？
2. 什么是材料消耗指标？如何确定？
3. 如何确定机械台班消耗指标？

任务四 预算定额应用

【引入问题】

1. 如何使用建筑工程预算定额？
2. 为什么要进行定额编号？
3. 如何进行预算定额换算？

【工作任务】

了解建筑工程预算定额使用注意事项，掌握建筑工程预算定额的编号方法，熟练运用定额换算方法进行定额换算。

【学习参考资料】

1. 《建筑工程概预算》黑龙江科技出版社，王春宁主编．2000．
2. 《建筑工程概预算》电子工业出版社，汪照喜主编．2007．
3. 《建筑工程预算》中国建筑工业出版社，袁建新、迟晓明编著．2007．
4. 当地建筑工程预算定额。

【主要学习内容】

一、使用预算定额注意事项

预算定额是编制施工图预算，确定工程造价的主要依据，所以工程造价人员必须熟练掌握定额，才能做到正确的使用。在使用定额时应注意：

(1) 定额说明的内容。认真阅读定额总说明、分部工程说明和附注内容；要了解定额的适用范围、熟悉定额中考虑与未考虑的因素及规定。

(2) 明确定额的用语和符号。定额中凡注有"××以内"、"××以下"者均包括××自身。"××以上"、"××以外"不包括××自身。定额中注有（ ）者，表示基价中未包括括号内的价值。

(3) 正确理解与熟记建筑面积及工程量计算规则。建筑面积和工程量计算的准确程度，对工程造价的确定有直接的影响。

(4) 要注意分部分项工程的工程量计算单位与定额单位相一致，做到准确地使用定额项目。如计算铁栏杆木扶手工程量时以延长米计算，在套用结构工程相应定额确定工料和费用时，定额是以"吨"计算的。显然二者的计量单位是不一致的，因此，必须将铁栏杆的计量单位"延长米"折算成"吨"才能符合定额计量单位要求。

(5) 明确定额的换算规定，学会使用定额的附录，熟练掌握定额的换算方法。

二、定额编号

1. 定额编号的作用

提高施工图预算编制水平，便于查阅和审查所选套的定额项目是否正确。

2. 定额编号的方法

（1）三符号表示法：

$$\underset{\text{分部}}{\triangle}\text{——}\underset{\text{分项（或页数）}}{\triangle}\text{——}\underset{\text{子项目序号}}{\triangle}$$

（2）两符号表示法：

$$\underset{\text{分部}}{\triangle}\text{——}\underset{\text{子项目序号}}{\triangle}$$

三、建筑工程预算定额换算

（一）概念

施工图设计的内容与定额项目要求不一致，在定额允许的前提下将定额内容调整到符合设计要求的过程叫定额的换算。

（二）换算的方法

1. 公式换算法

（1）混凝土、砌筑砂浆换算。

①换算条件。

混凝土：强度等级、石子的种类、石子的粒径，设计或实际施工有一种与定额不符要进行换算。

砌筑砂浆：砂浆种类、砂浆强度等级有一种与定额不同时要换算。

②换算的步骤：

(a) 从定额项目表中找出需要换算项目的定额基价和定额消耗量。

(b) 从定额的附录中找出两种不同强度等级的砂浆、混凝土每立方米单价。

(c) 换算后的基价＝换算前的基价＋换算材料的定额用量×（设计材料单价－定额材料单价）

【例1】 某工程现浇钢筋混凝土圈梁，工程量是 2000m³，用 C30（碎石 20mm）混凝土浇筑，而定额按 C25（碎石 20mm）混凝土计算的定额基价，换算基价，计算直接费。

解：Ⅰ. 查圈梁的混凝土基价是 3059.05 元/10m³，混凝土消耗量 10.15m³/10m³

Ⅱ. 从附录中查出 C25 的混凝土单价 237.14 元/m³，C30 混凝土：248.29 元/m³

Ⅲ. 换算后的基价＝换算前的基价＋定额消耗量×（C30 单价－C25 单价）
     ＝3059.05＋10.15×（248.29－237.14）
     ＝4320.92 元/10m³

Ⅳ. 定额编号：5-495 换

Ⅴ. 直接费＝4320.92×2000/10＝864184.00元

（2）木门窗框扇断面不同的基价换算。

实际木材断面与定额断面不同时，要换算。

换算步骤：

①查出该门框（扇）的定额基价，定额材积，定额断面。

②据设计门窗框（扇）的断面，定额断面定额材积按下式计算：

换算后的材积＝设计断面（加刨光损耗）/定额断面×定额材积

因为定额按毛断面计算，如设计图纸是净断面，则加刨光损耗：板方材双面加5mm，单面加3mm，圆木增加 $0.05m^3/m^3$。

③从附录中查出木材单价。

④换算后的基价＝换前基价－（换算后木材用量－定额木材用量）×相应单价

【例2】 某工程木门框制作安装共有2000樘，其工程量S＝4320m²，设计断面为90×70mm，换算基价，计算直接费。

解： 判断是否换算：定额断面90mm×60mm，设计断面是90mm×70mm，需要换算。

从定额中查出：门框的基价是3371.25元/100m²框外围面积，定额材积是 $2.066m^3/100m^2$ 框外围面积。

换算后的材积＝[(90+5)(70+3)/90×60]×2.066＝2.65m³/100m²

从附录中查出木材单价1249.87元/m³。

换后基价＝3371.25+1249.87×(2.65－2.066)＝4101.17元/100m² 框外围面积。

直接费＝4101.17×4320/100＝177170.55元

2. 系数换算法

（1）全部系数换算法。

换算后的基价＝换算前定额基价×系数

【例3】 某工程采用人工挖土，其中地下水位以上的土方量为1500m³，地下水位以下的土方量为900m³。本工程为普通土挖地槽，挖土深度2.6m，地下水位下的深度1m，地下水位以上的深度为1.6m。计算直接费。

解： 某省定额说明中规定：人工挖土方、地槽、地坑均按自然干土编制的，如人工挖湿土时，按相应的定额项目×1.18

湿土：900/100×1125.28×1.18＝1195.473元

干土：1500/100×1125.28＝16879.2元

直接费＝1195.47+16879.2＝28829.673元

（2）局部系数换算法。

换算后基价＝换算前定额基价+定额规定换算内容的人工或材料、机械消耗量×相应单价×（系数－1）

【例4】 某工程用75kW推土机推二类土150m³，土层厚25cm，求此工程直接费（运距15m）。

解： 定额规定挖土厚度小于30cm时，机械乘系数1.25

查定额：定额单位 1000m³ 定额基价 1501.78 元，推土机械费 1364.50 元。
换算后基价＝1501.78＋1364.5×0.25＝1842.91 元
1842.91×0.15＝276.44 元

3. 数值增减法
换算后基价＝换算前定额基价±定额规定的人工、材料、机械台班增减量×
相应的单价

【例5】 某工程采用水刷石墙裙嵌玻璃分格条，工程量为 800m³，计算工程直接费。

解：因为：某省定额规定水刷石采用玻璃条，每 100m² 增加 4.58 工日，玻璃 2.25m²。
换算后基价＝2078.80＋4.58×22.88＋2.25×18.78＝2225.85 元
直接费＝2225.85×8＝17806.80 元

【实训练习】

实训项目一：定额内容的查阅及编号。
1. 资料要求：现行预算定额（消耗量定额）及其单价表。
2. 步骤提示：教师指导学生阅读预算定额（消耗量定额）及其单价表。
3. 作业。
（1）查本地区统一定额（或单位价格表）说出下列工程项目所包括的工程内容，并进行定额编号。
①人工挖基（沟）槽，普通土，深度 1.5m；
②基础人工夯填土；
③M5 混合砂浆砌两砖混水墙；
④C20 钢筋混凝土带形基础（板式）的模板、钢筋；
⑤C20 现浇钢筋混凝土过梁的浇筑混凝土；
⑥预制钢筋混凝土二类构件汽车运输（10km）；
⑦木门框、五块料单裁口制作、安装；
⑧水泥砂浆地面；
⑨水泥砂浆基础防潮；
⑩混合砂浆顶棚抹灰。
（2）根据本地区单位价格表或定额进行定额编号，并计算直接费、人工费、材料费和机械费。
①M5 混合砂浆砌筑两砖混水墙 180m³；
②水泥砂浆砌筑毛石条形基础 78m³；
③C20 现浇钢筋混凝土圈梁 35m³，求模板、钢筋及混凝土费用；
④C25 现浇钢筋混凝土梁 50m³，求模板、钢筋和混凝土费用；
⑤镶板门扇（带亮子）制安；
⑥C10 混凝土地面垫层 350m³；
⑦水泥珍珠岩保温 60m³；

⑧水泥砂浆外墙砖墙面抹灰 1190m²；

⑨内墙涂料三遍 980m²；

⑩木门油漆 190m²；

⑪M7.5 水泥砂浆砌筑单砖地下室内墙 78m²；

⑫某工程木门框五块料设计单裁口截面尺寸为 95mm×65mm，求换算定额基价；

⑬某工程螺旋钻孔灌注桩工程总量为 58m³，每根桩长 10m，履带式钻孔机钻，求此工程成孔、浇注混凝土的直接费；

⑭某工程现浇钢筋混凝土有梁板，梁底高 3.9m，工程量 38m³，求此工程直接费（模板、钢筋及混凝土）。

实训项目二：砂浆及混凝土换算。

（1）资料要求：现行预算定额（消耗量定额）及其单价表。

（2）步骤提示：教师指导学生阅读预算定额（消耗量定额）及其单价表。

（3）作业。

①某工程现浇钢筋混凝土矩形柱，工程量 1000m³，设计要求用 C20（碎石 20mm 粒径）浇筑，计算直接费。

②某工程现浇钢筋混凝土独立基础，工程量 1000m³，设计要求用 C20（20mm 碎石）浇筑，计算直接费。

③某工程现浇钢筋混凝土单梁，工程量 1000m³，设计要求用 C30（碎石 20mm 粒径）浇筑，计算直接费。

实训项目三：木门窗换算。

（1）资料要求：现行预算定额（消耗量定额）及其单价表。

（2）步骤提示：教师指导学生阅读预算定额（消耗量定额）及其单价表，进行木门窗换算。

（3）作业：某工程制作门框 1000 樘，门框形式：单裁口 80mm×60mm，框外围面积 S=900mm×2400mm，计算直接费。

实训项目四：其他换算。

（1）资料要求：现行预算定额（消耗量定额）及其单价表。

（2）步骤提示：教师指导学生阅读预算定额（消耗量定额）及其单价表，进行系数换算、数值增减换算。

学习情境五 建 筑 面 积

任务一 民用建筑认知

【引入问题】
1. 什么是民用建筑？
2. 民用建筑由哪些建筑构配件组成？
3. 民用建筑的结构类型有哪些？

【工作任务】
了解民用建筑的构造组成及其分类，民用建筑的结构类型；熟悉建筑模数、标志尺寸、构造尺寸的基本要求。

【学习参考资料】
1.《建筑识图与构造》中国建筑工业出版社，高远、张艳芳编著. 2008.
2.《建筑构造与识图》中国建筑工业出版社，赵研编. 2008.
3.《建筑构造与识图》机械工业出版社，魏明编. 2008.

【主要学习内容】

一、民用建筑的构造组成和分类

民用建筑是供人们居住、生活和从事各类公共活动的建筑。

（一）民用建筑的构造组成及其要求

房屋建筑是由若干个大小不等的室内空间组合而成的，而空间的形成又需要各种各样实体来组合，这些实体称为建筑构配件。一般民用建筑由基础、墙或柱、楼地层、楼梯、屋顶、门窗等构配件组成（图5-1-1）。

1. 基础

基础是建筑物最下面埋在土层中的部分，它承受建筑物的全部荷载，并把荷载传给下面的土层——地基。

基础应该坚固稳定、耐水、耐腐蚀、耐冰冻，不应早于地面以上部分先破坏。

2. 墙或柱

对于墙承重结构的建筑来说，墙承受屋顶和楼地层传给它的荷载，并把这些荷载连同自重传给基础；同时，外墙也是建筑物的围护构件，抵御风、雨、雪、温差变化等对室内的影响，内墙是建筑物的分隔构件，把建筑物的内部空间分隔成若干相互独立的空间，避免使用时的互相干扰。

当建筑物采用柱作为垂直承重构件时，墙填充在柱间，仅起围护和分隔作用。墙和柱应坚固稳定，墙还应重量轻、保温（隔热）、隔声和防水。

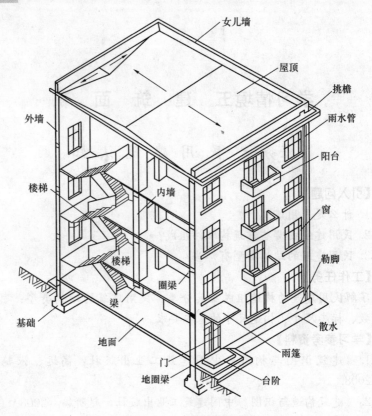

图 5-1-1 建筑物的组成

3. 楼地层

楼层指楼板层,它是建筑物的水平承重构件,将其上所有荷载连同自重传给墙或柱;同时,楼层把建筑空间在垂直方向划分为若干层,并对墙或柱起水平支撑作用。地层指底层地面,它承受其上部荷载并传给地基。

楼地层应坚固稳定。地层还应具有防潮、防水等功能。

4. 楼梯

楼梯是楼房建筑中联系上下各层的垂直交通设施,供人们上下楼层和紧急疏散使用。楼梯应坚固、安全、有足够的疏散能力。

5. 屋顶

屋顶是建筑物顶部的承重和围护部分,它承受作用在其上的风、雨、雪、人等的荷载并传给墙或柱,抵御各种自然因素(风、雨、雪、严寒、酷热等)的影响;同时,屋顶形式对建筑物的整体形象起着很重要的作用。

屋顶应有足够的承载力和刚度,并能防水、排水、保温(隔热)。

6. 门窗

门的主要作用是供人们进出和搬运家具、设备,紧急时疏散用,有时兼起采光、通风作用。窗的作用主要是采光、通风和供人眺望。

门要求有足够的宽度和高度,窗应有足够的面积;据门窗所处的位置不同,有时还要求它们能防风沙、防水、保温、隔声。

建筑物除上述基本组成部分外,还有一些其他的配件和设施,如:阳台、雨篷、烟道、通风道、散水、勒脚等。

（二）建筑物的分类与分级

人们常常根据建筑物的使用功能、规模大小、重要程度等将它们分门别类划分等级，以便根据其所属的类型和等级，掌握建筑物的标准和采取相应的构造做法。

1. 民用建筑的分类

（1）按功能分。

①居住建筑：主要是指供家庭或集体生活起居用的建筑物，如住宅、宿舍、公寓等。

②公共建筑：主要是指供人们进行各种社会活动的建筑物，如：行政办公建筑、文教建筑、科研建筑、托幼建筑、医疗建筑、商业建筑、生活服务建筑、旅游建筑、体育建筑、展览建筑、交通建筑、电信建筑、娱乐建筑、园林建筑、纪念建筑等。

（2）按层数分。

①低层建筑：主要指1~3层的住宅建筑。

②多层建筑：主要指4~6层的住宅建筑。

③中高层建筑：主要指7~9层的住宅建筑。

④高层建筑：指10层以上的住宅建筑和总高度大于24m的公共建筑及综合性建筑（不包括高度超过24m的单层主体建筑）。

⑤超高层建筑：高度超过100m的住宅或公共建筑均为超高层建筑。

（3）按规模和数量分。

①大量性建筑：指建造量较多、规模不大的民用建筑。如居住建筑和为居民服务的中小型公共建筑（如中小学校、托儿所、幼儿园、商店、诊疗所等）。

②大型性建筑：指单体量大而数量少的公共建筑，如大型体育馆、火车站、航空港等。

2. 民用建筑的等级

（1）按耐久年限分。

根据建筑物的主体结构，考虑建筑物的重要性和规模大小，建筑物按耐久年限分为四级。

一级：耐久年限为100年以上，适用于具有历史性、纪念性、代表性的重要建筑。

二级：耐久年限为50~100年，适用于重要的公共建筑。

三级：耐久年限为40~50年，适用于比较重要的公共建筑和居住建筑。

四级：耐久年限在15~40年，适用于普通建筑。

五级：耐久年限在15年以下，适用于临时性建筑。

（2）按耐火等级分。

建筑物的耐火等级是根据建筑物主要构件的燃烧性能和耐火极限确定的，共分四级，各级建筑物所用构件的燃烧性能和耐火极限不应低于表5-1-1的规定。

建筑构件的燃烧性能和耐火极限　　　　　表 5-1-1

构件名称		耐火等级			
		一级	二级	三级	四级
墙	防火墙	非燃烧体 4.00h	非燃烧体 4.00h	非燃烧体 4.00h	非燃烧体 4.00h
	承重墙、楼梯间、电梯井的墙	非燃烧体 3.00h	非燃烧体 2.50h	非燃烧体 2.50h	难燃烧体 0.50h
	非承重外墙、疏散走道两侧的隔墙	非燃烧体 1.00h	非燃烧体 1.00h	非燃烧体 0.50h	难燃烧体 0.25h
	房间隔墙	非燃烧体 0.75h	非燃烧体 0.50h	难燃烧体 0.50h	难燃烧体 0.25h
柱	支承多层的柱	非燃烧体 3.00h	非燃烧体 2.50h	非燃烧体 2.50h	难燃烧体 0.50h
	支承单层的柱	非燃烧体 2.50h	非燃烧体 2.00h	非燃烧体 2.00h	燃烧体
梁		非燃烧体 2.00h	非燃烧体 1.50h	非燃烧体 1.00h	难燃烧体 0.50h
楼板		非燃烧体 1.50h	非燃烧体 1.00h	非燃烧体 0.50h	难燃烧体 0.25h
屋顶承重构件		非燃烧体 1.50h	非燃烧体 0.50h	燃烧体	燃烧体
疏散楼梯		非燃烧体 1.50h	非燃烧体 1.00h	非燃烧体 1.00h	燃烧体
吊顶（包括吊顶搁栅）		非燃烧体 0.25h	难燃烧体 0.25h	难燃烧体 0.15h	燃烧体

注：1. 燃烧性能：指建筑构件在明火或高温作用下是否燃烧，以及燃烧的难易程度。建筑构件按燃烧性能分为非燃烧体、难燃烧体和燃烧体。
   　非燃烧体：指用非燃烧材料制成的构件。如砖、石、钢筋混凝土、金属等。这类材料在空气中受到火烧或高温作用时不起火、不微燃、不碳化。
   　难燃烧体：指用难燃烧材料制成的构件。如沥青混凝土、板条抹灰、水泥刨花板、经防火处理的木材等，这类材料在空气中受到火烧或高温作用时难燃烧难碳化，离开火源后，燃烧或微燃立即停止。
   　燃烧体：指用燃烧材料制成的构件。如木材、胶合板等，这类材料在空气中受到火烧或高温作用时，立即起火或燃烧，且离开火源继续燃烧或微燃。
   2. 耐火极限：对任一建筑构件按时间—温度标准曲线进行耐火试验，从构件受到火的作用时起，到构件失去支持能力或完整性被破坏，或失去隔火作用时为止的这段时间就是该构件的耐火极限，用小时表示。

二、建筑构造的基本要求和影响因素

（一）建筑构造的基本要求

确定建筑构造做法时，应根据实际情况综合分析，具体应满足下列基本要求。

1. 满足建筑功能的要求

建筑物应给人们创造出舒适的使用环境。根据其用途、所处的地理环境不同，对建筑构造的要求就不同，如影剧院和音乐厅要求具有良好的音响效果，展览馆则对光线效果要求较高；寒冷地区的建筑应解决好冬季的保温问题，炎热地区的建筑则应有良好的通风隔热能力。在确定构造方案时，一定要综合考虑各方面因素，来满足不同的功能要求。

2. 确保结构安全的要求

建筑物的主要承重构件如梁、板、柱、墙、屋架等，需要通过结构计算来保证结构安全；而一些建筑配件尺寸如扶手的高度、栏杆的间距等，需要通过构造要求来保证安全；构配件之间的连接如门窗与墙体的连接，则需要采取必要的技术措施来保证安全。结构安全关系到人们的生命与财产安全，所以，在确定构造方案时，要把结构安全放在首位。

3. 注重综合效益

在进行建筑构造设计时，要考虑其在社会发展中的作用，尽量就地取材，降低造价，注重环境保护，提高其社会、经济和环境的综合效益。

4. 适应建筑工业化的要求

建筑工业化是提高建筑速度、改善劳动条件、保证施工质量的必由之路。因此，在选择构造做法时，应配合新材料、新技术、新工艺的推广，采用标准化设计，为构配件生产工厂化、施工机械化创造条件，以适应建筑工业化的要求。

5. 满足美观要求

建筑的美观主要是通过对其内部空间和外部造型的艺术处理来体现的。一座完美的建筑除了取决于对空间的塑造和立面处理外，还受到一些细部构造如栏杆、台阶、勒脚、门窗、挑檐等的处理的影响，对建筑物进行构造设计时，应充分运用构图原理和美学法则，创造出有较高品位的建筑。

（二）影响建筑构造的因素

建筑物建成后，要受到各种自然因素和人为因素的作用，在确定建筑构造时，必须充分考虑各种因素的影响，采取必要措施，以提高建筑物的抵御能力，保证建筑物的使用质量和耐久年限。影响建筑构造的因素有以下三个方面。

1. 荷载的作用

作用在房屋上的力统称为荷载，这些荷载包括建筑自重、人、家具、设备、风雪及地震作用等。荷载的大小和作用方式均影响着建筑构件的选材、截面形状与尺寸，这都是建筑构造的内容。所以在确定建筑构造时，必须考虑荷载的作用。

2. 人为因素的作用

人在生产、生活活动中产生的机械振动、化学腐蚀、爆炸、火灾、噪声、对建筑物的维修改造等人为因素都会对建筑物构成威胁。在进行构造设计时，必须在建筑物的相关部位，采取防振、防腐、防火、隔声等构造措施，以保证建筑物的正常使用。

3. 自然因素的影响

我国地域辽阔，各地区之间的气候、地质、水文等情况差别较大，太阳辐射、冰冻、降雨、风雪、地下水、地震等因素将对建筑物带来很大影响，为保证正常使用，在建筑构造设计中，必须在各相关部位采取防水、防潮、保温、隔热、防震、防冻等措施。

三、建筑的结构类型

建筑物的组成部分中，有的起承重作用、有的起围护作用、有的保证建筑物的正常使用功能。我们把承受建筑物的荷载，保证建筑物结构安全的部分，如承重墙、柱、楼板、屋架、楼梯、基础等称为建筑构件，建筑构件相互连接形成的承重骨架，称为建筑结构。

民用建筑的结构类型有如下两种分类方法。

（一）按主要承重结构的材料分

（1）土木结构：是以生土墙和木屋架作为建筑物的主要承重结构，这类建筑可就地取材，造价低，适用于村镇建筑。

（2）砖木结构：是以砖墙或砖柱、木屋架作为建筑物的主要承重结构，这类建筑称砖木结构建筑。

（3）砖混结构：是以砖墙或砖柱、钢筋混凝土楼板、屋面板作为承重结构的建筑，这是当前建造数量最大、普遍被采用的结构类型。

（4）钢筋混凝土结构：建筑物的主要承重构件全部采用钢筋混凝土制作，这种结构主要用于大型公共建筑和高层建筑。

（5）钢结构：建筑物的主要承重构件全部采用钢材来制作。钢结构建筑与钢筋混凝土建筑相比自重轻，但耗钢量大，目前主要用于大型公共建筑。

（二）按建筑结构的承重方式分

（1）墙承重结构：用墙承受楼板及屋顶传来的全部荷载的，称为墙承重结构。土木结构、砖木结构、砖混结构的建筑大多属于这一类（图 5-1-2）。

（2）框架结构：用柱、梁组成的框架承受楼板、屋顶传来的全部荷载的，称为框架结构。框架结构建筑中，一般采用钢筋混凝土结构或钢结构组成框架，墙只起围护和分隔作用。框架结构用于大跨度建筑、荷载大的建筑及高层建筑（图 5-1-3）。

（3）内框架结构：建筑物的内部用梁、柱组成的框架承重，四周用外墙承重

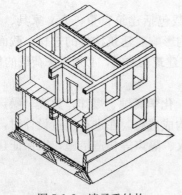
图 5-1-2 墙承重结构

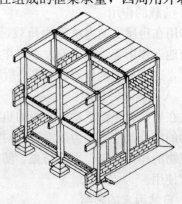
图 5-1-3 框架结构

时，称为内框架结构建筑。内框架结构常用于内部需较大通透空间但可设柱的建筑，如底层为商店的多层住宅等（图5-1-4）。

（4）空间结构：用空间构架如网架、薄壳、悬索等来承受全部荷载的，称为空间结构建筑。这种类型建筑适用于需要大跨度、大空间而内部又不允许设柱的大型公共建筑，如体育馆、天文馆等（图5-1-5）。

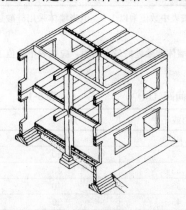
图5-1-4　内框架结构

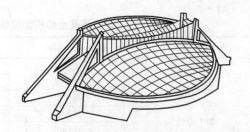
图5-1-5　空间结构（组合索网）

四、建筑变形缝

变形缝是为防止建筑物在外界因素（温度变化、地基不均匀沉降及地震）作用下产生变形，导致开裂，甚至破坏而预留的构造缝隙。

变形缝按其使用性质分三种类型：伸缩缝、沉降缝和抗震缝。

1. 伸缩缝

建筑物受温度变化影响时，会产生胀缩变形，建筑物的体积越大，变形就越大，当建筑物的长度超过一定限度时，会因变形过大而开裂。为避免这种情况发生，通常沿建筑物高度方向设置缝隙，将建筑物断开，使建筑物分隔成几个独立部分，各部分可自由胀缩，这种构造缝称为伸缩缝。

伸缩缝要求把建筑物的墙体、楼板层、屋顶等地面以上部分全部断开，基础因埋在土中，受温度变化影响较小，不需断开。伸缩缝的宽度一般为20～30mm，其位置和间距与建筑物的结构类型、材料、施工条件及当地温度变化情况有关。设计时应根据有关规范的规定设置（表5-1-2、表5-1-3）。

砌体建筑伸缩缝的最大间距　　　　表5-1-2

砌体类型	屋顶或楼层结构类别		间距（m）
各种砌体	整体式或装配整体式钢筋混凝土结构	有保温层或隔热层的屋顶、楼层	50
		无保温层或隔热层的屋顶	40
	装配式无檩体系钢筋混凝土结构	有保温层或隔热层的屋顶、楼层	60
		无保温层或隔热层的屋顶	50
	装配式有檩体系钢筋混凝土结构	有保温层或隔热层的屋顶、楼层	75
		无保温层或隔热层的屋顶	60

续表

砌体类型	屋顶或楼层结构类别	间距（m）
黏土砖、空心砖砌体	黏土瓦或石棉瓦屋顶；木屋顶或楼层；砖石屋顶或楼层	100
石砌体		80
硅酸盐块砌体和混凝土块砌体		75

注：1. 层高大于5m的混合结构单层建筑，其伸缩缝间距可按表中数值乘以1.3。但当墙体采用硅酸盐砌块和混凝土砌块砌筑时，不得大于75m；
2. 温度较高且变化频繁地区和严寒地区不采暖的建筑物墙体伸缩缝的最大间距，应按表中数值予以适当减小。

钢筋混凝土结构伸缩缝的最大间距（m）　　　表5-1-3

结构类别		室内或土中	露天
排架结构	装配式	100	70
框架结构	装配式	75	50
	现浇式	55	35
剪力墙结构	装配式	65	40
	现浇式	45	30
挡土墙、地下室墙等类结构	装配式	40	30
	现浇式	30	20

注：1. 当屋面板上部保温或有隔热措施时，对框架剪力墙的伸缩缝间距，可按表中露天栏的数值选用，对排架结构的伸缩缝间距，可按表中室内栏的数值适当减小；
2. 排架结构的柱高低于8m时，易适当减小伸缩缝的间距；
3. 伸缩缝的间距应考虑施工条件的影响，必要时（如材料收缩较大或室内结构因施工时外露时间较长）易适当减小伸缩缝的间距。

2. 沉降缝

为防止建筑物因其高度、荷载、结构及地基承载力的不同，出现的不均匀沉降，以致发生错动开裂，沿建筑物高度设置竖向缝隙，将建筑划分成若干个可以自由沉降的单元，这种垂直缝称为沉降缝。

符合下列条件之一者应设置沉降缝：①当建筑物相邻两部分有高差；②相邻两部分荷载相差较大；③建筑体形复杂，连接部位较为薄弱；④结构形式不同；⑤基础埋置深度相差悬殊；⑥地基土的地基承载力相差较大。设沉降缝时，要求从基础到屋顶所有构件均设缝断开，其宽度与地基的性质和建筑物的高度有关，地基越软弱、建筑的高度越大，沉降缝的宽度也越大（表5-1-4）。

沉 降 缝 的 宽 度　　　表5-1-4

地基情况	建筑物高度	沉降缝的宽度（mm）
一般地基	<5m	30
	5~10m	50
	10~15m	70
软弱地基	2~3层	50~80
	4~5层	80~120
	6层以上	≥120
湿陷性黄土地基		≥30

3. 抗震缝

地震波由震源向四周扩展，引起环状波动，使建筑物产生上下、左右、前后多方向的震动，但对建筑物防震来说，一般只考虑水平方向地震波的影响。

在地震区建造房屋，应力求体形简单，重量、刚度对称并均匀分布，建筑物的形心和重心尽可能接近，避免在平面和立面上的突然变化。在地震设防烈度为7～9度的地区，当建筑体形复杂或各部分的结构刚度、高度、重量相差较大时，应在变形敏感部位设缝，将建筑物分为若干个体形规整、结构单一的单元，防止在地震波的作用下互相挤压、拉伸，造成变形破坏，这种缝隙叫抗震缝。

地震设防烈度为8度、9度地区的多层砌体建筑物，有下列情况之一时应设抗震缝：①建筑物立面高差在6m以上；②建筑物有错层，且楼板错层高差较大；③建筑物各部分结构刚度、质量截然不同。

抗震缝的宽度，在多层砖混结构中按设防烈度的不同取50～100mm；在多层钢筋混凝土框架结构建筑中，建筑物的高度不超过15m时为70mm，当建筑物高度超过15m时，缝宽见表5-1-5。

设置抗震缝时，一般基础可不断开，但在平面复杂的建筑中，当建筑各相连部分的刚度差别很大时，必须将基础分开。在地震设防区，建筑物的伸缩缝和沉降缝应按抗震缝的要求处理。

抗 震 缝 的 宽 度　　　　　　　　　表 5-1-5

设防烈度	建筑物高度	缝　宽
7度	每增加4m	在70mm基础上增加20mm
8度	每增加3m	在70mm基础上增加20mm
9度	每增加2m	在70mm基础上增加20mm

五、建筑工业化和建筑模数协调

（一）建筑工业化的意义和内容

建筑业是国民经济的支柱行业之一，应该走在各部门的前列，为这些部门建造厂房和设施，进行相应的居住区建设，所以被称为国民经济的先行。而长期以来建筑业分散的手工业生产方式与大规模的经济建设很不适应，必须改变目前这种落后状况，尽快实现建筑工业化。发展建筑工业化的意义在于能够加快建设速度，降低劳动强度，减少人工消耗，提高施工质量和劳动生产率。

建筑工业化是指用现代工业的生产方式来建造房屋，它的内容包括四个方面，即建筑设计标准化、构件生产工厂化、施工机械化和管理科学化。其中，建筑设计标准化是实现建筑工业化的前提，构件生产工厂化是建筑工业化的手段。施工机械化是建筑工业化的核心，管理科学化是建筑工业化的保证。为保证建筑设计标准化和构件生产工厂化，建筑物及其各组成部分的尺寸必须统一协调。为此我国制定了《建筑模数协调统一标准》（GBJ 2—86）作为建筑设计的依据。

（二）建筑模数的协调

1. 建筑模数与模数数列

(1) 建筑模数。

建筑模数是选定的尺寸单位，作为建筑构配件、建筑制品以及有关设备尺寸间互相协调中的增值单位，包括：基本模数和导出模数。

①基本模数：是模数协调中选定的基本尺寸单位，数值为100mm。其符号为M，即1M＝100mm。

②导出模数：导出模数分为扩大模数和分模数。

扩大模数是基本模数的整数倍数。其中水平扩大模数基数为3M、6M、12M、15M、30M、60M，相应的尺寸分别是300mm、600mm、1200mm、1500mm、3000mm、6000mm；竖向扩大模数的基数是3M、6M，相应的尺寸是300mm、600mm。

分模数是基本模数的分数值，其基数是$\frac{1}{10}$M、$\frac{1}{5}$M、$\frac{1}{2}$M，对应的尺寸是10mm、20mm、50mm。

(2) 模数数列。

模数数列是以选定的模数基数为基础而展开的数值系统。建筑物中的所有尺寸，除特殊情况外，都必须符合表5-1-6中模数数列的规定。

(3) 模数数列的应用。

①水平基本模数1M～20M的数列，主要用于门窗口和构配件截面等处。

②竖向基本模数1M～36M的数列，主要用于建筑物的层高、门窗洞口和构配件截面等处。

③水平扩大模数3M、6M、12M、15M、30M、60M的数列，主要用于建筑物的开间或柱距、进深或跨度、构配件尺寸和门窗洞口等处。

④竖向扩大模数3M的数列，主要用于建筑物的高度、层高和门窗洞口等处。

⑤分模数$\frac{1}{10}$M、$\frac{1}{5}$M、$\frac{1}{2}$M的数列，主要用于缝隙、构造节点、构配件截面等处。

模数数列（单位：mm） 表5-1-6

基本模数	扩 大 模 数						分 模 数		
1M	3M	6M	12M	15M	30M	60M	$\frac{1}{10}$M	$\frac{1}{5}$M	$\frac{1}{2}$M
100	300	600	1200	1500	3000	6000	10	20	50
100	300	600	1200	1500	3000	6000	10	20	50
200	600	1200	2400	3000	6000	12000	20	40	100
300	900	1800	3600	4500	9000	18000	30	60	150
400	1200	2400	4800	6000	12000	24000	40	80	200
500	1500	3000	6000	7500	15000	30000	50	100	250
600	1800	3600	7200	9000	18000	36000	60	120	300
700	2100	4200	8400	10500	21000		70	140	350
800	2400	4800	9600	12000	24000		80	160	400
900	2700	5400	10800		27000		90	180	450
1000	3000	6000	12000		30000		100	200	500
1100	3300	6600			33000		110	220	550

续表

基本模数	扩大模数						分模数		
1M	3M	6M	12M	15M	30M	60M	$\frac{1}{10}$M	$\frac{1}{5}$M	$\frac{1}{2}$M
1200	3600	7200			36000		120	240	600
1300	3900	7800					130	260	650
1400	4200	8400					140	280	700
1500	4500	9000					150	300	750
1600	4800	9600					160	320	800
1700	5100						170	340	850
1800	5400						180	360	900
1900	5700						190	380	950
2000	6000						200	400	1000
2100	6300								
2200	6600								
2300	6900								
2400	7200								
2500	7500								
2600									
2700									
2800									
2900									
3000									
3100									
3200									
3300									
3400									
3500									
3600									

2. 几种尺寸及其关系

为了保证建筑制品、构配件等有关尺寸的统一与协调，《建筑模数协调统一标准》规定了标志尺寸、构造尺寸、实际尺寸及其相互间的关系（图 5-1-6）。

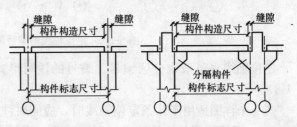

图 5-1-6　几种尺寸间的关系

（1）标志尺寸：用以标注建筑物定位轴线间的距离（如开间或柱距、进深或跨度、层高等）以及建筑构配件、建筑组合件、建筑制品、有关设备位置界限之间的尺寸。标志尺寸应符合模数数列的规定。

（2）构造尺寸：是建筑构配件、建筑组合件、建筑制品等的设计尺寸，一般情况下标志尺寸减去缝隙为构造尺寸。缝隙尺寸应符合模数数列的规定。

（3）实际尺寸：是建筑构配件、建筑组合件、建筑制品等生产制作后的实有尺寸。这一尺寸因生产误差造成与设计的构造尺寸有差值，这个差值应符合施工验收规范的规定。

3. 定位轴线

定位轴线是确定建筑物主要结构或构件的位置及其标志尺寸的基准线。它是施工中定位、放线的重要依据。

（1）定位轴线的编号。

一幢建筑物一般有若干条定位轴线，为了区别，定位轴线一般应编号，编号写在轴线端部的圆圈内。圈应用细实线绘制，直径为8mm，详图上可增为10mm。定位轴线的圆心应位于定位轴线的延长线上。

定位轴线分为平面定位轴线和竖向定位轴线。平面定位轴线一般按纵、横两个方向分别编号。横向定位轴线应用阿拉伯数字，从左至右顺序编号，纵向定位轴线应用大写拉丁字母，从下至上顺序编号（图5-1-7）。拉丁字母中的I、O、Z不得用于轴线编号，如字母数量不够使用，可增用双字母或单字母加数字注脚，如AA、BB、YY或A_1、B_1、Y_1。

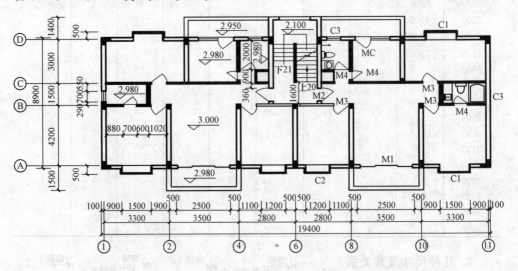

图 5-1-7 定位轴线的编号顺序

定位轴线也可采取分区编号。编号的注写形式应为分区号-该区轴线号（图5-1-8）。

当一个详图适用于几条定位轴线时，应同时注明各有关轴线的编号，注法如图5-1-9。通用详图的定位轴线，应只画圆，不注写轴线编号。

（2）砖混结构的定位轴线。

①砖墙的平面定位。

承重内墙的顶层墙身中心线应与平面定位轴线相重合（图5-1-10）。

承重外墙的顶层墙身内缘与平面定位轴线的距离为120mm（图5-1-11）。

②砖墙的竖向定位。

楼（地）面竖向定位应与楼（地）面面层上表面重合（图5-1-12）。

屋面竖向定位应在屋面结构层上表面与距墙内缘120mm处（或与墙内缘重合处）的外墙定位轴线的相交处（图5-1-13）。

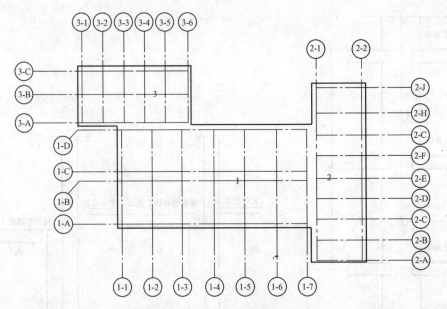

图 5-1-8 定位轴线的分区编号

①-②表示1区第2根纵向轴线；③-C表示3区第3根横向轴线；①-①表示1区第1根纵向轴线；
③-A表示3区第1根横向轴线。

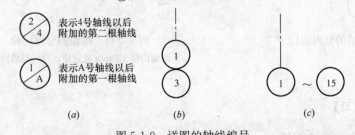

图 5-1-9 详图的轴线编号
(a) 附加轴线；(b) 用于两条轴线时；(c) 用于三条以上连续编号的轴线时

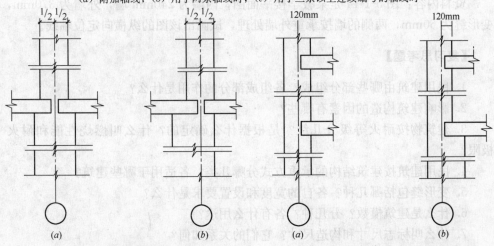

图 5-1-10 承重内墙的定位轴线
(a) 底层定位轴线中分墙身；
(b) 底层定位轴线偏分墙身

图 5-1-11 承重外墙的定位轴线
(a) 底层与顶层墙厚相同；
(b) 底层与顶层墙厚不同

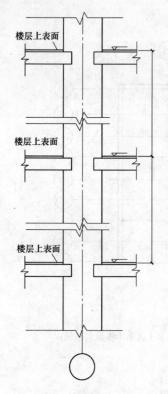
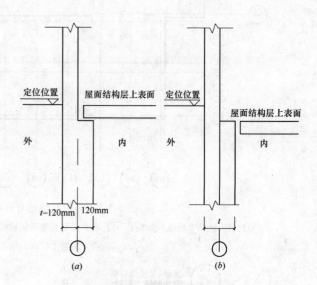

图 5-1-12　砖墙的竖向定位

图 5-1-13　屋面的竖向定位
(a) 距墙内缘 120mm 处定位；(b) 与墙内缘重合

【实训练习】

实训项目：识读图纸。

资料内容：图 5-1-14 是某教学楼平面图，内墙为 240mm 墙，外墙为 370mm，变形缝为 60mm，两侧的墙按承重外墙处理，试画出该图的纵横向定位轴线。

【复习思考题】

1. 民用建筑由哪些部分组成？各组成部分的作用是什么？
2. 影响建筑构造的因素有哪些？
3. 建筑物按耐火等级分几级？是根据什么确定的？什么叫燃烧性能和耐火极限？
4. 民用建筑按建筑结构的承重方式分哪几类？各适用于哪些建筑？
5. 变形缝包括哪几种？各自的宽度和设置要求是什么？
6. 什么是建筑模数？分几种？各有什么用途？
7. 什么叫标志尺寸和构造尺寸？它们的关系如何？
8. 砖墙在竖向是如何定位的？

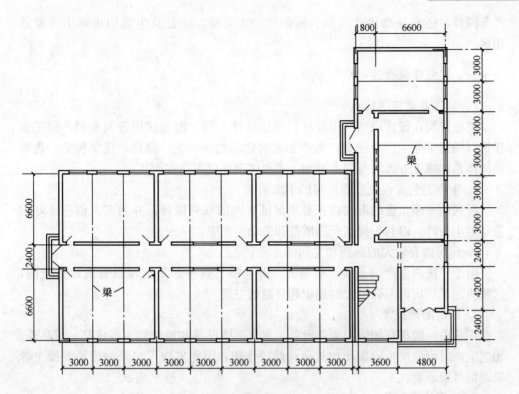

图 5-1-14 某教学楼平面（mm）

任务二 工业建筑认知

【引入问题】
1. 什么是工业建筑？
2. 单层工业厂房由哪些结构组成？
3. 单层工业厂房定位轴线如何确定？

【工作任务】
了解工业建筑的构造组成及其分类，单层工业厂房的结构类型；熟悉单层工业厂房定位轴线的基本要求。

【学习参考资料】
1.《建筑识图与构造》中国建筑工业出版社，高远、张艳芳编著.2008.
2.《建筑构造与识图》中国建筑工业出版社，赵研编.2008.
3.《建筑构造与识图》机械工业出版社，魏明编.2008.

【主要学习内容】
工业建筑是工厂中为工业生产需要而建造的建筑物。直接用于工业生产的建筑物称为工业厂房或车间，在工业厂房内，按生产工艺过程进行产品的加工和生产，通常把按生产工艺进行生产的单位称为生产车间。一个工厂除了有若干个生产车间外,还有辅助生产车间、锅炉房、水泵房、办公及生活用房等生产服务用房。

一、工业建筑概述

(一) 工业建筑的特点

工业建筑在设计原则、建筑材料和建筑技术等方面与民用建筑相似,但工业建筑以满足工业生产为前提,生产工艺对建筑的平、立、剖面,建筑构造、建筑结构体系和施工方式均有很大影响,主要体现在以下几方面。

1. 生产工艺流程决定着厂房的平面形式

厂房的平面布置的形式首先必须保证生产的顺利进行,并为工人创造良好的劳动卫生条件,以利于提高产品质量和劳动生产率。

2. 厂房内有较大的面积和空间

由于厂房内生产设备多、体量大,并且需有各种起重运输设备的通行空间,这就决定了厂房内须有较大的面积和宽敞的空间。

3. 厂房的荷载大

厂房内一般都有相应的生产设备、起重运输设备和原材料、半成品、成品等,加之生产时可能产生的振动和其他荷载的作用,因此多数厂房采用钢筋混凝土骨架或钢骨架承重。

4. 厂房构造复杂

对于大跨度和多跨度厂房,应考虑解决室内的采光、通风和屋面的防水、排水问题,需在屋顶上设置天窗及排水系统;对于有恒温、防尘、防振、防爆、防菌、防射线等要求的厂房,应考虑采取相应的特殊构造措施;对于生产过程中有大量原料、半成品、成品等需要运输的厂房,应考虑所采用的运输工具的通行问题;大多数厂房生产时,需要各种工程技术管网,如给水排水、热力、压缩空气、燃气、氧气管道和电力线路等,厂房设计时应考虑各种管线的敷设要求。

这些因素都使工业厂房的构造比民用建筑复杂得多。

(二) 工业建筑的分类

1. 按厂房的用途分

(1) 主要生产厂房:指用于完成主要产品从原料到成品的整个生产过程的各类厂房,如机械制造厂的铸造车间、机械加工车间、装配车间等。

(2) 辅助生产厂房:指为主要生产车间服务的各类厂房,如机械制造厂的机修车间、工具车间等。

(3) 动力用厂房:指为全厂提供能源的各类厂房,如发电站、变电站、锅炉房、燃气发生站、氧气站、压缩空气站等。

(4) 储藏用建筑:指用来储存原材料、半成品、成品的仓库,如金属材料库、木料库、油料库、成品库等。

(5) 运输用建筑:指用于停放、检修各种运输工具的房屋,如汽车库等。

(6) 其他建筑:如水泵房、污水处理站等。

2. 按生产特征分

(1) 热加工车间：指在高温状态下进行生产的车间。如铸造、热锻、冶炼、热轧等，这类车间在生产中散发大量余热，并伴随产生烟雾、灰尘和有害气体，应考虑其通风散热问题。

(2) 冷加工车间：在正常温、湿度条件下生产的车间，如机械加工车间、装配车间、机修车间等。

(3) 洁净车间：指根据产品的要求，需在无尘无菌无污染的高度洁净状况下进行生产的车间，如集成电路车间、药品生产车间、食品车间等。

(4) 恒温恒湿车间：指为保证产品的质量，需在恒定的温度湿度条件下生产的车间，如纺织车间、精密仪器车间等。

(5) 特种状况车间：指产品对生产环境有特殊要求的车间，如防爆、防腐蚀、防微振、防电磁波干扰等车间。

3. 按层数和跨度分

(1) 单层厂房：指层数为一层的厂房。适用于生产设备和产品的重量大，生产工艺流程需水平运输实现的厂房，如重型机械制造业、冶金业等。单层厂房按跨度分有单跨、双跨和多跨之分（图5-2-1）。

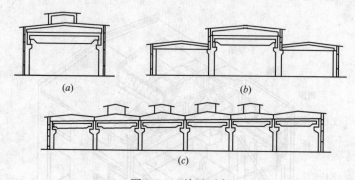

图 5-2-1　单层厂房
(a) 单跨；(b) 高低跨；(c) 多跨

(2) 多层厂房：指二层及以上的厂房。适用于产品重量轻，并能进行垂直运输生产的厂房，如仪表、电子、食品、服装等轻型工业的厂房（图5-2-2）。

(3) 混合层次厂房：指同一厂房内既有单层，又有多层的厂房。适用于化工业、电力业等的主厂房（图5-2-3）。

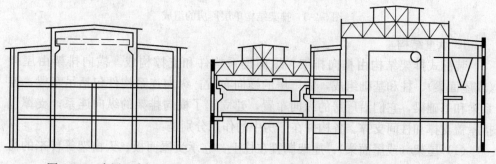

图 5-2-2　多层厂房　　　　图 5-2-3　混合层次厂房

二、单层工业厂房的结构组成

结构是指支承各种荷载作用的构件所组成的骨架。当前单层厂房的结构多采用平面体系,有墙承重结构和骨架承重结构两种类型。

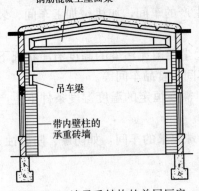

图 5-2-4 墙承重结构的单层厂房

(一)墙承重结构

指厂房的承重结构由墙和屋架(或屋面梁)组成,墙承受屋架传来的荷载并传给基础。这种结构构造简单,造价经济,施工方便。但由于墙体材料多为实心黏土砖,并且砖墙的承载能力和抗震性能较差,故只适用于跨度不超过 15m,檐口标高低于 8m,吊车起重吨位不超过 5t 的中小型厂房(图 5-2-4)。

(二)骨架承重结构

骨架承重结构的单层厂房一般采用装配式钢筋混凝土排架结构。它主要由承重结构和围护结构组成(图 5-2-5)。

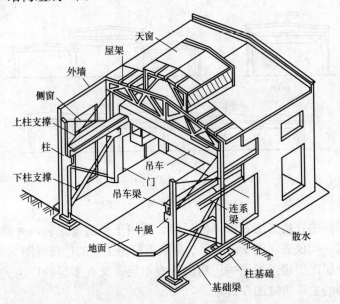

图 5-2-5 排架结构单层厂房的组成

1. 承重结构

装配式排架结构由横向排架、纵向连系构件和支撑构成。横向排架由屋架(或屋面梁)、柱和基础组成,沿厂房的横向布置;纵向连系构件包括吊车梁、连系梁和基础梁,它们沿厂房的纵向布置,建立起了横向排架的纵向连系;支撑包括屋盖支撑和柱间支撑。各构件在厂房中的作用分别是:

(1)屋架(或屋面梁):屋架搁置在柱上,它承受屋面板、天窗架等传来的荷载,并将这些荷载传给柱。

(2) 柱：承受屋架、吊车梁、连系梁及支撑传来的荷载，并把荷载传给基础。

(3) 基础：承受柱及基础梁传来的荷载，并将荷载传给地基。

(4) 吊车梁：吊车梁支撑在柱牛腿上，承受吊车传来的荷载并传给柱，同时加强纵向柱列的联系。

(5) 连系梁：其作用主要是加强纵向柱列的联系，同时承受其上外墙的重量并传给柱。

(6) 基础梁：基础梁一般搁置在柱下基础上，承受其上墙体重量，并传给基础，同时加强横向排架间的联系。

(7) 屋架支撑：设在相邻的屋架之间，用来加强屋架的刚度和稳定性。

(8) 柱间支撑：包括上柱支撑与下柱支撑，用来传递水平荷载（如风荷载、地震作用及吊车的制动力等），提高厂房的纵向刚度和稳定性。

2. 围护结构

排架结构厂房的围护结构由屋顶、外墙、门窗和地面组成。

(1) 屋顶：承受屋面传来的风、雨、雪、积灰、检修等荷载，并防止外界的寒冷、酷暑对厂房内部的影响，同时屋面板也加强了横向排架的纵向联系，有利于保证厂房的整体性。

(2) 外墙：指厂房四周的外墙和抗风柱。外墙主要起防风雨、保温、隔热等作用，一般分上下两部分，上部分砌在连系梁上，下部分砌在基础梁上，属自承重墙。抗风柱主要承受山墙传来的水平荷载，并传给屋架和基础。

(3) 门窗：门窗作为外墙的重要组成部分，主要用来交通联系、采光、通风，同时具有外墙的围护作用。

(4) 地面：承受地面的原材料、产品、生产设备等荷载，并根据生产使用要求，提供良好的劳动条件。

三、厂房的起重运输设备

为了运送原材料、半成品、成品和进行生产设备的安装检修，厂房内需设置起重运输设备，其中吊车对厂房的结构和构造影响较大，应充分了解。常见的吊车有单轨悬挂吊车、梁式吊车和桥式吊车等。

(一) 单轨悬挂吊车

单轨悬挂吊车有电动和手动两种，吊车轨道悬挂在厂房的屋架下弦上，一般布置成直线，也可转弯（用来跨间穿越），转弯半径不小于2.5m，滑轮组在钢轨上移动运行。这种吊车操纵方便，布置灵活，但起重量不大，一般不超过5t（图5-2-6）。

(二) 梁式吊车

梁式吊车有悬挂式和支承式两种（图5-2-7）。

悬挂式梁式吊车是在屋架下弦悬挂两根平行的钢轨，在两根钢轨上设有可滑行的横梁，横梁上设有可横向滑行的滑轮组。在横梁与滑轮组移动范围内均可起重。悬挂式梁式吊车的自重和起吊物的重量都传给了屋架，增加了屋顶荷载，故

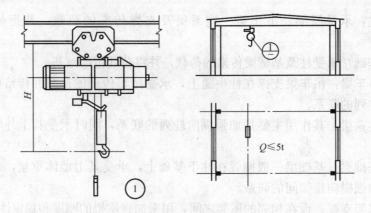

图 5-2-6　单轨悬挂吊车

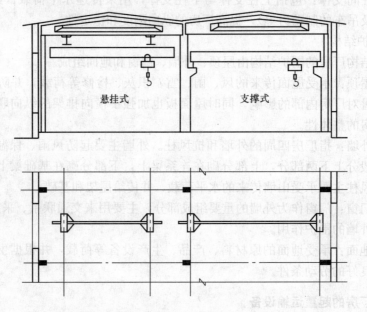

图 5-2-7　梁式吊车

起重量不宜过大，一般不超过 5t。

支承式梁式吊车是在排架柱上设牛腿，牛腿支承吊车梁和轨道，横梁沿吊车梁上的轨道运行，其起重量与悬挂式相同。

（三）桥式吊车

桥式吊车由桥架和起重小车组成（图 5-2-8）。通常是在排架柱的牛腿上搁置吊车梁，吊车梁上安装钢轨，钢轨上放置能沿厂房纵向运行的双榀钢桥架，桥架上设起重小车，小车可沿桥架横向运行。桥式吊车在桥架和小车运行范围内均可起重，起重量从 5t 至数百吨。其开行一般由专业司机操作，司机室设在桥架的一端。

吊车工作的频率状况对厂房结构有很大的影响，是厂房结构设计的依据，也是厂房空间设计的依据，所以必须考虑吊车的工作频率。通常根据吊车开动时间与全部生产时间的比率将吊车划分成三级工作制，用 JC% 表示：

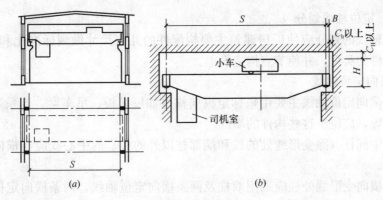

图 5-2-8 桥式吊车
(a) 平、剖面示意；(b) 吊车安装尺寸

轻级工作制——15%（以 JC15%表示）；
中级工作制——25%（以 JC25%表示）；
重级工作制——40%（以 JC40%表示）。

四、单层厂房的定位轴线

厂房的定位轴线是确定厂房主要承重构件的位置及其标志尺寸的基线，同时也是施工放线、设备定位和安装的依据。柱是单层厂房的主要承重构件，为了确定其位置，在平面上要布置纵横向定位轴线。厂房柱与纵横向定位轴线在平面上形成有规律的网格，称柱网。柱网中，柱纵向定位轴线间的距离称为跨度，横向定位轴线间的距离称为柱距。

（一）柱网选择

确定柱网尺寸，实际就是确定厂房的跨度和柱距。在考虑厂房生产工艺、建筑结构、施工技术、经济效果等因素的前提下，应符合《厂房建筑模数协调标准》的规定。厂房的跨度不超过 18m 时，应采用扩大模数 30M 数列，超过 18m 时，应采用扩大模数 60M 数列；厂房的柱距应采用扩大模数 60M 数列，山墙处抗风柱距应采用扩大模数 15M 数列（图 5-2-9）。

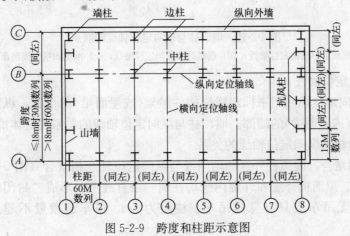

图 5-2-9 跨度和柱距示意图

(二) 定位轴线划分

定位轴线的划分应使厂房建筑主要构配件的几何尺寸做到标准化和系列化，减少构配件的类型，并使节点构造简单。

1. 横向定位轴线

厂房横向定位轴线主要用来标定纵向构件如屋面板、吊车梁、连系梁、基础梁等的位置，应位于这些构件的端部。

(1) 中间柱（除变形缝处的柱和端部柱以外的柱）的中心线应与横向定位轴线相重合。

(2) 横向变形缝处柱应采用双柱及两条横向定位轴线，两条横向定位轴线应分别位于缝两侧屋面板的端部，柱的中心线均应自定位轴线向两侧各移 600mm，两条横向定位轴线间所需缝的宽度 a_e 应符合现行有关国家标准的规定（图 5-2-10a）。

(3) 山墙为非承重墙时，横向定位轴线应与山墙内缘重合，端部柱的中心线应自横向定位轴线向内移 600mm（图 5-2-10b）。

(4) 山墙为砌体承重时，墙内缘与横向定位轴线间的距离、应按砌体的块材类别分别为半块或半块的倍数或墙厚的一半（图 5-2-10c）。

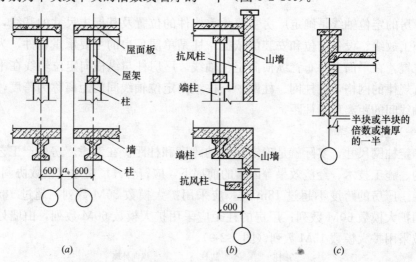

图 5-2-10　墙、柱与横向定位轴线的联系
(a) 变形缝处的横向定位轴线；(b) 端柱处的横向定位轴线；(c) 承重山墙的横向定位轴线

2. 纵向定位轴线

厂房纵向定位轴线用来标定横向构件屋架（或屋面梁）的位置，纵向定位轴线应位于屋架（或屋面梁）的端部。墙、柱与纵向定位轴线的关系视具体情况而定。

(1) 边柱与纵向定位轴线的关系。

① 封闭结合：即边柱外缘和墙内缘与纵向定位轴线相重合（图 5-2-11a）。这种屋架端头、屋面板外缘和外墙内缘均在同一条直线上，形成"封闭结合"的构造，适用于无吊车或只有悬挂吊车、柱距为 6m、吊车起重量不超过 20/5t 的厂房。

② 非封闭结合：在有桥式吊车的厂房中，由于吊车运行及起重量、柱距或构造要求等原因，边柱外缘和纵向定位轴线间需加设联系尺寸 a_c，联系尺寸应为 300mm 或其整数倍数，但围护结构为砌体时，联系尺寸可采用 50mm 或其整数倍数。这时，由于屋架标志端部与柱外缘、外墙内缘不能重合，上部屋面板与外墙间便出现空隙，称为"非封闭结合"。上部空隙需加设补充构件盖缝（图 5-2-11b）。

③ 当厂房采用纵墙承重时，若为无壁柱的承重墙，其内缘与纵向定位轴线的距离宜为墙体所采用砌块的半块或半块的倍数，或使墙身中心线与纵向定位轴线重合（图 5-2-12a）；若为带壁柱的承重墙，其内缘宜与纵向定位轴线重合或与纵向定位轴线距半块或半块的倍数（图 5-2-12b）。

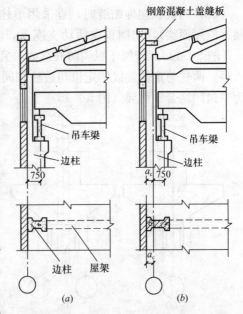

图 5-2-11 边柱与纵向定位轴线的联系
(a) 封闭结合；(b) 非封闭结合

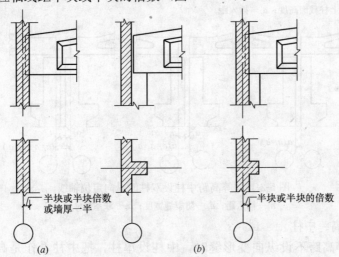

图 5-2-12 承重墙的纵向定位轴线
(a) 无壁柱的承重墙；(b) 带壁柱的承重墙

(2) 中柱与纵向定位轴线的定位。

① 等高跨中柱与定位轴线的定位。

(a) 当没有纵向变形缝时，宜设单柱和一条纵向定位轴线，柱的中心线宜与纵向定位轴线相重合（图 5-2-13a）。若相邻跨内的桥式吊车起重量、厂房柱距较大或构造要求设插入距时，中柱可采用单柱和两条纵向定位轴线，插入距 a_i 应符合 3M 数列，柱中心线宜与插入距中心线重合（图 5-2-13b）。

(b) 当设纵向伸缩缝时，宜采用单柱和两条纵向定位轴线。伸缩缝一侧的屋架（或屋面梁），应搁置在活动支座上，两条定位轴线间插入距 a_i 等于伸缩缝宽 a_e（图 5-2-14）。若属于纵向防震缝时，宜采用双柱及两条纵向定位轴线，并设插入距。两柱与定位轴线的定位与边柱相同，其插入距 a_i 视防震缝宽度及两侧是否为"封闭结合"而异（图 5-2-15）。

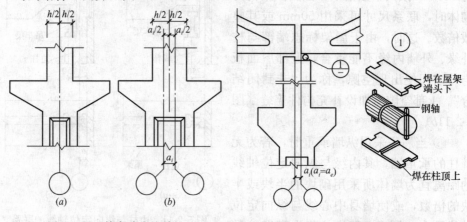

图 5-2-13　等高跨中柱单柱
（无纵向伸缩缝）

图 5-2-14　等高跨中柱单柱
（有纵向伸缩缝）的纵向定位

(a) 一条纵向定位轴线；(b) 两条纵向定位轴线；
h—上柱截面高度；a_i—插入距

a_i—插入距　a_e—伸缩缝宽度

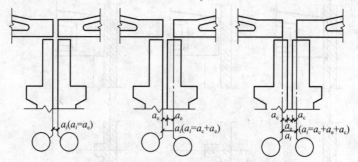

图 5-2-15　等高跨中柱设双柱时纵向定位轴线
a_i—插入距；a_e—防震缝宽度；a_c—联系尺寸

② 不等高跨中柱。

（a）不等高跨不设纵向变形缝时，中柱设单柱，把中柱看作是高跨的边柱，对于低跨，为简化屋面构造，一般采用封闭结合。根据高跨是否封闭及封墙位置有四种定位方式（图 5-2-16）。

不等高跨处设纵向伸缩缝时，一般设单柱，将低跨的屋架（或屋面梁）搁置在活动支座上。不等高跨处应采用两条纵向定位轴线，并设插入距，插入距 a_i 根据封堵位置及高跨是否封闭而异（图 5-2-17）。

（b）当不等高跨高差悬殊，或吊车起重量差异较大，或需设防震缝时，需设双柱和两条纵向定位轴线。两柱与纵向定位轴线的定位与边柱相同，插入距 a_i 视封墙位置和高跨是否封闭及有无变形缝而定（图 5-2-18）。

③ 纵横跨相交处柱与定位轴线的关系。

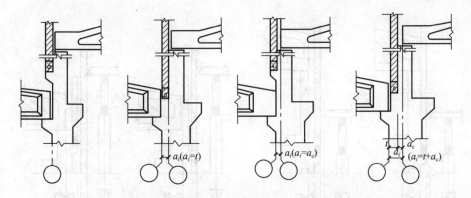

图 5-2-16　不等高跨中柱单柱（无纵向伸缩缝时）与纵向定位轴线的定位

a_i—插入距；t—封墙厚度；a_c—联系尺寸

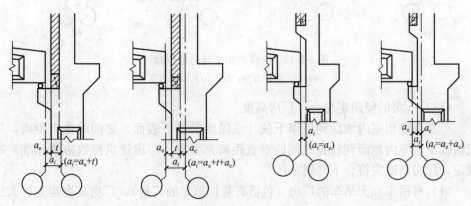

图 5-2-17　不等高跨中柱单柱（有纵向伸缩缝）与纵向定位轴线的定位

a_i—插入距；a_e—防震缝宽度；t—封墙厚度；a_c—联系尺寸

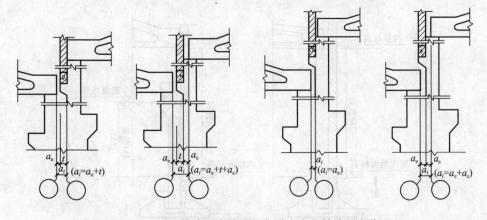

图 5-2-18　不等跨设中柱双柱与纵向定位轴线的定位

厂房在纵横跨相交处，应设变形缝断开，使两侧在结构上各自独立，因此纵横跨应有各自的柱列和定位轴线。各柱与定位轴线的关系分别按山墙处柱与横向定位轴线和边柱与纵向定位轴线的关系来确定，其插入距 a_i 视封墙为单墙或双墙，及横跨是否封闭和变形缝宽度而定（图 5-2-19）。

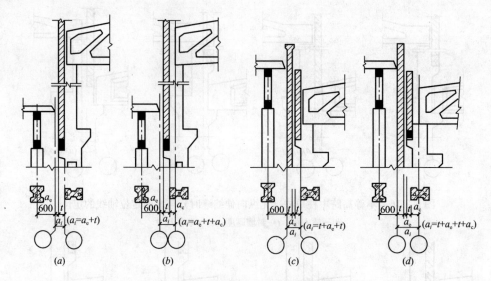

图 5-2-19 纵横跨相交处的定位轴线
(a)(b) 单墙方案；(c)(d) 双墙方案

(三) 厂房的竖向定位——厂房高度

厂房高度指室内地面到屋架下弦（或屋面梁的下表面）之间的垂直距离，一般情况下为室内地面到柱顶之间的垂直距离。根据《厂房建筑模数协调标准》的规定，厂房高度应符合下列规定：

(1) 有吊车和无吊车的厂房（包括有悬挂吊车的厂房），厂房高度应为扩大模数 3M 数列（图 5-2-20a）。

(2) 有吊车的厂房，自室内地面至支承吊车梁的牛腿面的高度应为扩大模数 3M 数列（图 5-2-20b）。当牛腿面的标高大于 7.2m 时，按 6M 数列考虑。

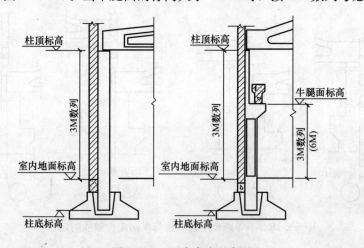

图 5-2-20 厂房高度示意图

注：1. 自室内地面至支承吊车梁的牛腿面的高度在 7.2m 以上，宜采用 7.8m、8.4m、9.0m 和 9.6m 等数值；

2. 预制钢筋混凝土柱自室内地面至柱底的高度宜为模数化尺寸。

(3) 钢筋混凝土柱埋入段的长度也应符合模数化要求。

【实训练习】

实训项目：认识工业厂房的组成。

资料内容：教师提供工业厂房图纸若干套，学生分组练习。

【复习思考题】

1. 什么是工业建筑？
2. 工业建筑是如何进行分类的？
3. 什么叫轴网、跨度和柱距？
4. 与民用建筑相比工业建筑有哪些特点？

任务三 建筑施工图首页和总平面图识读

【引入问题】

1. 什么是建筑施工图？
2. 建筑施工图由哪些图纸组成？
3. 首页包括哪些内容？
4. 总平面图包括哪些内容？

【工作任务】

了解建筑施工图的基本概念，掌握建筑施工图首页和总平面图的内容，熟练识读建筑施工图首页和总平面图。

【学习参考资料】

1. 《建筑识图与构造》中国建筑工业出版社，高远、张艳芳编著．2008．
2. 《建筑构造与识图》中国建筑工业出版社，赵研编．2008．
3. 《建筑构造与识图》机械工业出版社，魏明编．2008．

【主要学习内容】

建筑施工图是房屋工程施工图中具有全局性地位的图纸，反映房屋的平面形状、功能布局、外观特征、各项尺寸和构造做法等，是其他专业进行设计、施工的技术依据和条件。通常编排在整套图纸的最前位置，其后有结构施工图、设备施工图、装饰施工图等。所以掌握建筑施工图的识读及其表达要求是学好其他施工图的基础。

建筑施工图由首页和总平面图、建筑平面图、建筑立面图、建筑剖面图、建筑详图等图纸组成。

一、首页图

首页图主要包括图纸目录、设计说明、工程做法和门窗表。现结合某单位职工住宅楼建筑施工图加以说明。

(一) 图纸目录

除图纸的封面外,图纸目录安排在一套图纸的最前面,说明本工程的图纸类别、图号编排,图纸名称和备注等,以方便图纸的查阅和排序。表 5-3-1 是某住宅楼图纸目录,其中的图号即为图纸的页码。

图 纸 目 录　　　　　　　　　　表 5-3-1

图别	图号	图 纸 名 称	备注	图别	图号	图 纸 名 称	备注
建施	1	设计说明、工程做法、门窗表		建施	8	背立面图	
建施	2	总平面图		建施	9	单元平面图、侧立面图	
建施	3	地下室平面图		建施	10	1-1 剖面图、2-2 剖面图	
建施	4	一层平面图		建施	11	墙身大样图	
建施	5	标准层平面图		建施	12	楼梯平面图、楼梯剖面图、楼梯详图	
建施	6	屋顶平面图		建施	13	阳台详图、雨篷详图	
建施	7	正立面图					

(二) 设计说明

主要说明工程的设计概况,工程做法中所采用的标准图集代号,以及在施工图中不易用图样而必须采用文字加以表达的内容,如材料的选用、饰面的颜色、环保要求、施工注意事项、采用新材料、新工艺的情况说明等。小型工程的设计说明可与施工图中的说明合并。

下面是某职工住宅楼设计说明举例:

(1) 本工程为某公司六层职工住宅楼(有地下室),砖混结构,全现浇钢筋混凝土楼板。

(2) 建筑面积××××m^2,一层地面±0.000m 相当于绝对标高 782.00m。

(3) 该建筑抗震设防烈度为八度。

(4) 工程做法选用图集 98J1-12。外墙门窗为提高气密、水密、隔声和节能性能,选用塑钢材料制作,表面白色,采用双层中空玻璃,标准图集为 98J4 (一);内墙门窗采用木质材料,罩灰白色磁漆三道,标准图集为 98J4 (二)。

(5) 外墙抹灰墙面均刷聚丙烯防水乳胶漆,颜色先做样板,经建设单位同意后再进行大面积施工。窗台板采用 20mm 厚浅米黄花岗石,石材辐射性水平应符合居室使用的 A 类际准,材料到货时应提供检测报告。

(6) 地下室外墙±0.000 以下做垂直防潮层,做法为防水砂浆,做好后刷冷底子油一道,热沥青两道。

(7) 基坑回填土采用 2∶8 灰土分层夯填,形成隔水层。

(8) 本工程施工时,建筑、结构、水、暖、电等各工种应紧密配合,准确预留孔洞,禁止事后开凿,影响工程质量。

(9) 其他未尽事宜在施工时应严格遵守现行施工操作和验收规范。

(三) 门窗统计表

一栋房屋所使用的门窗,在设计时应将其列表,反映门窗的类型、编号、数量、尺寸规格等相应内容，以备施工、预算所需。表 5-3-2 为某住宅楼门窗统计表。

门窗统计表　　　　　　　表 5-3-2

序号	图中编号	洞口尺寸（mm）		数量合计	采用标准图集		备 注
		宽	高		图集代号	型 号	
1	M-1	1000	2100	24	98J4（二）	1 M 17	木门
2	M-2	900	2100	72	98J4（二）	1 M 37	木门
3	M-3	750	2000	48	98J4（二）	1M02	木门
4	M-4	1500	2100	2	98J14（二）	1M1 57	木门
5	M-5	900	1900	24	98J4（二）	1M02	木门，高度改为 1900mm
6	MC-1	2400	2500	24	98J4（一）	2CM3，4-88	塑钢门联窗，高度改为 2500mm
7	MC-2	2100	2500	24	98J4（一）	2CM3，4-78	塑钢门联窗，高度改为 2500mm
8	C-1	1500	1500	48	98J4（一）	2TC3-55	塑钢推拉窗
9	C-2	1200	1200	12	98J4（一）	2TC1-44	塑钢推拉窗
10	C-3	1200	1500	12	9814	27C1-45	塑钢推拉窗
11	C-4	900	1500	12	98J4（一）	2TC1-35	塑钢推拉窗
12	C-5	1200	600	22	98J4（一）	27C1-43	塑钢推拉窗，高度改为600mm

二、总平面图

（一）图示方法及用途

将新建工程四周一定范围内的新建、拟建、原有和拆除的建筑物、构筑物连同其周围的地形、地物状况用正投影的方法和相应的图例所画出的 H 面投影图，称为总平面图。主要是表示新建房屋的位置、朝向，与原有建筑物的关系，以及周围道路、绿化和给水、排水、供电条件等方面的情况。以其作为新建房屋施工定位、土方施工、设备管网平面布置，安排施工时进入现场的材料和构配件堆放场地以及运输道路布置等的依据。

总平面图的比例一般为 1∶500、1∶1000、1∶1500 等。

（二）图示内容

（1）新建建筑的定位。

新建建筑的定位有三种方式：一种是利用新建筑与原有建筑或道路中心线的距离确定新建建筑的位置；第二种是利用施工坐标确定新建建筑的位置；第三种是利用大地测量坐标确定新建建筑的位置。

（2）相邻建筑、拆除建筑的位置或范围。

（3）附近的地形、地物情况。

（4）道路的位置、走向以及与新建建筑的联系等。

(5) 用指北针或风向频率玫瑰图指出建筑区域的朝向。
(6) 绿化规划。
(7) 补充图例。若图中采用了建筑制图规范中没有的图例时，则应在总平面图下方详细补充图例，并予以说明。

(三) 图例符号

常用的总平面图例如表 5-3-3 所示。

总 平 面 图 例　　　　　　　表 5-3-3

序号	名　称	图　例	说　明
1	新建的建筑物	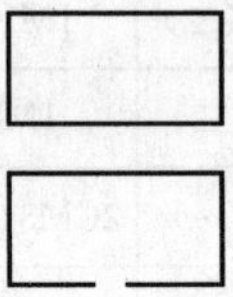	1. 上图为不画出入口图例、下图为画出入口图例 2. 需要时，可在图形内右上角以点数或数字（高层宜用数字）表示层数 3. 用粗实线表示
2	原有的建筑物	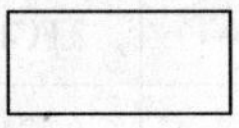	1. 应注明拟利用者 2. 用细实线表示
3	计划扩建的预留地或建筑物		用中虚线表示
4	拆除的建筑物	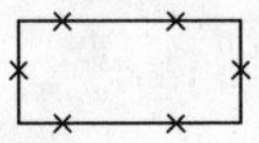	用细实线表示
5	新建的地下建筑物或构筑物		用粗虚线表示
6	建筑物下面的通道	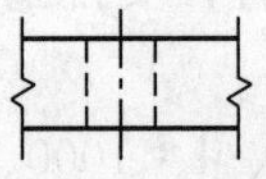	
7	围墙及大门	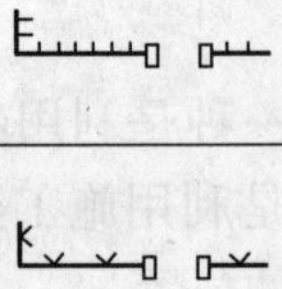	上图为砖石、混凝土或金属材料的围墙 下图为镀锌钢丝网、篱笆等围墙 如仅表示围墙时不画大门
8	挡土墙		被挡的土在"突出"的一侧

续表

序号	名称	图例	说明
9	坐标	$X196.70$ / $Y258.10$ $A=260.20$ / $B=182.60$	上图表示测量坐标 下图表示施工坐标
10	方格网交叉点标高	−0.50 | 77.85 / 78.35	"78.35"为原地面标高 "77.85"为设计标高 "−0.50"为施工高度 "−"表示挖方（"+"表示填方）
11	填方区、挖方区、未整平区及零点线	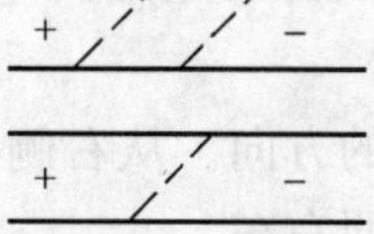	"+"表示填方区 "−"表示挖方区 中间为未整平区 点划线为零点线
12	护坡		短划画在坡上一侧
13	室内标高	±0.00=56.70	
14	室外标高	▼150.00	
15	原有道路	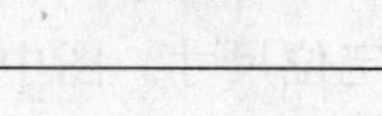	
16	计划扩建的道路		
17	桥梁	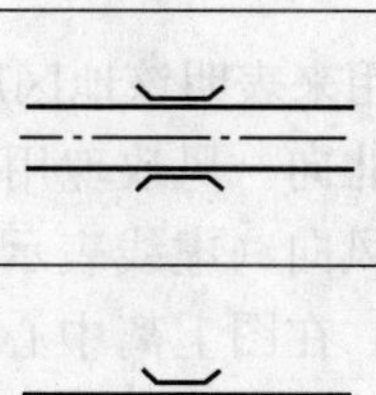	1. 上图为公路桥 下图为铁路桥 2. 用于通道时应注明

续表

序号	名　　称	图　　例	说　　明
18	针叶乔木、灌木		
19	阔叶乔木、灌木	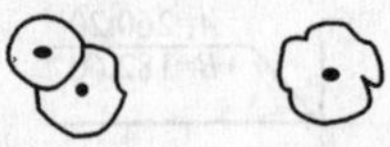	
20	草地、花坛		

（四）总平面图的识读

现以图 5-3-1 为例，说明总平面图的识读方法。

(1) 先看总平面区域形状和功能布局。总平面图是包括新建房屋在内的某个区域的水平正投影图，本图总平面为一矩形。左侧为生活区、右侧为厂区，新建房屋（粗实线线框）在生活区内。

(2) 了解总平面图上所反映的方向。从右侧的风向频率玫瑰图（简称风玫瑰）可知该厂总平面为上北下南、左西右东。

(3) 了解地形地貌、工程性质、用地范围和新建房屋周围环境等情况。从等高线的变化可以看出，该厂区地形北部高，南部低。在总平面的西侧，本次新建四栋住宅楼（粗实线图形中突出部分为阳台的投影），每栋为六层，室内一层地面±0.00m 相当于绝对标高 782.00m。后面预留两栋住宅楼的拟建空地（见细虚线框）。在住宅楼后面为一片绿化区，其内有需拆除的房屋两座。东侧的厂前区有办公楼、科研楼、公寓楼、食堂、招待所等，在这些建筑的北面依次排列有仓库、车间，最北面有篮球场和排球场。而在北围墙后面是东西向的护坡和排水渠。该厂区的外围为砖围墙。

(4) 熟悉新建建筑的定形、定位尺寸。图中新建住宅楼的长宽为 31.70m 和 10.40m 的定形尺寸；两楼东西间距 14.00m、南北间距 23m，以及墙边距西围墙的尺寸 6m 是定位尺寸。

(5) 了解新建建筑附近的室外地面标高、明确室内外高差。图中新楼之间路面标高 780.90m，而室内底层地面为 782.00m，所以室内外高差为 782.00 − 780.90＝1.10m。

(6) 风玫瑰或指北针。主要用来表明该地区风向和建筑朝向的，如图 5-3-1 中右侧的风玫瑰。十字线上端表示北向。风玫瑰用于反映建筑场地范围内常年主导风向和六、七、八三个月的主导风向（虚线表示），共有 16 个方向，风向是指从外侧刮向中心。刮风次数多的风，在图上离中心远，称为主导风，如图中常年主导风向为西北风。明确风向有助于建筑构造的选用及材料的堆场，如有粉尘污染的材料应堆放在下风向等。

任务三 建筑施工图首页和总平面图识读

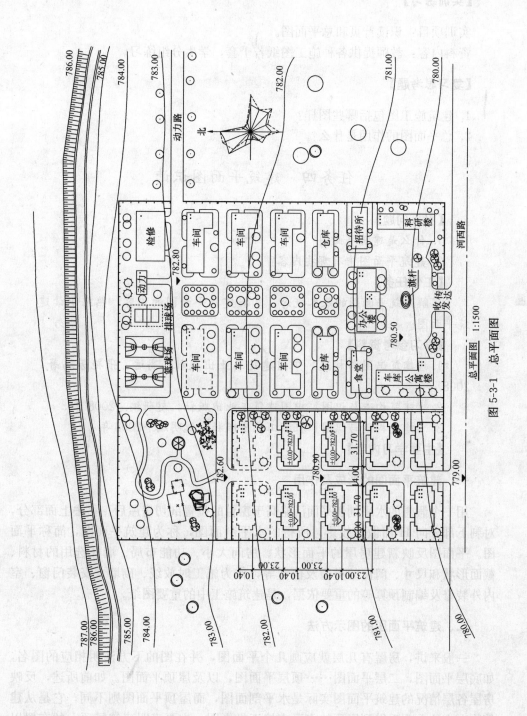

图 5-3-1 总平面图

【实训练习】

实训项目：识读首页和总平面图。

资料内容：教师提供各种施工图纸若干套，学生分组练习。

【复习思考题】

1. 建筑施工图包括哪些图样？
2. 总平面图的作用是什么？

任务四　建筑平面图识读

【引入问题】

1. 什么是建筑平面图？
2. 建筑平面图中有哪些内容？

【工作任务】

了解建筑平面图的基本概念，掌握建筑平面图的内容，熟练识读建筑平面图。

【学习参考资料】

1. 《建筑识图与构造》中国建筑工业出版社，高远、张艳芳编著. 2008.
2. 《建筑构造与识图》中国建筑工业出版社，赵研编. 2008年.
3. 《建筑构造与识图》机械工业出版社，魏明编. 2008年.

【主要学习内容】

一、建筑平面图的形成及作用

用一个假想的水平剖切平面沿略高于窗台的位置剖切房屋后，移去上面部分，对剩下部分向 H 面做正投影，所得的水平剖面图，称为建筑平面图，简称平面图。平面图反映新建房屋的平面形状、房间大小、功能布局、墙柱选用的材料、截面形状和尺寸、门窗的类型及位置等，作为施工时放线、砌墙、安装门窗、室内外装修及编制预算等的重要依据，是建筑施工中的重要图纸。

二、建筑平面图的图示方法

一般来讲，房屋有几层就应画几个平面图，并在图的下方注明相应的图名，如底层平面图，二层平面图……顶层平面图，以及屋顶平面图。如前所述，反映房屋各层情况的建筑平面图实际是水平剖面图，而屋顶平面图则不同，它是从建筑物上方往下观看得到屋顶的水平直接正投影图，主要表明建筑屋顶上的布置以及屋面排水设计。

如果建筑物的各楼层平面布置相同，则可以用两个平面图表达，即只画底层平面图和楼层平面图。此时楼层平面图代表了中间各层相同的平面，故亦称中间层或标准层平面图。顶层平面图有时也用楼层平面图代表。

因建筑平面图是水平剖面图，因此在绘图时，应按剖面图的方法绘制，被剖切到的墙、柱轮廓用粗实线（b），门的开启方向线可用中粗实线（0.5b）或细实线（0.25b），窗的轮廓线以及其他可见轮廓和尺寸线等均用细实线（0.25b）表示。

建筑平面图常用的比例是1∶50、1∶100、1∶150，而实际工程中使用1∶100最多。在建筑施工图中，比例不大于1∶50的图样，可不画材料图例和墙柱面抹灰线，为了有效加以区分，墙、柱体画出轮廓后，在描图纸上砖砌体断面用红铅笔涂红，而钢筋混凝土则用涂黑的方法表示，晒出蓝图后分别变为浅蓝和深蓝色，即可识别其材料。

三、建筑平面图的图示内容

（1）表示墙、柱、内外门窗位置及编号，房间的名称，轴线编号。

（2）注出室内外各项尺寸及室内楼地面的标高。

（3）表示楼梯的位置及楼梯上下行方向。

（4）表示阳台、雨篷、台阶、雨水管、散水、明沟、花池等的位置及尺寸。

（5）画出室内设备，如卫生器具、水池、橱柜、隔断及重要设备的位置、形状。

（6）表示地下室布局、墙上留洞、高窗等位置、尺寸。

（7）画出剖面图的剖切符号及编号（在底层平面图上画出，其他平面图上省略不画）。

（8）标注详图索引符号。

（9）在底层平面图上画出指北针。

（10）屋顶平面图一般有：屋顶檐口、檐沟、屋面坡度、分水线与落水口的投影，出屋顶水箱间、上人孔、消防梯及其他构筑物、索引符号等。

四、平面图的图例符号

阅读平面图时，首先应熟悉常用的图例符号，如图5-4-1所示。

五、平面图的识读

下面以图5-4-2某厂职工住宅楼为例说明平面图的识读方法和识图步骤。

1. 了解图名、比例及总长、总宽尺寸，了解图中代号的意义

如图5-4-2所示为住宅楼的底层平面图，比例为1∶100。总长为31.70m，总宽为13.70m。图中M表示门，C表示窗，MC表示门联窗。如"C-1"则表示窗、编号为1。门窗的设计情况需查看门窗统计表。

2. 理解建筑的朝向和平面布局

图中结合指北针可以看出，该建筑的朝向是坐北朝南并为两单元组合式住宅楼。①～④轴线为一单元，每单元中间有一部两跑式楼梯，连接着左右两户住宅（简称"一梯两户"）。每户平面内均有南向的两间、北向的一间卧室，一间客厅、

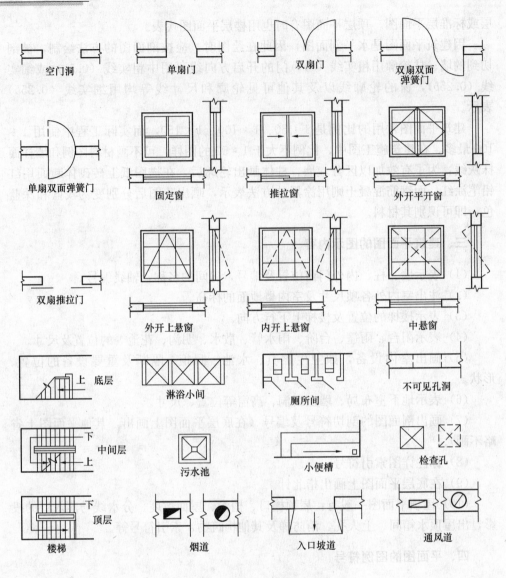

图 5-4-1 平面图常用图例符号

一间餐厅和两间卫生间,并有前后两个阳台(简称"三室两厅一厨两卫")。④~⑦轴线为第二单元,这个单元也为一梯两户,套型与第一单元相同。从图中可见楼梯间入口设有单元门 M-4,形式为双扇外开门。

3. 看清平面图中的各项尺寸及其意义

看清平面图所注的各项尺寸,并通过这些尺寸了解各房间的开间、进深等设计内容。值得注意的是,在平面图中所注的尺寸均为未经抹灰的结构表面间的尺寸。房间的开间是指平面图中相邻两道横向定位轴线之间的距离;进深是指平面图中相邻两道纵向定位轴线之间的距离。如图 5-4-2 餐厅的开间、进深分别为 3.30m 和 3.90m,楼梯间的开间、进深分别为 2.40m 和 5.70m。

平面图上注有外部和内部两种形式的尺寸。

任务四 建筑平面图识读

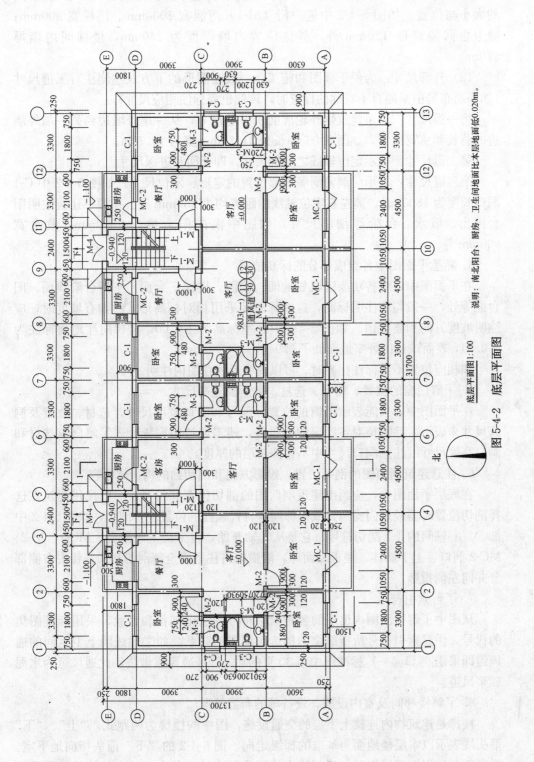

图 5-4-2 底层平面图

(1) 内部尺寸：说明室内的门窗洞、孔洞、墙厚和固定设备（如卫生间等）的大小与位置。如图 5-4-2 中进户门（M-1）门洞宽 1000mm、门垛宽 300mm；除卫生间隔墙厚 120mm 外，其他位置内墙厚度为 240mm，楼梯间内墙厚 370mm。

(2) 外部尺寸：为便于读图和施工，一般在图形的下方及左侧注写三道尺寸（如平面布局中某侧有不对称的设置时，该侧也需标注相应尺寸）。

第一道尺寸：表示建筑物外轮廓的水平总尺寸，从一端外墙边到另一端外墙边的总长和总宽尺寸，如图 5-4-2 中长为 31.70m、宽为 13.70m。

第二道尺寸：表示定位轴线之间的尺寸。即开间和进深尺寸。

第三道尺寸：表示门洞窗洞等细部位置的定形、定位尺寸。如图 5-4-2 中 C-1 洞口长度为 1800mm，离左右定位轴线的距离均为 750mm 等。在图中还应注明阳台挑出、散水、台阶等细部尺寸，如图中南向阳台挑出 1500mm、散水宽 900mm 等。

4. 熟悉平面图中各组成部分的标高情况

在平面图中，对各功能区域如地面、楼面、楼梯平台面，室外台阶顶面、阳台面等处，一般均应注明标高，这些标高都采用相对标高形式。如有坡度时，应注明坡度方向和坡度值。如图 5-4-2 中卧室标高为±0.00，楼梯门厅地面标注为－0.94，表面该处比卧室地面低了 0.94m。

如相应位置不易标注标高时，可以说明形式在图内注明。

5. 了解门窗的位置、编号、选材、数量及宽高尺寸

在平面图中，只能表示门窗的位置、编号和洞口宽度尺寸，选材、数量及洞高尺寸未表示。除需核对各门窗的数量外，还需通过门窗统计表了解门窗选材和洞口高度尺寸（注意洞口尺寸中不含抹灰层的厚度）。

6. 注意建筑剖面图的剖切位置、投影方向和剖切到的构造体内容

在底层平面图中，应画出建筑剖面图的剖切位置和符号，一般民用建筑在选择剖切位置时需经过门窗洞口或楼梯间等有代表性的位置进行剖切，如图 5-4-2 中的⑤、⑥轴间的 1-1 剖切符号，它是从Ⓐ轴开始，自下而上经阳台、MC-1、M-2、MC-2 洞口、上下墙体、楼板屋面等，沿横向将住宅楼全部剖切开来，移去右侧部分并向左侧投影。

7. 了解索引符号

从图中了解平面图内出现的各种索引符号的引出部位和含意，采用标准图集的代号，注意索引符号所指部位的构造与周围的联系。如⑦轴线墙上卫生间的通风道即采用 98J3（一）标准图中第 30 页的⑪、⑫号通风道做法，此通风道为水泥砂浆风道。

8. 了解楼梯间及室内设施、设备等的布置情况

楼梯是建筑物内连接上下层的交通设施，图中的楼梯为两跑式，"上"、"下"箭头线表示以本层楼地面为基准的梯级走向。图 5-4-2 的"下"箭头指向地下室。梯段剖断处用折断线表示。建筑物内如厨房的水池、灶台，卫生间的洁具及通风道等，读图时注意其位置、形式及索引符号。有时会选用标准图表达。

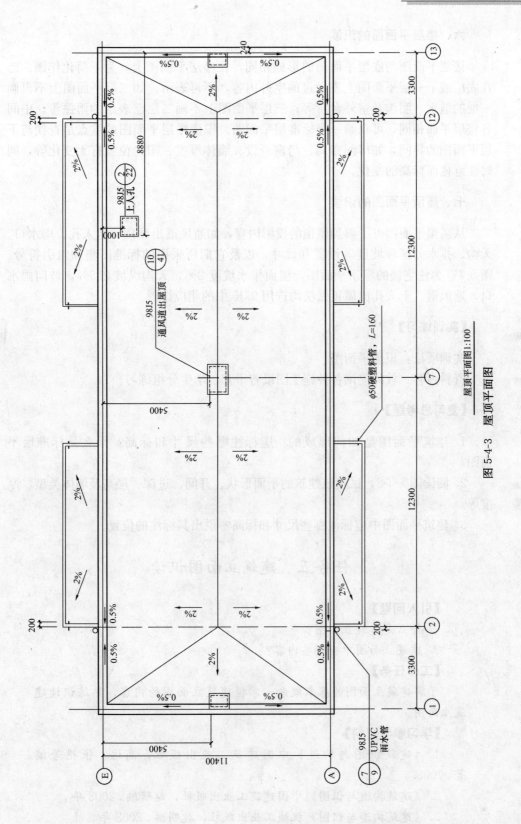

图 5-4-3 屋顶平面图

六、楼层平面图的识读

楼层平面图与底层平面图的形成相同，在楼层平面图上，为了简化作图。已在底层或下一层平面图上表示过的室外内容，不再表示。如二层平面图上不再画一层的散水、明沟及室外台阶等；三层平面图上不画二层已表示的雨篷等。中间各楼层平面相同，可只画一个标准层平面图。识读楼层平面图的重点是查找与下层平面图的异同，如房间布局、门窗开设、墙体厚度、阳台位置有无变化等，同时注意楼面标高的变化。

七、屋顶平面图的识读

从屋顶平面图可了解到屋顶的投影内容，如通风道出屋顶、上人孔、雨水口、天沟、排水分区和坡度等设置和尺寸，以及它们所采用的标准图集和索引符号。图 5-4-3 为住宅楼的屋顶平面图，屋面排水坡度 2%，天沟纵坡 0.5%，坡向雨水口、通风道、上人孔出屋顶做法均选用 98J5 中的相应详图。

【实训练习】

实训项目：识读平面图。
资料内容：教师提供各种施工图纸若干套，学生分组练习。

【复习思考题】

1. 建筑平面图是如何形成的？应标注哪些尺寸和标高？什么是标准层平面图？
2. 阅读图 5-4-2，试述该建筑的平面形状、开间、进深、层高及墙体类型、厚度等。
3. 建筑平面图中应标注哪些尺寸和标高？说出其标注的位置。

任务五　建筑立面图识读

【引入问题】

1. 什么是建筑立面图？
2. 建筑立面图中有哪些内容？

【工作任务】

了解建筑立面图的基本概念，掌握建筑立面图的内容，熟练识读建筑立面图。

【学习参考资料】

1.《建筑识图与构造》中国建筑工业出版社，高远、张艳芳编著．2008．
2.《建筑构造与识图》中国建筑工业出版社，赵研编．2008 年．
3.《建筑构造与识图》机械工业出版社，魏明编．2008 年．

【主要学习内容】

一、建筑立面图的形成与作用

在与建筑物立面平行的铅直投影面上所作的投影图称为建筑立面图，简称立面图。一座建筑物是否美观、是否与周围环境协调，主要取决于立面的艺术处理，包括建筑造型与尺度、装饰材料的选用、色彩的选用等内容，在施工图中立面图主要反映房屋各部位的高度、层数、门窗形式、屋顶造型等建筑物外貌和外墙装修要求，是建筑外装修的主要依据。

二、建筑立面图的图示方法及其命名

为使建筑立面图主次分明、表达清晰，通常将建筑物外轮廓和有较大转折处的投影线用粗实线（b）表示；外墙上突出凹进的部位如壁柱、窗台、楣线、挑檐、阳台、门窗洞等轮廓线用中粗实线（$0.5b$）表示；而门窗细部分格、雨水管、尺寸标高以及外墙装饰线用细实线（$0.25b$）表示；室外地坪线用加粗实线（$1.2b$）表示。门窗形式及开启符号、阳台栏杆花饰和墙面复杂的装修等细部，往往难以详细表示清楚，习惯上对相同的细部分别画出其中一个或两个作为代表，其他均简化画出，即只需画出它们的轮廓及主要分格。

房屋立面如果一部分不平行于投影面，例如圆弧形、折线形、曲线形等，可将该部分展开到与投影面平行，再用正投影法画出其立面图，但应在图名后注写"展开"两字。

立面图的命名方式有三种：

（1）可用朝向命名，立面朝向那个方向就称为某向立面图，如朝南，则称南立面图；朝北，称北立面图。

（2）可用外貌特征命名，其中反映主要出入口或比较显著地反映房屋外貌特征的那一面的立面图，称为正立面图，其余立面图可称为背立面图和侧立面图等。

（3）可以立面图上首尾轴线命名，如图5-5-1、图5-5-2的正、背立面图可改称为①-⑪立面图和⑪-①立面图。通常，立面图的比例与平面图比例一致。

三、立面图的图示内容

（1）画出室外地面线及房屋的勒脚、台阶、花池、门窗、雨篷、阳台、室外楼梯、墙、柱、檐口、屋顶、雨水管、墙面分格线等内容。

（2）注出外墙各主要部位的标高。如室外地面、台阶顶面、窗台、窗上口、阳台、雨篷、檐口、女儿墙顶、屋顶水箱间及楼梯间屋顶等的标高。

（3）注出建筑物两端的定位轴线及其编号。

（4）标注索引符号。

（5）用文字说明外墙面装修的材料及其做法。

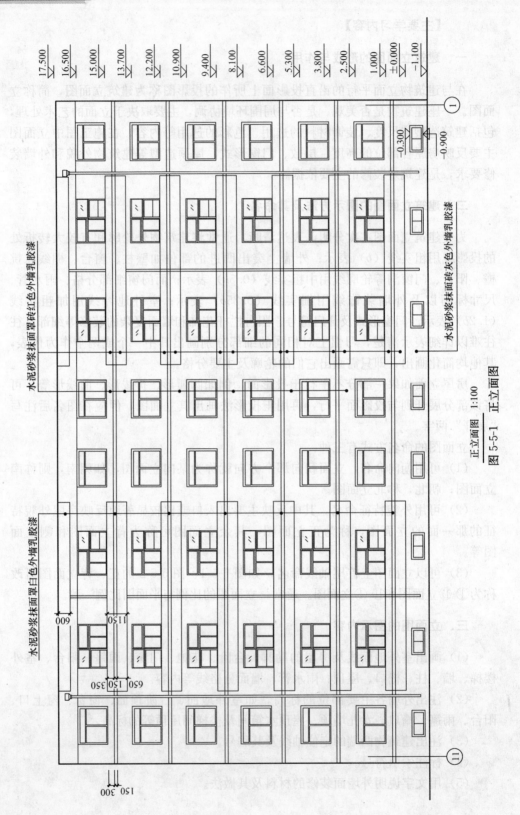

图 5-5-1　正立面图

任务五 建筑立面图识读

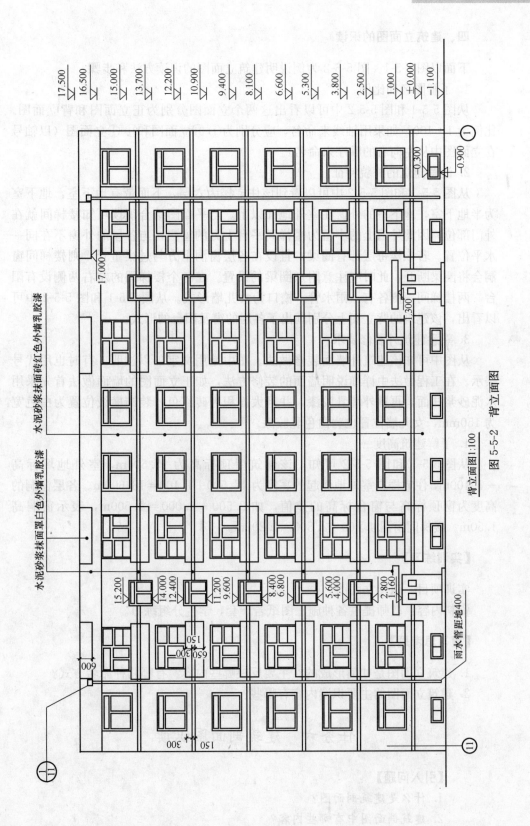

图 5-5-2 背立面图

四、建筑立面图的识读

下面以图 5-5-1、图 5-5-2 为例说明建筑立面图的识读方法和步骤。

1. 了解图名和比例

从图 5-5-1 和图 5-5-2 中可以看出这两个立面图分别为正立面图和背立面图。比例为 1∶100，如果用轴线来命名，应分别为①-⑪立面图和⑪-①立面图（以轴号在立面图中从左向右的顺序来命名）。

2. 注意建筑的外貌特征

从图 5-5-1 和图 5-5-2 中可以看到该住宅楼为六层，下面带有地下室，地下室为半地下室，地下室的外窗在室外地面以上。与平面图结合识读可知楼梯间就在外门部位，因此外门上的小窗为楼梯间平台上方的窗户，与各屋的外窗不在同一水平位置。若该楼每层都有圈梁，且设在各层窗洞上方与过梁重合，则楼梯间窗洞会将圈梁断开，此时应注意附加圈梁的设置。在各个楼梯间的左右两侧设有阳台。两楼梯间一侧各有一雨水管。檐口为女儿墙形式。从图 5-5-1 和图 5-5-2 中可以看出，该建筑的背立面上分别画出了各层的窗及阳台的形式。

3. 熟悉建筑外装修要求

从图中可知该建筑外墙面装修做法。图中是用文字加以注明，有时也用代号表示。在工程做法中详细说明墙面的装修方法，如正立面图的墙面做法首先采用水泥砂浆抹面，再罩外墙乳胶漆，并且大面积为砖红色，装饰横线位置为白色宽为 150mm，女儿墙位置也为白色乳胶漆。

4. 了解建筑高度

从图 5-5-1 和图 5-5-2 可知，该建筑屋顶标高为 17.500m，室外地坪标高 -1.100m，住宅楼自室外地面起的高度为 $17.500+1.100=18.600$m。各层窗洞的高度为窗顶标高与窗台标高的差值，如 $2.500-1.000=1.500$m，表示窗洞高 1.50m。楼梯间窗洞 $4.000-2.800=1.200$m。

【实训练习】

实训项目：识读立面图。
资料内容：教师提供各种施工图纸若干套，学生分组练习。

【复习思考题】

1. 建筑立面图是如何形成的？主要反映哪些内容？有哪几种命名方式？
2. 建筑立面图的主要识读内容有哪些？

任务六　建筑剖面图识读

【引入问题】

1. 什么是建筑剖面图？
2. 建筑剖面图中有哪些内容？

【工作任务】

了解建筑剖面图的基本概念,掌握建筑剖面图内容,熟练识读建筑剖面图。

【学习参考资料】

1.《建筑识图与构造》中国建筑工业出版社,高远、张艳芳编著.2008

2.《建筑构造与识图》中国建筑工业出版社,赵研编.2008年

3.《建筑构造与识图》机械工业出版社,魏明编.2008年

【主要学习内容】

一、建筑剖面图的形成与作用

假想用一个或一个以上的铅直平面剖切房屋,所得到的剖面图称为建筑剖面图,简称剖面图。建筑剖面图用以表达房屋的结构形式、分层情况、竖向墙身及门窗、楼地面层、屋顶檐口等的构造设置及相关尺寸和标高。

剖面图的数量及其位置应根据建筑自身的复杂程度而定,一般剖切位置选择房屋的主要部位或构造较为典型的地方(如楼梯间等),并应通过门窗洞口。剖面图的图名符号应与底层平面图上的剖切符号相对应。

二、建筑剖面图的图示内容

(1) 表示被剖切到的墙、柱、门窗洞口及其所属定位轴线。剖面图的比例应与平面图、立面图的比例一致,因此在1∶100的剖面图中一般也不画材料图例,而用粗实线表示被剖切到的墙、梁、板等轮廓线,被剖断的钢筋混凝土梁板等应涂黑表示。

(2) 表示室内底层地面、各层楼面及楼层面、屋顶、门窗、楼梯、阳台、雨篷、防潮层、踢脚板、室外地面、散水、明沟及室内外装修等剖到或能见到的内容。

(3) 标出尺寸和标高。在剖面图中要标注相应的标高及尺寸。

① 标高:应标注被剖切到的所有外墙门窗口的上下标高,室外地面标高,檐口、女儿墙顶以及各层楼地面的标高。

② 尺寸:应标注门窗洞口高度、层间高度及总高度,室内还应注出内墙上门窗洞口的高度以及内部设施的定位、定形尺寸。

(4) 楼地面、屋顶各层的构造。一般可用多层共用引出线说明楼地面、屋顶的构造层次和做法。如果另画详图或已有构造说明(如工程做法表),则在剖面图中用索引符号引出说明。

三、建筑剖面图的识读方法和步骤

以图 5-6-1 为例说明建筑剖面图的阅读方法。

1. 了解图名、比例

首先应将剖面图的图名与底层平面图上的剖切符号对照阅读,弄清楚剖切位

学习情境五 建筑面积

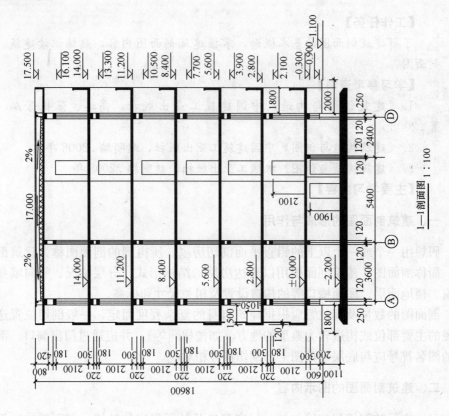

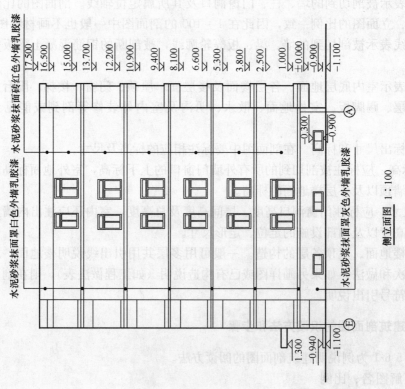

图 5-6-1 侧立面图、1-1 剖面图

置及剖视方向。从图 5-6-1 中可以看到该剖面图为 1-1 剖面图与图 5-4-2 底层平面图剖切符号对照可以看到剖切位置在⑤-⑥轴线之间，将整座楼剖切开并向左侧投影。

2. 明确建筑的主要结构材料和构造形式

从图 5-6-1 中 1-1 剖面图可以看到该住宅的垂直方向承重构件是砖墙，水平方向承重构件从地下室底板、各层楼板到屋顶均为现浇钢筋混凝土，楼板与内外墙相交处均做现浇钢筋混凝土圈梁（梁高 300mm、宽度随墙）。所以该住宅是砖混结构（即由砖和钢筋混凝土结构混合承重的结构），阳台与楼板浇筑成一体，为现浇整体式楼盖。从图中还可看到门窗洞口上均有钢筋混凝土过梁，截面高 180mm。以上构件的材料选用和配筋情况需看结构施工图。

3. 注意建筑各部位的竖向高度

本建筑室内外高差为 1.10m（指室外地面与一层地面之间的高差）。住宅楼总高为 18.60m。首层室内地面标高为±0.000，地下室标高为－2.20m，所以地下室的层高为 2.2m。1～5 层层高为 2.80m，6 层层高为 3.00m。阳台栏板高为 1.05m。图中内门高度，地下室为 1.90m，其他各层为 2.10m。

4. 识读图中的水平尺寸，同时注意屋面坡度和构造情况

图 5-6-1 中下方标高与上方标高表明了住宅楼横向的剖面尺寸，如墙厚、进深等尺寸。

从图 5-6-1 中可知该建筑屋面坡度是 2%，且为保温屋面（画有网状材料图例）。图中标高 17.00m 为屋面板的结构上皮标高。

四、施工图的识读要点

阅读施工图时，应按如下步骤并掌握其中要点：

（1）先看目录和设计说明，了解建筑的功能、建筑面积、结构形式、层数等，对建筑有初步了解。

（2）按照目录查阅图纸是否齐全，图纸编号与图名是否符合。如采用标准图则要了解标准图的代号，准备标准图集，以备查看。

（3）阅读设计要求、工程做法等。

（4）阅读总平面图，了解建筑的定位位置、尺寸、朝向、周围的环境、地形地貌。

（5）阅读平面图、立面图、剖面图。读图时应先看底层平面图，了解建筑的平面形状、内部布置、各方向尺寸，再看其他平面图。从立面图上了解建筑的外观造型、高度以及装修要求；从剖面图上了解建筑的分层情况、楼地面、屋顶的构造做法，再把这三大图样联合起来，在大脑中"组建"该建筑的形状。对建筑的主要部位尺寸、标高及做法应适当记忆，如建筑总长、总宽、总高，房间的开间、进深、层高、墙体厚度，主要材料的标号及相应要求等。

（6）阅读建筑详图，更加深入地了解建筑细部构造。

（7）边看边记。在看图时，应养成边看边记笔记的习惯，记下关键内容，以便工作时备查，特别是自己比较生疏的地方。

(8) 随着识图能力的不断提高和专业知识的积累，在看图中间还应对照建筑图查阅与结构施工图、设备施工图是否有矛盾，同时也要了解其他专业对土建的要求。

【实训练习】

实训项目：识读剖面图。

资料内容：教师提供各种施工图纸若干套，学生分组练习。

【复习思考题】

1. 什么是建筑剖面图？它表达哪些内容？
2. 墙身详图主要反映哪三部分内容？
3. 楼梯详图包括哪些内容？楼梯平面图、剖面图和详图是如何得到的？阅读时能了解哪些内容？

任务七 建筑面积计算

【引入问题】

1. 什么是建筑面积？
2. 什么是使用面积？
3. 建筑面积如何计算？

【工作任务】

了解建筑面积的基本知识，掌握建筑面积计算规则和方法。

【学习参考资料】

1. 《建筑工程概预算》黑龙江科技出版社，王春宁主编．2000．
2. 《建筑工程概预算》电子工业出版社，汪照喜主编．2007．
3. 《建筑工程预算》中国建筑工业出版社，袁建新、迟晓明编著．2007．
4. 《建筑工程建筑面积计算规范》(GB/T 50353—2005)．

【主要学习内容】

一、建筑面积的概念

建筑面积是指建筑物的各楼层水平投影面积的总和。它是反映建筑物规模的大小和建筑物技术特征的一项重要指标。它包括房屋建筑中的下列三大面积：

(1) 使用面积。指建筑物各层平面布置中可直接为生产或社会使用的净面积的总和。如居住生活间、工作间和生产间等的净面积。

(2) 辅助面积。指建筑物各层平面布置中为辅助生产或生活所占的净面积的总和。如楼梯间、走道间、电梯井等所占面积。

(3) 结构面积。指建筑物各层平面布置中的墙柱体、垃圾道、通风道、室外楼梯等结构所占面积的总和。

二、建筑面积的作用

(1) 建筑面积是国家控制基本建设规模的主要指标。

(2) 建筑面积是初步设计阶段选择概算指标的重要依据之一。根据图纸计算出来的建筑面积和设计图纸表面的结构特征，查表找出相应的概算指标，从而可以编制出概算书。

三、计算建筑面积的统一规定及适用范围

(1) 单层建筑物应按不同的高度确定其面积的计算。单层建筑物高度指室内地面标高至屋面板板面结构标高之间的垂直距离。遇有以屋面板找坡的平屋顶单层建筑物，其高度指室内地面标高至屋面板最低处板面结构标高之间的垂直距离。

关于坡屋顶内空间如何计算建筑面积，按照《住宅设计规范》的有关规定，将坡屋顶的建筑按不同净高确定其面积的计算。净高指楼面或地面至上部楼板底面或吊顶底面之间的垂直距离。

(2) 多层建筑物的建筑面积应按不同的层高分别计算。层高是指上下两层楼面结构标高之间的垂直距离。建筑物最底层的层高，有基础底板的指基础底板上表面结构标高至上层楼面的结构标高之间的垂直距离；没有基础底板的指地面标高至上层楼面结构标高之间的垂直距离。最上一层的层高是指楼面结构标高至屋面板板面结构标高之间的垂直距离，遇有以屋面板找坡的屋面，层高指楼面结构标高至屋面板最低处板面结构标高之间的垂直距离。

(3) 单层或多层建筑物层高在 2.20m 及以上者应计算全面积；高度不足 2.20m 者应计算 1/2 面积。

(4) 利用坡屋顶内空间时净高超过 2.10m 的部位应计算全面积；净高在 1.20～2.10m 的部位应计算 1/2 面积；净高不足 1.20m 的部位不应计算面积。

(5) 多层建筑坡屋顶内和场馆看台下的空间应视为坡屋顶内的空间，当设计加以利用时净高超过 2.10m 的部位应计算全面积；净高在 1.20～2.10m 的部位应计算 1/2 面积；当设计不利用或室内净高不足 1.20m 时不应计算面积。

"场馆"实质上是指"场"（如：足球场、网球场等）看台上有永久性顶盖部分。"馆"应是有永久性顶盖和围护结构的，应按单层或多层建筑相关规定计算面积。

(6) 规范的适用范围是新建、扩建、改建的工业与民用建筑工程的建筑面积的计算，包括工业厂房、仓库，公共建筑、居住建筑，农业生产使用的房屋、粮种仓库、地铁车站等的建筑面积的计算。

四、计算建筑面积的规定

(1) 单层建筑物的建筑面积，应按其外墙勒脚以上结构外围水平面积计算。

单层建筑物内设有局部楼层者，局部楼层的二层及以上楼层，有围护结构的应按其围护结构外围水平面积计算，无围护结构的应按其结构底板水平面积计算。如图 5-7-1 所示。围护结构是指围合建筑空间四周的墙体、门、窗等。

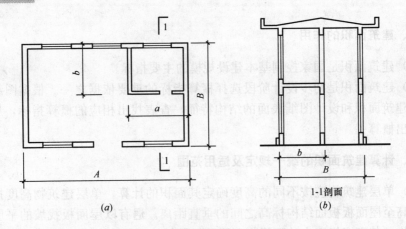

图 5-7-1 单层建筑物部分有楼层
(a) 建筑平面图；(b) 剖面图

(2) 多层建筑物首层应按其外墙勒脚以上结构外围水平面积计算；二层及以上楼层应按其外墙结构外围水平面积计算。如图 5-7-2、图 5-7-3 所示。

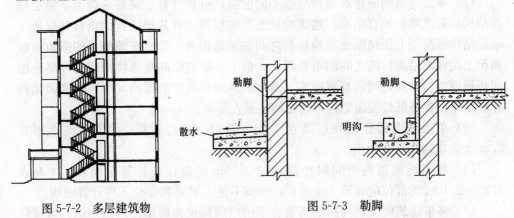

图 5-7-2 多层建筑物　　　　　图 5-7-3 勒脚

(3) 地下室、半地下室（车间、商店、车站、车库、仓库等），包括相应的有永久性顶盖的出入口，应按其外墙上口（不包括采光井、外墙防潮层及其保护墙）外边线所围水平面积计算。如图 5-7-4 所示。

地下室指房间地平面低于室外地平面的高度超过该房间净高的 1/2 者。半地下室指房间地平面低于室外地平面的高度超过该房间净高的 1/3，且不超过 1/2 者。

(4) 坡地的建筑物吊脚架空层（图 5-7-5）、深基础架空层（图 5-7-6），设计加以利用并有围护结构的，层高在 2.20m 及以上的部位应计算全面积；层高不足 2.20m 的部位应计算 1/2 面积。设计加以利用、无围护结构的建筑吊脚架空层，应按其利用部位水平面积的 1/2 计算；设计不利用的深基础架空层、坡地吊脚架空层、多层建筑坡屋顶内、场馆看台下的空间不应计算面积。

架空层是指建筑物深基础或坡地建筑吊脚架空部位不回填土石方形成的建筑空间。

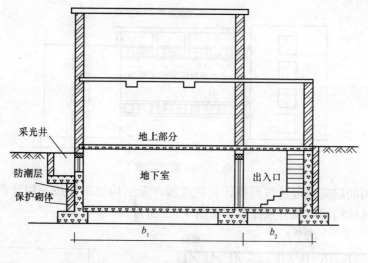

图 5-7-4 地下室示意图

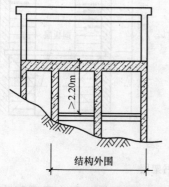

图 5-7-5 利用吊脚做架空层（m）

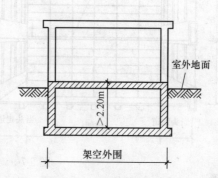

图 5-7-6 地下架空层（m）

（5）建筑物的门厅、大厅按一层计算建筑面积。门厅、大厅内设有回廊时（图 5-7-7），应按其结构底板水平面积计算。回廊是在建筑物门厅、大厅内设置在二层或二层以上的回形走廊。

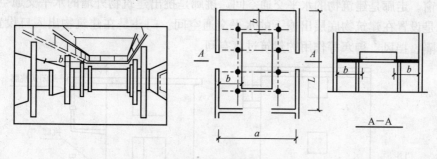

图 5-7-7 大厅内回廊

（6）建筑物间有围护结构的架空走廊（图 5-7-8），应按其围护结构外围水平面积计算。有永久性顶盖无围护结构的应按其结构底板水平面积的 1/2 计算。

架空走廊是建筑物之间，在二层或二层以上专门为水平交通设置的走廊。

（7）立体书库、立体仓库、立体车库不论是否有围护结构，是否有结构层，

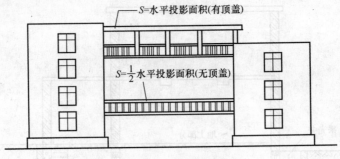

图 5-7-8 架空走廊

应区分不同的层高确定建筑面积计算的范围，无结构层的应按一层计算，有结构层的应按其结构层面积分别计算。如图 5-7-9 所示。

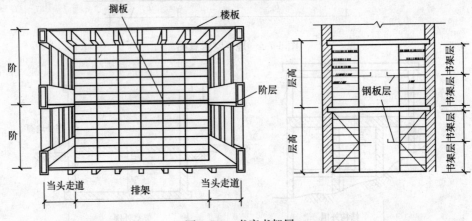

图 5-7-9 书库书架层

（8）有围护结构的舞台灯光控制室，应按其围护结构外围水平面积计算。

（9）建筑物外有围护结构的落地橱窗、门斗（图 5-7-10）、挑廊（图 5-7-11）、走廊、檐廊（图 5-7-12），应按其围护结构外围水平面积计算。有永久性顶盖无围护结构的应按其结构底板水平面积的 1/2 计算。落地橱窗是突出外墙面根基落地的橱窗。走廊是建筑物的水平交通空间。挑廊是挑出建筑物外墙的水平交通空间。檐廊是设置在建筑物底层出檐下的水平交通空间。门斗是在建筑物出入口设置的起分隔、挡风、御寒等作用的建筑过渡空间。

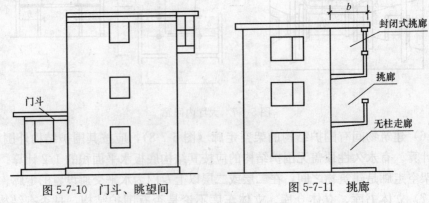

图 5-7-10 门斗、眺望间　　　图 5-7-11 挑廊

(10) 有永久性顶盖无围护结构的场馆看台应按其顶盖水平投影面积的1/2计算。

(11) 建筑物顶部有围护结构的楼梯间、水箱间、电梯机房等（图5-7-13），层高在2.20m及以上者应计算全面积；层高不足2.20m者应计算1/2面积。

图5-7-12　走廊、檐廊　　　　图5-7-13　屋面上的水箱间、电梯机房

(12) 设有围护结构不垂直于水平面而超出底板外沿的建筑物，应按其底板面的外围水平面积计算。

设有围护结构不垂直于水平面而超出底板外沿的建筑物是指向建筑物外倾斜的墙体，若遇有向建筑物内倾斜的墙体，应视为坡屋顶，应按坡屋顶有关规定计算面积。

(13) 建筑物内的室内楼梯间、电梯井（图5-7-14）、观光电梯井、提物井、管道井、通风排气竖井、垃圾道、附墙烟囱应按建筑物的自然层计算。自然层是指按楼板、地板结构分层的楼层。

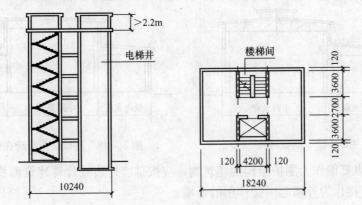

图5-7-14　建筑物为电梯井

室内楼梯间的面积计算，应按楼梯依附的建筑物的自然层数计算并在建筑物面积内。遇跃层建筑，其共用的室内楼梯应按自然层计算面积；上下两错层户室共用的室内楼梯，应选上一层的自然层计算面积。

如遇建筑物屋顶的楼梯间是坡屋顶，应按坡屋顶的相关规定计算面积。

(14) 雨篷结构的外边线至外墙结构外边线的宽度超过2.10m者，应按雨篷结构板的水平投影面积的1/2计算。雨篷其宽度不超过2.10m不计算面积。雨篷是设置在建筑物进出口上部的遮雨、遮阳篷。有柱雨篷和无柱雨篷计算应一致。

(15) 有永久性顶盖的室外楼梯,应按建筑物自然层的水平投影面积的1/2计算。室外楼梯最上层楼梯无永久性顶盖,或不能完全遮盖楼梯的雨篷,上层楼梯不计算面积,上层楼梯可视为下层楼梯的永久性顶盖,下层楼梯应计算面积。

(16) 建筑物的阳台,不论是凹阳台、挑阳台、封闭阳台(图5-7-15)、不封闭阳台(图5-7-16)均按其水平投影面积的1/2计算。

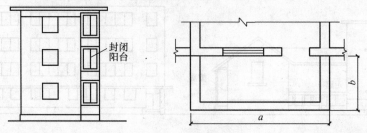

图 5-7-15　封闭式挑阳台

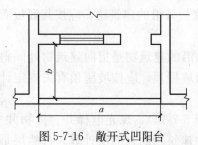

图 5-7-16　敞开式凹阳台

(17) 有永久性顶盖无围护结构的车棚、货棚、站台、加油站、收费站等,应按其顶盖水平投影面积的1/2计算。在车棚、货棚、站台、加油站、收费站内设有围护结构的管理室、休息室等,另按相关规定计算面积。

(18) 高低联跨的建筑物,应以高跨结构外边线为界分别计算建筑面积;其高低跨内部连通时,其变形缝应计算在低跨面积内。如图5-7-17、图5-7-18所示。

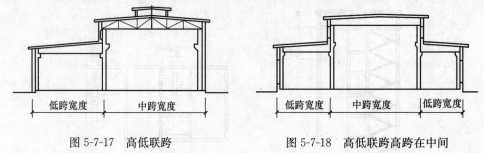

图 5-7-17　高低联跨　　　　　图 5-7-18　高低联跨高跨在中间

(19) 以幕墙作为围护结构的建筑物,应按幕墙外边线计算建筑面积。围护性幕墙是指直接作为外墙起围护作用的幕墙。

(20) 建筑物外墙外侧有保温隔热层的,应按保温隔热层外边线计算建筑面积。

(21) 建筑物内的变形缝,应按其自然层合并在建筑物面积内计算。建筑物内的变形缝是与建筑物相连通的变形缝,即暴露在建筑物内,在建筑物内可以看得见的变形缝。

变形缝是伸缩缝(温度缝)、沉降缝和防震缝的总称。

五、不应计算面积的范围

(1) 建筑物通道(骑楼、过街楼的底层)。建筑物通道为道路穿过建筑物而设置的建筑空间。骑楼为楼层部分跨在人行道上的临街楼房。过街楼为有道路穿过建筑空间的楼房。如图 5-7-19 所示。

（2）建筑物内的设备管道夹层。如图 5-7-20 所示。

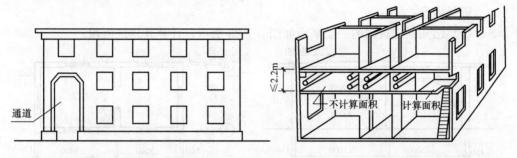

图 5-7-19　建筑物通道　　　　图 5-7-20　建筑物内设备管道层

（3）建筑物内分隔的单层房间、舞台及后台悬挂幕布、布景的天桥、挑台等。
（4）屋顶水箱、花架、凉棚、露台、露天游泳池。
（5）建筑物内的操作平台、上料平台、安装箱和罐体的平台。
（6）勒脚、附墙柱、垛、台阶（图 5-7-21）、墙面抹灰、装饰面、镶贴块料面层、装饰性幕墙、空调室外机搁板（箱）、飘窗、构件、配件、宽度在 2.10m 以内的雨篷以及与建筑物内不连通的装饰性阳台、挑廊。

飘窗为房间采光和美化造型而设置的突出外墙的窗。装饰性幕墙为设置在建筑物墙体外起装饰作用的幕墙。

（7）无永久性顶盖的架空走廊、室外楼梯和用于检修、消防等的室外钢楼梯、爬梯（图 5-7-22）。

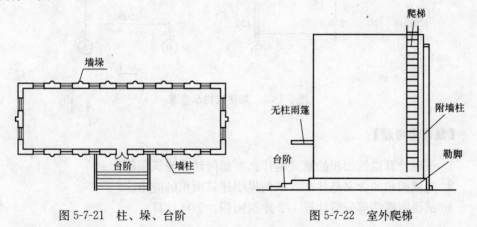

图 5-7-21　柱、垛、台阶　　　　图 5-7-22　室外爬梯

（8）自动扶梯、自动人行道。自动扶梯（斜步道滚梯），除两端固定在楼层板或梁之外，扶梯本身属于设备，为此扶梯不宜计算建筑面积。水平步道（滚梯）属于安装在楼板上的设备，不应单独计算建筑面积。

（9）独立烟囱、烟道、地沟、油（水）罐、气柜、水塔、贮油（水）池、贮仓、栈桥、地下人防通道、地铁隧道。

【实训练习】

实训项目：计算建筑面积。
资料内容：
（1）已知某建筑物的一层平面如图 5-7-23 所示，计算其建筑面积。

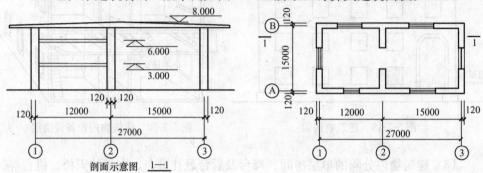

图 5-7-23　单层房屋平面示意图

（2）已知某建筑物的平面图和剖面图如图 5-7-24 所示，计算其建筑面积。

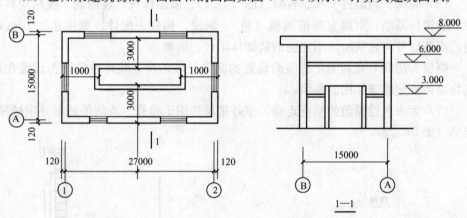

图 5-7-24　某建筑物示意图

【复习思考题】

1. 正确计算建筑面积的意义是什么？如何计算建筑面积？
2. 建筑面积的含义是什么？举例说明建筑面积的应用。
3. 试说明哪些部分应计算 1/2 建筑面积，怎样计算？

学习情境六 基础工程计量与计价

任务一 识读基础工程构造

【引入问题】
1. 什么是地基？
2. 什么是基础？
3. 基础有哪几种结构形式？

【工作任务】
了解地基与基础的基本知识，掌握基础的结构形式，熟练识读基础施工图。

【学习参考资料】
1.《建筑识图与构造》中国建筑工业出版社，高远、张艳芳编著. 2008.
2.《建筑构造与识图》中国建筑工业出版社，赵研编. 2008年.
3.《建筑构造与识图》机械工业出版社，魏明编. 2008年.

【主要学习内容】
凡供人们在其中生产、生活或其他活动的房屋或场所是建筑物。人们不在其中生产、生活的建筑是构筑物，如水塔、电塔、烟囱、桥梁、堤坝、囤仓等。

建筑物可以按其功能性质、某些特征和规律分类，如按使用功能，按主要承重结构材料，按建筑层数等划分。

一般民用建筑是由基础、墙和柱、楼板、屋顶、楼梯和门窗等组成。

一、基础与地基

1. 基础

将结构所承受的各种作用传到地基上的结构组成部分称为基础。基础是房屋建筑的重要组成部分，它承受建筑物上部结构传来的全部荷载，并将这些荷载连同自身重量一起传到地基。

2. 地基

支承基础的土体或岩体称为地基。地基不属于建筑物的组成部分，但它对保证建筑物的坚固耐久具有非常重要的作用。

3. 基础与地基的关系

基础的类型与构造并不完全取决于建筑物上部结构，它与地基土的性质有着密切关系。具有同样上部结构的建筑物建造在不同的地基上，其基础的形式与构造可能是完全不同的。因此，地基与基础之间，有着相互影响，相互制约的密切关系。

二、基础的埋置深度及影响因素

1. 基础的埋置深度

室外设计地面到基础底面的距离称为基础的埋置深度，简称基础埋深。根据基础埋深的不同有深基础和浅基础，埋置深度大于 5m 的称为深基础，埋置深度小于 5m 的称为浅基础。一般来说，基础的埋置深度愈浅，土方开挖量就愈小，基础材料用量也愈少，工程造价就愈低，但当基础的埋置深度过小时，基础底面的土层受到压力后会把基础周围的土挤走，使基础产生滑移而失去稳定；同时基础埋得过浅，还容易受外界各种不良因素的影响。所以，基础的埋置深度最浅不能小于 500mm。基础的埋置深度如图 6-1-1 所示。

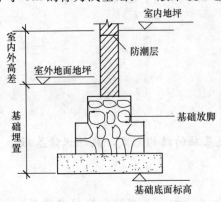

图 6-1-1 基础的埋置深度

2. 影响基础埋深的因素

影响基础埋深的因素很多，主要有以下几方面：

（1）建筑物自身的特性。

如建筑物的用途，有无地下室、设备基础和地下设施，基础的型式和构造。

（2）作用在地基上的荷载大小和性质。

（3）工程地质和水文地质条件。

在满足地基稳定和变形要求的前提下，基础宜浅埋，当上层地基的承载力大于下层土时，宜利用上层土作持力层。

当表面软弱土层很厚时，可采用人工地基或深基础。

一般情况下，基础应位于地下水位之上，以减少特殊的防水、排水措施。当地下水位很高，基础必须埋在地下水位以下时，应采取地基土在施工时不受扰动的措施。

（4）相临建筑物的基础埋深。

当存在相邻建筑物时，一般新建建筑物基础的埋深不应大于原有建筑基础，以保证原有建筑的安全；当新建建筑物基础的埋深必须大于原有建筑基础的埋深时，为了不破坏原基础下的地基土，应与原基础保持一定的净距，数值应根据原有建筑荷载大小、基础形式和土质情况确定。

（5）地基土冻胀和融陷的影响。

对于冻结深度浅于 500mm 的南方地区或地基土为非冻胀土时，可不考虑土的冻结深度对基础埋深的影响。对于季节冰冻地区，地基为冻胀土时，为避免建筑物受地基土冻融影响产生变形和破坏，应使基础底面低于当地冻结深度。如果允许建筑基础底面之下有一定厚度的冻土层时，应通过计算确定基础的最小埋深。

三、基础的分类和构造

基础按其结构形式可分为：条形基础；独立基础；柱下条形基础；筏形基础；箱形基础；桩基础。

（1）条形基础。基础为连续的长条形时称为条形基础。如图6-1-2所示。

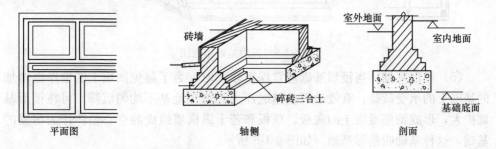

图6-1-2 条形基础示意图

（2）独立基础。当建筑物上部采用柱承重，且柱距较大时，将柱下扩大形成的基础称为独立基础。

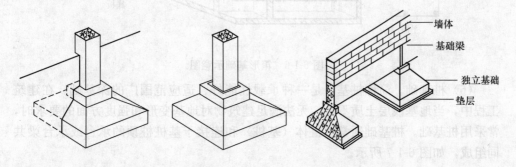

图6-1-3 独立基础示意图

（3）柱下条形基础。当地质条件较差，此时在承重的结构柱下使用独立柱基础已经不能满足其承受荷载和整体性要求时，可将同一排柱基础连在一起，构成柱下条形基础。如图6-1-4所示。

（4）筏形基础。当上部荷载较大，地基承载力较低，基础底面占建筑物平面面积的比例较大时，可将基础连成整片，像筏板一样，称为筏板基础。如图6-1-5所示。

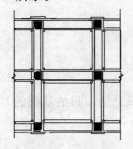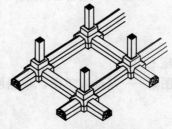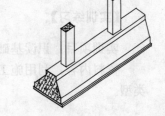

图6-1-4 柱下条形基础示意图

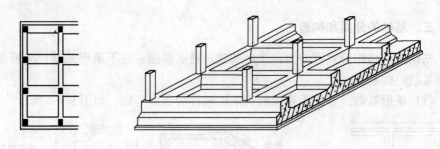

图 6-1-5 筏形基础示意图

(5) 箱形基础。当筏形基础埋置深度较大时，为了避免回填土的增厚而增加的基础上的承受荷载，有效地调整基底压力和避免地基不均匀沉降，可将筏形基础扩大，形成钢筋混凝土的底板、顶板和若干纵横墙组成的空心箱体作为房屋的基础，这种基础叫箱形基础。如图 6-1-6 所示。

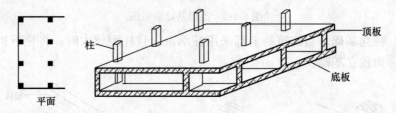

图 6-1-6 箱形基础示意图

(6) 桩基础。简称桩基，是一种承载性能好、适应范围广的深基础。在建筑工程中，当地基浅层土质不良，无法满足建筑物对地基变形和强度方面的要求时，常采用桩基础。桩基础通常由桩体（基桩）和连接于基桩桩顶的承台或承台梁共同组成，如图 6-1-7 所示。

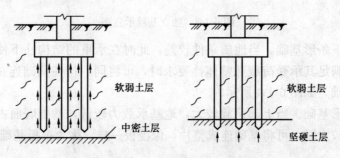

图 6-1-7 桩基础示意图

【实训练习】

实训项目：识读基础施工图。

资料内容：利用施工图集——基础施工图，根据所学知识总结、归纳基础的类型。

【复习思考题】

1. 影响基础的埋置深度的因素主要有哪几方面？
2. 基础按结构形式分类主要有哪几种？
3. 基础与地基有何区别？

任务二　基础工程建筑材料识别

【引入问题】

1. 什么是土？
2. 土有哪些性质？
3. 什么是混凝土？
4. 混凝土由哪些材料组成？

【工作任务】

了解土、混凝土的基本知识，熟悉混凝土组成材料的基本要求。

【学习参考资料】

1. 建筑与装饰材料：中国建筑工业出版社，宋岩丽编．2007．
2. 建筑装饰材料：科学出版社，李燕、任淑霞编．2006．
3. 建筑装饰材料：重庆大学出版社，张粉琴、赵志曼编．2007．
4. 建筑装饰材料：北京大学出版社，高军林编．2009．

【主要学习内容】

一、土的基本性质

（一）土的组成

土一般由土颗粒（固相）、水（液相）和空气（气相）三部分组成，这三部分之间的比例关系随着周围条件的变化而变化，三者相互间比例不同，反映出土的物理状态不同，如干燥、稍湿或很湿，密实、稍密或松散。这些指标是最基本的物理性质指标，对评价土的工程性质，进行土的工程分类具有重要意义。

土的三相物质是混合分布的，为阐述方便，一般用三相图（图 6-2-1）表示，三相图中，把土的固体颗粒、水、空气各自划分开来。

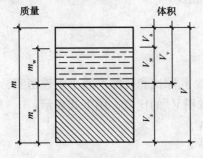

图中符号：

m——土的总质量（$m=m_s+m_w$）(kg)；
m_s——土中固体颗粒的质量(kg)；
m_w——土中水的质量(kg)；
V——土的总体积（$V=V_a+V_w+V_s$）(m³)；
V_a——土中空气体积(m³)；
V_s——土中固体颗粒体积(m³)；
V_w——土中水所占的体积(m³)；
V_v——土中孔隙体积（$V_v=V_a+V_w$）(m³)。

图 6-2-1　土的三相示意图

（二）土的物理性质

1. 土的可松性与可松性系数

天然土经开挖后，其体积因松散而增加，虽经振动夯实，仍然不能完全复原，这种现象称为土的可松性。土的可松性用可松性系数表示：即：

最初可松性系数：

$$K_s = \frac{V_2}{V_1}$$

最后可松性系数：

$$K'_s = \frac{V_3}{V_1}$$

式中　K_s、K'_s——土的最初、最后可松性系数；
　　　V_1——土在天然状态下的体积（m³）；
　　　V_2——土挖后松散状态下的体积（m³）；
　　　V_3——土经压（夯）实后的体积（m³）。

可松性系数对土方的调配、计算土方运输量都有影响。

2. 土的天然含水量

在天然状态下，土中水的质量与固体颗粒质量之比的百分率称为土的天然含水量，反映了土的干湿程度，用 w 表示，即：

$$w = \frac{m_w}{m_s} \times 100\%$$

式中　m_w——土中水的质量（kg）；
　　　m_s——土中固体颗粒的质量（kg）。

3. 土的天然密度和干密度

土在天然状态下单位体积的质量称为土的天然密度（简称密度）。一般黏土的密度约为 1800~2000kg/m³，砂土约为 1600~2000kg/m³。土的密度按下式计算：

$$\rho = \frac{m}{V}$$

干密度是土的固体颗粒质量与总体积的比值，用下式表示：

$$\rho_d = \frac{m_s}{V}$$

式中　ρ、ρ_d——分别为土的天然密度和干密度；
　　　m——土的总质量（kg）；
　　　V——土的体积（m³）。

4. 土的孔隙比和孔隙率

孔隙比和孔隙率反映了土的密实程度。孔隙比和孔隙率越小土越密实。

孔隙比 e 是土的孔隙体积 V_v 与固体体积 V_s 的比值，用下式表示：

$$n = \frac{V_v}{V_s}$$

孔隙率 n 是土的孔隙体积 V_v 与总体积 V 的比值，用百分率表示：

$$n=\frac{V_v}{V}\times 100\%$$

5. 土的渗透系数

土的渗透性系数表示单位时间内水穿透土层的能力，以 m/d 表示。根据土的渗透系数不同，可分为透水性土（如砂土）和不透水性土（如黏土）。它影响施工降水与排水的速度，一般土的渗透系数见表6-2-1。

土的渗透系数参考表 表6-2-1

土的名称	渗透系数 K (m/d)	土的名称	渗透系数 K (m/d)
黏 土	<0.005	中 砂	5.00～20.00
粉质黏土	0.005～0.10	均质中砂	35～50
粉 土	0.10～0.50	粗 砂	20～50
黄 土	0.25～0.50	圆砾石	50～100
粉 砂	0.50～1.00	卵 石	100～500
细 砂	1.00～5.00		

（三）土的工程分类

土的分类方法较多，如根据土的颗粒级配或塑性指数分类、根据土的沉积年代分类和根据土的工程特点分类等。而土的工程性质对土方工程施工方法的选择、劳动量和机械台班的消耗及工程费用都有较大的影响，应高度重视。在土方施工中，根据土的坚硬程度和开挖方法将土分为八类（表6-2-2）。

土 的 工 程 分 类 表6-2-2

土的分类	土的名称	可松性系数 K_s	可松性系数 K'_s	开挖方法及工具
一类土（松软土）	砂；粉土；冲积砂土层；种植土；泥炭（淤泥）	1.08～1.17	1.01～1.03	能用锹、锄头挖掘
二类土（普通土）	粉质黏土；潮湿的黄土；夹有碎石、卵石的砂；填筑土及粉土混卵（碎）石	1.14～1.28	1.02～1.05	用锹、条锄挖掘，少许用镐翻松
三类土（坚土）	中等密实黏土；重粉质黏土；粗砾石；干黄土及含碎石、卵石的黄土、粉质黏土；压实的填筑土	1.24～1.30	1.04～1.07	主要用镐，少许用锹、条锄挖掘
四类土（砂砾坚土）	坚硬密实的黏性土及含碎石、卵石的黏土；粗卵石；密实的黄土；天然级配砂石；软泥灰岩及蛋白石	1.26～1.32	1.06～1.09	整个用镐、条锄挖掘，少许用撬棍挖掘
五类土（软石）	硬质黏土；中等密实的页岩、泥灰岩、白垩土；胶结不紧的砾岩；软的石灰岩	1.30～1.45	1.10～1.20	用镐或撬棍、大锤挖掘，部分用爆破方法
六类土（次坚石）	泥岩；砂岩；砾岩；坚实的页岩；泥灰岩；密实的石灰岩；风化花岗岩；片麻岩	1.30～1.45	1.10～1.20	用爆破方法开挖，部分用镐

续表

土的分类	土的名称	可松性系数 K_s	可松性系数 K'_s	开挖方法及工具
七类土（坚石）	大理岩；辉绿岩；玢岩；粗、中粒花岗岩；坚实的白云岩、砂岩、砾岩、片麻岩、石灰岩、微风化的安山岩、玄武岩	1.30～1.45	1.10～1.20	用爆破方法开挖
八类土（特坚石）	安山岩；玄武岩；花岗片麻岩、坚实的细粒花岗岩、闪长岩、石英岩、辉长岩、辉绿岩、玢岩	1.45～1.50	1.20～1.30	用爆破方法开挖

注：K_s——最初可松性系数；K'_s——最后可松性系数。

二、普通混凝土

混凝土是当代最主要的土木工程材料之一。它是由胶凝材料、水、粗骨料和细骨料（根据情况可掺入外加剂），按照适当比例配合，经搅拌振捣成型，在一定条件下养护而成的人造石材。混凝土具有原料丰富，价格低廉，生产工艺简单的特点，因而其使用量越来越大；同时混凝土还具有抗压强度高、耐久性好、强度等级范围宽等优点，使用范围十分广泛，不仅在土木工程中使用，就连造船业、机械工业、海洋的开发、地热工程等方面也有很好的应用。

混凝土的种类很多。按胶凝材料不同，分水泥混凝土（普通混凝土）、沥青混凝土、石膏混凝土及聚合物混凝土等；按表观密度不同，分重混凝土（表观密度大于2800kg/m³）、普通混凝土（表观密度为2000～2800kg/m³）、轻混凝土（表观密度小于2000kg/m³）；按使用功能不同，分结构混凝土、道路混凝土、水工混凝土、耐热混凝土、耐酸混凝土、防辐射混凝土及装饰混凝土等；按施工工艺不同，又分喷射混凝土、泵送混凝土、振动（压力）灌浆混凝土、离心混凝土等。

混凝土的优点很多：性能多样、用途广泛，可根据不同的工程要求配置不同性质的混凝土；混凝土的塑性较好，可根据需要浇筑成不同形状和大小的构件和结构物；混凝土和钢筋有牢固的粘结力，和钢筋组合使用制成钢筋混凝土结构或构件，能充分发挥混凝土的抗压性能和钢筋的抗拉性能；混凝土组成材料中的砂、石等材料约占80%以上，其来源广泛，符合就地取材和经济的原则；混凝土具有良好的耐久性，同钢材、木材相比维修保养费用低；充分利用工业废料作骨料或掺合料，如粉煤灰、矿渣等，有利于环境保护。

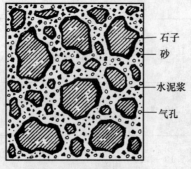

图 6-2-2 混凝土组织结构

同时混凝土也存在抗拉强度低、变形能力小、易开裂、自重大、硬化速度慢和生产周期长等缺点，随着科学技术的迅速发展，混凝土的不足之处正在不断被克服。

（一）普通混凝土组成材料

普通混凝土（简称混凝土）是由水泥、砂、石和水等材料按比例拌合，经浇筑养护硬化而形成的人造石材，为改善混凝土的某些性能还可加入适量的外加剂和掺合料。混凝土组织结构如图 6-2-2 所示。

在混凝土中，水泥与水形成水泥浆包裹砂、石颗粒表面，并填充砂、石的空隙，水泥浆在硬化前主要起润滑作用，使混凝土拌合物具有良好的和易性；在硬化后，水泥浆主要起胶结作用，将砂、石粘结成一个整体，使其具有良好的强度及耐久性。砂、石在混凝土中起骨架作用，并可抑制混凝土的收缩。

混凝土的技术性能在很大程度上是由原材料的性质及其相对含量决定的，同时也与施工工艺（搅拌、浇筑、养护）有关。因此，我们必须了解原材料的性质、作用及其质量要求，合理选用原材料，这样才能保证混凝土的质量。

1. 水泥

水泥的品种多样，在水泥的选择使用时既要严格执行国家的相关标准规定，同时还要按照设计要求和针对不同的工程实际情况进行选择。

（1）水泥品种的选择。

配制建筑用混凝土通常采用硅酸盐水泥、普通硅酸盐水泥、矿渣硅酸盐水泥和粉煤灰硅酸盐水泥等，其中普通硅酸盐水泥使用最多，被广泛用于混凝土和钢筋混凝土工程。有时在水泥的选择上还会根据工程的实际情况进行，如我们在进行厚大体积混凝土施工时，为了避免由于水泥水化热引起的过大混凝土内外温度差对质量的影响，通常会考虑使用低水化热的水泥，如粉煤灰硅酸盐水泥。

（2）水泥的强度等级。

水泥的强度等级应与混凝土的设计强度等级相适应。原则上配制高强度等级的混凝土选用高强度等级的水泥；配制低强度等级的混凝土采用低强度等级的水泥。目前硅酸盐水泥（P.Ⅰ/P.Ⅱ）的强度等级有：42.5、42.5R、52.5、52.5R、62.5 和 62.5R 六个强度等级（分别代表试件 28d 的抗压强度标准值的最小值为 42.5MPa、52.5MPa、62.5MPa，带 R 的为早强型等级）。1999 年以前，水泥按照标号划分等级，其标号序列和现行的强度等级序列并不是严格对应，但是在实践中往往以现行的强度等级乘以 10 的积加上 100 后的数值来寻找对应关系（如 42.5 强度等级大致对应以前的 525 号），以便适应这一变化。

如必须用高强度等级的水泥配制低强度等级的混凝土时，会使水泥的用量偏少，影响混凝土的和易性和密实度，应掺入一定量的掺合料；如用低强度等级的水泥配制高强度等级的混凝土时，水泥用量会过多，经济不合理的同时也会影响混凝土的流动性等技术性质。

2. 细骨料

粒径在 0.15～4.75mm 之间的骨料称为细骨料（砂），混凝土用砂可分为天然砂和人工砂。

天然砂是由自然条件作用而形成，粒径小于 4.75mm 的岩石颗粒。按其产源不同可分为河砂、海砂、山砂。建筑工程一般采用河砂作为细骨料。天然砂按其技术要求分为Ⅰ类、Ⅱ类、Ⅲ类三个级别。Ⅰ类宜用于强度等级大于 C60 的混凝土；Ⅱ类宜用于强度等级为 C30～C60 和抗冻、抗渗或有其他要求的混凝土；Ⅲ类宜用于强度等级小于 C30 的混凝土和建筑砂浆。

人工砂是岩石经除土开采、机械破碎、筛分而成，粒径小于 4.75mm 的岩石颗粒;另外把天然砂与人工砂按一定比例组合而成的砂称为混合砂,也即是一种人工砂。人工砂颗粒棱角多,较洁净,但片状颗粒及细粉含量较多,且成本较高,一般只在缺少天然砂时才会采用。

根据我国《建筑用砂》(GB/T14684—2001)的规定,配制混凝土时所采用的细骨料(砂)应满足以下几方面质量要求。

(1) 砂的颗粒级配及粗细程度。

①砂的颗粒级配。

砂的颗粒级配是砂的大小颗粒的搭配情况。如图 6-2-3 所示,如果混凝土中是同样粗细的砂,空隙最大;两种粒径的砂搭配起来,空隙减小;而三种不同粒径的砂搭配在一起空隙就更小。从而可以看出混凝土用砂应该有较好的颗粒级配,级配良好的砂,不仅可以节省水泥,而且能使混凝土结构密实、强度高。

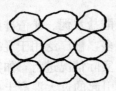 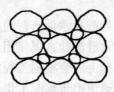 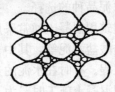

图 6-2-3 骨料颗粒级配示意图

②砂的粗细程度。

砂的粗细程度是指不同粒径的砂粒混合在一起后的总体的粗细程度。通常按细度模数的不同分为粗、中、细三级。在相同质量的条件下,细砂的总表面积大,而粗砂的总表面积小。

在混凝土中,砂子的总表面积越大则包裹砂粒表面的水泥浆需要量越多。因此,一般来说用粗砂拌制混凝土比用细砂拌制混凝土节省水泥浆。泵送混凝土,宜选用中砂。砂的细度模数见表6-2-3。

砂的细度模数　　　　　　　表 6-2-3

细度模数	砂的粗细程度
3.7~3.1	粗砂
3.0~2.3	中砂
2.2~1.6	细砂

(2) 砂的含泥量、泥块含量和石粉含量。

砂的含泥量为天然砂中粒径小于 75μm 的颗粒含量;泥块含量指砂中粒径大于 1.18mm,经水洗、手捏后变成小于 600μm 的颗粒的含量。泥通常包裹在砂颗粒表面,妨碍了水泥浆与砂的粘结,使混凝土的强度、耐久性降低。

砂的含泥量和泥块含量应符合表 6-2-4 的规定。

砂的含泥量和泥块含量　　　　　　　表 6-2-4

项　　目	指　　标		
	Ⅰ类	Ⅱ类	Ⅲ类
含泥量(按质量计,%)	<1.0	<3.0	<5.0
泥块含量(按质量计,%)	0	<1.0	<2.0

石粉含量是人工砂中粒径小于 $75\mu m$ 的颗粒含量。过多的石粉含量会妨碍水泥与骨料的粘结，对混凝土无益，而适量的石粉含量不仅可弥补人工砂颗粒多棱角对混凝土带来的不利，还可以完善砂子的级配，提高混凝土的密实性，进而提高混凝土的综合性能，对混凝土有益。因此人工砂中的石粉含量要求可适当降低。

（3）砂的坚固性。

砂的坚固性是指砂在气候、环境变化或其他物理因素作用下抵抗破坏的能力。

（4）砂的有害物质含量。

配制混凝土用砂要求清洁不含杂质以保证混凝土的质量。当砂中含有云母、轻物质、有机物、硫化物及硫酸盐等有害物质时，其含量应符合表 6-2-5 的规定。

砂中有害物质含量　　　　　　　　　表 6-2-5

项　目	指　标		
	Ⅰ类	Ⅱ类	Ⅲ类
云母（按质量计）小于（%）	1.0	2.0	2.0
轻物质（按质量计）小于（%）	1.0	1.0	1.0
有机物（比色法）	合格	合格	合格
硫化物及硫酸盐（按 SO_3 质量计）小于（%）	0.50	0.50	0.50
氯化物（以氯离子质量计）小于（%）	0.01	0.02	0.06

同时混凝土用砂还应满足以下要求：

① 对于长期处于潮湿环境的重要混凝土结构所用的砂、石，应进行碱活性检验；

② 对于钢筋混凝土用砂，其氯离子含量不得大于 0.06%（以干砂的质量百分率计）；

③ 对于预应力混凝土用砂，其氯离子含量不得大于 0.02%（以干砂的质量百分率计）。

3. 粗骨料

混凝土中常用的粗骨料有碎石和卵石。由天然岩石或卵石经破碎、筛分而得的，粒径大于 4.75mm 的岩石颗粒称为碎石；岩石由自然条件作用形成的，粒径大于 4.75mm 的颗粒称为卵石。碎石与卵石相比，表面比较粗糙、多棱角，表面积大、孔隙率大，与水泥的粘结强度较高。因此，在水灰比相同的条件下，用碎石拌制的混凝土，流动性较小，但强度较高；而卵石正相反，流动性大，但强度较低。

依据《建筑用卵石、碎石》（GB/T 14685—2001）规定，按卵石、碎石技术要求把粗骨料分为Ⅰ类、Ⅱ类、Ⅲ类三个类别。其中Ⅰ类宜用于强度等级大于 C60 的混凝土；Ⅱ类宜用于强度等级为 C30~C60 和抗冻、抗渗或有其他要求的混凝土；Ⅲ类宜用于强度等级小于 C30 的混凝土。

配制混凝土的粗骨料质量应满足以下几方面质量要求：

（1）颗粒级配及最大粒径。

① 颗粒级配。

碎石或卵石的颗粒级配按供应情况分连续粒级和单粒级两种。单粒级宜用于组合成满足要求的连续粒级；也可与连续粒级混合使用，以改善其级配或配成较大粒度的连续粒级。

当卵石的颗粒级配不符合规定时，应采取措施并经试验证实能确保工程质量后，方允许使用。

② 最大粒径。

最大粒径是用来表示粗骨料的粗细程度的。公称粒径的上限称为该粒级的最大粒径。粗骨料的最大粒径增大则该粒级的粗骨料总表面积减小，包裹粗骨料所需的水泥浆量就少。在一定和易性和水泥用量条件下，则能减小用水量而提高混凝土强度。对中低强度的混凝土，尽量选择最大粒径较大的粗骨料，但通常不宜大于 40mm。

混凝土结构中，最大粒径不得超过结构截面最小尺寸的 1/4；不得超过钢筋最小净距的 3/4；不得超过板厚的 1/3 且不得超过 40mm；对于泵送混凝土，最大粒径与输送管道内径之比，碎石不宜大于 1∶3，卵石不宜大于 1∶2.5。

(2) 针、片状颗粒含量。

凡岩石颗粒的长度大于该颗粒所属粒级的平均粒径 2.4 倍者为针状颗粒；厚度小于平均粒径 0.4 倍者为片状颗粒。平均粒径指该颗粒上、下限粒径的平均值。针、片状颗粒过多会使混凝土的强度、和易性和耐久性降低。石子中针、片状颗粒含量应符合表 6-2-6 的规定。

针、片状颗粒含量　　　　　　　　　表 6-2-6

项　目	指　标		
	Ⅰ类	Ⅱ类	Ⅲ类
针、片状颗粒含量（按质量计,%）小于	5	15	25

(3) 含泥量、泥块含量。

碎石或卵石中含泥量和泥块含量应符合表 6-2-7 的规定。

碎石或卵石中含泥量和泥块含量　　　　　　　　　表 6-2-7

项　目	指　标		
	Ⅰ类	Ⅱ类	Ⅲ类
含泥量（按质量计,%）小于	0.5	1.0	1.5
泥块含量（按质量计,%）小于	0	0.5	0.7

(4) 强度。

粗骨料的强度可用岩石抗压强度和压碎值指标表示。岩石抗压强度应比所配制的混凝土强度至少高 20%。当混凝土强度等级不小于 C60 时，应进行岩石抗压强度试验。

(5) 坚固性。

坚固性是指骨料在气候、环境变化或其他物理因素作用下抵抗破坏的能力。采用硫酸钠溶液法检验，试样经 5 次循环后，检测其质量损失程度。

(6) 有害物质含量。

碎石或卵石中的硫化物和硫酸盐含量以及卵石中有机物等有害物质含量应符合表6-2-8的规定。

碎石或卵石中的有害物质含量　　　　　表6-2-8

项　目	指　标		
	Ⅰ类	Ⅱ类	Ⅲ类
有机物	合格	合格	合格
硫化物及硫酸盐（按SO_3质量计,%）小于	0.5	1.0	1.0

4. 混凝土用水

混凝土用水是混凝土拌合用水和混凝土养护用水的总称，包括：饮用水、地表水、地下水、再生水、混凝土企业设备洗刷水和海水等。符合国家标准的生活饮用水可用于拌合混凝土，海水可用来拌制素混凝土，但不得用来拌制钢筋混凝土与预应力钢筋混凝土。混凝土用水还应符合表6-2-9的有关要求。

混凝土用水水质要求　　　　　表6-2-9

项　目	预应力混凝土	钢筋混凝土	素混凝土
pH值	≥5.0	≥4.5	≥4.5
不溶物（mg/L）	≤2000	≤2000	≤5000
可溶物（mg/L）	≤2000	≤5000	≤10000
Cl^-（mg/L）	≤500	≤1000	≤3500
SO_4^{2-}（mg/L）	≤600	≤2000	≤2700
碱含量（mg/L）	≤1500	≤1500	≤1500

注：对于设计使用年限为100年的结构混凝土，氯离子含量不得超过500mg/L；对使用钢丝或经热处理钢筋的预应力混凝土，氯离子含量不得超过350mg/L。

5. 掺合料

在拌制混凝土时，为了节约水泥、改善混凝土性能、调节混凝土强度等级而加入的天然的或人造的矿物材料，统称为混凝土掺合料。

用于混凝土中的掺合料可分为活性矿物掺合料和非活性矿物掺合料两大类。非活性矿物掺合料一般与水泥组份不起化学作用或化学作用很小，如磨细石英砂、石灰石、硬矿渣之类材料。活性矿物掺合料虽然本身不硬化或硬化速度很慢，但能与水泥水化生成的$Ca(OH)_2$生成具有水硬性的胶凝材料。如粒化高炉矿渣、粉煤灰、火山灰质材料等。

活性矿物掺合料依其来源分为天然类、人工类和工业废料类。天然类主要品种有火山灰、凝灰岩、硅藻土、蛋白石质黏土、钙性黏土等；人工类主要有煅烧页岩和黏土；工业废料主要有粉煤灰、硅灰、沸石粉、水淬高炉矿渣粉和煅烧煤矸石。

(1) 粉煤灰。

粉煤灰是从燃烧煤粉的锅炉烟气中收集到的细粉末，其颗粒多呈球形，表面光滑。粉煤灰有高钙粉煤灰和低钙粉煤灰之分,由褐煤燃烧形成的粉煤灰,其氧化钙含量较高(>10%),呈褐黄色,称为高钙粉煤灰,它具有一定的水硬性;由烟煤和无烟煤燃烧形成的粉煤灰,其氧化钙含量很低(<10%),呈灰色或深灰色,称为低钙粉煤灰,一般具有火山灰活性。

低钙粉煤灰来源比较广泛,是当前国内外用量最大、使用范围最广的混凝土掺合料。优点主要有以下两方面:

①节约水泥。一般可节约水泥10%~15%,经济效益显著。

②改善和提高混凝土的技术性能。改善混凝土的和易性、泵送性能;提高混凝土抗硫酸盐性能;提高混凝土的抗渗性;降低混凝土水化热,是厚大体积混凝土施工时的主要掺合料;抑制碱骨料反应。

(2) 沸石粉。

沸石粉是天然的沸石岩磨细而成的。沸石岩是一种经天然煅烧后的火山灰质铝硅酸盐矿物。会有一定量活性二氧化硅和三氧化铝,能与水泥水化析出的氢氧化钙作用,生成胶凝物质。沸石粉具有很大的内表面积和开放性结构,其细度为 0.08mm 筛的筛余<5%,平均粒径为 5.0~6.5μm,颜色为白色。用作混凝土掺合料的主要为斜发灰沸石和丝光沸石。

沸石粉用作混凝土掺合料主要有以下几点效果:

①提高混凝土强度,配制高强度混凝土。如用 42.5 级普通硅酸盐水泥,以等量取代法掺入 10%~15% 的沸石粉,再加入适量高效减水剂,可配制出抗压强度为 70MPa 的高强度混凝土。

②改善混凝土和易性,配制流态混凝土及泵送混凝土。沸石粉与其他矿物掺合料一样,也具有改善混凝土和易性及可泵性的功能。例如:以沸石粉取代等量水泥配制坍落度 16~20cm 的泵送混凝土,未发现离析现象及管路堵塞现象,同时还节约了 20% 的水泥。

(3) 硅灰。

硅灰又称硅粉或硅烟灰,是从生产硅铁合金或硅钢等所排放的烟气中收集到的颗粒极细的烟尘,色呈浅灰到深灰。硅灰的颗粒是微细的玻璃球体,其粒径为 0.1~1.0μm,是水泥颗粒粒径的 1/50~1/100,比表面积为 18.5~20m²/g。硅灰有很高的火山灰活性,可配制高强度、超高强度混凝土,其掺量一般为水泥用量的 5%~10%,在配制超高强度混凝土时,掺量可达 20%~30%。

由于硅灰具有高比表面积,因而其需水量很大,将其作为混凝土掺合料须配以减水剂方可保证混凝土的和易性。

硅灰用作混凝土掺合料有以下几方面效果:

①提高混凝土强度,配制高强度或超高强度混凝土。

②改善混凝土的孔结构,提高混凝土抗渗性、抗冻性及抗腐蚀性。

③抑制碱骨料反应。

(4) 超细微粒矿物质掺合料。

硅灰是理想的超细微粒矿质混合材,但其资源有限,因此多采用超细粉磨的高炉矿渣、粉煤灰或沸石粉等作为超细微粒混合材,配制高强度、超高强度混凝土。超细微粒混合材的比表面积一般>5000m²/kg，可等量替代水泥15%~50%。

超细微粒混合材的材料组成不同，其作用效果有所不同，一般具有以下几方面效果：

①显著改善混凝土的力学性能，可配制出C100以上的超高强度混凝土；

②显著改善混凝土的耐久性，所配制的混凝土收缩大大减小，抗冻、抗渗性能提高；

③改善混凝土的流变性，可配制出大流动性且不离析的泵送混凝土。

（5）火山灰质掺合料。

①煅烧煤矸石。

煤矸石是煤矿开采或洗煤过程中所排除的夹杂物。我国煤矿排出的煤矸石数量较大。所谓煤矸石实际上并非单一的岩石而是含碳物和岩石（砾岩、砂岩、页岩和黏土）的混合物，是一种碳质岩，其灰分超过40%，有一定的发热量。煤矸石的成分，随着煤层地质年代的不同而波动，其主要成分为SiO_2和Al_2O_3，其次是Fe_2O_3及少量CaO、MgO等。

将煤矸石经过高温煅烧，使所含黏土矿物脱水分解，并除去碳分，烧掉有害杂质，就可使其具有较好的活性，是一种可以很好利用的火山灰质掺合料。

②浮石、火山渣。

浮石、火山渣都是火山喷出的轻质多孔岩石，具有发达的气孔结构。两者以表观密度大小区分，密度小于1g/cm³者为浮石，大于1g/cm³者为火山渣。从外观颜色区分，白色至灰白色者为浮石；灰褐色至红褐色者为火山灰。浮石、火山灰的主要化学成分为SiO_2和Al_2O_3，并且多呈玻璃体结构状态。在碱性激发条件下可获得水硬性，是理想的混凝土掺合料。

（二）混凝土拌合物的和易性

混凝土在未凝结硬化以前，称为混凝土拌合物。必须具有良好的和易性，便于施工，以保证能获得良好的浇筑质量。

1. 和易性

和易性就是指混凝土拌合物易于施工操作（拌合、运输、浇捣）并能获得质量均匀、成型密实的混凝土的性能。和易性是一项综合的技术性质，包括流动性、黏聚性和保水性。

（1）流动性。

流动性是指混凝土拌合物在本身自重或施工机械振捣的作用下，能产生流动，并均匀密实地填满模板的性能。

（2）黏聚性。

黏聚性指混凝土拌合物在施工过程中其组成材料之间有一定的黏聚力，不致产生分层（拌合物中各组份出现层状分离现象）和离析（拌合物中某些组份的分离、析出现象）。

（3）保水性。

保水性指混凝土拌合物在施工过程中，具有一定的保水能力，不致产生泌水（水从水泥浆中泌出）现象。混凝土拌合物如产生分层离析、泌水等现象，会影响混凝土的密实性,降低混凝土质量。

2. 和易性的测定方法及指标选择

对混凝土和易性的测定方法通常采用坍落度法和维勃稠度法。

(1) 坍落度法。

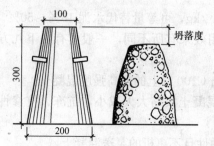

图 6-2-4 拌合物坍落度的测定 (mm)

如图 6-2-4 所示,坍落度试验就是将混凝土拌合物按规定方法装入坍落度筒内,装满刮平后,垂直向上将筒提起,置于混凝土一侧,混凝土拌合物由于自重将会产生坍落现象,用尺量出拌合物向下坍落的高度 (mm) 即为拌合物的坍落度值 (用 T 表示)。坍落度值越大表示混凝土拌合物流动性越大。

施工过程中选择混凝土拌合物的坍落度,要根据构件截面大小,钢筋疏密程度和捣实方法等来确定。构件截面尺寸较小或钢筋较密,或采用人工插捣时,坍落度可选择大些。反之,如构件截面尺寸较大,或钢筋较疏,或采用振动器振捣时,坍落度可选择小些。采用机械振捣的方式浇筑混凝土时的坍落度值可参考表 6-2-10 选用。

混凝土浇筑时的坍落度　　　　　　表 6-2-10

结 构 种 类	坍落度 (mm)
无配筋的大体积结构(挡土墙、基础等)或配筋稀疏的结构	10~30
板、梁或大型及中型截面的柱等	30~50
配筋密列的结构(薄壁、斗仓、筒仓、细柱等)	50~70
配筋特密的结构	70~90

拌合物黏聚性的评定是用捣棒在已坍落完成的混凝土拌合物锥体侧面轻轻敲打,此时如果锥体保持整体均匀逐渐下沉,则表示黏聚性良好;如锥体突然倒塌或出现离析现象,则表示黏聚性不好。

拌合物保水性的评定是通过观察混凝土拌合物稀浆析出的程度来评定,坍落度筒提起后如有较多的稀浆从底部析出,则表明混凝土的保水性不好;如无稀浆或只有少量稀浆析出,表示混凝土的保水性良好。

坍落度试验只适用骨料最大粒径不大于 40mm,坍落度值不小于 10mm 的混凝土拌合物。根据坍落度的不同,可将混凝土拌合物分为 4 级,见表 6-2-11。

混凝土坍落度的级别　　　　　　表 6-2-11

级 别	名 称	坍落度 (mm)
T1	低塑性混凝土	10~40
T2	塑性混凝土	50~90
T3	流动性混凝土	100~150
T4	大流动性混凝土	≥160

(2) 维勃稠度法。

对于干硬性的混凝土拌合物（坍落度值小于 10mm）通常采用维勃稠度仪测定其稠度。如图 6-2-5 所示为维勃稠度仪及其示意图。

维勃稠度测试法就是在坍落度筒中按规定方法装满拌合物，提起坍落度筒，在拌合物锥体顶面放一透明圆盘，开启振动台，同时用秒表计时，到透明圆盘的底面完全为水泥浆所布满时，停止计时，关闭振动台。所读秒数即为维勃稠度。该法适用于骨料最大粒径不超过 40mm，维勃稠度在 5~30s 之间的混凝土拌合物稠度测定。按混凝土拌合物稠度的不同可将拌合物稠度分级如表 6-2-12 所示。

混凝土拌合物稠度分级　　表 6-2-12

级　　别	名　　称	维勃稠度（s）
V1	超干硬性混凝土	≥31
V2	特干硬性混凝土	30~21
V3	干硬性混凝土	20~11
V4	半干硬性混凝土	10~5

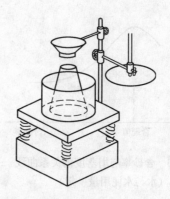

图 6-2-5　维勃稠度仪及维勃稠度法示意图

3. 影响和易性的因素

影响混凝土和易性的因素很多，主要有原材料的性质、混凝土的水泥浆数量、水灰比、砂率、环境因素及施工条件等。

（1）水泥浆的数量。

混凝土拌合物中的水泥浆使得混凝土具有流动性。在水灰比不变的情况下，单位体积拌合物内，如果水泥浆愈多，则拌合物的流动性愈大。但若水泥浆过多，将会出现流浆现象，使拌合物的黏聚性变差，同时对混凝土的强度与耐久性也会产生一定影响，且水泥用量也大。水泥浆过少，致使其不能填满骨料空隙或不能很好包裹骨料表面时，就会产生崩坍现象，黏聚性变差。因此，混凝土拌合物中水泥浆的含量应以满足流动性要求为度，不宜过量。

（2）水灰比。

在水泥品种、用量一定的情况下，水灰比过小，混凝土流动性过差，会使得施工困难,无法保证混凝土的密实性;水灰比过大,水泥浆过稀,混凝土的黏聚性、保水性变差,会影响混凝土的耐久性。故水灰比应根据混凝土的强度和耐久性合理确定。

(3)砂率。

砂率是指混凝土中砂的质量占砂、石总质量的百分率。砂率的变动会使骨料的空隙率和骨料的总表面积有显著改变,因而对混凝土拌合物的和易性产生显著影响。

砂率过大时,骨料的总表面积及空隙率都会增大,在水泥浆含量不变的情况下,水泥浆相对变少,减弱了水泥浆的润滑作用,使得混凝土拌合物的流动性降低。如砂率过小,又不能保证在粗骨料之间有足够的砂浆层,也会降低混凝土拌合物的流动性,而且会严重影响其黏聚性和保水性。因此,砂率有一个合理值。当采用合理砂率时,在用水量及水泥用量一定的情况下,能使混凝土拌合物获得最大的流动性且能保持良好的黏聚性和保水性,如图 6-2-6 所示。或者,当采用合理砂率时,能使混凝土拌合物获得所要求的流动性及良好的黏聚性与保水性,而水泥用量为最少,如图 6-2-7 所示。

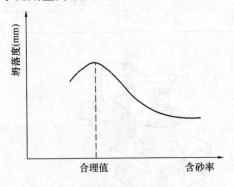 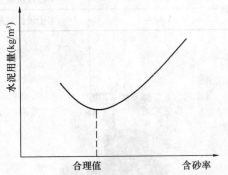

图 6-2-6　含砂率与坍落度的关系曲线　　图 6-2-7　含砂率与水泥用量的关系曲线
　　　　　　（水与水泥用量一定）　　　　　　　　　　　　（坍落度相同）

(4)水泥品种和骨料性质。

用矿渣水泥和火山灰水泥时,拌合物的坍落度一般比用普通水泥时小,而且矿渣水泥将使拌合物的泌水性显著增加。从前面对骨料的分析可知,一般卵石拌制的混凝土拌合物比碎石拌制的流动性好。河砂拌制的混凝土拌合物比山砂拌制的流动性好。骨料级配好的混凝土拌合物的流动性也好。

(5)温度和时间。

①拌合物的和易性受温度的影响,如图 6-2-8 所示。因为环境温度的升高,水分蒸发及水泥水化反应加快,拌合物的流动性变差,而且坍落度损失也变快。因此施工中为保证一定的和易性,必须注意环境温度的变化,采取相应的措施。

②拌合物拌制后,随时间的延长而逐渐变得干稠,流动性减小,原因是有一部分水供水泥水化,一部分水被骨料吸收,一部分水蒸发以及凝聚结构的逐渐形成,致使混凝土拌合物的流动性变差。图 6-2-9 是坍落度随时间变化曲线图。由于拌合物流动性的这种变化特点,在施工中测定和易性的时间,应推迟至搅拌完约 15min 为宜。

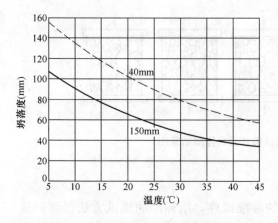 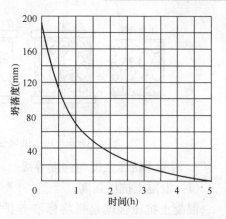

图 6-2-8 温度对坍落度的影响曲线 　　图 6-2-9 拌合后时间与坍落度关系曲线
（线上数字为拌合物骨料最大粒径）

（6）外加剂。

在拌制混凝土时，加入很少量的外加剂能使混凝土拌合物在不增加水泥用量的条件下，获得很好的和易性，增大流动性和改善黏聚性、降低泌水性。并且由于改变了混凝土结构，还能提高混凝土的耐久性。因此工程中这种方法较为常用。

4．改善和易性的措施

实际工作中，如只注重改善混凝土和易性，可能混凝土的其他性质（如强度等）就会受到影响。通常调整混凝土的和易性时可采取如下措施：

（1）尽可能降低砂率，有利于提高混凝土的质量和节约水泥；

（2）改善砂、石的级配，尽量采用较粗的砂、石；

（3）当混凝土拌合物坍落度太小时，维持水灰比不变，适当增加水泥和水的用量，或者加入外加剂等；当拌合物坍落度太大，但黏聚性良好时，可保持砂率不变，适当增加砂、石用量。

（三）混凝土的强度

混凝土拌合物硬化后，应具有足够的强度，以保证建筑物能安全地承受设计荷载。混凝土的强度包括抗压强度、抗拉强度、抗剪强度等，其中混凝土的抗压强度最大、抗拉强度最小，约为抗压强度的 1/20～1/10。

1．混凝土受压破坏过程

硬化后的混凝土在未受外力作用之前，由于水泥水化造成的化学收缩和物理收缩引起砂浆体积的变化，在粗骨料与砂浆界面上产生了分布极不均匀的拉应力。它足以破坏粗骨料与砂浆的界面，形成许多分布很乱的界面裂缝。混凝土受外力作用时，其内部产生了拉应力，这种拉应力很容易在具有几何形状为楔形的微裂缝顶部形成应力集中，随着拉应力的逐渐增大，导致微裂缝的进一步延伸、汇合、扩大，最后形成几条可见的裂缝。混凝土试件就随着这些裂缝形成发展而破坏。图 6-2-10 为混凝土试块在轴向压力逐渐增大的情况下，内部裂缝逐渐形成发展直至试块破坏的全过程。

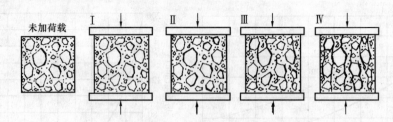

图 6-2-10　试块受压破坏裂缝发展示意图

2. 混凝土抗压强度与强度等级

（1）混凝土抗压强度。

混凝土抗压强度是指将标准养护的标准试件，用标准的测试方法得到的抗压强度值，称为混凝土抗压强度。试件的标准养护方法：按标准方法制作的边长为 150mm 的立方体试件，成型后立刻用不透水的薄膜覆盖表面，在温度为 20±5℃ 的环境中静置一至二昼夜，然后编号、拆模。拆模后应立即放入温度为 20±2℃，相对湿度为 95% 以上的标准养护室中养护，或在温度为 20±2℃ 的不流动的 $Ca(OH)_2$ 饱和溶液中养护。标准养护龄期为 28d（从搅拌加水开始计时）。

试件有标准试件和非标准试件。标准试件的尺寸为边长 150mm 的立方体，当采用边长为 100mm、200mm 的非标准立方体试件时，须折算为标准立方体试件的抗压强度，换算系数分别为 0.95、1.05。

（2）混凝土强度等级。

混凝土的强度等级按立方体抗压强度标准值划分，用 C 与立方体抗压强度标准值（以 MPa 计）来表示。共分为 C7.5、C10、C15、C20、C25、C30、C35、C40、C45、C50、C55、C60、C65、C70、C75、C80 共计十六个等级。

3. 混凝土的抗拉强度

混凝土的抗拉强度很低，只有抗压强度的 1/20～1/10，且随着混凝土强度等级的提高，比值有所降低，也就是当混凝土强度等级提高时，抗拉强度的增加不及抗压强度提高得快。因此，混凝土在工作时一般不依靠其抗拉强度。但抗拉强度对于开裂现象有重要意义，在结构设计中抗拉强度是确定混凝土抗裂度的重要指标。有时也用它来间接衡量混凝土与钢筋的粘结强度。

4. 影响混凝土强度的因素

混凝土的强度与水泥强度等级、水灰比及骨料的性质有密切关系，此外还受到施工质量、养护条件及龄期的影响。

（1）水泥强度等级和水灰比。

水泥强度等级和水灰比是影响混凝土强度的主要因素。在相同的配合比条件下，水泥强度等级越高，所配制的混凝土强度越高。在水泥的强度及其他条件相同的情况下，水灰比越小，水泥石的强度及与骨料粘结强度越大，混凝土的强度越高。但水灰比过小，拌合物过于干稠，也不易保证混凝土质量。试验证明，混凝土的强度随水灰比的增大而降低，呈曲线关系，而混凝土强度和灰水比的关系，则呈直线关系，如图 6-2-11 所示。

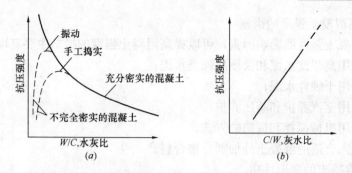

图 6-2-11 混凝土强度与水灰比及灰水比的关系
(a) 强度与水灰比的关系；(b) 强度与灰水比的关系

(2) 养护的温度和湿度。

①温度影响。

温度升高，水化速度加快，混凝土强度的发展也快；反之，在低温下混凝土强度发展相应迟缓，温度对混凝土强度的影响如图 6-2-12。当温度处于冰点以下时，由于混凝土中的水分大部分结冰，混凝土的强度不但停止发展，同时还会受到冻胀破坏作用，严重影响混凝土的早期和后期强度。

②湿度影响。

湿度适当，水泥水化能顺利进行，使混凝土强度得到充分发挥。如果湿度不够，水泥水化反应不能正常进行，甚至水化停止，使混凝土结构疏松，形成干缩裂缝，严重降低了混凝土的强度和耐久性。图 6-2-13 是混凝土强度与保持潮湿日期的关系。

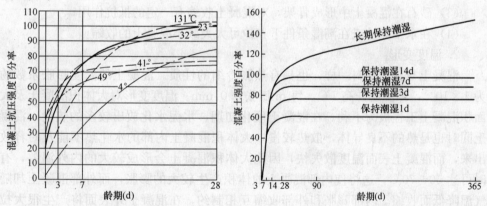

图 6-2-12 养护温度对混凝土强度的影响
(线上数字为不同养护温度)

图 6-2-13 混凝土强度与保持潮湿日期的关系

(3) 龄期。

混凝土在正常养护条件下，其强度将随着龄期的增加而增长。最初 7~14d 内，强度增长较快，28d 以后增长缓慢。但龄期延续很久其强度仍有所增长。因此，在一定条件下养护的混凝土，可根据其早期强度大致地估计 28d 的强度。

除上述因素外，施工条件、试验条件等都会对混凝土的强度产生一定影响。

5. 提高混凝土强度的措施

针对混凝土强度的影响因素,可以提高混凝土强度的措施主要有以下几种:

(1) 采用高强度水泥和快硬早强类水泥;
(2) 采用干硬性水泥;
(3) 采用蒸汽养护和蒸压养护;
(4) 采用机械搅拌和振捣的方式;
(5) 掺入合适的混凝土外加剂、掺合料。

(四) 混凝土的变形性质

1. 干湿变形

干湿变形取决于周围环境的湿度变化。混凝土在干燥过程中,首先发生气孔水和毛细孔水的蒸发。气孔水的蒸发并不引起混凝土的收缩。毛细孔水的蒸发,使毛细孔中形成负压,随着空气湿度的降低负压逐渐增大,产生收缩力,导致混凝土收缩。当毛细孔中的水蒸发完后,如继续干燥,则凝胶体颗粒的吸附水也发生部分蒸发,由于分子引力的作用,粒子间距离变小,使凝胶体紧缩。混凝土这种收缩在重新吸水以后大部分可以恢复。当混凝土在水中硬化时,体积不变,甚至轻微膨胀。这是由于凝胶体中胶体粒子的吸附水膜增厚,胶体粒子间的距离增大所致。膨胀值远比收缩值小,一般没有破坏作用。

在一般条件下混凝土的极限收缩值为 $(50\sim90)\times10^{-5}$ mm/mm 左右。收缩受到约束时往往引起混凝土开裂,故施工时应予以注意。通过试验得知:

(1) 混凝土的干燥收缩是不能完全恢复的;
(2) 混凝土的干燥收缩与水泥品种、用量和用水量有关;
(3) 砂石在混凝土中形成骨架,对混凝土收缩有一定的抵抗作用;
(4) 在水中养护或在潮湿条件下养护可大大减小混凝土的收缩。

2. 温度变形

混凝土与其他材料一样,也具有热胀冷缩的性质。混凝土的温度膨胀系数约为 1×10^{-5},即温度升高 1℃,每 m 膨胀 0.01mm。温度变形对大体积混凝土及大面积混凝土工程极为不利。在混凝土硬化初期,水泥水化放出较多的热量,混凝土同时也是热的不良导体,散热较慢,大体积混凝土内部的水化热不能及时释放出来,而混凝土表面温度散失快,因此大体积混凝土会形成较大的内外温差,有时可达 50~70℃。这将使内部混凝土的体积产生较大的膨胀,而外部混凝土却随气温降低而收缩。内部膨胀和外部收缩互相制约,在混凝土外表面将产生很大拉应力,严重时使混凝土产生裂缝。因此,对大体积混凝土工程,必须尽量设法减少混凝土发热量,如采用低水化热水泥,减少水泥用量,采取人工降温等措施去防止温度变形对混凝土结构的影响。

3. 化学收缩

混凝土在硬化过程中,由于水泥水化生成的产物其平均密度比反应前物质的平均密度大,混凝土在硬化时体积就会变小,引起混凝土的收缩,称之为化学收缩。其特点是混凝土的收缩量随龄期的延长而增加,大概在 40 天左右趋于稳定。通常化学收缩对混凝土质量的影响较小。

4. 荷载作用下的变形

(1) 短期荷载作用下的变形。

①弹塑性变形。

混凝土内部结构中含有砂石骨料、水泥石（水泥石中又存在着凝胶、晶体和未水化的水泥颗粒）、游离水分和气泡，这就决定了混凝土本身的不匀质性。它不是一种完全的弹性体，而是一种弹塑性体。它在受力时，既会产生可以恢复的弹性变形，又会产生不可恢复的塑性变形，其应力与应变之间的关系不是直线而是曲线，如图 6-2-14 所示。

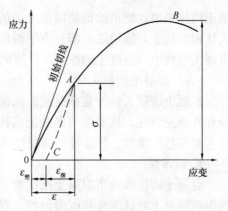

图 6-2-14　混凝土的压力作用应力—应变曲线

在静力实验的加荷过程中，若加荷至应力为 σ、应变为 ε 的 A 点，然后将荷载逐渐卸去，卸荷时的应力—应变曲线如图 6-2-14 中 AC 段所示。卸荷后能恢复的应变 $\varepsilon_{弹}$ 是混凝土的弹性作用引起的，称为弹性应变；剩余的不能恢复的应变 $\varepsilon_{塑}$ 则是由于混凝土的塑性性质引起的，称为塑性应变。

②混凝土变形模量。

在应力—应变曲线上任一点的应力 σ 与其应变 ε 的比值，叫做混凝土在该应力下的变形模量。在计算钢筋混凝土的变形、裂缝开展及大体积混凝土的温度应力时，均需知道该时混凝土的变形模量。在混凝土结构或钢筋混凝土结构设计中，常采用一种按标准方法测得的静力受压弹性模量 E_c。混凝土的强度越高，弹性模量越高，两者存在一定的相关性。

混凝土的弹性模量随其骨料与水泥石的弹性模量而异。由于水泥石的弹性模量一般低于骨料的弹性模量，所以混凝土的弹性模量一般略低于其骨料的弹性模量。在材料质量不变的条件下，混凝土的骨料含量较多、水灰比较小、养护较好及龄期较长时，混凝土的弹性模量就较大。蒸汽养护的弹性模量比标准养护的低。

混凝土的弹性模量与钢筋混凝土构件的刚度关系很大，建筑物须有足够的刚度，在受力下保持较小的变形，才能发挥其正常使用功能，因此所用混凝土须有足够高的弹性模量。

(2) 徐变。

混凝土在长期荷载作用下，沿着作用力方向的变形会随时间不断增长，即荷载不变但变形仍随时间增大，这个过程通常要持续 2~3 年。这种在长期荷载作用下产生的变形称为徐变。混凝土徐变和许多因素有关。混凝土的水灰比较小或混凝土在水中养护时，同龄期的水泥石中未填满的孔隙较少，故徐变较小。水灰比相同的混凝土，其水泥用量越多，即水泥石相对含量越大，其徐变越大。混凝土所用骨料弹性模量较大时，徐变较小。此外，徐变与混凝土的弹性模量也有密切关系，一般弹性模量大者，徐变小。

混凝土不论是受压、受拉或受弯时，均有徐变现象。混凝土的徐变对钢筋混凝土构件来说，能消除钢筋混凝土内的应力集中，使应力较均匀地重新分布；对大体积混凝土，能消除一部分由于温度变形所产生的破坏应力。但在预应力钢筋混凝土结构中，混凝土的徐变，将使钢筋的预加应力受到损失。

（五）混凝土的耐久性

混凝土的耐久性就是指混凝土抵抗环境介质作用并长期保持其良好的使用性能和外观完整性，从而维持混凝土结构的安全、正常使用的能力。混凝土的耐久性主要包括抗渗性、抗冻性、抗侵蚀性、抗碳化及抗碱骨料反应等方面。

1. 抗渗性

混凝土的抗渗性指混凝土抵抗水、油等液体在压力作用下渗透的性能。它直接影响混凝土的抗冻性和抗侵蚀性。混凝土的抗渗性主要与其密实度及内部孔隙的大小和构造有关。混凝土内部的互相连通的孔隙和毛细管通路，以及由于在混凝土施工成型时，振捣不实产生的蜂窝、孔洞都会造成混凝土渗水。

混凝土的抗渗性用抗渗等级 P 表示，分为 P4、P6、P8、P10、P12 五个等级，相应表示混凝土能抵抗 0.4MPa、0.6MPa、0.8MPa、1.0MPa、1.2MPa 的静水压力而不渗水。

2. 抗冻性

混凝土的抗冻性是指混凝土在水饱和状态下，经受多次冻融循环作用，能保持强度和外观完整性的能力。

混凝土的抗冻性主要取决于混凝土的构造特征和含水程度。具有较高密实度和含闭口孔多的混凝土具有较高的抗冻性，混凝土中水饱和程度越高，产生的冰冻破坏就越严重。

3. 抗侵蚀性

当混凝土所处环境中含有侵蚀性介质时，混凝土便会遭受侵蚀，通常有软水侵蚀、硫酸盐侵蚀、镁盐侵蚀、碳酸侵蚀、一般酸侵蚀与强碱侵蚀等。混凝土在海岸、海洋工程中的应用也很广，海水对混凝土的侵蚀作用除化学作用外，尚有反复干湿的物理作用；盐分在混凝土内的结晶与聚集、海浪的冲击磨损、海水中氯离子对混凝土内钢筋的锈蚀作用等，都会使混凝土遭受破坏。

混凝土的抗侵蚀性与所用水泥的品种、混凝土的密实程度和孔隙特征有关。密实和孔隙封闭的混凝土，环境水不易侵入，故其抗侵蚀性较强。所以，提高混凝土抗侵蚀性的措施，主要是合理选择水泥品种、降低水灰比、提高混凝土的密实度和改善孔结构。

4. 抗碳化

混凝土的碳化，是指空气中的二氧化碳在湿度适宜的条件下与水泥水化产物氢氧化钙发生反应，生成碳酸钙和水。碳化使混凝土内部碱度降低，对钢筋的保护作用降低，使钢筋易锈蚀，对钢筋混凝土造成极大的破坏。碳化对混凝土也有有利的影响，碳化放出的水分有助于水泥的水化作用，而且碳酸钙可填充水泥石孔隙，提高混凝土的密实度。

除原材料的选择外，提高混凝土的密实度是提高混凝土耐久性的一个关键点。通常提高混凝土耐久性的措施有以下几个方面：

(1) 根据实际情况合理选择水泥品种；

(2) 适当控制混凝土的水灰比及水泥用量，其中水灰比不但影响混凝土的强度，而且也严重影响其耐久性，故应该严格控制水灰比；

(3) 选用较好的砂、石骨料是保证混凝土耐久性的重要条件；

(4) 掺用减水剂、引气剂等外加剂，提高混凝土的抗渗性、抗冻性等；

(5) 混凝土施工时，应搅拌均匀、振捣密实、加强养护以保证混凝土的施工质量。

(六) 普通混凝土配合比设计

混凝土配合比是指混凝土中各组成材料数量之间的比例关系。常用的表示方法有两种：一种是以每立方米混凝土中各材料的质量表示，如每立方米混凝土中水泥 300kg，砂子 660kg，石子 1240kg，水 180kg；第二种表示方法是以各材料的相互质量比来表示（水泥质量取为1），如将上述配合比换算过来为：水泥∶砂∶石∶水＝1∶2.2∶4.13∶0.6，通常将水泥和水的比例单独以水灰比的形式表示，即水泥∶砂∶石＝1∶2.2∶4.13，水灰比（W/C）为 0.6。

设计混凝土配合比的任务，就是要根据原材料的技术性能和施工条件，合理选择原材料，并确定出能满足工程所要求技术经济指标的各组成材料用量。具体要求主要有以下几点：

(1) 混凝土结构设计要求的强度等级；

(2) 施工方面要求混凝土具有的良好和易性；

(3) 与使用环境相适应的耐久性；

(4) 节约水泥和降低混凝土成本。

【实训练习】

实训项目一：认识土组成及其性质。

资料内容：利用校内建材实训基地，根据所学知识进行土组成识别，按要求进行土工实验。

实训项目二：认识识别普通混凝土及其组成材料。

资料内容：利用校内建材实训基地，根据所学知识进行普通混凝土组成材料识别，按要求进行普通混凝土制作、养护等。

【复习思考题】

1. 什么是土的可松性？
2. 土的三相是什么？
3. 土的分类方法？
4. 混凝土的材料组成有哪些？
5. 混凝土所具有的材料性能及影响因素？
6. 混凝土的外加剂及其作用？

任务三 基础工程施工

【引入问题】
1. 土方工程施工包括哪些工作?
2. 土方工程施工时注意哪些问题?
3. 地基如何处理?
4. 基础工程施工工艺有哪些?

【工作任务】
了解土方工程施工特点；能正确选用土方开挖时边坡的支护方法；能够正确的选择土方施工机械；能够分析影响填土压实的主要因素。了解地基的加固处理方法、适用范围、施工要点和质量检查。掌握浅埋式钢筋混凝土基础施工特点及根据场地的特点选择正确的基础类型。掌握桩基础施工特点及各自的适用范围。

【学习参考资料】
1.《建筑施工技术》中国建筑工业出版社，姚谨英主编.2003.
2.《土方机械》中国建筑工业出版社，张伦主编.1992.
3.《地基处理工手册》中国建筑工业出版社，龚晓楠主编.2008.
4.《地基处理工程实例应用手册》中国建筑工业出版社，叶书麟主编.1998.
5.《建筑桩基础工程便携手册》机械工业出版社，李寓主编.2002.

【主要学习内容】

一、土石方工程

（一）土方工程的施工特点

土方工程施工具有工程量大，施工工期长，施工条件复杂，劳动强度大的特点。建筑工地的场地平整，土方工程量可达数百万立方米以上，施工面积达数平方公里，大型基坑的开挖，有的深达20多米。土方施工条件复杂，又多为露天作业，受气候、水文、地质等影响较大，难以确定的因素较多。因此在组织土方工程施工前，必须做好施工组织设计，选择好施工方法和机械设备，制定合理的土方调配方案，实行科学管理，以保证工程质量，并取得好的经济效果。

（二）施工准备与辅助工作

土方开挖前需做好下列主要准备工作。

（1）场地清理。

场地清理包括拆除房屋、古墓，拆迁或改建通信、电力线路、给水排水水管道以及其他建筑物，迁移树木，去除耕植土及河塘淤泥等工作。

（2）排除地面水。

场地内低洼地区的积水必须排除，同时应注意雨水的排除，使场地保持干燥，便于土方施工。

地面水的排除一般采用排水沟、截水沟、挡水土坝等措施。

应尽量利用自然地形来设置排水沟，使水直接排至场外，或流向低洼处再用水泵抽走。主排水沟最好设置在施工区域的边缘或道路的两旁，其横断面和纵向坡度应根据最大流量确定。一般排水沟的横断面不小于 0.5m×0.5m，纵向坡度一般不小于 3‰。平坦地区，如排水困难，其纵向坡度不应小于 2‰，沼泽地区可减至 1‰。场地平整过程中，要注意排水沟保持畅通。

山区的场地平整施工，应在较高一面的山坡上开挖截水沟。在低洼地区施工时，除开挖排水沟外，必要时应修筑挡水土坝，以阻挡雨水的流入。

(3) 修筑临时设施。

修筑临时道路、供水、供电及临时停机棚与修理间等临时设施。

（三）土方边坡与土壁支撑

为了防止塌方，保证施工安全，在基坑（槽）开挖深度超过一定限度时，土壁应做成有斜率的边坡，或者加以临时支撑以保持土壁的稳定。

1. 土方边坡

土方边坡的坡度是以土方挖方深度 H 与放坡宽度 B 之比表示（见图 6-3-1）。即

$$土方边坡坡度 = \frac{H}{B} = \frac{1}{B/H} = 1 : m$$

式中 $m = B/H$ 称为边坡系数。

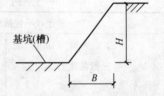

图 6-3-1 边坡的表示方法

土方边坡的大小主要与土质、开挖深度、开挖方法、边坡留置时间的长短、边坡附近的各种荷载状况及排水情况有关。当地质条件良好，土质均匀且地下水位低于基坑（槽）或管沟底面标高时，挖方边坡可做成直立壁不加支撑，但深度不宜超过下列规定：

密实、中密的砂土和碎石类土（充填物为砂土）　　　1.0m；
硬塑、可塑的粉土及粉质黏土　　　1.25m；
硬塑、可塑的黏土和碎石类土（充填物为黏性土）　　　1.5m；
坚硬的黏土　　　2.0m。

挖方深度超过上述规定时，应考虑放坡或做成直立壁加支撑。

当地质条件良好，土质均匀且地下水位低于基坑（槽）或管沟底面标高时，挖方深度在 5m 以内不加支撑的边坡的最陡坡度应符合表 6-3-1 规定。

深度在 5m 内的基坑（槽）、管沟边坡的最陡坡度（不加支撑）　　表 6-3-1

土 的 类 别	边坡坡度（高：宽）		
	坡顶无荷载	坡顶有静载	坡顶有动载
中密的砂土	1：1.00	1：1.25	1：1.50
中密的碎石类土（充填物为砂土）	1：0.75	1：1.00	1：1.25
硬塑的粉土	1：0.67	1：0.75	1：1.00

续表

土 的 类 别	边坡坡度（高：宽）		
	坡顶无荷载	坡顶有静载	坡顶有动载
中密的碎石类土（充填物为黏性土）	1：0.50	1：0.67	1：0.75
硬塑的粉质黏土、黏土	1：0.33	1：0.50	1：0.67
老黄土	1：0.10	1：0.25	1：0.33
软土（经井点降水后）	1：1.00	—	—

注：1. 静载指堆土或材料等，动载指机械挖土或汽车运输作业等。静载或动载距挖方边缘的距离应保证边坡和直立壁的稳定，堆土或材料应距挖方边缘 0.8m 以外，高度不超过 1.5m。

2. 当有成熟施工经验时，可不受本表限制。

永久性挖方边坡应按设计要求放坡。对临时性挖方边坡值应符合表 6-3-2 规定。

临时性挖土边坡值　　　　　　表 6-3-2

土 的 类 别		边坡坡度（高：宽）
砂土（不包括细砂、粉砂）		1：1.25～1：1.5
一般黏性土	坚硬	1：0.75～1：1
	硬塑	1：1～1：1.25
	软	1：1.50 或更缓
碎石类土	充填坚硬、硬塑黏性土	1：0.5～1：1
	充填砂土	1：1～1：1.5

注：1. 设计有要求时，应符合设计标准。

2. 如采用降水或其他加固措施，可不受本表限制，但应计算复核。

3. 开挖深度，对软土不应超过 4m，对硬土不应超过 8m。

2. 土壁支撑

在基坑或沟槽开挖时，为了缩小施工面，减少土方量或因受场地条件的限制不能放坡时，可采用设置土壁支撑的方法施工。

开挖较窄的沟槽多用横撑式支撑。横撑式支撑根据挡土板的设置方向不同，分为水平挡土板（图 6-3-2a）和垂直挡土板（图 6-3-2b）两类，前者挡土板的布置又分断续式和连续式两种。湿度小的黏性土挖土深度小于 3m 时，可用断续式水平挡土板支撑；松散、湿度大的土可用连续式水平挡土板支撑，挖土深度可达 5m。对松散和湿度很大的土可用垂直挡土板式支撑，挖土深度不限。

采用横撑式支撑时，应随挖随撑，支撑要牢固。施工中应经常检查，如有松动、变形等现象时，应及时加固或更换。支撑的拆除应按回填顺序依次进行，多层支撑应自下而上逐层拆除，随拆随填。

（四）土方机械化施工

在土方施工中，人工开挖只适用于小型基坑（槽）、管沟及土方量少的场所，对大量土方一般均应采用机械化施工。

土方工程的机械化施工过程主要包括：土方开挖、运输、填筑与压实等。常

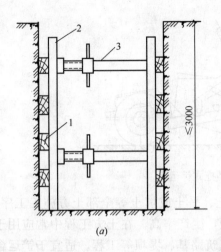 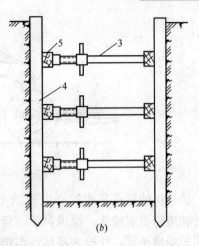

图 6-3-2 横撑式支撑
(a) 断续式水平挡土板支撑；(b) 垂直挡土板支撑
1—水平挡土板；2—竖楞木；3—工具式横撑；4—竖直挡土板；5—横楞木

用的施工机械有：推土机、铲运机、单斗挖土机、装载机等，施工时应正确选用施工机械，加快施工进度。

1. 常用土方施工机械及施工特点

(1) 推土机。

推土机是土方工程施工的主要机械之一，是在拖拉机上安装推土板等工作装置而成的机械。推土板有用钢丝绳操纵和用油压操纵两种。油压操纵推土板的推土机除了可以升调推土板外，还可调整推土板的角度，因此具有更大的灵活性。

推土机操纵灵活，运转方便，所需工作面较小、行驶速度快、易于转移，能爬 30°左右的缓坡，因此应用较广。多用于场地清理和平整、开挖深度 1.5m 以内的基坑，填平沟坑，以及配合铲运机、挖土机工作等。此外，在推土机后面可安装松土装置，破、松硬土和冻土，也可拖挂羊足辗进行土方压实工作。推土机可以推挖一～三类土，经济运距 100m 以内，效率最高为 60m。

(2) 铲运机。

铲运机由牵引机械和土斗组成，按行走方式分拖式和自行式两种（图 6-3-3、图 6-3-4），其操纵机构分油压式和索式。拖式铲运机由拖拉机牵引；自行式铲运机的行驶和工作，都靠自身的动力设备，不需要其他机械的牵引和操纵。

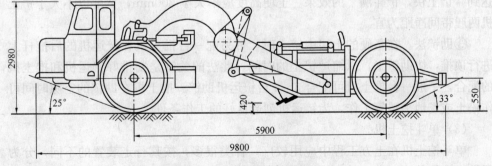

图 6-3-3 CL7 型自行式铲运机（mm）

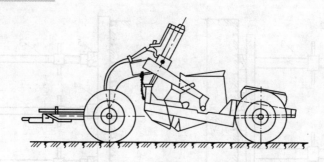

图 6-3-4　C6-2.5 型拖式铲运机

铲运机的特点是能综合完成挖土、运土、平土或填土等全部土方施工工序，对行驶道路要求较低；操纵灵活、运转方便，生产率高。在土方工程中常应用于大面积场地平整，开挖大基坑、沟槽以及填筑路基、堤坝等工程。适宜于铲运含水量不大于 27% 的松土和普通土，不适于在砾石层和冻土地带及沼泽区工作，当铲运三、四类较坚硬的土时，宜用推土机助铲或用松土机配合将土翻松 0.2～0.4m，以减少机械磨损，提高生产率。

在工业与民用建筑施工中，常用铲运机的斗容量为 $1.5～7m^3$。自行式铲运机的经济运距以 800～1500m 为宜，拖式铲运机的运距以 600m 内为宜，当运距为 200～300m 时效率最高。在规划铲运机的开行路线时，应力求符合经济运距的要求。在选定铲运机斗容量之后，其生产率的高低主要取决于机械的开行路线和施工方法。

铲运机的开行路线应根据填方、挖方区的分布情况并结合当地具体条件进行合理选择，主要有环形路线和 8 字形路线开行两种形式。

为了提高铲运机的生产率，除了合理确定开行路线外，还应根据施工条件选择施工方法。常用的施工方法有：

①下坡铲土。铲运机铲运时尽量采用有利地形进行下坡铲土。这样，可以借助铲运机的重力来加大铲土能力，缩短装土时间，提高生产率。一般地面坡度以 5°～7° 为宜。平坦地形可将取土地段的一端先铲低，然后保持一定坡度向后延伸，人为创造下坡铲土条件。

②跨铲法。在较坚硬的土层挖土时，可采用预留土埂间隔铲土的方法。这样，铲运机在挖土槽时可减少向外撒土量，挖土埂时增加了两个自由面，阻力减小，达到"铲土快，铲斗满"的效果。土埂高度应不大于 300mm，宽度以不大于铲土机两履带间净距为宜。

③助铲法。在坚硬的土层中铲土时，可另配一台推土机在铲运机的后拖杆上进行顶推，协助铲土，以缩短铲土的时间。此法的关键是安排好铲运机和推土机的配合，一般一台推土机可配合 3～4 台铲运机助铲。推土机在助铲的空隙时间可作松土或场地平整等工作，为铲运机创造良好的工作条件。

(3) 单斗挖土机。

单斗挖土机在土方工程中应用较广，种类很多，按其行走装置的不同，分为履带式和轮胎式两类。单斗挖土机还可根据工作的需要，更换其工作装置。按其工作装置的不同，分为正铲、反铲、拉铲和抓铲等。按其操纵机械的不同，可分为机械式和液压式两类，机械式现使用较少，液压式单斗挖土机如图 6-3-5 所示。

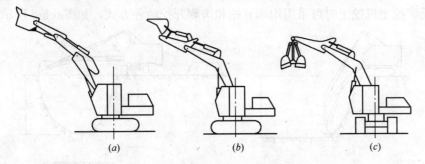

图 6-3-5　液压式单斗挖土机
(a) 正铲；(b) 反铲；(c) 抓铲

①正铲挖土机。

正铲挖土机外形如图 6-3-6 所示。正铲挖土机的挖土特点是："向前向上，强制切土"。其挖掘能力大，生产率高，适用于开挖停机面以上的一～三类土，它与运土汽车配合能完成整个挖运任务。可用于开挖大型干燥基坑以及土丘等。

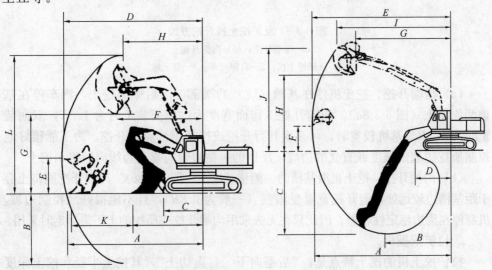

图 6-3-6　液压式正铲挖土机外形图　　图 6-3-7　反铲挖土机外形图

开挖方式根据挖土机的开挖路线与运输工具的相对位置不同，可分为正向挖土侧向卸土和正向挖土后方卸土两种。

工作面是指挖土机一次开行中进行挖土时的工作范围，亦称"掌子"。其形状和大小由挖土机的技术性能及挖土和卸土方式以及土壤性质决定。根据挖土机开挖方式不同，工作面又分为侧工作面和正工作面。

②反铲挖土机。

反铲挖土机外形如图 6-3-7 所示。反铲挖土机的挖土特点是："后退向下，强制切土。"其挖掘力比正铲小，能开挖停机面以下的一～三类土，适用于挖基坑、基槽和管沟、有地下水的土或泥泞土。一次开挖深度取决于最大挖掘深度的技术参数。

反铲挖土机挖土时可采用沟端开挖和沟侧开挖两种方式，如图 6-3-8 所示。

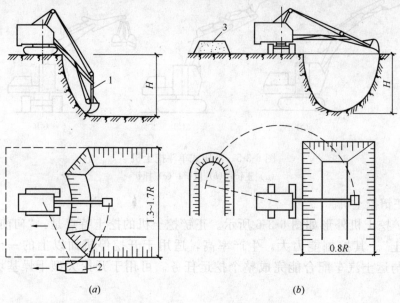

图 6-3-8 反铲挖土机开挖方式
（a）沟端开挖；（b）沟侧开挖
1—反铲挖土机；2—自卸汽车；3—弃土堆

（a）沟端开挖。挖土机停在基槽（坑）的端部，向后侧退挖土，汽车停在基槽两侧装土（图 6-3-8a）。沟端开挖工作面宽度为：单面装土时为 1.3R，双面装土时为 1.7R。基坑较宽时，可多次开行开挖或按 Z 字形路线开挖。为了能很好地控制所挖边坡的坡度或直立的边坡，反铲的一侧履带应靠近边线向后移动挖土。

（b）沟侧开挖。挖土机沿基槽的一侧移动挖土（图 6-3-8b）。沟侧开挖能将土弃于距基槽边较远处，但开挖宽度受限制（一般为 0.8R），且不能很好地控制边坡，机身停在沟边稳定性较差；因此只在无法采用沟端开挖或所挖的土不需运走时采用。

③拉铲挖掘机。

拉铲挖土机的挖土特点是："后退向下，自重切土"，其挖土半径和挖土深度较大，但不如反铲灵活，开挖精确性差。适用于挖停机面以下的一、二类土。可用于开挖大而深的基坑或水下挖土。

拉铲挖土机的开挖方式与反铲挖土机的开挖方式相似，可沟侧开挖也可沟端开挖。

④抓铲挖土机。

抓铲挖土机挖土特点是："直上直下，自重切土"，挖掘力较小，适用于开挖停机面以下的一、二类土，如挖窄而深的基坑、疏通旧有渠道以及挖取水中淤泥等，或用于装卸碎石、矿渣等松散材料。在软土地基的地区，常用于开挖基坑等。

（4）装载机。

装载机按行走方式分履带式和轮胎式两种，按工作方式分单斗式装载机、链式和轮斗式装载机。土方工程主要使用单斗铰接式轮胎装载机。它具有操作轻便、灵活、转运方便、快速等特点。适用于装卸土方和散料，也可用于松软土的表层剥离、地面平整和场地清理等工作。

(5) 压实机械。

压实机械根据压实的原理不同，可分为冲击式、碾压式和振动压实机械三大类。

①冲击式压实机械。

冲击式压实机械主要有蛙式打夯机和内燃式打夯机两类，蛙式打夯机一般以电为动力。这两种打夯机适用于狭小的场地和沟槽作业，也可用于室内地面的夯实及大型机械无法到达的边角的夯实。

②碾压式压实机械。

碾压式压实机械按行走方式分自行式压路机和牵引式压路机两类。自行式压路机常用的有光轮压路机、轮胎压路机；自行式压路机主要用于土方、砾石、碎石的回填压实及沥青混凝土路面的施工。牵引式压路机的行走动力一般采用推土机（或拖拉机）牵引，常用的有光面碾、羊足碾；光面碾用于土方的回填压实，羊足碾适用于黏性土的回填压实，不能用在砂土和面层土的压实。

③振动压实机械。

振动压实机械是利用机械的高频振动，把能量传给被压土，降低土颗粒间的摩擦力，在压实能量的作用下，达到较大的密实度。

振动压实机械按行走方式分为手扶平板式振动压实机和振动压路机两类。手扶平板式振动压实机主要用于小面积的地基夯实。振动压路机按行走方式分为自行式和牵引式两种。振动压路机的生产率高，压实效果好，能压实多种性质的土，主要用在工程量大的大型土石方工程中。

2. 土方挖运机械的选择

土方机械的选择，通常先根据工程特点和技术条件提出几种可行方案，然后进行技术经济比较，选择效率高、费用低的机械进行施工，一般可选用土方单价最小的机械。现综合有关土方机械选择要点如下：

(1) 当地形起伏不大，坡度在20°以内，挖填平整土方的面积较大，土的含水量适当，平均运距短（一般在1km以内）时，采用铲运机较为合适。如果土质坚硬或冬季冻土层厚度超过$100\sim150$mm时，必须由其他机械辅助翻松再铲运。当一般土的含水量大于25%，或坚硬的黏土含水量超过30%时，铲运机要陷车，必须使水疏干后再施工。

(2) 地形起伏较大的丘陵地带，一般挖土高度在3m以上，运输距离超过1km，工程量较大且又集中时，可采用下述三种方式进行挖土和运土。①正铲挖土机配合自卸汽车进行施工，并在弃土区配备推土机平整土堆。选择铲斗容量时，应考虑到土质情况、工程量和工作面高度。当开挖普通土，集中工程量在1.5万m^3以下时，可采用$0.5m^3$的铲斗；当开挖集中工程量为$1.5\sim5$万m^3时，以选用$1.0m^3$的铲斗为宜，此时，普通土和硬土都能开挖。②用推土机将土推入漏斗，并用自卸汽车在漏斗下装土并运走。这种方法适用于挖土层厚度在$5\sim6$m以上的地段。漏斗上口尺寸为3m左右，由宽3.5m的框架支承。其位置应选择在挖土段的较低处，并预先挖平。漏斗左右及后侧土壁应予支撑。使用73.5kW的推土机两次可装满8t自卸汽车，效率较高。③用推土机预先把土推成一堆，用装载机把土装到汽车上运走，效率也很高。

（3）开挖基坑时根据下述原则选择机械。

①土的含水量较小，可结合运距长短、挖掘深浅，分别采用推土机、铲运机或正铲挖土机配合自卸汽车进行施工。当基坑深度在1~2m、基坑不太长时可采用推土机；深度在2m以内长度较大的线状基坑，宜由铲运机开挖；当基坑较大，工程量集中时，可选用正铲挖土机。

②如地下水位较高，又不采用降水措施，或土质松软，可能造成正铲挖土机和铲运机陷车时，则采用反铲，拉铲或抓铲挖土机配合自卸汽车较为合适，挖掘深度见有关机械的性能表。

（4）移挖作填以及基坑和管沟的回填，运距在60~100m以内可用推土机。

（五）土方的填筑与压实

在土方填筑前，应清除基底上的垃圾、树根等杂物，抽除坑穴中的水、淤泥。在建筑物和构筑物地面下的填方或厚度小于0.5m的填方，应清除基底上的草皮、垃圾和软弱土层。在土质较好，地面坡度不陡于1/10的较平坦场地的填方，可不清除基底上的草皮，但应割除长草。在稳定山坡上填方，当山坡坡度为1/10~1/15时，应清除基底上的草皮；坡度陡于1/5时，应将基底挖成阶梯形，阶宽不小于1m。当填方基底为耕植土或松土时，应将基底碾压密实。在水田、沟渠或池塘上填方前，应根据实际情况采用排水疏干、挖除淤泥或抛填块石、砂砾、矿渣等方法处理后再进行填土。填土区如遇有地下水或滞水时，必须设置排水措施，以保证施工顺利进行。

1. 填筑的要求

为了保证填方工程强度和稳定性方面的要求，必须正确选择填土的种类和填筑方法。

填方土料应符合设计要求。碎石类土、砂土和爆破石碴，可用作表层以下的填料，当填方土料为黏土时，填筑前应检查其含水量是否在控制范围内。含水量大的黏土不宜作为填土用。含有大量有机质的土，吸水后容易变形，承载能力降低；含水溶性硫酸盐大于5%的土，在地下水的作用下，硫酸盐会逐渐溶解消失，形成孔洞，影响土的密实性；这两种土以及淤泥、冻土、膨胀土等均不应作为填土。填土应分层进行，并尽量采用同类土填筑。如采用不同土填筑时，应将透水性较大的土层置于透水性较小的土层之下，不能将各种土混杂在一起使用，以免填方内形成水囊。

碎石类土或爆破石碴作填料时，其最大粒径不得超过每层铺土厚度的2/3，使用振动碾时，不得超过每层铺土厚度的3/4，铺填时，大块料不应集中，且不得填在分段接头或填方与山坡连接处。

2. 填土压实方法

填土的压实方法一般有碾压法、夯实法和振动压实法。

(1) 碾压法。

碾压法是利用机械滚轮的压力压实土壤，使之达到所需的密实度，此法多用于大面积填土工程。碾压机械有光面碾（压路机）、羊足碾和气胎碾。光面碾对砂土、黏性土均可压实；羊足碾需要较大的牵引力，且只宜压实黏性土，因在砂土中使用羊足碾会使土颗粒受到"羊足"较大的单位压力后会向四周移动，从而使土的结构遭到破坏；气胎碾在工作时是弹性体，其压力均匀，填土质量较好。还可利用运土机械进行碾压，也是较经济合理的压实方案，施工时使运土机械行驶路线能大体均匀地分布在填土面积上，并达到一定重复行驶遍数，使其满足填土压实质量的要求。

碾压机械压实填方时，行驶速度不宜过快。一般平碾控制在 2km/h，羊足碾控制在 3km/h，否则会影响压实效果。

(2) 夯实法。

夯实法是利用夯锤自由下落的冲击力来夯实土壤，主要用于小面积回填。夯实法分人工夯实和机械夯实两种。夯实机械有夯锤、内燃夯土机和蛙式打夯机，人工夯土用的工具有木夯、石夯、飞碾等。夯锤是借助起重机悬挂一重锤进行夯土的夯实机械，适用于夯实砂性土、湿陷性黄土、杂填土以及含有石块的填土。

(3) 振动压实法。

振动压实法是将振动压实机放在土层表面，借助振动机械使压实机械振动，土颗粒在振动力的作用下发生相对位移而达到紧密状态。这种方法用于振实非黏性土效果较好。

如使用振动碾进行碾压，可使土受振动和碾压两种作用，碾压效率高，适用于大面积填方工程。

3. 填土压实的影响因素

填土压实的影响因素较多，主要有压实功、土的含水量以及每层铺土厚度。

(1) 压实功的影响。

填土压实后的密度与压实机械在其上所施加的功有一定的关系。土的密度与所耗的功的关系如图 6-3-9 所示。当土的含水量一定，在开始压实时，土的密度急剧增加，待到接近土的最大密度时，压实功虽然增加许多，而土的密度则变化甚小。实际施工中，对于砂土只需碾压或夯击 2～3 遍，对粉土只需 3～4 遍，对粉质黏土或黏土只需 5～6 遍。此外，松土不宜用重型碾压机械直接滚压，否则土层有强烈起伏现象，效率不高。如果先用轻碾压实，再用重碾压实就会取得较好效果。

(2) 含水量的影响。

在同一压实功条件下，填土的含水量对压实质量有直接影响。较为干燥的土颗粒之间的摩阻力较大，因而不易压实。当含水量超过一定限度时，土颗粒之间孔隙由水填充而呈饱和状态，也不能压实。当土的含水量适当时，水起了润滑作用，土颗粒之间的摩阻力减少，压实效果好。每种土都有其最佳含水量。土在这种含水量的条件下，使用同样的压实功进行压实，所得到的密度最大（图 6-3-10），各种土的最佳含水量和最大干密度可参考表 6-3-3。工地简单检验黏性土含水量的方法一般是以手握成团落地开花为适宜。为了保证填土在压实过程中处于最佳含水量状态,当土过湿时,应予翻松晾干,也可掺入同类干土或吸水性土料;当土过干时,则应预先洒水润湿。

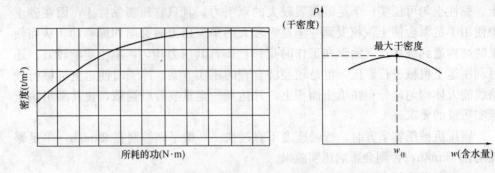

图 6-3-9 土的密度与压实功的关系示意图   图 6-3-10 土的干密度与含水量关系

土的最佳含水量和最大干密度参考表   表 6-3-3

项次	土的种类	变动范围		项次	土的种类	变动范围	
		最佳含水量(%)(重量比)	最大干密度(g/cm³)			最佳含水量(%)(重量比)	最大干密度(g/cm³)
1	砂土	8~12	1.80~1.88	3	粉质黏土	12~15	1.85~1.95
2	黏土	19~23	1.58~1.70	4	粉土	16~22	1.61~1.80

注:①表中土的最大干密度应根据现场实际达到的数字为准。
②一般性的回填可不作此项测定。

(3) 铺土厚度的影响。

土在压实功的作用下,其应力随深度增加而逐渐减小(图 6-3-11),其影响深度与压实机械、土的性质和含水量等有关。铺土厚度应小于压实机械压土时的作用深度,但其中还有最优土层厚度问题,铺得过厚,要压很多遍才能达到规定的密实度。铺得过薄,则也要增加机械的总压实遍数。最优的铺土厚度应能使土方压实而机械的功耗费最少。可按照表 6-3-4 选用。在表中规定压实遍数范围内,轻型压实机械取大值,重型的取小值。

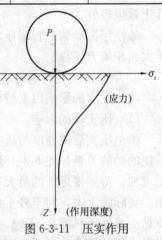

图 6-3-11 压实作用沿深度的变化

填方每层的铺土厚度和每层压实遍数   表 6-3-4

压实机具	每层铺土厚度(mm)	每层压实遍数(遍)
平碾	250~300	6~8
振动压实机	250~350	3~4
柴油打夯机	200~250	3~4
人工打夯	<200	3~4

注:人工打夯时,土块粒径不应大于 50mm。

上述三方面因素之间是互相影响的。为了保证压实质量，提高压实机械的生产率，重要工程应根据土质和所选用的压实机械在施工现场进行压实试验，以确定达到规定密实度所需的压实遍数，铺土厚度及最优含水量。

（六）基坑（槽）施工

基坑（槽）的施工，首先应进行房屋定位和标高引测，然后根据基础的底面尺寸、埋置深度、土质好坏、地下水位的高低及季节性变化等不同情况，考虑施工需要，确定是否需要留工作面、放坡、增加排水设施和设置支撑，从而定出挖土边线和进行放灰线工作。

1. 放线

基槽放线：根据房屋主轴线控制点，首先将外墙轴线的交点用木桩测设在地面上，并在桩顶钉上作标志。房屋外墙轴线测定以后，再根据建筑物平面图，将内部开间所有轴线都一一测出。最后根据边坡系数计算的开挖宽度在中心轴线两侧用石灰在地面上撒出基槽开挖边线。同时在房屋四周设置龙门板，以便于基础施工时复核轴线位置。

柱基放线：在基坑开挖前，从设计图上查对基础的纵横轴线编号和基础施工详图，根据柱的纵横轴线，用经纬仪在矩形控制网上测定基础中心线的端点，同时在每个柱基中心线上，测定基础定位桩，每个基础的中心线上设置四个定位木桩，其桩位离基础开挖线的距离为0.5~1.0m。若基础之间的距离不大，可每隔1~2个或几个基础打一个定位桩，但两个定位桩的间距以不超过20m为宜，以便拉线恢复中间柱基的中线。桩顶上钉一钉子，标明中心线的位置。然后按施工图上柱基的尺寸和按边坡系数确定的挖土边线的尺寸，放出基坑上口挖土灰线，标出挖土范围。

大基坑开挖，根据房屋的控制点用经纬仪放出基坑四周的挖土边线。

2. 基坑（槽）开挖

土方开挖应遵循"开槽支撑，先撑后挖，分层开挖，严禁超挖"的原则。

开挖基坑（槽）按规定的尺寸合理确定开挖顺序和分层开挖深度，连续地进行施工，尽快地完成。因土方开挖施工要求标高、断面准确，土体应有足够的强度和稳定性，所以在开挖过程中要随时注意检查。挖出的土除预留一部分用作回填外，不得在场地内任意堆放，应把多余的土运到弃土地区，以免妨碍施工。为防止坑壁滑坡，根据土质情况及坑（槽）深度，在坑顶两边一定距离（一般为1.0m）内不得堆放弃土，在此距离外堆土高度不得超过1.5m，否则，应验算边坡的稳定性。在桩基周围、墙基或围墙一侧，不得堆土过高。在坑边放置有动载的机械设备时，也应根据验算结果，离开坑边较远距离，如地质条件不好，还应采取加固措施。为了防止基底土（特别是软土）受到浸水或其他原因的扰动，基坑（槽）挖好后，应立即做垫层或浇筑基础，否则，挖土时应在基底标高以上保留150~300mm厚的土层，待基础施工时再行挖去。如用机械挖土，为防止基底土被扰动，结构被破坏，不应直接挖到坑（槽）底，应根据机械种类，在基底标高以上留出200~300mm，待基础施工前用人工铲平修整。挖土不得挖至基坑（槽）的设计标高以下，如个别处超挖，应用与基土相同的土料填补，并夯实到要求的密实度。如用原土填补不能达到要求的密实度时，应用碎石类土填补，并仔细夯实。重要部位如被超挖时，可用低强度等级的混凝土填补。

在软土地区开挖基坑（槽）时，尚应符合下列规定：

（1）施工前必须做好地面排水和降低地下水位工作，地下水位应降低至基坑底以下 0.5~1.0m 后，方可开挖。降水工作应持续到回填完毕；

（2）施工机械行驶道路应填筑适当厚度的碎石或砾石，必要时应铺设工具式路基箱（板）或梢排等；

（3）相邻基坑（槽）开挖时，应遵循先深后浅或同时进行的施工顺序，并应及时做好基础；

（4）在密集群桩上开挖基坑时，应在打桩完成后间隔一段时间，再对称挖土。在密集群桩附近开挖基坑（槽）时，应采取措施防止桩基位移；

（5）挖出的土不得堆放在坡顶上或建筑物（构筑物）附近。

基坑（槽）开挖有人工开挖和机械开挖，对于大型基坑应优先考虑选用机械化施工，以加快施工进度。

深基坑应采用"分层开挖，先撑后挖"的开挖方法。图 6-3-12 为某深基坑分层开挖的实例。在基坑正式开挖之前，先将第①层地表土挖运出去，浇筑锁口圈梁，进行场地平整和基坑降水等准备工作，安设第一道支撑（角撑），并施加预顶轴力，然后开挖第②层土到 -4.50m。再安设第二道支撑，待双向支撑全面形成并施加轴力后，挖土机和运土车下坑在第二道支撑上部（铺路基箱）开始挖第③层土，并采用台阶式"接力"方式挖土，一直挖到坑底。第三道支撑应随挖随撑，逐步形成。最后用抓斗式挖土机在坑外挖两侧土坡的第④层土。

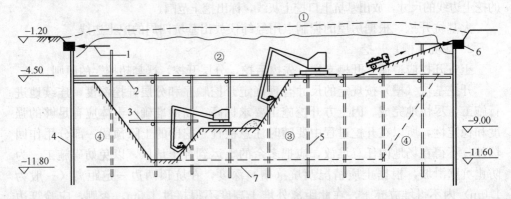

图 6-3-12 深基坑开挖示意
1—第一道支撑；2—第二道支撑；3—第三道支撑；4—支护桩；5—主柱；6—锁口圈梁；7—坑底

深基坑开挖过程中，随着土的挖除，下层土因逐渐卸载而有可能回弹，尤其在基坑挖至设计标高后，如搁置时间过久，回弹更为显著。如弹性隆起在基坑开挖和基础工程初期发展很快，它将加大建筑物的后期沉降。因此，对深基坑开挖后的土体回弹，应有适当的估计，如在勘察阶段，土样的压缩试验中应补充卸荷弹性试验等。还可以采取结构措施，在基底设置桩基等，或事先对结构下部土质进行深层地基加固。施工中减少基坑弹性隆起的一个有效方法是把土体中有效应力的改变降低到最少。具体方法有加速建造主体结构，或逐步利用基础的重量来代替被挖去土体的重量。

二、地基处理

任何建筑物都必须有可靠的地基和基础。建筑物的全部重量（包括各种荷载）最终将通过基础传给地基，所以，对某些地基的处理及加固就成为基础工程施工中的一项重要内容。在施工过程中如发现地基土质过软或过硬，不符合设计要求时，应本着使建筑物各部位沉降尽量趋于一致，以减小地基不均匀沉降的原则对地基进行处理。

在软弱地基上建造建筑物或构筑物，利用天然地基有时不能满足设计要求，需要对地基进行人工处理，以满足结构对地基的要求，常用的人工地基处理方法有换土地基、重锤夯实、强夯、振冲、砂桩挤密、深层搅拌、堆载预压、化学加固等。

（一）换土地基

当建筑物基础下的持力层比较软弱，不能满足上部荷载对地基的要求时，常采用换土地基来处理软弱地基。这时先将基础下一定范围内承载力低的软土层挖去，然后回填强度较大的砂、碎石或灰土等，并夯至密实。实践证明：换土地基可以有效地处理某些荷载不大的建筑物地基问题，例如：一般的三、四层房屋、路堤、油罐和水闸等的地基。换土地基按其回填的材料可分为砂地基、碎（砂）石地基、灰土地基等。

1. 砂地基和砂石地基

砂地基和砂石地基是将基础下一定范围内的土层挖去，然后用强度较大的砂或碎石等回填，并经分层夯实至密实，以起到提高地基承载力、减少沉降、加速软弱土层的排水固结、防止冻胀和消除膨胀土的胀缩等作用。该地基具有施工工艺简单、工期短、造价低等优点。适用于处理透水性强的软弱黏性土地基，但不宜用于湿陷性黄土地基和不透水的黏性土地基，以免聚水而引起地基下沉和降低承载力。

（1）构造要求。

砂地基和砂石地基的厚度一般根据地基底面处土的自重应力与附加应力之和不大于同一标高处软弱土层的容许承载力确定。地基厚度一般不宜大于3m，也不宜小于0.5m。地基宽度除要满足应力扩散的要求外，还要根据地基侧面土的容许承载力来确定，以防止地基向两边挤出。关于宽度的计算，目前还缺乏可靠的理论方法，在实践中常常按照当地某些经验数据（考虑地基两侧土的性质）或按经验方法确定。一般情况下，地基的宽度应沿基础两边各放出200～300mm，如果侧面地基土的土质较差时，还要适当增加。

（2）材料要求。

砂和砂石地基所用材料，宜采用颗粒级配良好，质地坚硬的中砂、粗砂、砾砂、碎（卵）石、石屑或其他工业废粒料。在缺少中、粗砂和砾砂的地区可采用细砂，但宜同时掺入一定数量的碎（卵）石，其掺入量应符合地基材料含石量不大于50%。所用砂石料，不得含有草根、垃圾等有机杂物，含泥量不应超过5%，兼作排水地基时，含泥量不宜超过3%，碎石或卵石最大粒径不宜大于50mm。

(3) 施工要点。

①铺筑地基前应验槽，先将基底表面浮土、淤泥等杂物清除干净，边坡必须稳定，防止塌方。基坑（槽）两侧附近如有低于地基的孔洞、沟、井和墓穴等，应在未做换土地基前加以处理。

②砂和砂石地基底面宜铺设在同一标高上，如深度不同时，施工应按先深后浅的程序进行。土面应挖成踏步或斜坡搭接，搭接处应夯压密实。分层铺筑时，接头应做成斜坡或阶梯形搭接，每层错开0.5~1.0m，并注意充分捣实。

③人工级配的砂、石材料，应按级配拌合均匀，再进行铺填捣实。

④换土地基应分层铺筑，分层夯（压）实，每层的铺筑厚度不宜超过表6-3-5规定数值，分层厚度可用样桩控制。施工时应对下层的密实度检验合格后，方可进行上层施工。

砂和砂石地基每层铺筑厚度及最佳含水量　　　　表6-3-5

压实方法	每层铺筑厚度(mm)	施工时最优含水量(%)	施工说明	备注
平振法	200~250	15~20	用平板式振捣器往复振捣	不宜使用干细砂或含泥量较大的砂铺筑的砂地基
插振法	振捣器插入深度	饱和	1. 用插入式振捣器 2. 插入间距可根据机械振幅大小决定 3. 不应插至下卧黏性土层 4. 插入振捣完毕后所留的孔洞，应用砂填实	不宜使用细砂或含泥量较大的砂铺筑的砂地基
水撼法	250	饱和	1. 注水高度应超过每次铺筑面层 2. 用钢叉摇撼捣实，插入点间距100mm 3. 钢叉分四齿，齿的间距为80mm，长300mm	
夯实法	150~200	8~12	1. 用木夯或机械夯 2. 木夯重40kg，落距400~500mm 3. 一夯压半夯，全面夯实	
碾压法	150~350	8~12	6~20t压路机往复碾压	适用于大面积施工的砂和砂石地基

注：在地下水位以下的地基，其最下层的铺筑厚度可比上表增加50mm。

⑤在地下水位高于基坑（槽）底面施工时，应采取排水或降低地下水位的措施，使基坑（槽）保持无积水状态。如用水撼法或插入振动法施工时，应有控制地注水和排水。

⑥冬期施工时，不得采用夹有冰块的砂石作地基，并应采取措施防止砂石内水分冻结。

(4) 质量验收标准和方法。

①砂和砂石地基的质量验收标准：砂和砂石地基的质量验收标准应符合表6-3-6的规定。

砂和砂石地基的质量验收标准　　　表6-3-6

项目	序	检查项目	允许偏差或允许值		检查方法
			单位	数值	
主控项目	1	地基承载力	设计要求		按规定方法
	2	配合比	设计要求		检查拌合时的体积比或重量比
	3	压实系数	设计要求		现场实测
一般项目	1	砂石料有机质含量	%	≤5	焙烧法
	2	砂石料含泥量	%	≤5	水洗法
	3	石料粒径	mm	≤100	筛分法
	4	含水量（与最优含水量比较）	%	±2	烘干法
	5	分层厚度（与设计要求比较）	mm	±50	水准仪

②砂和砂石地基密实度现场实测方法：砂和砂石地基密实度主要通过现场测定其干密度来鉴定，常用方法有环刀取样法和贯入测定法。

(a) 环刀取样法。

在捣实后的砂地基中，用容积不小于200cm³的环刀取样，测定其干密度，以不小于通过试验所确定的该砂料在中密状态时的干密度数值为合格。若系砂石地基，可在地基中设置纯砂检查点，在同样施工条件下取样检查。

(b) 贯入测定法。

检查时先将表面的砂刮去30mm左右，用直径为20mm，长1250mm的平头钢筋距离砂层面700mm自由下落，或用水撼法使用的钢叉距离砂层面500mm自由下落。以上钢筋或钢叉的插入深度，可根据砂的控制干密度预先进行小型试验确定。

2. 灰土地基

灰土地基是将基础底面下一定范围内的软弱土层挖去，用按一定体积配合比的石灰和黏性土拌合均匀，在最优含水量情况下分层回填夯实或压实而成。该地基具有一定的强度、水稳定性和抗渗性，施工工艺简单，取材容易，费用较低。适用于处理1～4m厚的软弱土层。

(1) 构造要求。

灰土地基厚度确定原则同砂地基。地基宽度一般为灰土顶面基础砌体宽度加2.5倍灰土厚度之和。

(2) 材料要求。

灰土的土料宜采用就地挖出的黏性土及塑性指数大于4的粉土，但不得含有有机杂质或使用耕植土。使用前土料应过筛，其粒径不得大于15mm。用作灰土的熟石灰应过筛，粒径不得大于5mm，并不得夹有未熟化的生石灰块，也不得含有过多的水分。灰土的配合比一般为2∶8或3∶7（石灰∶土）。

(3) 施工要点。

①施工前应先验槽,清除松土,如发现局部有软弱土层或孔洞,应及时挖除后用灰土分层回填夯实。

②施工时,应将灰土拌合均匀,颜色一致,并适当控制其含水量。现场检验方法是用手将灰土紧握成团,两指轻捏能碎为宜,如土料水分过多或不足时,应晾干或洒水润湿。灰土拌好后及时铺好夯实,不得隔日夯打。

③铺灰应分段分层夯筑,每层虚铺厚度应按所用夯实机具参照表6-3-7选用。每层灰土的夯打遍数,应根据设计要求的干密度在现场试验确定。

灰土最大虚铺厚度　　　　　　　表6-3-7

夯实机具种类	重量(t)	厚度(mm)	备 注
石夯、木夯	0.04~0.08	200~250	人力送夯,落距400~500mm,每夯搭接半夯
轻型夯实机械	0.12~0.4	200~250	蛙式打夯机或柴油打夯机
压路机	6~10	200~300	双轮

④灰土分段施工时,不得在墙角、柱基及承重窗间墙下接缝。上下两层灰土的接缝距离不得小于500mm,接缝处的灰土应注意夯实。

⑤在地下水位以下的基坑(槽)内施工时,应采取排水措施。夯实后的灰土,在三天内不得受水浸泡。灰土地基打完后,应及时进行基础施工和回填土,否则要做临时遮盖,防止日晒雨淋。刚打完毕或尚未夯实的灰土,如遭受雨淋浸泡,则应将积水及松软灰土除去并补填夯实。受浸湿的灰土,应在晾干后再夯打密实。

⑥冬期施工时,不得采用冻土或夹有冻土的土料,并应采取有效的防冻措施。

(4) 质量验收标准和方法。

①灰土地基的质量验收标准:灰土地基的质量验收标准应符合表6-3-8、表6-3-9的规定。

灰土地基的质量验收标准　　　　　　　表6-3-8

项	序	检 查 项 目	允许偏差或允许值		检查方法
			单位	数值	
主控项目	1	地基承载力		设计要求	按规定方法
	2	配合比		设计要求	按拌合时的体积比
	3	压实系数		设计要求	现场实测
一般项目	1	石灰粒径	mm	≤5	筛分法
	2	土料有机质含量	%	≤5	试验室焙烧法
	3	土颗粒粒径	mm	≤15	筛分法
	4	含水量(与要求的最优含水量比较)	%	±2	烘干法
	5	分层厚度偏差(与设计要求比较)	mm	±50	水准仪

灰 土 质 量 标 准　　　　　　　表6-3-9

土料种类	黏土	粉质黏土	粉土
灰土最小干密度(t/m³)	1.45	1.50	1.55

②灰土地基压实系数现场实测方法：

灰土地基的质量检查，宜用环刀取样，测定其干密度。质量标准可按压实系数 λ_c 鉴定，一般为 0.93~0.95。压实系数 λ_c 为土在施工时实际达到的干密度 ρ_d 与室内采用击实试验得到的最大干密度 ρ_{dmax} 之比。

如无设计规划时，也可按要求执行。如用贯入仪器检查灰土质量时，应先进行现场试验以确定贯入度的具体要求。

（二）强夯地基

强夯地基是用起重机械将重锤（一般 8~30t）吊起从高处（一般 6~30m）自由落下，给地基以冲击力和振动，从而提高地基土的强度并降低其压缩性的一种有效的地基加固方法。该法具有效果好、速度快、节省材料、施工简便，但施工时噪声和振动大等特点。适用于碎石土、砂土、黏性土、湿陷性黄土及填土地基等的加固处理。

1. 机具设备

（1）起重机械。

起重机宜选用起重能力为 150kN 以上的履带式起重机，也可采用专用三角起重架或龙门架作起重设备。起重机械的起重能力为：当直接用钢丝绳悬吊夯锤时，应大于夯锤的 3~4 倍；当采用自动脱钩装置，起重能力取大于 1.5 倍锤重。

（2）夯锤。

夯锤可用钢材制作，或用钢板为外壳，内部焊接钢筋骨架后浇筑 C30 混凝土制成。夯锤底面有圆形和方形两种，圆形不易旋转，定位方便，稳定性和重合性好，应用较广。锤底面积取决于表层土质，对砂土一般为 3~4m²，黏性土或淤泥质土不宜小于 6m²。夯锤中宜设置若干个上下贯通的气孔，以减少夯击时空气阻力。

（3）脱钩装置。

脱钩装置应具有足够强度，且施工灵活。常用的工地自制自动脱钩器由吊环、耳板、销环、吊钩等组成，系由钢板焊接制成。

2. 施工要点

（1）强夯施工前，应进行地基勘察和试夯。通过对试夯前后试验结果对比分析，确定正式施工时的技术参数。

（2）强夯前应平整场地，周围做好排水沟，按夯点布置测量放线确定夯位。地下水位较高时，应在表面铺 0.5~2.0m 中（粗）砂或砂石地基，其目的是在地表形成硬层，可用以支承起重设备，确保机械通行、施工，又可便于强夯产生的孔隙水压力消散。

（3）强夯施工须按试验确定的技术参数进行。一般以各个夯击点的夯击数为施工控制值，也可采用试夯后确定的沉降量控制。夯击时，落锤应保持平稳，夯位准确，如错位或坑底倾斜过大，宜用砂土将坑底整平，才可进行下一次夯击。

（4）每夯击一遍完后，应测量场地平均下沉量，然后用土将夯坑填平，方可进行下一遍夯击。最后一遍的场地平均下沉量，必须符合要求。

（5）强夯施工最好在干旱季节进行，如遇雨期施工，夯击坑内或夯击过的场地有积水时，必须及时排除。冬期施工时，应将冻土击碎。

(6) 强夯施工时应对每一夯实点的夯击能量、夯击次数和每次夯沉量等做好详细的现场记录。

强夯地基应检查施工记录及各项技术参数，并应在夯击过的场地选点作检验。一般可采用标准贯入、静力触探或轻便触探等方法，符合试验确定的指标时即为合格。检查点数，每个建筑物的地基不少于3处，检测深度和位置按设计要求确定。

(三) 重锤夯实地基

重锤夯实是用起重机械将夯锤提升到一定高度后，利用自由下落时的冲击能来夯实基土表面，使其形成一层较为均匀的硬壳层，从而使地基得到加固。该法具有施工简便、费用较低，但布点较密，夯击遍数多，施工期相对较长，同时夯击能量小，孔隙水难以消散，加固深度有限，当土的含水量稍高，易夯成橡皮土，处理较困难等特点。适用于处理地下水位以上稍湿的黏性土、砂土、湿陷性黄土、杂填土和分层填土地基。但当夯击振动对邻近的建筑物、设备以及施工中的砌筑工程或浇筑混凝土等产生有害影响时，或地下水位高于有效夯实深度以及在有效深度内存在软黏土层时，不宜采用。

1. 机具设备

(1) 起重机械。

起重机械可采用配置有摩擦式卷扬机的履带式起重机、打桩机、龙门式起重机或悬臂式桅杆起重机等。其起重能力：当采用自动脱钩时，应大于夯锤重量的1.5倍；当直接用钢丝绳悬吊夯锤时，应大于夯锤重量的3倍。

(2) 夯锤。

夯锤形状宜采用截头圆锥体，可用C20钢筋混凝土制作，其底部可填充废铁并设置钢底板以使重心降低。锤重宜为1.5~3.0t，底直径1.0~1.5m，落距一般为2.5~4.5m，锤底面单位静压力宜为15~20kPa。吊钩宜采用自制半自动脱钩器，以减少吊索的磨损和机械振动。

2. 施工要点

(1) 施工前应在现场进行试夯，选定夯锤重量、底面直径和落距，以便确定最后下沉量及相应的夯击遍数和总下沉量。最后下沉量系指最后二击平均每击土面的夯沉量，对黏性土和湿陷性黄土取10~20mm；对砂土取5~10mm。通过试夯可确定夯实遍数，一般试夯约6~10遍，施工时可适当增加1~2遍。

(2) 采用重锤夯实分层填土地基时，每层的虚铺厚度以相当于锤底直径为宜，夯击遍数由试夯确定，试夯层数不宜少于两层。

(3) 基坑（槽）的夯实范围应大于基础底面，每边应比设计宽度加宽0.3m以上，以便于底面边角夯打密实。基坑（槽）边坡应适当放缓。夯实前坑（槽）底面应高出设计标高，预留土层的厚度可为试夯时的总下沉量再加50~100mm。

(4) 夯实时地基土的含水量应控制在最优含水量范围以内。如土的表层含水量过大，可采用铺撒吸水材料（如干土、碎砖、生石灰等）或换土等措施；如土含水量过低，应适当洒水，加水后待全部渗入土中，一昼夜后方可夯打。

(5) 在大面积基坑或条形基槽内夯击时，应按一夯挨一夯顺序进行（图 6-3-13a）。在一次循环中同一夯位应连夯两遍，下一循环的夯位，应与前一循环错开 1/2 锤底直径，落锤应平稳，夯位应准确。在独立柱基基坑内夯击时，可采用先周边后中间（图 6-3-13b）或先外后里的跳打法（图 6-3-13c）进行。基坑（槽）底面的标高不同时，应按先深后浅的顺序逐层夯实。

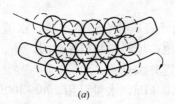
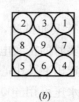

(a)　　　　　　　(b)　　　　　　(c)

图 6-3-13 夯打顺序

(6) 夯实完后，应将基坑（槽）表面修整至设计标高。冬期施工时，必须保证地基在不冻的状态下进行夯击。否则应将冻土层挖去或将土层融化。若基坑挖好后不能立即夯实，应采取防冻措施。

3. 质量检查

重锤夯实后应检查施工记录，除应符合试夯最后下沉量的规定外，还应检查基坑（槽）表面的总下沉量，以不小于试夯总下沉量的 90% 为合格。也可采用在地基上选点夯击检查最后下沉量。夯击检查点数：独立基础每个不少于 1 处，基槽每 20m 不少于 1 处，整片地基每 50m² 不少于 1 处。检查后如质量不合格，应进行补夯，直至合格为止。

（四）振冲地基

振冲地基，又称振冲桩复合地基，是以起重机吊起振冲器，启动潜水电机带动偏心块，使振冲器产生高频振动，同时开动水泵，通过喷嘴喷射高压水流成孔，然后分批填以砂石骨料形成一根根桩体，桩体与原地基构成复合地基，以提高地基的承载力，减少地基的沉降和沉降差的一种快速、经济有效的加固方法。该法具有技术可靠，机具设备简单，操作技术易于掌握，施工简便，节省材料，加固速度快，地基承载力高等特点。

振冲地基按加固机理和效果的不同，可分为振冲置换法和振冲密实法两类。前者适用于处理不排水、抗剪强度小于 20kPa 的黏性土、粉土、饱和黄土及人工填土等地基。后者适用于处理砂土和粉土等地基，不加填料的振冲密实法仅适用于处理黏土粒含量小于 10% 的粗砂、中砂地基。

1. 机具设备

(1) 振冲器。

宜采用带潜水电机的振冲器，其功率、振动力、振动频率等参数，可按加固的孔径大小、达到的土体密实度选用。

(2) 起重机械。

起重能力和提升高度均应符合施工和安全要求，起重能力一般为 80~150kN。

(3) 水泵及供水管道供水压力宜大于 0.5MPa，供水量宜大于 20m³/h。

(4) 加料设备。

可采用翻斗车、手推车或皮带运输机等，其能力须符合施工要求。

(5) 控制设备。

控制电流操作台，附有150A以上容量的电流表（或自动记录电流计）、500V电压表等。

2. 施工要点

(1) 施工前应先在现场进行振冲试验，以确定成孔合适的水压、水量、成孔速度、填料方法、达到土体密实时的密实电流值、填料量和留振时间。

(2) 振冲前，应按设计图定出冲孔中心位置并编号。

(3) 启动水泵和振冲器，水压可用400~600kPa，水量可用200~400L/min，使振冲器以1~2m/min的速度徐徐沉入土中。每沉入0.5~1.0m，宜留振5~10s进行扩孔，待孔内泥浆溢出时再继续沉入。当下沉达到设计深度时，振冲器应在孔底适当停留并减小射水压力，以便排除泥浆进行清孔。成孔也可采用将振冲器以1~2m/min的速度连续沉至设计深度以上0.3~0.5m时，将振冲器往上提到孔口，再同法沉至孔底。如此往复1~2次，使孔内泥浆变稀，排泥清孔1~2min后，将振冲器提出孔口。

(4) 填料和振密方法，一般采取成孔后，将振冲器提出孔口，从孔口往下填料，然后再下降振冲器至填料中进行振密（图6-3-14），待密实电流达到规定的数值，将振冲器提出孔口。如此自下而上反复进行直至孔口，成桩操作即告完成。

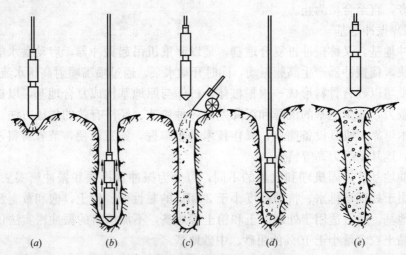

图6-3-14 振冲法制桩施工工艺
(a) 定位；(b) 振冲下沉；(c) 加填料；(d) 振密；(e) 成桩

(5) 振冲桩施工时桩顶部约1m范围内的桩体密实度难以保证，一般应予挖除，另做地基，或用振动碾压使之压实。

(6) 冬期施工应将表层冻土破碎后成孔。每班施工完毕后应将供水管和振冲器水管内积水排净，以免冻结影响施工。

3. 振冲地基质量检验标准及方法

（1）振冲地基的质量检验标准：振冲地基的质量检验标准应符合表 6-3-10 的规定。

振冲地基质量检验标准　　　　　　　表 6-3-10

项	序	检查项目	允许偏差或允许值		检查方法
			单位	数值	
主控项目	1	填料粒径		设计要求	抽样检查
	2	密实电流（黏性土）	A	50～55	电流表读数
		密实电流（砂性土或粉土）	A	40～50	
		（以上为功率 30kW 振冲器）			
		密实电流（其他类型振冲器）	A	(1.5～2.0) A_0	电流表读数，A_0 为空振电流
	3	地基承载力		设计要求	按规定方法
一般项目	1	填料含泥量	%	<5	抽样检查
	2	振冲器喷水中心与孔径中心偏差	mm	≤50	用钢尺量
	3	成孔中心与设计孔位中心偏差	mm	≤100	用钢尺量
	4	桩体直径	mm	<50	用钢尺量
	5	孔深	mm	±200	量钻杆或重锤测

（2）振冲地基的质量检验方法。

施工前应检查振冲器的性能，电流表、电压表的准确度及填料的性能；施工中应检查密实电流、供水压力、供水量、填料量、孔底留振时间、振冲点位置、振冲器施工参数等（施工参数由振冲试验或设计确定）；施工结束后，应在有代表性的地段做地基强度或地基承载力检验。

（五）地基局部处理及其他加固方法简介

1. 地基局部处理

（1）松土坑的处理。

当坑的范围较小（在基槽范围内），可将坑中松软土挖除，使坑底及四壁均见天然土为止，回填与天然土压缩性相近的材料。当天然土为砂土时，用砂或级配砂石回填；当天然土为较密实的黏性土，则用 3∶7 灰土分层回填夯实；如为中密可塑的黏性土或新近沉积黏性土，可用 1∶9 或 2∶8 灰土分层回填夯实，每层厚度不大于 20cm。

当坑的范围较大（超过基槽边沿）或因条件限制，槽壁挖不到天然土层时，则应将该范围内的基槽适当加宽，加宽部分的宽度可按下述条件确定：当用砂土或砂石回填时，基槽每边均应按 1∶1 坡度放宽；当用 1∶9 或 2∶8 灰土回填时，按 0.5∶1 坡度放宽；当用 3∶7 灰土回填时，如坑的长度不大于 2m，基槽可不放宽，但灰土与槽壁接触处应夯实。

如坑在槽内所占的范围较大（长度在 5m 以上），且坑底土质与一般槽底天然土质相同，可将此部分基础加深，做 1∶2 踏步与两端相接，踏步多少根据坑深而定，但每步高不大于 0.5m，长不小于 1.0m。

对于较深的松土坑（如坑深大于槽宽或大于 1.5m 时），槽底处理后，还应适当考虑加强上部结构的强度，方法是在灰土基础上1～2皮砖处（或混凝土基础内）、防潮层下1～2皮砖处及首层顶板处，加配4ϕ8～12mm钢筋跨过该松土坑两端各1m，以防产生过大的局部不均匀沉降。

如遇到地下水位较高，坑内无法夯实时，可将坑（槽）中软弱的松土挖去后，再用砂土、碎石或混凝土代替灰土回填。如坑底在地下水位以下时，回填前先用粗砂与碎石（比例为1：3）分层回填夯实；地下水位以上用3：7灰土回填夯实至要求高度。

(2) 砖井或土井的处理。

当砖井或土井在室外，距基础边缘5m以内时，应先用素土分层夯实，回填到室外地坪以下1.5m处，将井壁四周砖圈拆除或松软部分挖去，然后用素土分层回填并夯实。

如井在室内基础附近，可将水位降低到最低可能的限度，用中、粗砂及块石、卵石或碎砖等回填到地下水位以上0.5m。砖井应将四周砖圈拆至坑（槽）底以下1m或更深些，然后再用素土分层回填并夯实，如井已回填，但不密实或有软土，可用大块石将下面软土挤紧，再分层回填素土夯实。

当井在基础下时，应先用素土分层回填夯实至基础底下2m处，将井壁四周松软部分挖去，有砖井圈时，将井圈拆至槽底以下1～1.5m。当井内有水，应用中、粗砂及块石、卵石或碎砖回填至水位以上0.5m，然后再按上述方法处理；当井内已填有土，但不密实，且挖除困难时，可在部分拆除后的砖石井圈上加钢筋混凝土盖封口，上面用素土或2：8灰土分层回填、夯实至槽底。

若井在房屋转角处，且基础部分或全部压在井上，除用以上办法回填处理外，还应对基础加强处理。当基础压在井上部分较少，可采用从基础中挑梁的办法解决。当基础压在井上部分较多，用挑梁的方法较困难或不经济时，则可将基础沿墙长方向向外延长出去，使延长部分落在天然土上。落在天然土上基础总面积应等于或稍大于井圈范围内原有基础的面积，并在墙内配筋或用钢筋混凝土梁来加强。

当井已淤填，但不密实时，可用大块石将下面软土挤密，再用上述办法回填处理。如井内不能夯填密实，上部荷载又较大，可在井内设灰土挤密桩或石灰桩处理；如土井在大体积混凝土基础下，可在井圈上加钢筋混凝土盖板封口，上部再用素土或2：8灰土回填密实的办法处理，使基土内附加应力传布范围比较均匀，但要求盖板至基底的高差大于井径。

(3) 局部软硬土的处理

当基础下局部遇基岩、旧墙基、大孤石、老灰土、化粪池、大树根、砖窑底等，均应尽可能挖除，以防建筑物由于局部落于较硬物上造成不均匀沉降，而使上部建筑物开裂。

若基础一部分落于基岩或硬土层上，一部分落于软弱土层上，基岩表面坡度较大，则应在软土层上采用现场钻孔灌注桩至基岩；或在软土部位作混凝土或砌块石支承墙（或支墩）至基岩；或将基础以下基岩凿去0.3～0.5m深，填以中粗砂或土砂混合物作软性褥垫，使之能调整岩土交界部位地基的相对变形，避免应力集中出现裂缝；或采取加强基础和上部结构的刚度，来克服软硬地基的不均匀变形。

如基础一部分落于原土层上，另一部分落于回填土地基上时，可在填土部位用现场钻孔灌注桩或钻孔爆扩桩直至原土层，使该部位上部荷载直接传至原土层，以避免地基的不均匀沉降。

2. 其他地基加固方法简介

（1）砂桩地基。

砂桩地基是采用类似沉管灌注桩的机械和方法，通过冲击和振动，把砂挤入土中而成的。这种方法经济、简单且有效。对于砂土地基，可通过振动或冲击的挤密作用，使地基达到密实，从而增加地基承载力，降低孔隙比，减少建筑物沉降，提高砂基抵抗振动液化的能力。对于黏性土地基，可起到置换和排水砂井的作用，加速土的固结，形成置换桩与固结后软黏土的复合地基，显著地提高地基抗剪强度。这种桩适用于挤密松散砂土、素填土和杂填土等地基。对于饱和软黏土地基，由于其渗透性较小，抗剪强度较低，灵敏度又较大，要使砂桩本身挤密并使地基土密实往往较困难，相反地，却破坏了土的天然结构，使抗剪强度降低，因而对这类工程要慎重对待。

（2）水泥土搅拌桩地基。

水泥土搅拌桩地基系利用水泥、石灰等材料作为固化剂，通过特制的深层搅拌机械，在地基深处就地将软土和固化剂（浆液或粉体）强制搅拌，利用固化剂和软土之间所产生的一系列物理、化学反应，使软土硬结成具有一定强度的优质地基。本法具有无振动、无噪声、无污染、无侧向挤压，对邻近建筑物影响很小，且施工期较短，造价低廉，效益显著等特点。适用于加固较深较厚的淤泥、淤泥质土、粉土和含水量较高且地基承载力不大于 $120kPa$ 的黏性土地基，对超软土效果更为显著。多用于墙下条形基础、大面积堆料厂房地基，在深基开挖时用于防止坑壁及边坡塌滑、坑底隆起等，以及做地下防渗墙等工程上。

（3）预压地基。

预压地基是在建筑物施工前，在地基表面分级堆土或其他荷重，使地基土压密、沉降、固结，从而提高地基强度和减少建筑物建成后的沉降量。待达到预定标准后再卸载，建造建筑物。本法具有使用材料、机具方法简单直接，施工操作方便，但堆载预压需要一定的时间，对深厚的饱和软土，排水固结所需的时间很长，同时需要大量堆载材料等特点。适用于各类软弱地基，包括天然沉积土层或人工冲填土层，较广泛用于冷藏库、油罐、机场跑道、集装箱码头、桥台等沉降要求较低的地基。实践证明，利用堆载预压法能取得一定的效果，但能否满足工程要求的实际效果，则取决于地基土层的固结特性、土层的厚度、预压荷载的大小和预压时间的长短等因素。因此在使用上受到一定的限制。

（4）注浆地基。

注浆地基是指利用化学溶液或胶结剂，通过压力灌注或搅拌混合等措施，而将土粒胶结起来的地基处理方法。本法具有设备工艺简单、加固效果好、可提高地基强度、消除土的湿陷性、降低压缩性等特点。适用于局部加固新建或已建的建（构）筑物基础、稳定边坡以及防渗帷幕等，也适用于湿陷性黄土地基，对于黏性土、素填土、地下水位以下的黄土地基，经试验有效时也可应用，但长期受酸性污水浸蚀的地基不宜采用。化学加固能否获得预期的效果，主要决定于能否根据具体的土质条件，选择适当的化学浆液（溶液和胶结剂）和采用有效的施工工艺。

总之，用于地基加固处理的方法较多，除上述介绍几种以外，还有高压喷射注浆地基等。

三、浅埋式钢筋混凝土基础施工

一般工业与民用建筑在基础设计中多采用天然浅基础，它造价低、施工简便。常用的浅基础类型有条式基础、杯形基础、筏式基础和箱形基础等。

（一）条式基础

条式基础包括柱下钢筋混凝土独立基础（图 6-3-15）和墙下钢筋混凝土条形基础（图 6-3-16）。这种基础的抗弯和抗剪性能良好，可在竖向荷载较大、地基承载力不高以及承受水平力和力矩等荷载情况下使用。因高度不受台阶宽高比的限制，故适宜于需要"宽基浅埋"的场合下采用。

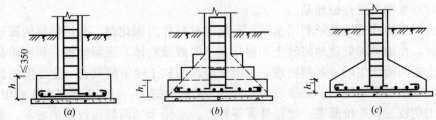

图 6-3-15 柱下钢筋混凝土独立基础
(a)、(b) 阶梯形；(c) 锥形

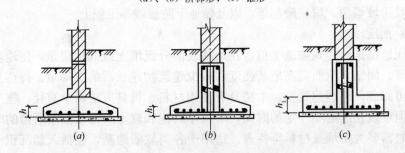

图 6-3-16 墙下钢筋混凝土条形基础
(a) 板式；(b)、(c) 梁、板结合式

1. **构造要求**

（1）锥形基础（条形基础）边缘高度 h 不宜小于 200mm；阶梯形基础的每阶高度 h_1 宜为 300～500mm。

（2）垫层厚度一般为 100mm，混凝土强度等级为 C10，基础混凝土强度等级不宜低于 C15。

(3) 底板受力钢筋的最小直径不宜小于 8mm，间距不宜大于 200mm。当有垫层时钢筋保护层的厚度不宜小于 35mm，无垫层时不宜小于 70mm。

(4) 插筋的数目与直径应与柱内纵向受力钢筋相同。插筋的锚固及柱的纵向受力钢筋的搭接长度，按国家现行《混凝土结构设计规范》的规定执行。

2. 施工要点

(1) 基坑（槽）应进行验槽，局部软弱土层应挖去，用灰土或砂砾分层回填夯实至基底相平。基坑（槽）内浮土、积水、淤泥、垃圾、杂物应清除干净。验槽后垫层混凝土应立即浇筑，以免地基土被扰动。

(2) 垫层达到一定强度后，在其上弹线、支模。铺放钢筋网片时底部用与混凝土保护层同厚度的水泥砂浆垫塞，以保证位置正确。

(3) 在浇筑混凝土前，应清除模板上的垃圾、泥土和钢筋上的油污等杂物，模板应浇水加以湿润。

(4) 基础混凝土宜分层连续浇筑完成。阶梯形基础的每一台阶高度内应分层浇捣，每浇筑完一台阶应稍停 0.5～1.0h，待其初步获得沉实后，再浇筑上层，以防止下台阶混凝土溢出，在上台阶根部出现烂脖子，台阶表面应基本抹平。

(5) 锥形基础的斜面部分模板应随混凝土浇捣分段支设并顶压紧，以防模板上浮变形，边角处的混凝土应注意捣实。严禁斜面部分不支模，用铁锹拍实。

(6) 基础上有插筋时，要加以固定，保证插筋位置的正确，防止浇捣混凝土发生移位。混凝土浇筑完毕，外露表面应覆盖浇水养护。

（二）杯形基础

杯形基础常用作钢筋混凝土预制柱基础，基础中预留凹槽（即杯口），然后插入预制柱，临时固定后，即在四周空隙中灌细石混凝土。其形式有一般杯口基础、双杯口基础和高杯口基础等（图 6-3-17）。

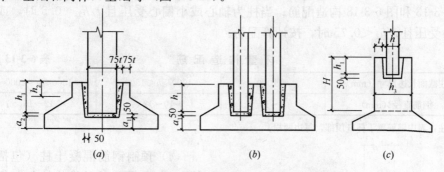

图 6-3-17 杯形基础形式、构造示意图
(a) 一般杯口基础；(b) 双杯口基础；(c) 高杯口基础
H—短柱高度

1. 构造要求

(1) 柱的插入深度 h_1 可按表 6-3-11 选用，并应满足锚固长度的要求（一般为 20 倍纵向受力钢筋直径）和吊装时柱的稳定性（不小于吊装时柱长的 0.05 倍）的要求。

柱的插入深度 h_1 （mm） 表 6-3-11

矩形或工字形柱				单肢管柱	双肢柱
$h<500$	$500\leqslant h<800$	$800\leqslant h<1000$	$h>1000$		
$(1\sim1.2)h$	H	$0.9h\geqslant800$	$0.8h\geqslant1000$	$1.5d\geqslant500$	$\left(\dfrac{1}{3}\sim\dfrac{2}{3}\right)h_a$ 或 $(1.5\sim1.8)h_b$

注：1. h 为柱截面长边尺寸；d 为管柱的外直径；h_a 为双肢柱整个截面长边尺寸；h_b 为双肢柱整个截面短边尺寸。
2. 柱轴心受压或小偏心受压时，h_1 可以适当减少；偏心距 $e_0>2h$（或 $e_0>2d$）时，h_1 应适当加大。

（2）基础的杯底厚度和杯壁厚度，可按表 6-3-12 采用。

基础的杯底厚度和杯壁厚度 表 6-3-12

柱截面长边尺寸 h（mm）	杯底厚度 a_1（mm）	杯壁厚度 t（mm）
$h<500$	$\geqslant150$	$150\sim200$
$500\leqslant h<800$	$\geqslant200$	$\geqslant200$
$800\leqslant h<1000$	$\geqslant200$	$\geqslant300$
$1000\leqslant h<1500$	$\geqslant250$	$\geqslant350$
$1500\leqslant h<2000$	$\geqslant300$	$\geqslant400$

注：1. 双肢柱的 a_1 值，可适当加大。
2. 当有基础梁时，基础梁下的杯壁厚度应满足其支承宽度的要求。
3. 柱插入杯口部分的表面应尽量凿毛。柱子与杯口之间的空隙，应用细石混凝土（比基础混凝土强度等级高一级）密实充填，其强度达到基础设计强度等级的70%以上（或采取其他相应措施）时，方能进行上部吊装。

（3）当柱为轴心或小偏心受压，且 $t/h_2\geqslant0.65$ 时，或大偏心受压且 $t/h_2\geqslant0.75$ 时，杯壁可不配筋；当柱为轴心或小偏心受压且 $0.5\leqslant t\leqslant0.65$ 时，杯壁可按表 6-3-13 和图 6-3-18 构造配筋；当柱为轴心或小偏心受压且 $t/h_2<0.5$ 时，或大偏心受压且 $t/h_2<0.75$ 时，按计算配筋。

杯壁构造配筋 表 6-3-13

柱截面长边尺寸（mm）	<1000	$1000\leqslant h<1500$	$1500\leqslant h\leqslant2000$
钢筋直径（mm）	$8\sim10$	$10\sim12$	$12\sim16$

注：表中钢筋置于杯口顶部，每边两根。

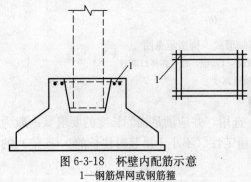

图 6-3-18 杯壁内配筋示意
1—钢筋焊网或钢筋箍

（4）预制钢筋混凝土柱（包括双肢柱）和高杯口基础的连接与一般杯口基础构造相同。

2. 施工要点

杯形基础除参照板式基础的施工要点外，还应注意以下几点：

（1）混凝土应按台阶分层浇筑，对高杯口基础的高台阶部分按整段分层浇筑。

（2）杯口模板可做成两半式的定型模板，中间各加一块楔形板，拆模时，先取出楔形板，然后分别将两半杯口模板取出。为便于周转宜做成工具式的，支模时杯口模板要固定牢固并压浆。

（3）浇筑杯口混凝土时，应注意四侧要对称均匀进行，避免将杯口模板挤向一侧。

（4）施工时应先浇筑杯底混凝土并振实，注意在杯底一般有50mm厚的细石混凝土找平层，应仔细留出。待杯底混凝土沉实后，再浇筑杯四周混凝土。基础浇捣完毕，在混凝土初凝后终凝前将杯口模板取出，并将杯口内侧表面混凝土凿毛。

（5）施工高杯口基础时，可采用后安装杯口模板的方法施工，即当混凝土浇捣接近杯口底时，再安装固定杯口模板，继续浇筑杯口四周混凝土。

（三）筏式基础

筏式基础由钢筋混凝土底板、梁等组成，适用于地基承载力较低而上部结构荷载很大的场合。其外形和构造上像倒置的钢筋混凝土楼盖，整体刚度较大，能有效将各柱的沉降调整得较为均匀。筏式基础一般可分为梁板式和平板式两类（图6-3-19）。

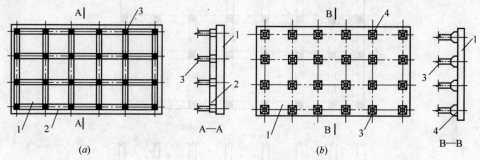

图 6-3-19　筏式基础

（*a*）梁板式；（*b*）平板式

1—底板；2—梁；3—柱；4—支墩

1. **构造要求**

（1）混凝土强度等级不宜低于C20，钢筋无特殊要求，钢筋保护层厚度不小于35mm。

（2）基础平面布置应尽量对称，以减小基础荷载的偏心距。底板厚度不宜小于200mm，梁截面和板厚按计算确定，梁顶高出底板顶面不小于300mm，梁宽不小于250mm。

（3）底板下一般宜设厚度为100mm的C10混凝土垫层，每边伸出基础底板不小于100mm。

2. **施工要点**

（1）施工前，如地下水位较高。可采用人工降低地下水位至基坑底不少于500mm，以保证在无水情况下进行基坑开挖和基础施工。

(2) 施工时，可采用先在垫层上绑扎底板、梁的钢筋和柱锚固插筋，浇筑底板混凝土，待达到25％设计强度后，再在底板上支梁模板，继续浇筑完梁部分混凝土；也可采用底板和梁模板一次同时支好，混凝土一次连续浇筑完成，梁侧模板采用支架支承并固定牢固。

(3) 混凝土浇筑时一般不留施工缝，必须留设时，应按施工缝要求处理，并应设置止水带。

(4) 基础浇筑完毕，表面应覆盖和洒水养护，并防止地基被水浸泡。

（四）箱形基础

箱形基础是由钢筋混凝土底板、顶板、外墙以及一定数量的内隔墙构成封闭的箱体（图 6-3-20），基础中部可在内隔墙开门洞作地下室。该基础具有整体性好，刚度大，调整不均匀沉降能力及抗震能力强，可消除因地基变形使建筑物开裂的可能性，减少基底处原有地基自重应力，降低总沉降量等特点。适用作软弱地基上的面积较小、平面形状简单、上部结构荷载大且分布不均匀的高层建筑物的基础和对沉降有严格要求的设备基础或特种构筑物基础。

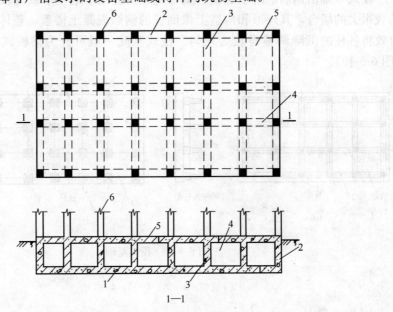

图 6-3-20　箱形基础
1—底板；2—外墙；3—内墙隔墙；4—内纵隔墙；5—顶板；6—柱

1. 构造要求

(1) 箱形基础在平面布置上尽可能对称，以减少荷载的偏心距，防止基础过度倾斜。

(2) 混凝土强度等级不应低于C20，基础高度一般取建筑物高度的1/8～1/12，不宜小于箱形基础长度的1/16～1/18，且不小于3m。

(3) 底、顶板的厚度应满足柱或墙冲切验算要求，并根据实际受力情况通过计算确定。底板厚度一般取隔墙间距的1/8～1/10，约为300～1000mm，顶板厚度约为200～400mm，内墙厚度不宜小于200mm，外墙厚度不应小于250mm。

(4) 为保证箱形基础的整体刚度，平均每平方米基础面积上墙体长度应不小于400mm，或墙体水平截面积不得小于基础面积的1/10，其中纵墙配置量不得小于墙体总配置量的3/5。

2. 施工要点

(1) 基坑开挖，如地下水位较高，应采取措施降低地下水位至基坑底以下500mm处，并尽量减少对基坑底土的扰动。当采用机械开挖基坑时，在基坑底面以上200～400mm厚的土层，应用人工挖除并清理，基坑验槽后，应立即进行基础施工。

(2) 施工时，基础底板、内外墙和顶板的支模、钢筋绑扎和混凝土浇筑，可采取分块进行，其施工缝的留设位置和处理应符合钢筋混凝土工程施工及验收规范有关要求，外墙接缝应设止水带。

(3) 基础的底板、内外墙和顶板宜连续浇筑完毕。为防止出现温度收缩裂缝，一般应设置贯通后浇带，带宽不宜小于800mm，在后浇带处钢筋应贯通，顶板浇筑后，相隔2～4周，用比设计强度提高一级的细石混凝土将后浇带填灌密实，并加强养护。

(4) 基础施工完，应立即进行回填土。停止降水时，应验算基础的抗浮稳定性，抗浮稳定系数不宜小于1.2，如不能满足时，应采取有效措施，如继续抽水直至上部结构荷载加上后能满足抗浮稳定系数要求为止，或在基础内采取灌水或加重物等，防止基础上浮或倾斜。

四、桩基础工程

一般建筑物都应该充分利用地基土层的承载能力，而尽量采用浅基础。但若浅层土质不良，无法满足建筑物对地基变形和强度方面的要求时，可以利用下部坚实土层或岩层作为持力层，这就要采取有效的施工方法建造深基础。深基础主要有桩基础、墩基础、沉井和地下连续墙等几种类型，其中以桩基最为常用。

(一) 桩基的作用和分类

1. 桩基的作用

桩基一般由设置于土中的桩和承接上部结构的承台组成（图6-3-21）。桩的作用在于将上部建筑物的荷载传递到深处承载力较大的土层上；或使软弱土层挤压，以提高土的承载力和密实度，从而保证建筑物的稳定性和减少地基沉降。

绝大多数桩基的桩数不止一根，而将各根桩在上端（桩顶）通过承台联成一体。根据承台与地面的相对位置不同，一般有低承台与高承台桩基之分。前者的承台底面位于地面以下，而后者则高出地面以上。

一般说来，采用高承台主要是为了减少水下施工作业和节省基础材料，常用于桥梁和港口工程中。而低承台桩基承受荷载的条件比高承台好，特别在水平荷载作用下，承台周围的土体可以发挥一定的作用。在一般房屋和构筑物中，大多都使用低承台桩基。

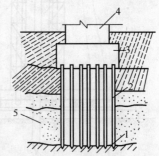

图6-3-21 桩基础示意图
1—持力层；2—桩；3—桩基承台；
4—上部建筑物；5—软弱层

2. 桩基的分类

（1）按承载性质分。

①摩擦型桩。

摩擦型桩又可分为摩擦桩和端承摩擦桩。摩擦桩是指在极限承载力状态下桩顶荷载由桩侧阻力承受的桩；端承摩擦桩是指在极限承载力状态下，桩顶荷载主要由桩侧阻力承受的桩。

②端承型桩。

端承型桩又可分为端承桩和摩擦端承桩。端承桩是指在极限承载力状态下，桩顶荷载由桩端阻力承受的桩；摩擦端承桩是指在极限承载力状态下，桩顶荷载主要由桩端阻力承受的桩。

（2）按桩的使用功能分。

竖向抗压桩、竖向抗拔桩、水平受荷载桩、复合受荷载桩。

（3）按桩身材料分。

混凝土桩、钢桩、组合材料桩。

（4）按成桩方法分。

非挤土桩（如干作业法桩、泥浆护壁法桩、套筒护壁法桩）、部分挤土桩（如部分挤土灌注桩、预钻孔打入式预制桩等）、挤土桩（如挤土灌注桩、挤土预制桩等）。

（5）按桩制作工艺分。

预制桩和现场灌注桩，现在使用较多的是现场灌注桩。

（二）静力压桩施工工艺

1. 静力压桩施工工艺特点及原理

静力压桩是在软土地基上，利用静力压桩机或液压压桩机用无振动的静压力（自重和配重）将预制桩压入土中的一种沉桩新工艺，在我国沿海软土地基上较为广泛地采用。与锤击沉桩相比，它具有施工无噪声、无振动、节约材料、降低成本、提高施工质量、沉桩速度快等特点。特别适宜于扩建工程和城市内桩基工程施工。其工作原理是：通过安置在压桩机上的卷扬机的牵引，由钢丝绳、滑轮及压梁，将整个桩机的自重力（800～1500kN）反压在桩顶上，以克服桩身下沉时与土的摩擦力，迫使预制桩下沉。

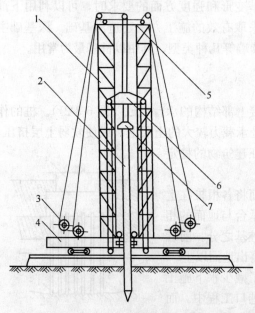

图 6-3-22　机械静力压桩机
1—桩架；2—桩；3—卷扬机；4—底盘；
5—顶梁；6—压梁；7—桩帽

2. 压桩机械设备

压桩机有两种类型：一种是机械静力压桩机（图 6-3-22）。它由压桩架（桩架与底盘）、传动设备（卷扬机、滑轮组、钢丝绳）、平衡设备（铁块）、量测装置（测力计、油压表）及辅助设备（起重设备、送桩）等组成；另一种是液压静力压桩机（图6-3-23）。它由液压吊装机构、液压夹持、压桩机构（千斤顶）、行走及回转机构、液压及配电系统、配重铁等部分组成，该机具有体积轻巧，使用方便等特点。

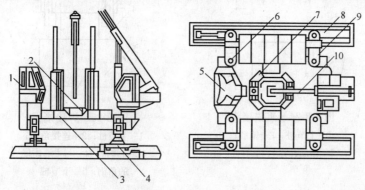

图6-3-23　液压静力压桩机
1—操作室；2—夹持与压桩机构；3—配重铁块；4—短船及回转机构；5—电控系统；
6—液压系统；7—导向架；8—长船行走机构；9—支腿式底盘结构；10—液压起重机

3. 压桩工艺方法
（1）施工程序。

静力压桩的施工程序为：测量定位→桩机就位→吊桩插桩→桩身对中调直→静压沉桩→接桩→再静压沉桩→终止压桩→切割桩头

（2）压桩方法。

用起重机将预制桩吊运或用汽车运至桩机附近，再利用桩机自身设置的起重机将其吊入夹持器中，夹持油缸将桩从侧面夹紧，压桩油缸作伸程动作，把桩压入土层中。伸长完后，夹持油缸回程松夹，压桩油缸回程，重复上述动作，可实现连续压桩操作，直至把桩压入预定深度土层中。

（3）桩拼接的方法。

钢筋混凝土预制长桩在起吊、运输时受力极为不利，因而一般先将长桩分段预制，后再在沉桩过程中接长。常用的接头连接方法有以下两种：

①浆锚接头（图6-3-24）。它是用硫磺水泥或环氧树脂配制成的胶粘剂，把上段桩的预留插筋粘结于下段桩的预留孔内。

②焊接接头（图6-3-25）。在每段桩的端部预埋角钢或钢板，施工时于上下段桩身相接触，用扁钢贴焊连成整体。

4. 施工要点

（1）压桩应连续进行，因故停歇时间不宜过长，否则压桩力将大幅度增长而导致桩压不下去或桩机被抬起。

（2）压桩的终压控制很重要。一般对纯摩擦桩，终压时以设计桩长为控制条件；对长度大于21m的端承摩擦型静压桩，应以设计桩长控制为主，终压力值作

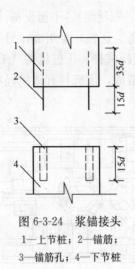

图 6-3-24 浆锚接头
1—上节桩；2—锚筋；
3—锚筋孔；4—下节桩

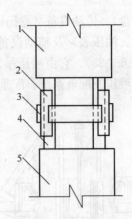

图 6-3-25 焊接接头
1—上节桩；2—连接角钢；
3—拼接板；4—与主筋连接
的角钢；5—下节桩

对照；对一些设计承载力较高的桩基，终压力值宜尽量接近压桩机满载值；对长 14~21m 静压桩，应以终压力达满载值为终压控制条件；对桩周土质较差且设计承载力较高的，宜复压 1~2 次为佳，对长度小于 14m 的桩，宜连续多次复压，特别对长度小于 8m 的短桩，连续复压的次数应适当增加。

(3) 静力压桩单桩竖向承载力，可通过桩的终止压力值大致判断。如判断的终止压力值不能满足设计要求，应立即采取送桩加深处理或补桩，以保证桩基的施工质量。

(三) 现浇混凝土桩施工工艺

现浇混凝土桩（亦称灌注桩）是一种直接在现场桩位上使用机械或人工等方法成孔，然后在孔内安装钢筋笼，浇筑混凝土而成的桩。按其成孔方法不同，可分为钻孔灌注桩、沉管灌注桩、人工挖孔灌注桩、爆扩灌注桩等。

1. 钻孔灌注桩

钻孔灌注桩是指利用钻孔机械钻出桩孔，并在孔中浇筑混凝土（或先在孔中吊放钢筋笼）而成的桩。根据钻孔机械的钻头是否在土壤的含水层中施工，又分为泥浆护壁成孔和干作业成孔两种施工方法。

(1) 泥浆护壁成孔灌注桩。

泥浆护壁成孔灌注桩适用于地下水位较高的地质条件。按设备又分冲抓、冲击回转钻及潜水钻成孔法。前两种适用于碎石土、砂土、黏性土及风化岩地基，后一种则适用于黏性土、淤泥、淤泥质土及砂土。

①施工设备。

主要有冲击、冲抓、回转钻及潜水钻机。在此主要介绍潜水钻机。

潜水钻机由防水电机、减速机构和钻头等组成。电机和减速机构装设在具有绝缘和密封装置的电钻外壳内，且与钻头紧密连接在一起，因而能共同潜入水下作业。目前使用的潜水钻机（QSZ-800 型），钻孔直径 400~800mm，最大钻孔深度 50m。潜水钻机既适用于水下钻孔，也可用于地下水位较低的干土层中钻孔。

②施工方法。

钻机钻孔前,应做好场地平整,挖设排水沟,设泥浆池制备泥浆,做试桩成孔,设置桩基轴线定位点和水准点,放线定桩位及其复核等施工准备工作。钻孔时,先安装桩架及水泵设备,桩位处挖土埋设孔口护筒,以起定位、保护孔口、存贮泥浆等作用,桩架就位后,钻机进行钻孔。钻孔时应在孔中注入泥浆,并始终保持泥浆液面高于地下水位 1.0m 以上,以起护壁、携渣、润滑钻头、降低钻头发热、减少钻进阻力等作用。如在黏土、亚黏土层中钻孔时,可注入清水以原土造浆护壁、排渣。钻孔进尺速度应根据土层类别、孔径大小、钻孔深度和供水量确定。对于淤泥和淤泥质土不宜大于 1m/min,其他土层以钻机不超负荷为准,风化岩或其他硬土层以钻机不产生跳动为准。

钻孔深度达到设计要求后,必须进行清孔。对以原土造浆的钻孔,可使钻机空转不进尺,同时注入清水,等孔底残余的泥块已磨浆,排出泥浆密度降至 1.1 左右(以手触泥浆无颗粒感觉),即可认为清孔已合格。对注入制备泥浆的钻孔,可采用换浆法清孔,至换出泥浆密度小于 1.15~1.25 为合格。

清孔完毕后,应立即吊放钢筋笼和浇筑水下混凝土。钢筋笼埋设前应在其上设置定位钢筋环,混凝土垫块或于孔中对称设置 3~4 根导向钢筋,以确保保护层厚度。水下浇筑混凝土通常采用导管法施工。

③质量要求。

(a) 护筒中心要求与桩中心偏差不大于 50mm,其埋深在黏土中不小于 1m,在砂土中不小于 1.5m。

(b) 泥浆密度在黏土和亚黏土中应控制在 1.1~1.2,在较厚夹砂层应控制在 1.1~1.3,在穿过砂夹卵石层或易于坍孔的土层中,泥浆密度应控制在 1.3~1.5。

(c) 孔底沉渣,必须设法清除,要求端承桩沉渣厚度不得大于 50mm,摩擦桩沉渣厚度不得大于 150mm。

(d) 水下浇筑混凝土应连续施工,孔内泥浆用潜水泵回收到贮浆槽里沉淀,导管应始终埋入混凝土中 0.8~1.3m,并始终保持埋入混凝土面以下 1m。

(2) 干作业成孔灌注桩。

干作业成孔灌注桩适用于地下水位以上的干土层中桩基的成孔施工。

①施工设备。

主要有螺旋钻机、钻孔扩机、机动或人工洛阳铲等。在此主要介绍螺旋钻机。

常用的螺旋钻机有履带式和步履式两种。前者一般由 W1001 履带车、支架、导杆、鹅头架滑轮、电动机头、螺旋钻杆及出土筒组成(图 6-3-26),后者的行走度盘为步履式,在施工时用步履进行移动。步履式机下装有活动轮子,施工完毕后装上轮子由机动车牵引到另一工地(图 6-3-27)。

②施工方法。

钻机钻孔前,应做好现场准备工作。钻孔场地必须平整、碾压或夯实,雨期施工时需要加白灰碾压以保证钻机行车安全。钻机按桩位就位时,钻杆要垂直对

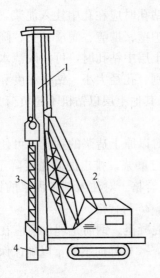
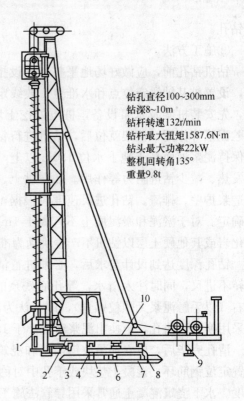

钻孔直径100~300mm
钻深8~10m
钻杆转速132r/min
钻杆最大扭矩1587.6N·m
钻头最大功率22kW
整机回转角135°
重量9.8t

图 6-3-26　履带式钻孔机示意图
1—导杆；2—W1001履带吊车；
3—钻杆；4—出土筒

图 6-3-27　步履式钻孔机
1—出土筒；2—上盘；3—下盘；4—回转滚轮；
5—行走滚轮；6—钢丝滑轮；7—行走油缸；
8—中盘；9—支腿；10—回转中心轴

准桩位中心，放下钻机使钻头触及土面。钻孔时，开动转轴旋动钻杆钻进，先慢后快，避免钻杆摇晃，并随时检查钻孔偏移，有问题应及时纠正。施工中应注意钻头在穿过软硬土层交界处时，应保持钻杆垂直，缓慢进尺。在含砖头、瓦块的杂填土或含水量较大的软塑黏性土层中钻进时，应尽量减小钻杆晃动，以免扩大孔径及增加孔底虚土。当出现钻杆跳动、机架摇晃、钻不进等异常现象，应立即停钻检查。钻进过程中应随时清理孔口积土，遇到地下水、缩孔、坍孔等异常现象，应会同有关单位研究处理。

钻孔至要求深度后，可用钻机在原处空转清土，然后停止回转，提升钻杆卸土。如孔底虚土超过容许厚度，可用辅助掏土工具或二次投钻清底。清孔完毕后应用盖板盖好孔口。

桩孔钻成并清孔后，先吊放钢筋笼，后浇筑混凝土。为防止孔壁坍塌，避免雨水冲刷，成孔经检查合格后，应及时浇筑混凝土。若土层较好，没有雨水冲刷，从成孔至混凝土浇筑的时间间隔，也不得超过24h。灌注桩的混凝土强度等级不得低于C15，坍落度一般采用80~100mm；混凝土应连续浇筑，分层捣实，每层的高度不得大于1.50m；当混凝土浇筑到桩顶时，应适当超过桩顶标高，以保证在凿除浮浆层后，使桩顶标高和质量能符合设计要求。

③质量要求。

(a) 垂直度允许偏差1%。

(b) 孔底虚土允许厚度不大于100mm。

(c) 桩位允许偏差：单桩、条形桩基沿垂直轴线方向和群桩基础边沿的偏差是1/6桩径；条形桩基沿顺轴方向和群桩基础中间桩的偏差为1/4桩径。

(3) 施工中常遇问题及处理。

①孔壁坍塌。

钻孔过程中，如发现排出的泥浆中不断出现气泡，或泥浆突然漏失，这表示有孔壁坍塌现象。孔壁坍塌的主要原因是土质松散，泥浆护壁不好，护筒周围未用黏土紧密填封以及护筒内水位不高。钻进时如出现孔壁坍塌，首先应保持孔内水位并加大泥浆密度以稳定钻孔的护壁。如坍塌严重，应立即回填黏土，待孔壁稳定后再钻。

②钻孔偏斜。

钻杆不垂直，钻头导向部分压短、导向性差、土质软硬不一，或者遇上孤石等，都会引起钻孔偏斜。防止措施有：除钻头加工精确，钻杆安装垂直外，操作时还要注意经常观察。钻孔偏斜时，可提起钻头，上下反复扫钻几次，以便削去硬土，如纠正无效，应于孔中部回填黏土至偏孔处0.5m以上重新钻进。

③孔底虚土。

干作业施工中，由于钻孔机械结构所限，孔底常残存一些虚土，它来自扰动残存土：孔壁坍落土以及孔口落土。施工时，孔底虚土较规范允许值大时必须清除，因虚土影响承载力。目前常用的治理虚土的方法是用20kg重铁饼人工辅助夯实，但效果不理想。新近研制出的一套孔底夯实机具经实践证明有较好的夯实效果。

④断桩。

水下灌注混凝土桩的质量除混凝土本身质量外，是否断桩是鉴定其质量的关键。预防时要注意三方面问题：一是力争首批混凝土浇灌一次成功；二是分析地质情况，研究解决对策；三是要严格控制现场混凝土配合比。

2. 沉管灌注桩

沉管灌注桩是指利用锤击打桩法或振动打桩法，将带有活瓣式桩靴或预制钢筋混凝土桩尖的钢管沉入土中，然后边浇筑混凝土（或先在管内放入钢筋笼）边锤击或振动拔管而成。前者称为锤击沉管灌注桩，后者称为振动沉管灌注桩。

(1) 锤击沉管灌注桩。

锤击沉管灌注桩是采用落锤、蒸汽锤或柴油锤将钢套管沉入土中成孔，然后灌注混凝土或钢筋混凝土，抽出钢管而成。

①施工设备。

锤击沉管机械设备如图6-3-28所示。

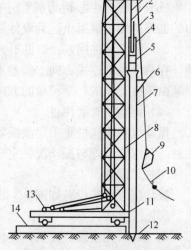

图 6-3-28 锤击沉管灌注桩桩机
1—钢丝绳；2—滑轮组；3—吊斗钢丝绳；
4—桩锤；5—桩帽；6—混凝土漏斗；
7—套管；8—桩架；9—混凝土吊斗；
10—回绳；11—钢管；12—桩尖；
13—卷扬机；14—枕木

②施工方法。

施工时，先将桩机就位，吊起桩管，垂直套入预先埋好的预制混凝土桩尖，压入土中。桩管与桩尖接触处应垫以稻草绳或麻绳垫圈，以防地下水渗入管内。当检查桩管与桩锤、桩架等在同一垂直线上（偏差不大于0.5%），即可在桩管上扣上桩帽，起锤沉管。先用低锤轻击，观察无偏移后方可进入正常施工，直至符合设计要求深度，并检查管内有无泥浆或水进入，即可灌注混凝土。桩管内混凝土应尽量灌满，然后开始拔管。拔管要均匀，第一次拔管高度控制在能容纳第二次所需灌入的混凝土量为限，不宜拔管过高。拔管时应保持连续密锤低击不停，并控制拔出速度，对一般土层，以不大于1m/min为宜；在软弱土层及软硬土层交界处，应控制在0.8m/min以内。桩锤冲击频率，视锤的类型而定：单动汽锤采用倒打拔管，频率不低于70次/min，自由落锤轻击不得少于50次/min。在管底未拔到桩顶设计标高之前，倒打或轻击不得中断。拔管时应注意使管内的混凝土量保持略高于地面，直到桩管全部拔出地面为止。

上面所述的这种施工工艺称为单打灌注桩的施工。为了提高桩的质量和承载能力，常采用复打扩大灌注桩。其施工方法是在第一次单打法施工完毕并拔出桩管后，清除桩管外壁上和桩孔周围地面上的污泥，立即在原桩位上再次安放桩尖，再作第二次沉管，使未凝固的混凝土向四周挤压扩大桩径，然后灌注第二次混凝土，拔管方法与第一次相同。复打施工时要注意前后两次沉管的轴线应重合，复打必须在第一次灌注的混凝土初凝之前进行。

③质量要求。

(a) 锤击沉管灌注桩混凝土强度等级应不低于C20；混凝土坍落度，在有筋时宜为80～100mm，无筋时宜为60～80mm；碎石粒径，有筋时不大于25mm，无筋时不大于40mm；桩尖混凝土强度等级不得低于C30。

(b) 当桩的中心距为桩管外径的5倍以内或小于2m时，均应跳打，中间空出的桩须待邻桩混凝土达到设计强度的50%以后，方可施打。

(c) 桩位允许偏差：群桩不大于0.5d（d为桩管外径），对于两个桩组成的基础，在两个桩的连线方向上偏差不大于0.5d，垂直此线的方向上则不大于$1/6d$；墙基由单桩支承的，平行墙的方向偏差不大于0.5d，垂直墙的方向不大于$1/6d$。

(2) 振动沉管灌注桩。

振动沉管灌注桩是采用激振器或振动冲击锤将钢套管沉入土中成孔而成的灌注桩，其沉管原理与振动沉桩完全相同。

①施工设备。

振动沉管机械设备如图6-3-29所示。

②施工方法。

施工时，先安装好桩机，将桩管下端活瓣合起来，对准桩位，徐徐放下桩管，压入土中，勿使偏斜，即可开动激振器沉管。当桩管下沉到设计要求的深度后，便停止振动，立即利用吊斗向管内灌满混凝土，并再次开动激振器，进行边振动边拔管，同时在拔管过程中继续向管内浇筑混凝土。如此反复进行，直至桩管全部拔出地面后即形成混凝土桩身。

振动灌注桩可采用单振法、反插法或复振法施工。

(a) 单振法。在沉入土中的桩管内灌满混凝土，开动激振器 5~10s，开始拔管，边振边拔。每拔 0.5~1.0m，停拔振动 5~10s，如此反复，直到桩管全部拔出。在一般土层内拔管速度宜为 1.2~1.5m/min，在较软弱土层中，不得大于 0.8~1.0m/min。单振法施工速度快，混凝土用量少，但桩的承载力低，适用于含水量较少的土层。

(b) 反插法。在桩管内灌满混凝土后，先振动再开始拔管。每次拔管高度 0.5~1.0m，向下反插深度 0.3~0.5m。如此反复进行并始终保持振动，直至桩管全部拔出地面。反插法能扩大桩的截面，从而提高了桩的承载力，但混凝土耗用量较大，一般适用于饱和软土层。

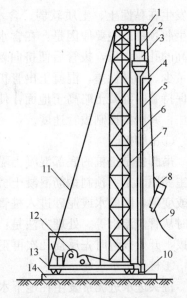

图 6-3-29 振动沉管灌注桩桩机
1—导向滑轮；2—滑轮组；3—激振器；
4—混凝土漏斗；5—桩管；6—加压钢丝绳；
7—桩架；8—混凝土吊斗；9—回绳；
10—桩尖；11—缆风绳；12—卷扬机；
13—钢管；14—枕木

(c) 复振法。施工方法及要求与锤击沉管灌注桩的复打法相同。

③质量要求。

(a) 振动沉管灌注桩的混凝土强度等级不宜低于 C15；混凝土坍落度，在有筋时宜为 80~100mm，无筋时宜为 60~80mm；骨料粒径不得大于 30mm。

(b) 在拔管过程中，桩管内应随时保持有不少于 2m 高度的混凝土，以便有足够的压力防止混凝土在管内的阻塞。

(c) 振动沉管灌注桩的中心距不宜小于 4 倍桩管外径，否则应采取跳打。相邻的桩施工时，其间隔时间不得超过混凝土的初凝时间。

(d) 为保证桩的承载力要求，必须严格控制最后两个两分钟的沉管贯入度，其值按设计要求或根据试桩和当地长期的施工经验确定。

(e) 桩位允许偏差同锤击沉管灌注桩。

(3) 施工中常遇问题及处理。

①断桩。

断桩一般都发生在地面以下软硬土层的交接处，并多数发生在黏性土中，砂土及松土中则很少出现。产生断桩的主要原因是桩距过小，受邻桩施打时挤压的影响；桩身混凝土终凝不久就受到振动和外力；以及软硬土层间传递水平力大小不同，对桩产生剪应力等。处理方法是经检查有断桩后，应将断桩段拔去，略增大桩的截面面积或加箍筋后，再重新浇筑混凝土。或者在施工过程中采取预防措施，如施工中控制桩中心距不小于 3.5 倍桩径，采用跳打法或控制时间间隔的方法，使邻桩混凝土达设计强度等级的 50% 后，再施打中间桩等。

②瓶颈桩。

瓶颈桩是指桩的某处直径缩小形似"瓶颈"，其截面面积不符合设计要求。多数发生在黏性土、土质软弱、含水率高，特别是饱和的淤泥或淤泥质软土层中。产生瓶颈桩的主要原因是：在含水率较大的软弱土层中沉管时，土受挤压便产生很高的孔隙水压，拔管后便挤向新灌的混凝土，造成缩颈。拔管速度过快，混凝土量少、和易性差，混凝土出管扩散性差也造成缩颈现象。处理方法是：施工中应保持管内混凝土略高于地面，使之有足够的扩散压力，拔管时采用复打或反插办法，并严格控制拔管速度。

③吊脚桩。

吊脚桩是指桩的底部混凝土隔空或混进泥砂而形成松散层部分的桩。其产生的主要原因是：预制钢筋混凝土桩尖承载力或钢活瓣桩尖刚度不够，沉管时被破坏或变形，因而水或泥砂进入桩管；拔管时桩靴未脱出或活瓣未张开，混凝土未及时从管内流出等。处理方法是：应拔出桩管，填砂后重打；或者可采取密振动慢拔，开始拔管时先反插几次再正常拔管等预防措施。

④桩尖进水进泥。

桩尖进水进泥常发生在地下水位高或含水量大的淤泥和粉泥土土层中。产生的主要原因是：钢筋混凝土桩尖与桩管接合处或钢活瓣桩尖闭合不紧密；钢筋混凝土桩尖被打破或钢活瓣桩尖变形等所致。处理方法是：将桩管拔出，清除管内泥砂，修整桩尖钢活瓣变形缝隙，用黄砂回填桩孔后再重打；若地下水位较高，待沉管至地下水位时，先在桩管内灌入0.5m厚的水泥砂浆作封底，再灌1m高混凝土增压，然后再继续下沉桩管。

3. 人工挖孔灌注桩

人工挖孔灌注桩是指桩孔采用人工挖掘方法进行成孔，然后安放钢筋笼，浇筑混凝土而成的桩。其施工特点是设备简单；无噪声、无振动、不污染环境，对施工现场周围原有建筑物的影响小；施工速度快，可按施工进度要求决定同时开挖桩孔的数量，必要时，各桩孔可同时施工；土层情况明确，可直接观察到地质变化，桩底沉渣能清除干净，施工质量可靠。尤其当高层建筑选用大直径的灌注桩，而其施工现场又在狭窄的市区时，采用人工挖孔比机械挖孔具有更大的适应性。但其缺点是人工耗量大，开挖效率低，安全操作条件差等。

（1）施工设备。

一般可根据孔径、孔深和现场具体情况加以选用，常用的有：捯链、提土桶、潜水泵、鼓风机和输风管、镐、锹、土筐、照明灯、对讲机及电铃等。

（2）施工工艺。

施工时，为确保挖土成孔施工安全，必须考虑预防孔壁坍塌和流砂现象发生的措施。因此，施工前应根据水文地质资料，拟定出合理的护壁措施和降排水方案，护壁方法很多，可以采用现浇混凝土护壁、喷射混凝土护壁、混凝土沉井护壁、砖砌体护壁、钢套管护壁、型钢-木板桩工具式护壁等多种。下面介绍应用较广的现浇混凝土护壁时人工挖孔桩的施工工艺流程。

①按设计图纸放线、定桩位。

②开挖桩孔土方。采取分段开挖，每段高度取决于土壁保持直立状态而不塌方的能力，一般取0.5~1.0m为一施工段。开挖范围为设计桩径加护壁的厚度。

③支设护壁模板。模板高度取决于开挖土方施工段的高度，一般为1m，由4~8块活动钢模板组合而成，支成有锥度的内模。

④放置操作平台。内模支设后，吊放用角钢和钢板制成的两半圆形合成的操作平台入桩孔内，置于内模顶部，以放置料具和浇筑混凝土操作之用。

⑤浇筑护壁混凝土。护壁混凝土起着防止土壁塌陷与防水的双重作用，因而浇筑时要注意捣实。上下段护壁要错位搭接50~75mm（咬口连接）以便起连接上下段之用。

⑥拆除模板继续下段施工。当护壁混凝土达到1MPa（常温下约经24h）后，方可拆除模板，开挖下段的土方，再支模浇筑护壁混凝土，如此循环，直至挖到设计要求的深度。

⑦排出孔底积水，浇筑桩身混凝土。当桩孔挖到设计深度，并检查孔底土质是否已达到设计要求后，再在孔底挖成扩大头。待桩孔全部成型后，用潜水泵抽出孔底的积水，然后立即浇筑混凝土。当混凝土浇筑至钢筋笼的底面设计标高时，再吊入钢筋笼就位，并继续浇筑桩身混凝土而形成桩基。

（3）质量要求。

①必须保证桩孔的挖掘质量。桩孔挖成后应有专人下孔检验，如土质是否符合勘察报告，扩孔几何尺寸与设计是否相符，孔底虚土残渣情况要作为隐蔽验收记录归档。

②按规程规定桩孔中心线的平面位置偏差不大于20mm，桩的垂直度偏差不大于1%桩长，桩径不得小于设计直径。

③钢筋骨架要保证不变形，箍筋与主筋要点焊，钢筋笼吊入孔内后，要保证其与孔壁间有足够的保护层。

④混凝土坍落度宜在100mm左右，用浇灌漏斗桶直落，避免离析，必须振捣密实。

（4）安全措施。

人工挖孔桩的施工安全应予以特别重视。工人在桩孔内作业，应严格按安全操作规程施工，并有切实可靠的安全措施。孔下操作人员必须戴安全帽；孔下有人时孔口必须有监护人员；护壁要高出地面150~200mm，以防杂物滚入孔内；孔内必须设置应急软爬梯；供人员上下井，使用捯链、吊笼等应安全可靠并配有自动卡紧保险装置，不得使用麻绳和尼龙绳吊挂或脚踏井壁凸缘上下。使用前必须检验其安全起吊能力；每日开工前必须检测井下的有毒有害气体，并应有足够的安全防护措施。桩孔开挖深度超过10m时，应有专门向井下送风的设备。

孔口四周必须设置护栏。挖出的土石方应及时运离孔口，不得堆放在孔口四周1m范围内，机动车辆的通行不得对井壁的安全造成影响。

施工现场的一切电源、电路的安装和拆除必须由持证电工操作；电器必须严格接地、接零和使用漏电保护器。各孔用电必须分闸，严禁一闸多用。孔上电缆必须架空2.0m以上，严禁拖地和埋压土中，孔内电缆、电线必须有防磨损、防潮、防断等保护措施。照明应采用安全矿灯或12V以下的安全灯。

4. 爆扩灌注桩

爆扩灌注桩（简称爆扩桩）是用钻孔或爆扩法成孔，孔底放入炸药，再灌入适量的混凝土，然后引爆，使孔底形成扩大头，此时，孔内混凝土落入孔底空腔内，再放置钢筋骨架，浇筑桩身混凝土而制成的灌注桩（图6-3-30）。

爆扩桩在黏性土层中使用效果较好，但在软土及砂土中不易成型，桩长（H）一般为3～6m，最大不超过10m。扩大头直径D为2.5～3.5d。这种桩具有成孔简单、节省劳力和成本低等优点，但质量不便检查，施工要求较严格。

(1) 施工方法。

爆扩桩的施工一般可采取桩孔和扩大头分两次爆扩形成，其施工过程如图6-3-31所示。

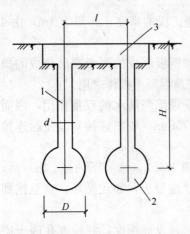

图 6-3-30 爆扩桩示意图
1—桩身；2—扩大头；3—桩台

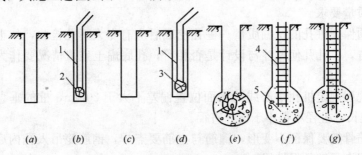

图 6-3-31 爆扩灌注桩施工工艺图
(a) 钻导孔；(b) 放炸药条；(c) 爆扩桩孔；(d) 放炸药包；
(e) 爆扩大头；(f) 放钢筋笼；(g) 浇混凝土
1—导线；2—炸药条；3—炸药包；4—钢筋笼；5—混凝土

① 成孔。

爆扩桩成孔的方法可根据土质情况确定，一般有人工成孔（洛阳铲或手摇钻）、机钻成孔、套管成孔和爆扩成孔等多种。其中爆扩成孔的方法是先用洛阳铲或钢钎打出一个直孔，孔的直径一般为40～70mm，当土质差且地下水又较高时孔的直径约为100mm，然后在直孔内吊入玻璃管装的炸药条，管内放置2个串联的雷管。经引爆并清除积土后即形成桩孔。

② 爆扩大头。

扩大头的爆扩，宜采用硝铵炸药和电雷管进行，且同一工程中宜采用同一种类的炸药和雷管。炸药用量应根据设计所要求的扩大头直径，由现场试验确定。药包必须用塑料薄膜等防水材料紧密包扎，并用防水材料封闭以防浸受潮。药包宜包扎成扁圆球形使炸出的扩大头面积较大。药包中心最好并联放置两个雷管，以保证顺利引爆。药包用绳吊下安放于孔底正中，如孔中有水，可加压重物以免浮起，药包放正后上面填盖150～200mm厚的砂，以保证药包不受混凝土冲破。随着从桩孔中灌入一定量的混凝土后，即进行扩大头的引爆。

(2) 质量要求。

①桩孔平面位移允许偏差：人工、钻机成孔，不大于 50mm；爆扩成孔时，不大于 100mm。

②桩孔垂直度允许倾斜：长度 3m 以内的桩为 2%；长度 3m 以上的桩为 1%。

③桩身直径允许偏差±20mm。桩孔底标高（即扩大头标高）允许低于设计标高 150mm，扩大头直径允许偏差±50mm，钢筋骨架的主筋数量宜为 4~6 根，箍筋间距宜为 200mm，爆扩桩的混凝土强度等级不宜低于 C15。

(3) 施工中常见问题。

①拒爆。

拒爆又称"瞎炮"，就是通电引爆时药包不爆炸。产生的原因主要有：炸药或雷管保存不当，受潮或过期失效，药包进水失效，导线被弄断，接线错误等。

②拒落。

拒落又称"卡脖子"。产生的原因主要有：混凝土骨料粒径过大，坍落度过小，灌入的压爆混凝土数量过多，引爆时混凝土已初凝，以及土质干燥和土质中夹有软弱土层引爆后产生缩颈等。其中混凝土坍落度过小是产生拒落事故最常见的原因。

③回落土。

回落土就是在桩孔形成之后，由于孔壁土质松散软弱，邻近桩爆扩振动的影响，采取爆扩成孔时孔口处理不当，以及雨水冲刷浸泡等而造成孔壁的坍塌，回落孔底。回落土是爆扩桩施工中较为普遍的现象。桩孔底部有了回落土，将会在扩大头混凝土与完好的持力层之间形成一定厚度的松散土层，从而使桩产生较大的沉降值，或者由于大量回落土混入混凝土中而显著降低其强度。因此必须重视回落土的预防和处理。

④偏头。

偏头就是扩大头不在规定的桩孔位置而是偏向一边。产生的原因主要是由于扩大头处的土质不均匀；药包放的位置不正；桩距过小以及引爆程序不适当等造成的。扩大头产生偏头后，整根爆扩桩将改变受力性能，处于十分不利的状态，因而施工时要引起足够的重视。

5. 其他型式灌注桩

(1) 夯压成型灌注桩。

夯压成型灌注桩又称夯扩桩，是在普通锤击沉管灌注桩的基础上加以改进发展起来的一种新型桩，由于其扩底作用，增大了桩端支承面积，能够充分发挥桩端持力层的承载潜力，具有较好的技术经济指标，十几年来已在国内许多地区得到广泛地应用和发展。

适用于一般黏性土、淤泥、淤泥质土、黄土、硬黏性土，亦可用于有地下水的情况，可在 20 层以下的高层建筑基础中应用。

(2) 钻孔压浆灌注桩。

钻孔压浆灌注桩是先用长臂螺旋钻孔机钻孔到预定的深度，再提起钻杆，在提杆的过程中通过设在钻头的喷嘴，向钻孔内喷注事先制备好的高压水泥浆，至浆液达到没有塌孔危险的位置为止，待起钻后的钻孔内放入钢筋笼，并同时放入至少一根直至孔底的高压灌浆管，然后投放粗骨料直至孔口，最后通过高压灌浆管向孔内二次压入补浆，直至浆液达到孔口为止。桩径可达 300～1000mm，深 30m 左右，一般常用桩径为 400～600mm，桩长 10～20m，桩混凝土为无砂混凝土，强度等级为 C20。

适用于一般黏性土、湿陷性黄土、淤泥质土、中细砂、砂卵石等地层，还可用于有地下水的流砂层。作支承桩、护壁桩和防水帷幕桩等。

（四）桩基础的检测与验收

1. 桩基的检测

成桩的质量检验有两种基本方法：一种是静载试验法（或称破损试验）；另一种是动测法（或称无破损试验）。

(1) 静载试验法。

静载试验的目的，是采用接近于桩的实际工作条件，通过静载加压，确定单桩的极限承载力，作为设计依据，或对工程桩的承载力进行抽样检验和评价。

静载试验是根据模拟实际荷载情况，通过静载加压，得出一系列关系曲线，综合评定确定其允许承载力的一种试验方法。它能较好地反映单桩的实际承载力。荷载试验有多种，通常采用的是单桩竖向抗压静载试验、单桩竖向抗拔静载试验和单桩水平静载试验。

预制桩在桩身强度达到设计要求的前提下，对于砂类土，不应少于 $10d$；对于粉土和黏性土，不应少于 $15d$；对于淤泥或淤泥质土，不应少于 $25d$，待桩身与土体的结合基本趋于稳定，才能进行试验。灌注桩和爆扩桩应在桩身混凝土强度达到设计等级的前提下，对砂类土不少于 $10d$；对一般黏性土不少于 $20d$；对淤泥或淤泥质土不少于 $30d$，才能进行试验。对于地基基础设计等级为甲级或地质条件复杂、成桩质量可靠性低的灌注桩，应采用静载荷试验的方法进行检验，检验桩数不应少于总数的 1%，且不应少于 3 根；当总桩数少于 50 根时，不应少于 2 根，其桩身质量检验时，抽检数量不应少于总数的 30%，且不应少于 20 根；其他桩基工程的抽检数量不应少于总数的 20%，且不应少于 10 根；对混凝土预制桩及地下水位以上且终孔后经过核验的灌注桩，检验数量不应少于总桩数的 10%，且不得少于 10 根。每根柱承台下不得少于 1 根。

(2) 动测法。

动测法，又称动力无损检测法，是检测桩基承载力及桩身质量的一项新技术，作为静载试验的补充。

一般静载试验装置较复杂笨重，装、卸操作费工费时，成本高，测试数量有限，并且易破坏桩基。而动测法的试验仪器轻便灵活，检测快速，单桩试验时间，仅为静载试验的 1/50 左右，可大大缩短试验时间，数量多，不破坏桩基，相对也较准确，可进行普查，费用低，单桩测试费约为静载试验的 1/30 左右，可节省静载试验锚桩、堆载、设备运输、吊装焊接等大量人力、物力。

动测法是相对静载试验法而言，它是对桩土体系进行适当的简化处理，建立起数学-力学模型，借助于现代电子技术与量测设备采集桩-土体系在给定的动荷载作用下所产生的振动参数，结合实际桩土条件进行计算，所得结果与相应的静载试验结果进行对比,在积累一定数量的动静试验对比结果的基础上,找出两者之间的某种相关关系,并以此作为标准来确定桩基承载力。单桩承载力的动测方法种类较多,国内有代表性的方法有:动力参数法、锤击贯入法、水电效应法、共振法、机械阻抗法、波动方程法等。

在桩基动态无损检测中,国内外广泛使用的方法是应力波反射法,又称低(小)应变法。其原理是根据一维杆件弹性反射理论(波动理论)采用锤击振动力法检测桩体的完整性,即以波在不同阻抗和不同约束条件下的传播特性来判别桩身质量。

2. 桩基验收

(1) 桩基验收规定。

①当桩顶设计标高与施工场地标高相同时,或桩基施工结束后,有可能对桩位进行检查时,桩基工程的验收应在施工结束后进行。

②当桩顶设计标高低于施工场地标高,送桩后无法对桩位进行检查时,对打入桩可在每根桩桩顶沉至场地标高时,进行中间验收,待全部桩施工结束,承台或底板开挖到设计标高后,再做最终验收;对灌注桩可对护筒位置做中间验收。

(2) 桩基验收资料。

①工程地质勘察报告、桩基施工图、图纸会审纪要、设计变更及材料代用通知单等。

②经审定的施工组织设计、施工方案及执行中的变更情况。

③桩位测量放线图,包括工程桩位复核签证单。

④制作桩的材料试验记录,成桩质量检查报告。

⑤单桩承载力检测报告。

⑥基坑挖至设计标高的基桩竣工平面图及桩顶标高图。

(3) 桩基允许偏差。

①预制桩。

打(压)入桩(预制混凝土方桩、先张法预应力管桩、钢桩)的桩位偏差,必须符合表6-3-14的规定。斜桩倾斜度的偏差不得大于倾斜角正切值的15%(倾斜角系桩的纵向中心线与铅垂线间夹角)。

预制桩(钢桩)桩位的允许偏差　　　　表6-3-14

序号	项　目	允许偏差(mm)
1	有基础梁的桩: (1) 垂直基础梁的中心线 (2) 沿基础梁的中心线	$100+0.01H$ $150+0.01H$
2	桩数为1~3根桩基中的桩	100
3	桩数为4~16根桩基中的桩	1/2桩径或边长
4	桩数大于16根桩基中的桩: (1) 最外边的桩 (2) 中间桩	1/3桩径或边长 1/2桩径或边长

注:H为施工现场地面标高与桩顶设计标高的距离。

②灌注桩。

灌注桩的桩位偏差必须符合表 6-3-15 的规定，桩顶标高至少要比设计标高高出 0.5m，桩底清孔质量按不同的成桩工艺有不同的要求，应按规范要求执行。每浇筑 $50m^3$，必须有一组试件；小于 $50m^3$ 的桩，每根桩必须有一组试件。

灌注桩的平面位置和垂直度的允许偏差　　　表 6-3-15

序号	成孔方法		桩径允许偏差(mm)	垂直度允许偏差(%)	桩位允许偏差（mm）	
					1～3 根、单排桩垂直于中心线方向和群桩基础的边桩	条形桩沿中心线方向和群桩基础的中间桩
1	泥浆护壁钻孔桩	$D \leqslant 1000mm$	±50	<1	$D/6$，且不大于 100	$D/4$，且不大于 150
		$D > 1000mm$	±50		$100+0.01H$	$150+0.01H$
2	套管成孔灌注桩	$D \leqslant 500mm$	−20	<1	70	150
		$D > 500mm$			100	150
3	干成孔灌注桩		−20	<1	70	150
4	人工挖孔桩	混凝土护壁	+50	<0.5	50	150
		钢套管护壁	+50	<1	100	200

注：1. 桩径允许偏差的负值是指个别断面。
　　2. 采用复打、反插法施工的桩，其桩径允许偏差不受上表限制。
　　3. H 为施工现场地面标高与桩顶设计标高的距离，D 为设计桩径。

3. 桩基工程的安全技术措施

（1）机具进场要注意危桥、陡坡、陷地和防止碰撞电杆、房屋等，以免造成事故。

（2）施工前应全面检查机械，发现问题要及时解决，严禁带病作业。

（3）在打桩过程中遇有地坪隆起或下陷时，应随时对机架及路轨调整垫平。

（4）机械司机，在施工操作时要思想集中，服从指挥信号，不得随便离开岗位，并经常注意机械运转情况，发现异常情况要及时纠正。

（5）悬挂振动桩锤的起重机，其吊钩上必须有防松脱的保护装置。振动桩锤悬挂钢架的耳环上应加装保险钢丝绳。

（6）钻孔灌注桩在已钻成的孔尚未浇筑混凝土前，必须用盖板封严；钢管桩打桩后必须及时加盖临时桩帽；预制混凝土桩送桩入土后的桩孔必须及时用砂子或其他材料填灌，以免发生人身事故。

（7）冲抓锥或冲孔锤操作时不准任何人进入落锤区施工范围内，以防砸伤。

（8）成孔钻机操作时，注意钻机安定平稳，以防止钻架突然倾倒或钻具突然下落而发生事故。

（9）压桩时，非工作人员应离机 10m 以外。起重机的起重臂下，严禁站人。

（10）夯锤下落后，在吊钩尚未降至夯锤吊环附近前，操作人员不得提前下坑挂钩。从坑中提锤时，严禁挂钩人员站在锤上随锤提升。

【实训练习】

实训项目一：编写土方工程施工方案。

资料内容：利用教学用施工图纸和所学知识，结合规定施工现场，编写人工或机械土方工程施工方案。

实训项目二：制定地基处理方案。

资料内容：利用教学用施工图纸和所学知识，结合指定地质情况，编写一种地基处理施工方案。

实训项目三：编写浅埋式钢筋混凝土基础施工方案。

资料内容：利用教学用施工图纸和所学知识，结合指定施工现场，编写一种浅埋式钢筋混凝土基础施工方案。

实训项目四：编写桩基础施工方案。

资料内容：利用教学用施工图纸和所学知识，结合指定施工现场，编写一种常用的桩基础施工方案。

【复习思考题】

1. 试述土方边坡的表示方法及影响边坡的因素？
2. 填土压实有哪几种类型？其工作特点？
3. 影响填土压实的主要因素有哪些？
4. 地基处理方法一般有哪几种？各有什么特点？
5. 试述换土地基的适用范围、施工要点与质量检查。
6. 地基局部处理有哪些方法？
7. 浅埋式钢筋混凝土基础主要有哪几种？
8. 杯形基础的施工要点？
9. 筏式基础的构造要求？
10. 试述桩基的作用和分类。
11. 静力压桩有何特点？适用范围如何？施工时应注意哪些问题？
12. 现浇混凝土桩的成孔方法有几种？各种方法的特点及适用范围如何？
13. 灌注桩常易发生哪些质量问题？如何预防和处理？
14. 试述人工挖孔灌注桩的施工工艺和施工中应注意的主要问题。

任务四　基础工程计量与计价

【引入问题】

1. 土方工程计量项目有哪些？
2. 土方工程工程量如何计算？
3. 桩基础工程计量项目有哪些？
4. 桩基础工程工程量如何计算？
5. 钢筋混凝土基础工程计量项目有哪些？

6. 钢筋混凝土基础工程工程量如何计算？

【工作任务】

掌握土方工程、桩基础工程、钢筋混凝土基础工程计量的有关规定，熟练掌握土方工程、桩基础工程、钢筋混凝土基础工程工程量计算方法，能根据施工图纸正确地计算基础的工程量。

【学习参考资料】

1.《建筑工程概预算》黑龙江科技出版社，王春宁主编．2000．

2.《建筑工程概预算》电子工业出版社，汪照喜主编．2007．

3.《建筑工程预算》中国建筑工业出版社，袁建新、迟晓明编著．2007．

4.《房屋建筑工程量速算方法实例详解》中国建材工业出版社，李传让编著．2006．

【主要学习内容】

一、土石方工程计量与计价

土石方工程主要包括场地平整、挖土方、挖基坑、挖基槽、原土打夯、回填土及土石方运输等项目。

（一）土方工程量计算规定

1. 挖填土方的起点标高

挖填土方一律以室外设计地坪标高以下以立方米计算，如自然地坪标高低于室外设计地坪标高 30cm 时（经整坪后），挖土以自然地坪为准。

2. 土壤类别的划分

土壤类别与工程量计算、选套定额项目的单价等有直接的影响。

在预算定额中可综合为普通土、坚土。土壤分类详见土壤分类表。

当实际施工在同一槽、坑内的土壤类别不同时，应分别按相应定额项目计算。

3. 挖、填土的施工方法

土方工程的施工方法，对土方工程量计算和选套定额项目关系很大。不同的施工方法，其工程量的计算要求和选套的定额单价也不同。

因此，计算工程量前，应熟悉施工组织设计中所规定的施工方法、施工机械和技术组织措施，从而明确土方开挖的方法、机械类型及是否排除地下水等有关内容。

4. 干土与湿土的划分

人工土方定额均以挖干土编制的，如人工挖湿土时，按相应定额项目乘以系数 1.18 执行；机械挖土均以天然湿度土壤为准，若含水量超过 25％时，按相应定额项目的人工、机械乘以系数 1.15，若含水量大于 40％时，另行计算。

干、湿土的划分，应以地质水文勘察资料测定的地下水位为依据。如无勘察资料时，应以地下常水位为准，常水位以上为干土，以下为湿土，如图 6-4-1 所示。如采用人工降低地

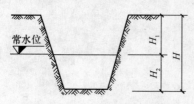

图 6-4-1 干、湿土分界示意图

下水位时,干湿土的划分,仍以常水位为准。

在同一槽、坑或沟内有干、湿土时应分别计算,均按槽、坑或沟的全深套用定额。挖土方、槽沟、柱基的定额,不包括排除地下障碍物及沟槽排水。挖湿土若需排水时,应按实际另行计算排水费用。

5. 挖土放坡的确定

为了防止土壁坍塌,保持边坡稳定,一般土壁要放坡或支挡土板。挖土放坡如图 6-4-2 所示。建筑工程中坡度通常用 1∶K 表示,K 为放坡系数。挖土放坡系数见表 6-4-1。

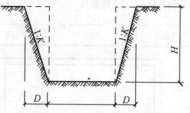

图 6-4-2 挖土放坡示意图

挖土放坡系数表　　表 6-4-1

土壤类别	放坡深度	人工挖土	机械作业	
			坑内作业	坑上作业
普通土	1.35	1∶0.42	1∶0.29	1∶0.71
坚土	2.00	1∶0.25	1∶0.10	1∶0.33

放坡系数 $K=D/H$

6. 挡土板

挡土板的支撑形式,一般分为断续式(疏撑)和连续式(密撑)两种。见图 6-4-3。

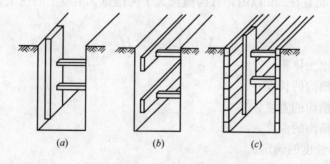

图 6-4-3 挡土板的支撑形式
(a)(b) 断续式支撑;(c) 连续式支撑

支挡土板项目的工程量,按槽、坑垂直支撑面积计算。凡放坡部分不得再计算挡土板工程量,支挡土板部分不得再计算放坡工程量。计算支挡土板的挖土工程量时,按图示槽、坑底宽,单面加 10cm,双面加 20cm。在有挡土板支撑下挖土方时,人工乘以相应系数。

钢板桩支撑项目执行桩基础工程。

7. 挖土工作面

挖土工作面数值见表 6-4-2。

挖土工作面参考数据   表 6-4-2

基础材料	砖基础	毛石基础	混凝土基础垫层支模	混凝土基础支模	基础垂直面做防水层
C (mm)	200	150	300	300	800

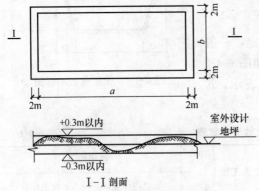

图 6-4-4 平整场地范围示意图

(二) 土方工程量计算方法

1. 平整场地

平整场地是指厚度在室外设计地坪标高±300mm 以内的就地挖、填找平的土方工程。其工程量按建筑物（或构筑物）底面积的外边线每边各增加 2m 以平方米为单位计算，如图 6-4-4 所示，计算公式如下：

$$F = (a+4) \times (b+4)$$

$$F = F_1 + L_{外} \times 2 + 16$$

式中　F——平整场地的面积；

F_1——建筑物底层建筑面积；

$L_{外}$——建筑物外墙外边线周长；

16——四角面积之和。

2. 挖基槽

凡图示槽底宽在 3m 以内，且沟槽长大于沟槽宽 3 倍以上的挖土为挖基槽。其计算公式如下：

$$V = L \times a \times H$$

式中　V——挖土体积；

L——槽沟的长度；

a——槽沟的宽度；

H——槽沟的深度。

(1) 槽沟长度的确定。

外墙槽沟按外墙中心线长度计算，如图 6-4-5 和图 6-4-6 所示。

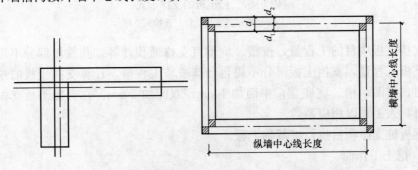

图 6-4-5 外墙中心线示意图　　图 6-4-6 外墙基槽中心线长度

外墙中心线长度＝外墙外边线－墙厚×2

内墙槽沟按内墙净长线长度计算，如图 6-4-7 和图 6-4-8 所示。

（2）沟槽深度的确定。

地槽的深度（图 6-4-9）：$H=$ 自然标高－基础底标高

深度不同时，应分别计算。

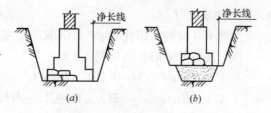

图 6-4-7　内墙基槽净长线
(a) 无砂垫层内墙基槽长；(b) 有砂垫层内墙基槽长

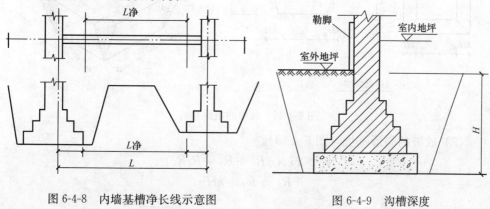

图 6-4-8　内墙基槽净长线示意图　　图 6-4-9　沟槽深度

（3）沟槽宽度及计算公式。

地槽的宽度：按设计图示尺寸、土壤类别和施工组织设计规定的施工方法等因素确定。

① 两面放坡且留工作面（图 6-4-10）。

$$V=(a+2c+kh)\times h\times L$$

② 两面支挡土板且留工作面（图 6-4-11）。

$$V=(a+2c+0.2)\times h\times L$$

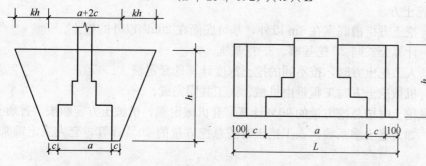

图 6-4-10　两面放坡且留工作面　　图 6-4-11　两面支挡土板且留工作面(mm)

（4）计算沟槽土方量应注意的问题。

计算挖土工程量时，纵横墙交接处所产生的重复工程量不予扣除。

突出墙体通线部分的体积（如墙垛、检查井等），应并入相应沟槽土方工程量内计算。

3. 挖基坑

凡图示基坑底面积在 20m² 以内的挖土称为挖基坑。

(1) 放坡的矩形基坑（图 6-4-12）。

$$V = H(a+2c)(b+2c) + kH^2[(a+2c)+(b+2c)] + 4/3 \times k^2 H^3$$
$$V = H(a+2c+kH) \times (b+2c+kH) + 1/3 \times k^2 H^3$$

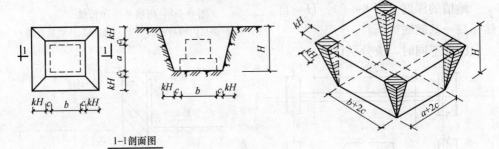

图 6-4-12　放坡的矩形基坑

(2) 放坡的圆形基坑（图 6-4-13）。

$$V = H \times (R_1^2 + R_2^2 + R_1 R_2)$$
$$R_2 = R_1 + kH$$

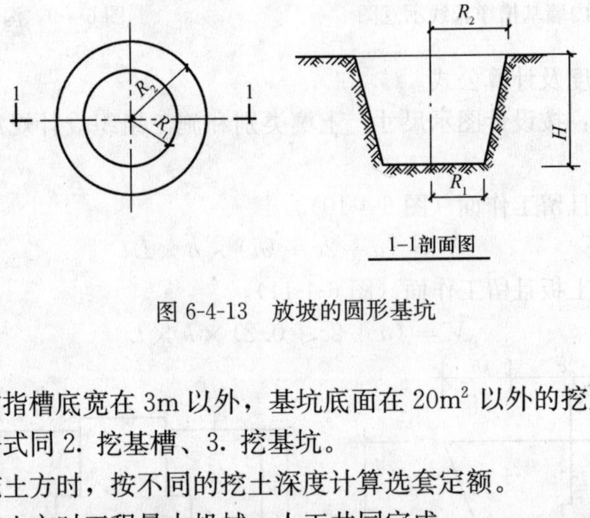

图 6-4-13　放坡的圆形基坑

4. 挖土方

(1) 挖土方指槽底宽在 3m 以外，基坑底面在 20m² 以外的挖土。

(2) 计算公式同 2. 挖基槽、3. 挖基坑。

(3) 人工挖土方时，按不同的挖土深度计算选套定额。

(4) 机械挖土方时工程量由机械、人工共同完成。

机械挖土时按总挖方量的 90% 计算，套机械定额，机械土方定额按"普通土"考虑的，如为坚土乘系数。人工挖土时按总挖方量的 10% 计算，套人工定额乘系数 2。

5. 原土打夯、碾压

原土打夯、碾压是指建筑物或构筑物建造之前对土壤表面进行夯实。

(1) 原土打夯。

一般由人工采用木夯、石夯、蛙式打夯机等夯实工具进行的基底夯实，适用于沟槽、基坑及范围较小的地坪表面夯实。

原土打夯工程量按沟槽、基坑底或地坪压实面积以平方米计算。

(2) 原土碾压。

原土碾压是采用压路机、碾压机进行大面积的基坑、地坪压实平整，适用于施工前大面积的平整场地或地表的碾压（如工业厂区的运动场、露天堆放场、室外道路等）。

其工程量按被压实面积以平方米计算，填土碾压按图示厚度以立方米计算。

6. 回填土

回填土分为人工回填土和机械填土碾压两种。人工回填土又包括夯填土和松填土两种类型。

(1) 基础回填土。是指基础施工之后，将槽、坑四周未做基础部分进行回填至室外设计地坪标高。如图 6-4-14 所示。

基础回填土体积＝挖土体积－室外设计地坪以下埋设的基础体积

基础体积包括基础垫层、墙基础、柱基础和管道基础体积等。

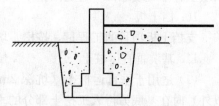

图 6-4-14 基础回填土与房心回填土

在计算管道沟槽的回填时，应扣除直径在 500mm 以上（不包括 500mm）的管道所占体积。每延长米应扣除的土方数量，可按定额中的数据确定，但不扣除检查井类等所占体积。

(2) 房心回填土。是指由室外设计地坪填至室内地坪垫层底面标高的夯填土。房心回填土要夯填密实，并执行夯填土定额。其工程量可按下式计算：

房心回填土体积＝(建筑物底层建筑面积－主墙所占的面积)×填土厚度

式中主墙是指墙厚不小于 120mm 的墙。

填土厚度＝室内外设计标高差－垫层和面层厚度

7. 挖冻土

人工挖冻土不分土壤类别均按天然密实土的实际挖土量以立方米计算。

机械挖冻土（冻土层厚度大于 20cm 时），不分土壤类别，均按实际挖土量以立方米计算，套挖非冻土定额相应项目，定额项目中的挖土机械台班量乘系数 1.3。

对于人工挖松冻土按冻土相应定额项目乘以系数 0.7。当回填土为松土的冻结土壤时，应先按挖松冻土计算挖土费用后，再计算一次人工回填不冻土费用。

8. 人工挖孔桩

人工挖孔桩的土方量按图示桩断面面积乘以设计桩孔中心线深度计算。扩大头的土方量应并入挖孔桩的土方量内计算。同一孔内土壤类别不同时，分别计算。同时还要考虑护壁。

9. 土石方运输

土方运输分余土运输和取土运输两种。当经过挖土、做基础及各种回填土以后，尚有剩余的土方需要运出场外时，称为余土运输；当挖出的土方不够回填所需，而必须由场外运入土方时，称为取土运输。

(1) 场外运土。

土方运输的工程量以天然密实体积计算，其计算公式为：

$$余土运输体积 = 挖土体积 - 回填土体积$$
$$取土运输体积 = 回填土体积 - 挖土体积$$

对于施工现场狭小，无堆土地点，挖出的土方是否全部运出，待回填时再运回，或只运余土，应由承发包双方在施工合同中约定（或在施工组织设计中约定）运量、运距及运输工具，按相应定额项目执行。

(2) 场内运土。

根据工程具体情况，基槽回填土及余土外运不再考虑场内运土，只考虑地坪回填土存于现场运出，再运回。

10. 挡土板

支挡土板项目的工程量，按槽、坑垂直支撑面积计算。定额分疏撑和密撑。

11. 基坑垂直运桩土

(1) 适用于垂直运桩土（坑深 2m 以外），同时也适用于机械挖土方（深 2m 以外）时在基底另行人工挖土部分的垂直运土（见例题）。

(2) 深度 3~4m 以下时乘以系数 1.01；4~6m 以下时乘以系数 1.02；6~8m 以下时乘以系数 1.03；8~10m 以下时乘以系数 1.04；10m 以上时乘以系数 1.05。

【例题】 机械挖土深度 4.5m（基底），基底下至承台底人工挖土深度 1.5m。

解：①机械挖土深度 4.5m（基底），土方工程量 $V_机 = V_总 \times 90\%$，套相应的机械挖土定额项目。

②人工配合机械挖土，土方工程量 $V_人 = V_总 \times 10\%$，套挖土深度 5m 以内相应的定额项目，乘以 2 的系数。

③人工挖承台底（-6.00m）至基底土（-4.5m），深度 1.5m，弃土至 -4.5m 基底处，挖土套人工挖土 2m 以内相应的定额项目，基底 -4.5m 至地坪套垂直提土，乘以系数 1.02。

12. 挖桩间土

(1) 挖桩间冻土不乘系数，可按挖冻土的规定计算。

(2) 挖桩间土的系数仅适用于打桩工程。打桩工程的挖桩间土如果只有一排桩，不论桩间距离远近，不视为挖桩间土。只有群桩时（桩间净距小于 4 倍桩径的土）可以计算挖桩间土。如图 6-4-15 所示。

二、桩基础工程计量与计价

一般工业与民用建筑的桩基础工程，主要包括预制钢筋混凝土桩、钢筋混凝土灌注桩、砂石桩和钢板桩等。预制钢筋混凝土桩包括打桩、接桩、送桩项目。钢筋混凝土打孔灌注桩包括沉管、混凝土浇筑；钢筋混凝土钻孔灌注桩包括钻孔清土、混凝土浇筑；人工挖孔桩包括灌注混凝土；其他包括灌注桩钢筋笼、凿截桩头等项目。

（一）桩基础工程的有关计算规定

1. 土壤级别的划分

打桩土壤级别分为一级土和二级土两类。土壤级别的划分，应根据工程地质资料中的土层构造和土壤物理、力学性能指标，并参考纯沉桩时间综合确定。

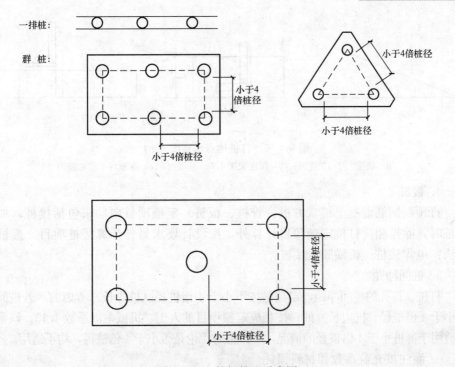

图 6-4-15 桩间挖土示意图
注：计算挖土范围时应以桩中心线为界（虚线范围内视为挖桩间土）。

2. 桩基础工程的规模

桩基础工程定额是按大中型工程考虑的，若一个单位工程的桩基础工程量在表 6-4-3 规定数量以内时，即为小型工程，其人工、机械使用量按相应定额项目乘以 1.25 系数（不分土壤级别）。

小型工程确定表　　表 6-4-3

项　目	柴油和电动打桩机、钻孔机单位工程的工程量	项　目	柴油和电动打桩机、钻孔机单位工程的工程量
钢筋混凝土方桩	150m³	打孔灌注混凝土桩	60m³
钢筋混凝土管桩	50m³	钻孔灌注混凝土桩	100m³
钢筋混凝土板桩	50m³	潜水钻孔灌注混凝土桩	100m³
钢板桩	50m³		

3. 打桩地点和桩的垂直度

打桩地点定额以平地（坡度小于 15°）打桩为准，如在堤坡上（坡度大于 15°）打桩时，按相应定额项目人工、机械乘以系数 1.15。如在基坑内（基坑深度大于 1.5m）打桩或在地坪上打坑槽内（坑槽深度大于 1m）桩时，按相应定额项目人工、机械乘以相应系数。如图 6-4-16 所示。

桩的垂直度定额以打直桩为准，如打桩斜度在 1∶6 以内者，按相应定额项目人工、机械乘以系数 1.25；如斜度大于 1∶6 者，按相应定额项目人工、机械乘以系数 1.43。

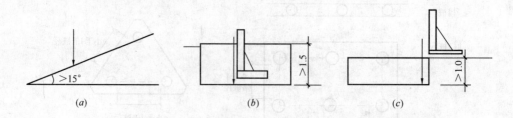

图 6-4-16 打桩地点示意图（m）
(a) 坡度大于 15°堤坡；(b) 深度大于 1.5m 基坑内；(c) 在地坪上打坑槽内

4. 接桩

打预制钢筋混凝土桩（方桩、管桩、板桩）定额项目中均未包括接桩，如需接桩时，除按相应打桩定额项目计算外，按设计要求另外计算接桩项目。接桩的方法：电焊接桩、硫磺胶泥接桩。

5. 桩间净距

打桩、打孔的桩间净距，定额是按不小于 4 倍桩径（桩边长）考虑的，若桩间净距小于 4 倍桩径（桩边长）的，按相应定额项目的人工、机械乘以系数 1.13。该系数仅适用于群桩小于 4 倍桩径的情况，一排桩时无论是否小于 4 倍桩径，均不适用。

6. 灌注桩充盈系数和材料损耗

定额中灌注桩的材料用量，均已包括表 6-4-4 规定的充盈系数和材料损耗。若实际充盈系数与定额不同时，可调整定额项目中混凝土用量，其他不变。

灌注桩充盈系数和损耗率   表 6-4-4

项目名称	充盈系数	损耗率％	项目名称	充盈系数	损耗率％
打孔灌注桩	1.20	1.5	人工挖孔桩	1.15	1.5
钻孔灌注桩	1.20	1.5	钻孔压浆桩	1.30	1.5

7. 打送桩

打送桩时可按相应打桩定额项目综合工日及机械台班量乘以规定系数：送桩深度 2m 以内 1.25，送桩深度 4m 以内 1.43，送桩深度 4m 以上 1.67。

8. 其他有关规定

(1) 焊接桩接头钢材用量，设计与定额用量不同时，可按设计用量换算。

(2) 打试验桩按相应定额项目的人工、机械乘以系数 2 计算。

(3) 在桩间补桩或强夯后的地基打桩时，按相应定额项目人工、机械乘以系数。

(4) 凿截桩头是指大于设计桩长的桩头部分。预制桩可按截桩头计算。现场浇筑混凝土桩可按凿桩头计算。

桩承台梁可以计算凿桩头（破桩头）项目。承台不计算，承台中已包括凿桩头（破桩头）用工。

凿桩头（破桩头）外运，按清理建筑垃圾计算，所发生的费用包括在费用定额中。截桩头外运，套小型构件运输定额相应项目。

(5) 钻孔机钻冻土时（钻冻土的工程量），按相应定额项目（钻暖土）中的

"钻孔、清土"乘以系数 1.45，其他不变。

(6) 打槽钢或钢轨桩时，按打钢板桩定额项目执行，其机械用量乘以系数 0.77。

(7) 灌注桩混凝土强度等级、种类，如定额与设计不同时，可以换算。

（二）桩基础工程量的计算方法

1. 打预制钢筋混凝土桩

(1) 打预制钢筋混凝土方桩，其工程量可按下式计算，如图 6-4-17 所示。

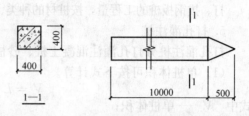

图 6-4-17 预制钢筋混凝土方桩（mm）

$$V = L \cdot A \cdot n$$

式中　V——打桩总体积；

　　　L——单桩设计全长（包括桩尖，不扣除桩尖虚体积）；

　　　A——单桩截面积；

　　　n——打桩根数。

(2) 打预制钢筋混凝土管桩，其工程量可按下式计算，如图 6-4-18 所示。

$$V = \pi(R^2 - r^2) L \cdot n$$

式中　R——桩的外半径；

　　　r——桩的内半径；

　　　其他符号同前。

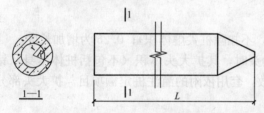

图 6-4-18 预制钢筋混凝土管桩

计算管桩工程量时，管桩的空心体积应扣除。如果管桩空心部分按设计要求灌注混凝土或其他填充料时，其工程量应另行计算。

2. 接桩

预制钢筋混凝土桩接桩，应根据接桩方式（电焊接桩、硫横胶泥接桩）不同，按设计接头以个计算工程量。

3. 送桩

在打桩过程中有时要求将桩顶面打到低于桩架操作平台以下，或由于某种原因要求将桩顶面打入自然地面以下，这时桩锤就不能直接触击到桩头，因而需要用送桩器加在桩帽上以传递桩锤的力量，使桩锤将桩打到要求的位置，最后将送桩器拔出，这一过程即为送桩。

其工程量可按下式计算

$$V = A(H + 0.5)$$

式中　V——送桩体积；

　　　A——送桩截面面积；

　　　$H+0.5$——送桩长度。

4. 打、拔钢板桩

钢板桩由构件加工厂或现场焊接制作而成。钢板桩常用于护坡，用打桩机将钢板桩打入槽、坑边的土壤中，以防止土方的垮塌。

打、拔钢板桩的工程量，按桩材的种类、型号和长度折算成重量以吨为单位计算。

5. 打孔灌注桩

打孔灌注桩分打孔灌注混凝土桩、砂桩、碎石桩及砂石桩。

（1）单桩体积可按下式计算。

$$V = L \cdot A$$

式中 V——单桩体积；
　　　L——设计桩长（包括桩尖，不扣除桩尖虚体积），采用预制混凝土桩尖时，桩长按桩尖顶面至桩顶面计算；
　　　A——钢管管箍外径截面积。

（2）复打桩。

其工程量按单桩体积乘以复打次数计算。

（3）预制钢筋混凝土桩尖工程量。

应按预制钢筋混凝土工程的桩尖定额另列项目计算。

6. 钻孔灌注桩

钻孔灌注桩分为长螺旋钻孔灌注混凝土桩、潜水钻机钻孔灌注混凝土桩、钻孔高压灌浆成桩及钻孔注浆预应力钢筋锚桩等。

单桩体积按下式计算

$$V = A(L + 0.25)$$

式中 V——单桩体积；
　　　A——桩设计断面积；
　　　L——桩设计长度（包括桩尖，不扣除桩尖虚体积）；0.25 为增加长度。

混凝土钻孔灌注桩设计要求扩大头时，其扩大头体积（不包括桩体本身）钻孔、清土的人工和机械乘以 1.35 系数，套用依附的灌注桩定额项目。扩大头部分的混凝土体积并入桩体积内计算。

7. 灌注混凝土桩的钢筋笼

钢筋笼应按设计规格、尺寸以吨计算工程量。

8. 其他

（1）人工挖孔桩灌注混凝土，按设计桩断面乘以桩深以立方米计算。

（2）凿截桩头按个数计算工程量。

三、钢筋混凝土基础计量与计价

混凝土及钢筋混凝土基础，通常都是采用现场现浇的施工方法。基础形式可分为带形基础、独立基础、杯形基础、满堂基础、桩承台以及设备基础等。

1. 带形基础计量

带形基础又称条形基础，其断面形式一般有梯形、阶梯形和矩形等，如图 6-4-19 所示。

带形基础分板式、肋式两种，如图 6-4-20 所示。

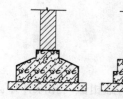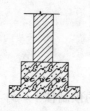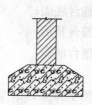

图 6-4-19 带形基础　　　　　　图 6-4-20 板式与肋式带形基础

其工程量可按下式计算：

$$V = L \times S$$

L 为基础长度，外墙按中心线长，内墙按净长，如图 6-4-21 所示。

内墙基础与端部墙基础大放脚 T 形接头处的重叠部分体积不予扣除。

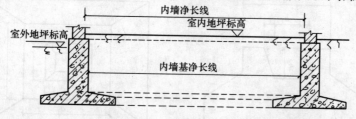

图 6-4-21 内墙净长线

2. 独立基础

常用于现浇柱或构架下的基础。按其外形分为矩形、阶梯形和锥台形三种，如图 6-4-22 所示。

矩形和阶梯形的独立基础，其工程量为各阶矩形的体积之和。四棱锥台基础一般分为长方形和正方形两种，如图 6-4-23 所示。

其工程量可按下式：

长方形棱锥台基础 $V = abh + h_1/6[ab + (a+a_1)(b+b_1) + a_1 b_1]$

正方形棱锥台基础 $V = a^2 h + h_1/3[a^2 + aa_1 + a_1^2]$

图 6-4-22 独立基础
(a) 矩形；(b) 阶梯形；(c) 锥台形

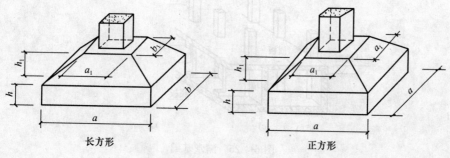

图 6-4-23 锥台基础

式中 a、b——棱锥台底面;
a_1、b_1——棱锥台顶面;
h、h_1——棱锥台的高。

3. 杯形基础

杯形基础主要用于排架、框架的预制柱下,计算与独立基础相似,扣除杯口。杯形基础的形式如图 6-4-24 所示。其工程量可按下式计算:

$$V = abh_1 + \frac{h_2}{6}[ab + (a+a_1)(b+b_1) + a_1b_1] + a_1b_1h_3 - (a_2+c)(b_2+c)h_4$$

式中 V——杯形基础体积;

其他符号如图 6-4-24 所示。

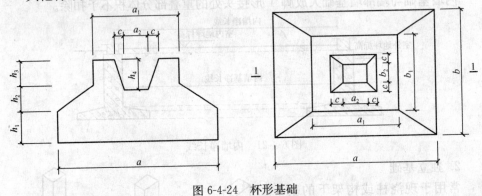

图 6-4-24 杯形基础

4. 满堂基础

满堂基础是由板、梁、墙、柱组合浇筑而成的基础。类型:有梁式、无梁式、箱式三种。如图 6-4-25 所示。其工程量可按下式计算:

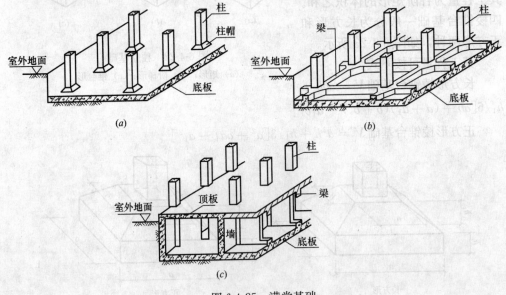

图 6-4-25 满堂基础
(a) 无梁式;(b) 有梁式;(c) 箱式

有梁式满堂基础体积=底板面积×板厚+梁截面积×梁长

无梁式满堂基础体积=底板面积×板厚+柱冒体积

箱式满堂基础应分别按无梁式满堂基础、柱、板、墙相应定额项目计算。

5. 桩承台

桩承台可分为承台板和承台梁两种形式，如图6-4-26所示。

承台板一般代替独立基础作为柱下基础使用；承台梁沿墙通长设置，代替条形基础作为墙下基础使用。承台板的外形一般为四棱锥台式，因此可按四棱锥台公式计算工程量，并选套桩承台定额。

承台板选套桩承台定额；承台梁可按基础梁定额项目计算。

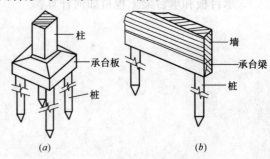

图 6-4-26 桩承台
(a) 承台板；(b) 承台梁

6. 设备基础

设备基础是指安装工业设备的各种机床基础、各种泵类基础、工业锅炉基础和其他机械设备基础等。其工程量按图示尺寸以立方米计算，不扣除在 $0.3m^2$ 以内预留螺栓的孔洞所占的体积。设备基础分块体式、框架式。

块体式设备基础按块体体积计算，套设备基础。

框架式设备基础分别按基础、柱、梁和板有关规定计算，套相应定额。

楼层上的设备基础按有梁板计算。

设备基础螺栓套，单列项目以个计算。

【实训练习】

实训项目一：计算土方工程量。

资料内容：利用教学用施工图纸和预算定额，进行土方工程项目列项、计算工程量，填写工程量计算表和工程预算表。

实训项目二：计算桩基础工程量。

资料内容：利用教学用施工图纸和预算定额，进行桩基础工程项目列项、计算工程量，填写工程量计算表和工程预算表。

实训项目三：计算混凝土与钢筋混凝土基础工程量。

资料内容：利用教学用施工图纸和预算定额，进行混凝土与钢筋混凝土基础工程项目列项、计算工程量，填写工程量计算表和工程预算表。

【复习思考题】

1. 计算土方工程量时应考虑哪些因素？
2. 挖基槽时长度如何确定？
3. 机械挖土时，其工程量如何计量与计价？

4. 灌注桩充盈系数和材料损耗如何确定的?
5. 桩的长度如何确定?
6. 凿桩头与截桩头有何区别?
7. 钢筋笼如何计算?
8. 钢筋混凝土条形基础的长度如何确定?
9. 承台板和承台梁工程量如何计算?

学习情境七 主体工程计量与计价

任务一 识读主体工程构造

【引入问题】
1. 墙体的类型有哪些?
2. 墙体中包括哪些构件?
3. 楼板与地面有哪些区别?
4. 阳台、雨篷的构造形式有哪些?
5. 楼梯的类型有哪些?

【工作任务】
了解墙体、楼地层、楼梯的基本知识,掌握墙体、楼地层、楼梯的结构要求,熟练识读主体施工图。

【学习参考资料】
1.《建筑识图与构造》中国建筑工业出版社,高远、张艳芳编著.2008.
2.《建筑构造与识图》中国建筑工业出版社,赵研编.2008.
3.《建筑构造与识图》机械工业出版社,魏明编.2008.

【主要学习内容】

一、墙体

墙体是房屋的重要组成部分,其造价、施工周期、工程量和自重往往是房屋所有构件当中所占份额最大的。由于墙体在建筑中占有举足轻重的地位,而且存在着许多应当革新和改进的技术问题,因此人们长期以来一直围绕着墙体的技术和经济问题进行着不懈地努力和探索,并取得了一定的进展。

(一)墙体的类型
1. 按墙体在建筑物中所处的位置及方向分类
(1)按墙体所处的位置不同,可分为外墙和内墙。凡位于建筑物四周的墙称为外墙;位于建筑物内部的墙称为内墙。外墙的主要作用是抵抗大气侵袭,保证内部空间舒适,故又称为外围护墙;内墙的主要作用是分隔室内空间,保证各房间的正常使用。
(2)按墙体所处的方向不同,又可分为纵墙和横墙。沿建筑物长轴方向布置的墙称为纵墙,有外纵墙和内纵墙之分,外纵墙也称檐墙;沿建筑物短轴方向布置的墙称为横墙,有外横墙和内横墙之分,外横墙通常称为山墙。墙体的名称如图 7-1-1 所示。

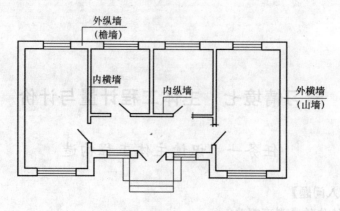

图 7-1-1 墙体的各部分名称

此外,窗与窗或门与窗之间的墙称为窗间墙;窗洞下方的墙称为窗下墙;屋顶上部高出屋面的墙称为女儿墙等。

2. 按墙体受力情况分类

按墙体受力情况的不同,可分为承重墙和非承重墙。凡是承担上部构件传来荷载的墙称为承重墙;不承担上部构件传来荷载的墙称为非承重墙。非承重墙包括自承重墙和隔墙,自承重墙仅承受自身重量而不承受外来荷载,而隔墙主要用作分隔内部空间而不承受外力。在框架结构中,不承受外来荷载,自重由框架承受,仅起分隔作用的墙,称为框架填充墙。

3. 按墙体材料分类

按墙体所用材料不同有砖墙、石墙、土墙、混凝土墙、钢筋混凝土墙,以及利用各种材料制作的砌块墙、板材墙等。

4. 按墙体构造方式分类

按墙体构造方式可以分为实体墙、空体墙和组合墙三种。实体墙由单一材料组成,如普通砖墙、实心砌块墙等。空体墙也由单一材料组成,可由单一材料砌成内部空腔或材料本身具有孔洞,如空斗墙、空心砌块墙等;组合墙由两种及两种以上材料组合而成,如混凝土墙、加气混凝土复合板材墙等。

5. 按墙体施工方法分类

按墙体施工方法不同可分为叠砌式、预制装配式墙和现浇整体式墙三种。叠砌式墙是用零散材料通过砌筑叠加而成的墙体,如砖墙、石墙和各种砌块墙等;预制装配式墙是指将在工厂制作的大、中型墙体构件,用机械吊装拼合而成的墙体,如大板建筑、盒子建筑等;现浇整体式墙是现场支模和浇筑的墙体,如现浇钢筋混凝土墙等。

(二)墙体的设计要求

1. 具有足够的强度和稳定性

墙体的强度与砌体本身的强度等级、所用砂浆的强度等级、墙体尺寸、构造以及施工技术有关;墙体的稳定性则与墙的长度、厚度、高度密切相关,同时也与受力支承情况有关。一般通过控制墙体的高厚比,利用圈梁、构造柱以及加强各部分之间的连接等措施,增强其稳定性。

2. 满足热工方面的要求

热工要求主要是指外墙体的保温与隔热。对于外墙体的保温，通常采用增加墙体厚度、选择导热系数小的墙体材料、采用多种材料的组合墙以及防止外墙中出现凝结水、空气渗透等措施加以解决；对于外墙的隔热，一般可以通过选用热阻大，重量大，表面光滑、平整、浅色的材料作饰面，窗口外设遮阳等措施，达到降低室内温度的目的。

3. 满足隔声方面的要求

为防止室外及邻室的噪声影响，获得安静的工作和休息环境，墙体应具有一定的隔声能力。为满足隔声要求，对墙体一般采取增加墙体密实性及厚度，采用有空气间层或多孔性材料的夹层墙等措施。通过减振和吸声等作用，提高墙体的隔声能力。

4. 其他方面的要求

（1）防火要求。

选择燃烧性能和耐火极限符合防火规范规定的材料。在大型建筑中，还要按防火规范的规定设置防火墙，将建筑划分为若干区段，以防止火灾蔓延。

（2）防水防潮要求。

位于卫生间、厨房、实验室等有水的房间及地下室的墙，应采取防水、防潮措施。选择良好的防水材料以及恰当的做法，保证墙体的坚固耐久性，使室内有良好的卫生环境。

（3）建筑工业化要求。

建筑工业化的关键是墙体改革。尽可能采用预制装配式墙体材料和构造方案，为生产工厂化、施工机械化创造条件，以降低劳动强度，提高墙体施工的工效。

（三）墙体的作用

墙体的作用主要有以下三个方面：

（1）承重。

承担建筑地上部分的全部竖向荷载及风荷载。

（2）围护。

外墙是建筑围护结构的主体，担负着抵御自然界中风、冷热、太阳辐射等不利因素侵袭的责任。

（3）分隔。

墙体是建筑水平方向划分空间的构件，可以把建筑内部划分成不同的空间。

大多数墙体并不是经常同时具有上述的三个作用，根据建筑的结构形式和墙体的具体情况，往往只具备其中的一两个作用。

（四）墙体构造组成（砖墙的构造）

1. 门窗过梁

当砖墙中开设门窗洞口时，为了支撑门窗洞口上方局部范围的砖墙重力，在门窗洞上沿设置横梁，称为门窗过梁。适用于门窗洞口宽度较大或过梁上方承受较大荷载的情况。整体性好、便于施工。

门窗过梁的类型主要有现浇钢筋混凝土过梁、预制钢筋混凝土过梁。门窗过梁的截面尺寸：高度为砖厚的倍数，宽度一般与墙体厚度相同。其截面形式有矩形、L形、组合形。如图 7-1-2 所示。

矩形过梁　　　　　L形过梁　　　　　组合形过梁

图 7-1-2　门窗过梁截面示意图

2. 窗台

当雨水顺着窗淌至窗的下框，为防止雨水渗入窗下框与窗洞下边交界处，设置窗台使雨水往窗外流淌，窗台同时挑出墙面，使带灰尘的雨水不沿墙面流淌而保持墙面的整洁。窗台的形式分为悬挑窗台和不悬挑窗台。如图 7-1-3 所示。

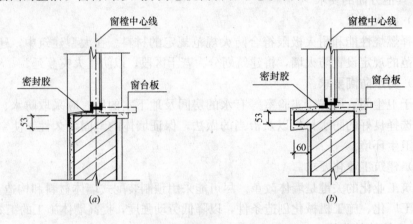

图 7-1-3　窗台示意图（mm）
(a) 不悬挑窗台；(b) 悬挑窗台

3. 勒脚

建筑外墙在室外地面以上的局部称为勒脚，勒脚的高度一般在室外地面至室内地面标高或底层窗台标高之间。勒脚的作用是保护该部分墙体，防止室外人为碰撞及雨水、地下潮气的侵入而有损墙体。同时勒脚部分也常作为建筑立面处理的手段之一。

（1）勒脚的防护处理。

勒脚防护处理的做法有水泥砂浆抹面、贴面类（面砖、天然石板、人造石板）、石砌勒脚。如图 7-1-4 所示。

（2）勒脚防潮处理。

设防潮层的目的是为了防止土壤中的潮气和水分由于毛细管作用沿墙面上升，提高墙身的坚固性与耐久性，保持室内干燥卫生。如图 7-1-5 所示。

防潮层的位置：当地面构造层的基层为混凝土基层时，防潮层将设置于与混凝土基层的同一标高上，这一标高一般均在室内地面标高以下 60mm 左右。如图 7-1-6 所示。

水平防潮层的做法有柔性防潮和刚性防潮两种。柔性防潮主要采用油毡，刚

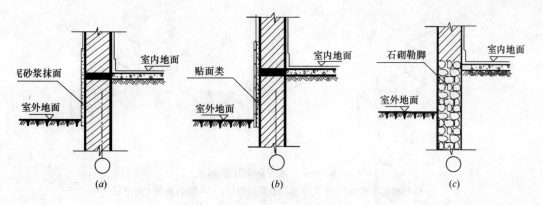

图 7-1-4 勒脚示意图
(a) 水泥砂浆粉刷勒脚；(b) 贴面类勒脚；(c) 石砌勒脚

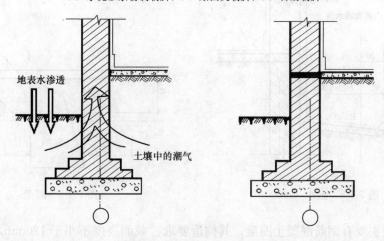

图 7-1-5 勒脚防潮

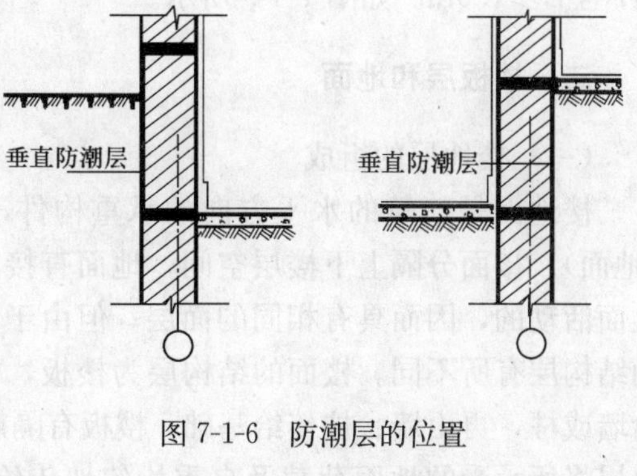

性防潮主要采用防水砂浆和细石混凝土。具体构造如图 7-1-7 所示。

4. 散水

散水是为了将雨水导至远离勒脚和基础，在外墙四周室外地坪上做成的向外有斜坡的坡面。其作用是防止雨水对墙基的侵蚀，将勒脚和基础处的雨水排开。

散水构造要求如图 7-1-8 所示。常见做法：砖铺散水、块石散水、三合土散水、混凝土散水等。

图 7-1-6 防潮层的位置

5. 圈梁

圈梁是为了增强房屋的整体刚度，减少地基不均匀沉降引起的墙体开裂，提高房屋的抗震刚度，在房屋的外墙和部分内墙中设置在同一水平面上的连续而封闭的梁。

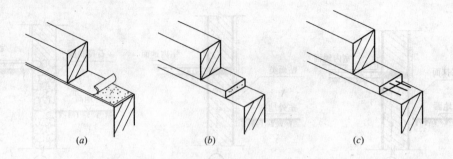

图 7-1-7　水平防潮层的做法
(a) 油毡防潮层；(b) 防水水泥砂浆防潮层；(c) 细石混凝土防潮层

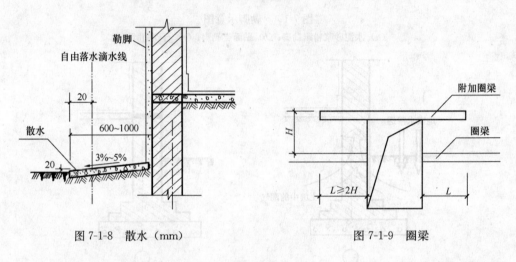

图 7-1-8　散水（mm）　　　　　图 7-1-9　圈梁

做法主要有钢筋混凝土圈梁，其构造要求：截面高度不小于 120mm，截面宽度不小于墙厚的 2/3。附加圈梁截面不小于圈梁的截面，附加圈梁的搭接长度 $L \geqslant 2H$ 且 $L \geqslant 1.0$m。如图 7-1-9 所示。

二、楼板层和地面

（一）楼地层的组成

楼地面是建筑的水平方向的承重构件，包括楼层地面（楼面）和底层地面（地面）。楼面分隔上下楼层空间，地面直接与土壤相连。由于它们均是供人们在上面活动的，因而具有相同的面层；但由于它们所处的位置不同、受力不同，因而结构层有所不同。楼面的结构层为楼板，楼板将所承受的上部荷载及自重传递给墙或柱，再由墙、柱传给基础，楼板有隔声等功能要求。地面的结构层为垫层，垫层将所承受的地面荷载及自重均匀地传给夯实的地基，对地面有防潮等要求。楼地层的组成如图 7-1-10 所示。

1. 面层

它是指人们进行各种活动与其接触的楼面表面层。面层起着保护楼板、分布荷载、室内装饰等作用。楼面的名称是以面层所用材料而命名的，如面层为水泥砂浆则称为水泥砂浆楼面。

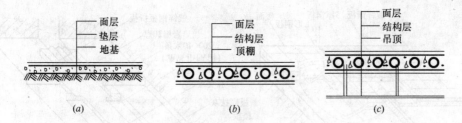

图 7-1-10　楼地层示意图
(a)地面；(b)楼板；(c)楼板

2. 结构层

结构层又称楼板，由梁或拱、板等构件组成。它承受整个楼面的荷载，并将这些荷载传给墙或柱，同时还对墙身起水平支撑作用。

3. 顶棚层

顶棚层是楼面的下面部分。根据不同建筑物的要求，在构造上有直接抹灰顶棚、粘贴类顶棚和吊顶棚等多种形式。

(二)楼面的设计要求

为保证楼面的结构安全和正常使用，对楼面设计有三方面要求。

1. 应具有足够的强度和刚度

楼板作为承重构件，应有足够的强度，在承受自重和使用荷载下不会破坏；为保证正常使用，楼面必须具有足够的刚度，在荷载作用下，构件弯曲挠度不会超过许可值。

2. 满足隔声、防火、热工方面的要求

为防止噪声通过上下相邻的房间，影响其使用，楼面应具有一定的隔声能力；楼面应根据建筑物的等级和防火要求进行设计，以避免和减少火灾发生对建筑物的破坏作用；对于有一定的温度、湿度要求的房间，常在楼面中设置保温层，以减少通过楼面的热交换作用。

此外，一些房间，如厨房、厕所、卫生间等，楼面潮湿、易积水，应注意处理好楼面的防渗漏问题；对楼面变形缝也应进行合理的构造处理。楼面变形缝应结合建筑物的结构(墙、柱)变形缝位置而设置，变形缝应贯通楼面各层。其构造做法如图 7-1-11 所示。

3. 满足建筑经济的要求

一般情况下，多层房屋楼板的造价占土建造价的 20%～30%。因此，应注意结合建筑物的质量标准、使用要求及施工技术条件等因素，选择经济合理的结构形式和构造方案，尽量为工业化施工创造条件，加快施工速度，并降低工程造价。

(三)楼板的类型

楼面根据其结构层使用的材料不同，可分为木楼板、砖拱楼板、钢楼板、压型钢板组合楼板及钢筋混凝土楼板等。

现浇式钢筋混凝土楼板是经在施工现场支模板、绑扎钢筋、浇捣混凝土及养护等工序而成的楼板。这种楼板整体性好，抗震性强，能适应各种建筑平面构件形状的变化，因此被广泛使用。但它模板用量多，现场湿作业量大，工期长，且

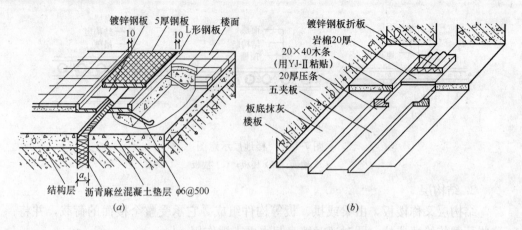

图 7-1-11 楼面变形缝的构造（mm）
(a) 面层变形缝；(b) 顶棚变形缝

施工受季节影响较大。

现浇钢筋混凝土楼板按其结构类型不同，可分为板式楼板、梁板式楼板、井式楼板、无梁楼板、压型钢板混凝土组合楼板等。如图 7-1-12 所示。

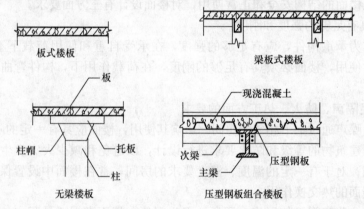

图 7-1-12 现浇钢筋混凝土楼板

（四）雨篷与阳台

1. 阳台

阳台是楼房建筑中各层伸出室外的平台，它提供了一处人不需下楼，就可享用的室外活动空间，人们在阳台上可以休息、眺望、从事家务等活动。阳台由阳台板和栏杆扶手组成，阳台板是阳台的承重结构，栏杆扶手是阳台的围护构件，设在阳台临空的一侧。

阳台按照其与外墙的相对位置，分为凸阳台、凹阳台和半凸半凹阳台（图 7-1-13）；按照它在建筑平面上的位置，分为中间阳台和转角阳台；按照其施工方式，分为现浇阳台和预制阳台。

(1) 阳台的结构类型。

①墙承式。

墙承式阳台是将阳台板直接搁置在墙上。这种结构型式稳定、可靠，施工方

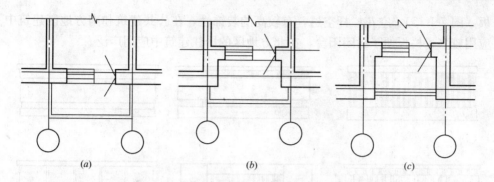

图 7-1-13 阳台的类型
(a) 挑阳台；(b) 半凸半凹阳台；(c) 凹阳台

便，多用于凹阳台（图 7-1-14a）。

②挑板式。

挑板式阳台是将阳台板悬挑，一般有两种做法：一种是将房间楼板直接向墙外悬挑形成阳台板（图 7-1-14b）；另一种是将阳台板和墙梁（或过梁、圈梁）现浇在一起，利用梁上部墙体的重量来防止阳台倾覆（图 7-1-14c）。这种阳台底面平整，构造简单，外形轻巧，但板受力复杂。

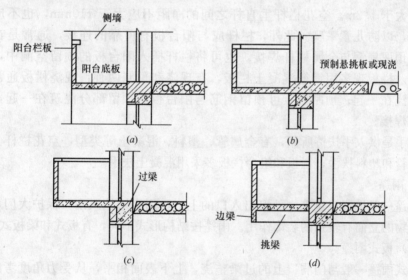

图 7-1-14 阳台的结构布置
(a) 墙承式；(b) 楼板悬挑式；(c) 墙梁悬挑式；(d) 挑梁式

③挑梁式。

挑梁式阳台是从建筑物的横墙上伸出挑梁，上面搁置阳台板。为防止阳台倾覆，挑梁压入横墙部分的长度应不小于悬挑部分长度的 1.5 倍。这种阳台底面不平整，挑梁端部外露，影响美观，也使封闭阳台时构造复杂化，工程中一般在挑梁端部增设与其垂直的边梁，来克服其缺陷（图 7-1-14d）。

（2）阳台的细部构造。

栏杆的形式有三种：空花栏杆、栏板和由空花栏杆与栏板组合而成的组合栏板（图7-1-15）。空花栏杆空透，有较高的装饰性，在公共建筑和南方地区建筑中应用较多；栏板便于封闭阳台，在北方地区的居住建筑中应用广泛。

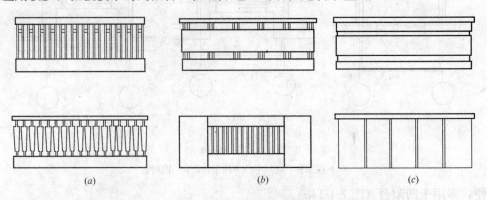

图 7-1-15 阳台栏杆形式
(a) 空花栏杆；(b) 组合式栏杆；(c) 栏板

空花栏杆有金属栏杆或预制混凝土栏杆两种，金属栏杆一般采用圆钢、方钢、扁钢或钢管等制作。为保证安全，栏杆扶手应有适宜的尺寸，低、多层住宅阳台栏杆净高不应低于1.05m，中高层住宅阳台栏杆净高不应低于1.1m，但也不应大于1.2m。空花栏杆垂直杆之间的净距不应大于110mm，也不应设水平分格，以防儿童攀爬。此外，栏杆应与阳台板有可靠的连接，通常是在阳台板顶面预埋扁钢与金属栏杆焊接，也可将栏杆插入阳台板的预留空洞中，用砂浆灌注。栏板现多用钢筋混凝土栏板，有现浇和预制两种：现浇栏板通常与阳台板整浇在一起；预制栏板可预留钢筋与阳台板的预留部分浇筑在一起，或预埋铁件焊接。

扶手是供人手扶持所用，有金属管、塑料、混凝土等类型，空花栏杆上多采用金属管和塑料扶手，栏板和组合栏板多采用混凝土扶手。

2. 雨篷

雨篷一般设置在建筑物外墙出入口的上方，用来遮挡风雨，保护大门，同时对建筑物的立面有较强的装饰作用。雨篷按结构形式不同，有板式和梁板式两种。

(1) 板式雨篷。

板式雨篷一般与门洞口上的过梁整浇，上下表面相平，从受力角度考虑，雨篷板一般做成变截面形式，根部厚度不小于70mm，端部厚度不小于50mm（图7-1-16a）。

(2) 梁板式雨篷。

当门洞口尺寸较大，雨篷挑出尺寸也较大时，雨篷应采用梁板式结构。即雨篷由梁和板组成，为使雨篷底面平整，梁一般翻在板的上面成翻梁（图7-1-16b）。当雨篷尺寸更大时，可在雨篷下面设柱支撑。

雨篷顶面应做好防水和排水处理，一般采用20mm厚的防水砂浆抹面进行防水处理，防水砂浆应沿墙面上升，高度不小于250mm，同时在板的下部边缘做滴水，防止雨水沿板底漫流。雨篷顶面需设置1%的排水坡，并在一侧或双侧设排水

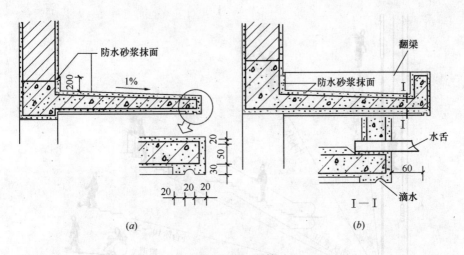

图 7-1-16 雨篷
(a) 板式雨篷；(b) 梁板式雨篷

管将雨水排除。为了立面需要，可将雨水由雨水管集中排除，这时雨篷外缘上部需做挡水边坎。

三、楼梯

两层以上的房屋就需要有垂直交通设施，包括楼梯、电梯、自动扶梯、台阶、坡道、爬梯以及工作梯等。这些设施要求做到使用方便、结构可靠、防火安全、造型美观和施工方便。楼梯作为竖向交通和人员紧急疏散的主要设施，使用最为广泛；垂直升降电梯则用于高层建筑或使用要求较高的宾馆等多层建筑；自动扶梯仅用于人流量大且使用要求高的公共建筑，如商场、候车楼等；台阶用于室内外高差之间和室内局部高差之间的联系；坡道则由于其无障碍通行，常用于多层车库通行汽车和医疗建筑中通行担架车等，在其他建筑中，坡道也作为残疾人轮椅车的专用交通设施；爬梯专用于消防和检修等；工作梯是供工作人员工作用的交通设施。

垂直交通设施的选用，是由建筑本身及环境条件决定的，也就是按垂直方向尺寸（即高差）与水平方向尺寸所形成的坡度来选定，坡度可用角度或高长比值表示，见图 7-1-17。

（一）楼梯的组成

楼梯是联系建筑上下层的垂直交通设施，应满足人们正常时垂直交通，紧急时安全疏散的要求，其数量、位置、平面形式应符合有关规范和标准的规定，并应考虑楼梯对建筑整体空间效果的影响。

楼梯一般由楼梯段、平台、栏杆（栏板）扶手三部分组成，如图 7-1-18 所示。

1. 楼梯段

楼梯段是联系两个不同标高平台的倾斜构件，它由若干踏步和斜梁或板构成。为了消除疲劳，每一楼梯段的踏步数量一般不宜超过 18 级，同时考虑人们行走的习惯性，楼梯段的踏步数量也不宜少于 3 级。

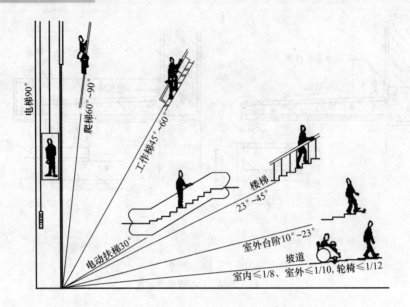

图 7-1-17 各种垂直交通设施的适用坡度

2. 平台

平台是指两楼梯段之间的水平构件。根据所处的位置不同，有中间平台和楼层平台之分。位于两楼层之间的平台称为中间平台；与楼层地面标高一致的平台称为楼层平台。其主要作用是供人们行走时改变行进方向和缓解疲劳，故又称为休息平台。

3. 栏杆和扶手

大多数楼梯段至少有一侧临空。为了确保使用安全，应在楼梯段的临空边缘设置栏杆或栏板。当楼梯宽度较大时，还应当根据有关规定的要求在楼梯段的中部加设栏杆或栏板。在栏板上部供人们用手扶持的连续斜向配件，称为扶手。

（二）楼梯的类型

1. 按照楼梯的材料分类

按照楼梯的材料分成钢筋混凝土楼梯、钢楼梯、木楼梯及组合材料楼梯（如型钢混凝土楼梯、钢木楼梯、型钢骨架玻璃踏步楼梯）。

2. 按照楼梯的位置分类

按照楼梯的位置分成室内楼

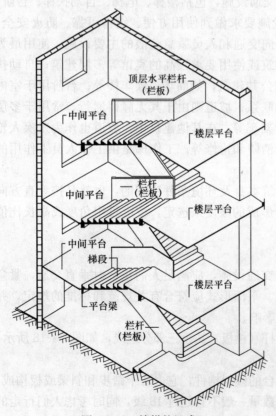

图 7-1-18 楼梯的组成

梯和室外楼梯。

3. 按照楼梯的使用性质分类

按照楼梯的使用性质分成主要楼梯、辅助楼梯、疏散楼梯及消防楼梯。

4. 按照楼梯间的平面形式分类

按照楼梯间的平面形式分成开敞楼梯间、封闭楼梯间、防烟楼梯间。如图7-1-19所示。

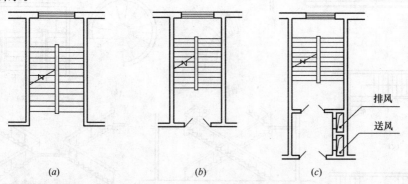

图 7-1-19 楼梯间平面图
(a) 开敞楼梯间；(b) 封闭楼梯间；(c) 防烟楼梯间

5. 按照楼梯的平面形式分类

根据楼梯的平面形式可分成单跑直楼梯、双跑直楼梯、双跑平行楼梯、三跑楼梯、双分平行楼梯、双合平行楼梯、转角楼梯、双分转角楼梯、交叉楼梯、剪刀楼梯、螺旋楼梯等，如图7-1-20所示。

楼梯的平面形式是根据其使用要求、建筑功能、平面和空间的特点以及楼梯在建筑中的位置等因素确定的。目前，在建筑中采用较多的是双跑平行楼梯（又简称为双跑楼梯或两段式楼梯），其他诸如三跑楼梯，双分平行楼梯、双合平行楼梯等均是在双跑平行楼梯的基础上变化而成的。弧线楼梯和螺旋楼梯对建筑室内空间具有良好的装饰性，适用于在公共建筑的门厅等处设置。由于其踏步是扇面形的，交通能力较差，如果用于疏散目的，踏步尺寸应满足有关规范的要求。

（三）楼梯的设计要求

由于楼梯是建筑中重要的垂直交通设施，对建筑的正常使用和安全性负有不可替代的责任。因此，不论是建设管理部门、消防部门和设计者均对楼梯的设计给予了足够的重视。我国《建筑设计防火规范》GB 50016—2006、《高层民用建筑设计防火规范》GB 50045—95（2005年版）、《民用建筑设计通则》GB 50352—2005及其他一些单项建筑的设计规范对楼梯设计的问题作出了明确的严格的规定。

1. 楼梯设计的基本要求

（1）楼梯在建筑中位置应当标志明显、交通便利、方便使用。

（2）楼梯应与建筑的出口关系紧密、连接方便，楼梯间的底层一般均应设置直接对外出口。

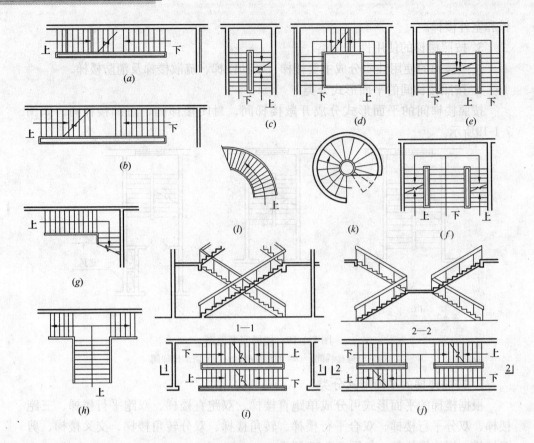

图 7-1-20 楼梯平面形式

(a) 单跑直楼梯；(b) 双跑直楼梯；(c) 双跑平行楼梯；(d) 三跑楼梯；
(e) 双分平行楼梯；(f) 双合平行楼梯；(g) 转角楼梯；(h) 双分转角楼梯；
(i) 交叉楼梯；(j) 剪刀楼梯；(k) 螺旋楼梯；(l) 弧线楼梯

(3) 当建筑中设置数部楼梯时，其分布应符合建筑内部人流的通行要求。

2. 楼梯的数量和总宽度

(1) 除个别的多层住宅之外，高层建筑中至少要设两个或两个以上的楼梯。

(2) 普通公共建筑一般至少要设两个或两个以上的楼梯。如果符合表 7-1-1 的规定，也可以只设一个楼梯。

设置一个疏散楼梯的条件　　　　　　表 7-1-1

耐火等级	层　数	每层最大建筑面积（m²）	人　数
一、二级	三层	500	第二、三层人数之和不超过 100 人
三级	三层	200	第二、三层人数之和不超过 50 人
四级	二层	200	第二层人数之和不超过 30 人

注：本表不适用于医院、疗养院、老年人建筑、托儿所和幼儿园儿童用房。

(3) 设有不少于 2 个疏散楼梯的一、二级耐火等级的公共建筑，如顶层局部升高时，其高出部分的层数不超过 2 层，每层建筑面积不超过 200m²，人数之和不超过 50 人时，可设一个楼梯。但应另设一个直通平屋面的安全出口。

（四）楼梯的尺度

楼梯一般是由楼梯段、楼梯平台和栏杆扶手组成的，如图7-1-21所示。

1. 楼梯的坡度

楼梯的坡度是指楼梯段沿水平面倾斜的角度。一般认为，楼梯的坡度小，踏步就平缓、行走就较舒适。反之，行走就较吃力。但楼梯段的坡度越小，它的水平

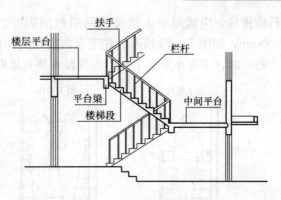

图7-1-21 楼梯构成示意图

投影面积就越大，即楼梯占用的面积大，这样就会影响建筑的经济性。因此，应当兼顾使用性和经济性二者的要求，根据具体情况合理的进行选择。对人流集中、交通量大的建筑，楼梯的坡度应小些，如医院、影剧院等。对使用人数较少，交通量小的建筑，楼梯的坡度可以略大些，如住宅、别墅等。

楼梯的允许坡度范围在23°～45°之间。正常情况下应当把楼梯坡度控制在38°以内，一般认为30°是楼梯的适宜坡度。坡度大于45°时，由于坡度较陡，人们已经不容易自如地上下，需要借助扶手的助力扶持，此时称为爬梯。由于爬梯对使用者的体力和持物情况有较多的限制，因此在民用建筑中并不多见，一般只是在通往屋顶、电梯机房等非公共区域时采用。坡度小于23°时，由于坡度较缓，往往把其处理成斜面就可以解决通行的问题，此时称为坡道。过去在医院建筑中应用得较多，主要是为解决病床车的交通问题。由于坡道占面积较大，现在电梯和自动扶梯在建筑中已经大量采用，坡道在建筑内部已经很少见了，而在市政工程中应用的较多。

楼梯、爬梯、坡道的坡度范围如图7-1-22所示。楼梯的坡度有两种表示方法：一种是用楼梯段和水平面的夹角表示；另一种是用踏面和踢面的投影长度之比表示。在实际工程中采用后者的居多。

2. 楼梯段及平台尺寸

楼梯段和平台构成了楼梯的行走通道，是楼梯设计时需要重点解决的核心问题。由于楼梯的尺度比较精细，因此应当严格按设计意图进行施工。

（1）楼梯段宽度。

楼梯段的宽度是根据通行人数的多少（设计人流股数）和建筑的防火要求确定的。通常情况下作为主要通行用的楼梯其梯段宽度应至少满足两个人相对通行（即不小于两股人流）。我国规定，在计算通行量时每股人流按0.55+(0～0.15)m计算，其中0～0.15m为人在行进中的摆幅。非主要通

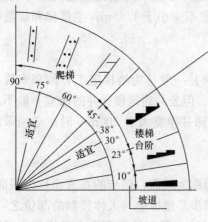

图7-1-22 楼梯、爬梯、坡道的坡度范围

行的楼梯，应满足单人携带物品通过的需要。此时，梯段的净宽一般不应小于900mm，如图 7-1-23 所示。住宅套内楼梯的梯段净宽应满足以下规定：当梯段一边临空时，不应小于 0.75m；当梯段两侧有墙时，不应小于 0.9m。

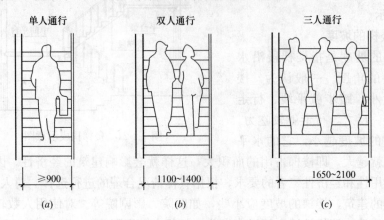

图 7-1-23　楼梯段的宽度（mm）
(a) 单人通行；(b) 双人通行；(c) 三人通行

综上所述，作为主要通行用的楼梯，其供人通行的有效宽度（即楼梯段净宽）不应小于 1.20m（相当于两股人流通行的最小宽度）。层数不超过 6 层的单元式住宅一边设有栏杆的疏散楼梯，其梯段的最小净宽可以不小于 1.0m。梯段的净宽度是指扶手中心线至楼梯间墙面的水平距离。在实际工程中往往根据护栏的构造，通过控制楼梯段宽度来保证梯段的净宽度。

（2）平台尺寸。

为了搬运家具设备的方便和通行的顺畅，楼梯平台深宽不应小于楼梯段净宽，并且不小于 1.2m。平台的净深是指扶手处平台的宽度。双跑直楼梯对中间平台的深度也作出了具体的规定。图 7-1-24 是梯段宽度与平台深度关系的示意图。

有些建筑为满足特定的需要，在上述要求的基础上，对楼梯及平台的尺寸另行作出了具体的规定，在实际工程中应当加以遵守。如《综合医院建筑设计规范》JGJ 49—88 规定：医院建筑主楼梯的梯段宽度不应小于 1.65m；主楼梯和疏散楼梯的平台深度不应小于 2.0m。

（3）楼梯井。

两段楼梯之间的空隙，称为楼梯井。楼梯井一般是为楼梯施工方便和安置栏杆扶手而设置的，其宽度一般在 100mm 左右。但公共建筑楼梯井的净宽一般不应小于 150mm。有儿童经常使用的楼梯，当楼梯井净宽大于 200mm 时，必须采取安全措施，防止儿童坠落。

3. 踏步尺寸

踏步是由踏面和踢面组成，踏步的水平面称为踏面，踏步的垂直面称为踢面，二者投影长度之比决定了楼梯的坡度。由于踏步是楼梯中与人体接触的部位之一，因此其尺度是否合适就显得十分重要。一般认为，踏面的宽度应大于成年男子脚的长度，使人们在上下楼梯时脚可以全部落在踏面上，以保证行走时的舒适。踢

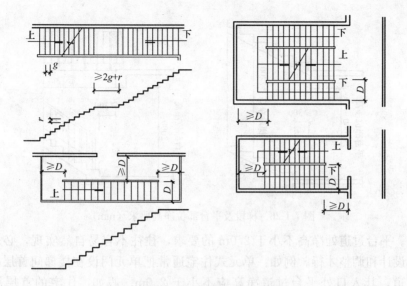

图 7-1-24　楼梯段和平台的尺寸关系
D—梯段净宽度；g—踏面尺寸；r—踢面尺寸

面的高度取决于踏面的宽度，因为二者之和应与人的跨步长度相近，过大或过小，行走时均会感到不方便。

由于踏步的宽度往往受到楼梯间进深的限制，可以在踏步的细部进行适当变化来增加踏面的有效尺寸，如加做踏步檐或使踢面倾斜，如图 7-1-25 所示。踏步檐的挑出尺寸一般不大于 20mm，尺寸过大会给行走带来不便。

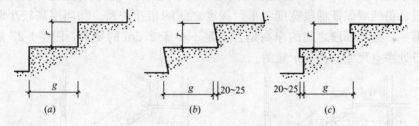

图 7-1-25　踏步尺寸（mm）
（a）正常处理的踏步；（b）踢面倾斜；（c）加做踏步檐

4. 楼梯的净空高度

楼梯的净空高度包括楼梯段之间的净高和平台过道处的净高。

楼梯段之间的净高是指梯段空间的最小高度，即下段楼梯踏步前缘至上方楼段下表面的垂直距离。梯段之间的净高与人体尺度、楼梯的坡度有关。平台过道处的净高是指平台过道地面至上部结构最低点（通常为平台梁）的垂直距离。平台过道处净高与人体尺度有关。在确定这两个净高时，还应充分考虑人们肩扛物品，对空间的实际需要，避免由于碰头而产生压抑感。我国规定，楼梯段之间的净高不应小于 2.2m，平台过道处净高不应小于 2.0m。起止踏步前缘与顶部凸出物内边缘线的水平距离不应小于 0.3m，如图 7-1-26 所示。

通常楼梯段之间的净高与房间的净高相差不大，一般可以满足不小于 2.2m

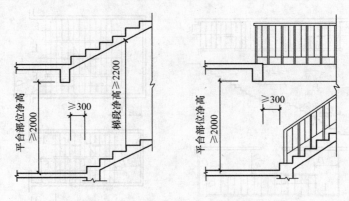

图 7-1-26 梯段及平台部位净高要求（mm）

的要求。平台过道处净高不小于 2.0m 的要求，往往不容易自然实现，必须要经过仔细设计和调整才行。例如：单元式住宅通常把单元门设在楼梯间首层，做为人行通道，其入口处平台过道净高应不小于 2.0m。假如，住宅的首层层高为 3.0m，则第一个休息平台的标高为 1.5m，此时平台下过道净高约为 1.2m，距 2.0m 要求相差较远。为了使平台过道处净高满足不小于 2.0m 的要求，主要采用两种办法：

（1）在建筑室内外高差较大的前提下，降低平台下过道处地面标高。

（2）增加第一段楼梯的踏步数（而不是改变楼梯的坡度），将第一个休息平台位置上移。

在采用办法（2）时，要注意的问题有：①此时第一段楼梯是整部楼梯中最长的一段，仍然要保证梯段宽度和平台深度之间的相互关系。②当层高较小时，应核验第一、三楼梯段之间的净高是否满足不小于 2.2m 的要求。图 7-1-27 是楼梯间入口处净空尺寸调整的示意图。

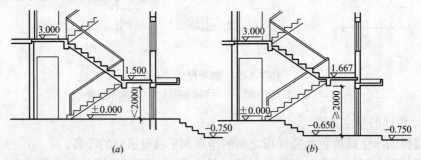

图 7-1-27 楼梯间入口处净空尺寸的调整
(a) 调整前；(b) 调整后

（五）楼梯的细部构造

楼梯是建筑中与人体接触频繁的构件，在使用过程中磨损大，容易受到人为因素的破坏。施工时应当对楼梯的踏步面层、踏步细部、栏杆和扶手进行适当的构造处理，这对保证楼梯的正常使用和保持建筑的形象美观非常重要。

踏步面层应当平整光滑，耐磨性好。一般认为，凡是可以用来做室内地坪面层的材料，均可以用来做踏步面层。常见的踏步面层有水泥砂浆、水磨石、铺地面砖、各种天然石材、塑胶材料等。面层材料要便于清扫，并应当具有相当的装饰效果。中型、大型装配式钢筋混凝土楼梯，如果是用钢模板制作的，由于其表面比较平整光滑，为了节省造价，可以直接使用，不再另做面层。

因为踏步面层比较光滑且尺度较小，行人容易滑跌。在人流集中的建筑或紧急情况下，发生这种现象是非常危险的。因此，在踏步前缘应有防滑措施，这对于人流集中建筑的楼梯就显得更加重要。踏步前缘也是踏步磨损最厉害的部位，同时也容易受到其他硬物的破坏。设置防滑措施，可以提高踏步前缘的耐磨程度，起到保护作用。图 7-1-28 是常见的几种踏步防滑构造。

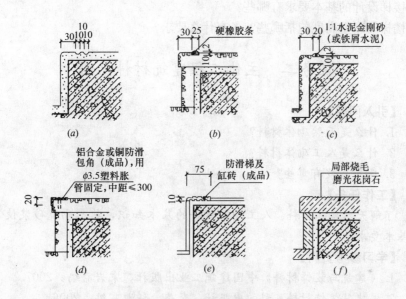

图 7-1-28　踏步防滑构造（mm）
(a) 水泥砂浆踏步留防滑槽；(b) 橡胶防滑条；(c) 水泥金刚砂防滑条；
(d) 铝合金或铜防滑包角；(e) 缸砖面踏步防滑砖；(f) 花岗石踏步烧毛防滑条

【实训练习】

实训项目一：识读墙体施工图。
资料内容：利用施工图集—建筑施工图，根据所学知识总结、归纳墙的构造组成。
实训项目二：识读楼板、阳台与雨篷施工图。
资料内容：利用施工图集—结构施工图，根据所学知识总结、归纳楼板的种类、阳台与雨篷的形式。
实训项目三：识读楼梯施工图。
资料内容：利用施工图集—结构施工图，根据所学知识总结、归纳楼梯的平面形式、楼梯的组成和平面尺寸。

【复习思考题】

1. 墙体的作用主要有哪些？
2. 墙体的设计和使用要求有哪些？
3. 圈梁的主要作用是什么？
4. 现浇钢筋混凝土楼板按其结构类型不同有哪几种？
5. 楼面防水的措施主要有哪些？
6. 凸阳台按悬挑方式不同有哪三种？
7. 楼梯按照的平面形式分类有哪几种？
8. 楼梯设计的基本要求有哪些？
9. 楼梯的净空高度包括哪些？各有什么要求？

任务二 主体工程建筑材料识别

【引入问题】

1. 什么是天然砌体材料？
2. 什么是人工砌体材料？
3. 砌筑砂浆有哪些？

【工作任务】

了解天然砌体材料、人工砌体材料的基本知识，熟悉砌筑砂浆使用的基本要求。

【学习参考资料】

1. 《建筑与装饰材料》中国建筑工业出版社，宋岩丽编．2007.
2. 《建筑装饰材料》科学出版社，李燕、任淑霞编．2006.
3. 《建筑装饰材料》重庆大学出版社，张粉琴、赵志曼编．2007.
4. 《建筑装饰材料》北京大学出版社，高军林编．2009.

【主要学习内容】

一、天然砌体材料

目前市场上用于建筑装饰工程的石材基本分为天然石材和人造石材两大类。天然石材是指从天然岩体中开采出来并经加工成块状或板状材料的总称，建筑装饰用的饰面石材主要有大理石和花岗石两大类。人造石材则是一种合成装饰材料，包括人造大理石、人造花岗岩等。按所用胶粘剂不同，可分为有机类人造石和无机类人造石；按其生产工艺，可分为聚酯型、硅酸盐型、复合型以及烧结型人造石。

天然石材是最古老的建筑材料之一，世界上许多著名的古建筑都是由天然石材建造而成的。如古埃及金字塔、太阳神神庙、印度泰姬陵、意大利的比萨斜塔、我国的石窟、石塔、石桥以及宫殿建筑物的基座、柱基、石栏杆等。近几十年来，由于钢筋混凝土的应用与发展，虽然在很大程度上代替了天然石材用作结构材料，但从石材的开采量和应用范围来看，天然石材在建筑上仍广泛的应用。

建筑上直接应用的石材形式很多，如块状的毛石、片石、条石，片状的石板，散粒状的砂、卵石、碎石等。块状石材可直接用来砌筑墙体、基础、勒脚、台阶、栏杆、渠道、护坡等，石板可用作内、外墙的贴面、地面，页片状的石材可用作屋面材料。此外，建筑的雕刻和花饰常常采用各种天然石材。而砂、卵石、碎石则是各种混凝土、砂浆和人造石材的主要原材料。

（一）石材的基本知识

1. 天然岩石的形成与分类

岩石由造岩矿物组成，不同的造岩矿物在不同的地质条件下，形成不同性能的岩石。各种造岩矿物在不同的地质条件下，形成不同类型的岩石，通常可分为三大类，即火成岩、沉积岩和变质岩，它们具有不同的结构、构造和性质。

（1）火成岩：

火成岩又称岩浆岩，它是因地壳变动，熔融的岩浆由地壳内部上升后冷却而成。火成岩是组成地壳的主要岩石，占地壳总质量的89％。火成岩根据岩浆冷却条件的不同，又分为深成岩、喷出岩和火山岩三种。

①深成岩。深成岩是岩浆在地壳深处，在很大的覆盖压力下缓慢冷却而成的岩石，其特征是：构造致密，密度大，抗压强度高，吸水率小，抗冻性好，耐磨性和耐久性好。如花岗岩、正长岩、辉长岩、闪长岩、橄榄岩等。

②喷出岩。喷出岩是熔融的岩浆喷出地表后，在压力降低、迅速冷却的条件下形成的岩石，如建筑上使用的玄武岩、安山岩等。当喷出岩形成较厚的岩层时，其结构致密特性近似深成岩，若形成的岩层较薄时，则形成的岩石常呈多孔结构，近于火山岩。

③火山岩。火山岩又称火山碎屑岩。火山岩是火山爆发时，岩浆被喷到空中，经急速冷却后落下而形成的碎屑岩石，如火山灰、浮石等。火山岩都是轻质多孔结构的材料，其中火山灰被大量用作水泥的混合材料，而乳石可用作轻质骨料，以配制轻骨料混凝土用作墙体材料。

（2）沉积岩：

沉积岩又称水成岩。沉积岩是由原来的母岩风化后，经过风吹搬迁、流水冲移而沉积和再造岩等作用，在离地表不太深处形成的岩石。沉积岩为层状结构，其各层的成分、结构、颜色、层厚等均不相同，与火成岩相比，其特性是：结构致密性较差，密度较小，孔隙率及吸水率均较大，强度较低，耐久性也较差。

①机械沉积岩。风化后的岩石碎屑在流水、风、冰川等作用下，经搬迁、沉积、固结（多为自然胶结物固结）而成。如常用的砂岩、砾岩、火山凝灰岩、黏土岩等。此外，还有砂、卵石等（未经固结）。

②化学沉积岩。由岩石风化后溶于水而形成的溶液、胶体经搬迁沉淀而成。如常用的石膏、菱镁矿、某些石灰岩等。

③生物沉积岩。由海水或淡水中的生物残骸沉积而成。常用的有石灰岩、白垩、硅藻土等。

沉积岩虽仅占地壳总质量的5％，但在地球上分布极广，约占地壳表面积的

75%，加之藏于地表不太深处，故易于开采。沉积岩用途广泛，其中最重要的是石灰岩。石灰岩是烧制石灰和水泥的主要原料，更是配制普通混凝土的重要组成材料。石灰岩也是修筑堤坝和铺筑道路的原材料。

（3）变质岩：

变质岩是由原生的火成岩或沉积岩，经过地壳内部高温、高压等变化作用后而形成的岩石，其中沉积岩变质后，性能变好，结构变得致密，坚实耐久，如石灰岩（沉积岩）变质为大理石；而火成岩经变质后，性质反而变差，如花岗岩（深成岩）变质成的片麻岩，易产生分层剥落，使耐久性变差。

2. 天然岩石的性质

岩石质地坚硬，强度、耐水性、耐久性、耐磨性高，使用寿命可达数十年甚至数百年，但因其密度高，故开采和加工也相应困难。岩石中的大小、形状和颜色各异的晶粒及其不同的排列使得许多岩石具有较好的装饰性，特别是具有斑状构造和砾状构造的岩石，在磨光后纹理美观夺目，具有很好的装饰性。

（二）工程砌筑用石材

1. 工程砌筑用石材的要求

天然石材品种多，性能差别大，在建筑设计和施工时应根据建筑物等级、建筑结构、环境和使用条件、地方资源等因素选用适当的石材，使其主要技术性能符合使用及工程要求，以达到适用、安全、经济和美观。

（1）适用性。

按使用要求分别衡量各种石材在建筑中的适用性。对于承重构件，如基础、勒脚、墙、柱等主要考虑抗压强度能否满足设计要求；对于围护结构构件要考虑是否具有良好的绝热性能；对于处在特殊环境，如高温、高湿、水中、严寒、侵蚀等条件下的构件，还要分别考虑石材的耐火性、耐水性、抗冻性以及耐化学侵蚀性等。

（2）经济性。

天然石材表观密度大，运输不便，应利用地方资源，尽可能做到就地取材。难于开采和加工的石料，必然使成本提高，选材时应充分考虑。

2. 常用砌筑石材

砌筑用石材按加工后的外形规则程度，可分为毛石和料石。

（1）毛石。

毛石是由爆破直接获得的石块。依其平整程度又分为乱毛石和平毛石两种。

①乱毛石

乱毛石形状不规则，一般在一个方向的尺寸达300～400mm，约重20～30kg。常用于砌筑基础、勒脚、堤坝、挡土墙等。

②平毛石

平毛石是乱毛石略经加工而成。形状较乱毛石整齐，基本上有六个面，但表面粗糙，中部厚度不小于200mm。常用于砌筑基础、勒脚、桥墩、涵洞等。

（2）料石。

料石系由人工或机械开采出的较规则的六面体石块，略加雕琢而成。按其加工后的外形规则程度不同又可分为毛料石、粗料石、半细料石和细料石四种。

①毛料石

外形大致方正，一般不经加工或稍加修整，高度不应大于200mm，叠砌面凹入深度不应大于25mm。

②粗料石

外形较方正，其截面的宽度、高度不应小于200mm，且不应小于长度的1/4，叠砌面凹入深度不应大于20mm。

③半细料石

形体方正，规格尺寸同粗料石，但叠砌面凹入深度不应大于15mm。

④细料石

细加工，外形规整，尺寸规格同半细料石，但叠砌面凹入深度不应大于10mm。

（三）装饰用石材

1. 饰面石材的加工

用致密岩石凿平或锯解而成的厚度不大的石材称为板材。饰面板用的板材一般采用花岗岩和大理石制成。

花岗石板材按形状分类有：普型板、圆弧板和异型板。常用规格为厚10～20mm，宽150～600mm，长300～1000mm。饰面板材要求耐久、耐磨、色彩花纹美观，表面应无裂缝、翘曲、凹陷、色斑、污点等，并根据板材尺寸偏差、平面度、角度、外观质量、镜面光泽度分为优等品、一等品、合格品三个等级。

花岗石板材按表面加工程度不同又分为粗面板材、细面板材、亚光板材和镜面板材。粗面板材为表面平整粗糙，具有规则加工条纹，如机刨板、剁斧板、锤击板、烧毛板等。细面板材表面平整光滑。这两种板材主要用于建筑物外墙面、柱面、台阶、勒脚等部位。镜面板材是经研磨抛光而具有镜面光泽的板材，主要用于室内外墙面、柱面、地面。大理石板材一般均加工成镜面板材，供室内饰面用。大理石饰面板主要有正方形和矩形两种，常用规格为厚10～20mm，宽150～900mm，长300～1200mm，与花岗石板材相同，相应标准对大理石板材的尺寸偏差、平面度、角度、外观质量等均提出了明确要求。

2. 饰面天然大理石

天然大理石是石灰岩和白云岩经过地壳内高温高压作用形成的变质岩，通常是层状结构，有明显的结晶和纹理，它属于中硬石材，主要由方解石和白云石组成。

（1）天然大理石的主要化学成分。

大理石的主要化学成分为氧化钙，其次为氧化镁，还有其他化学成分。大理石的颜色与成分有关，白色含碳酸钙和碳酸镁，紫色含锰，绿色含钴化物，黄色含铬化物，红褐色、紫红、棕黄色含锰及氧化铁水化物。许多大理石都是由多种化学成分混杂而成，所以，大理石的颜色变化多端，纹理错综复杂，深浅粗细不一，光泽度也差异很大。另外，通常还将凝灰岩、砂岩、页岩和板岩也归在大理石类。

(2) 天然大理石的特点。

天然大理石具有品种繁多、花纹多样、色泽鲜艳、石质细腻、抗压性好、吸水率小、耐腐蚀、耐磨、耐久性好、有良好的抗压性、不变形、便于清洁等特点。浅色大理石板的装饰效果庄重而清雅，深色大理石板的装饰效果华丽而高贵。

天然大理石的缺点如下：一是比花岗石硬度低，如在地面上使用，磨光面易损坏，其耐用年限一般在 30~80 年间；二是抗风化能力、耐腐蚀性差。由于空气中常含有二氧化硫，遇水时生成亚硫酸，氧化以后变成硫酸，与大理石中的碳酸钙反应，生成易溶于水的硫酸钙，使表面失去光泽，变得粗糙多孔而降低建筑物的装饰效果。所以不宜用于建筑物室外装饰和其他露天部位的装饰。公共卫生间等经常使用水冲刷和酸性洗涤材料处，也不宜用大理石作地面材料。

(3) 天然大理石的分类和用途。

"大理石"是以云南省大理县的大理城而命名的，大理石的品种繁多，石质细腻，光泽柔润，绚丽多彩，主要有云灰、白色和彩色三类。

①云灰大理石，以其多呈云灰色或云灰色的底面上泛起一些天然的云彩状花纹而得名。

②白色大理石，因其晶莹纯净，洁白如玉，熠熠生辉，故又称为巷山白玉、汉白玉和白玉，是大理石的名贵品种，是重要建筑物的高级装修材料。

③彩色大理石，产于云灰大理石之间，是大理石中的精品，表面经过研磨、抛光，便呈现色彩斑斓、千姿百态的天然图画。

天然大理石板主要用于宾馆、饭店、银行、纪念馆、博物馆、办公大楼等高级建筑物的室内饰面，如墙面、柱面、地面、造型面、酒吧台侧立面与台面、服务台立面与台面等。还常用于各种营业柜台和家具台面。住宅建筑的门厅、窗台板、卫生间洗漱台板、楼梯踏步也可采用。

另外，大理石磨光板有美丽多姿的花纹，如似青云飞渡的云彩花纹，似天然图画的彩色图案纹理，这类大理石板常用来镶嵌或刻出各种图案的装饰品。

(4) 天然大理石的品种。

①大理石按表面加工光洁度分：

(a) 镜面板材：表面镜向光泽值应不低于 70 光泽单位；

(b) 亚光板材：表面要求亚光平整、细腻，使光线产生漫反射现象的板材；

(c) 粗面板：饰面粗糙规则有序、端面锯切整齐的板材。

②大理石按色系分：

(a) 白灰色系列：爵士白、雪花白、大花白、雅士白、白水晶、风雪、芝麻白、羊脂玉、冰花玉、汉晶白、白沙米黄、汉白玉；

(b) 黄色系列：金花米黄、金线米黄、银线米黄、莎安娜米黄、西班牙米黄、金碧辉煌、新米黄、虎皮黄、松香黄、木纹米黄、黄奶油、贵州米黄、黄花王；

(c) 红粉色系列：橙皮红、西施红、珊瑚红、挪威红、武定红、陕西红、桃红、岭红、秋枫、红花玉；

(d) 褐色系列：紫罗红、啡网纹；

(e) 青蓝黑色系：大花绿、蛇纹石、黑白根、杭灰、墨玉、珊瑚绿、莱阳绿；

(f) 木质纹理：木纹石、丽石砂岩、红木纹。

3. 饰面天然花岗石

天然花岗石是火成岩，由长石、石英和少量云母组成。构造密实，呈整体均粒状结构。花纹特征是晶粒细小，并分布着繁星般的云母黑点和闪闪发光的石英结晶。我国花岗岩资源丰富，经探明，储量约达1000亿立方米，品种150多个。传统产品中如"济南青"、"泉州黑"等早已饮誉海外，近年又开发出山东"樱花红"、广西"岭溪红"、山西"贵妃红"等高档品种。

(1) 天然花岗岩的主要化学成分。

花岗岩的化学成分见表7-2-1。

花岗岩的主要化学成分　　表7-2-1

化学成分	SiO_2	Al_2O_3	CaO	MgO	Fe_2O_3
含量%	67～75	12～17	1～2	1～2	0.5～1.5

(2) 天然花岗岩的特点。

天然花岗岩具有结构致密、质地坚硬、耐酸碱、耐腐蚀、耐高温、耐摩擦、吸水率小、抗压强度高、耐日照、抗冻融性好（可经受100～200次以上的冻融循环）、耐久性好（一般的耐用年限为75～200年）的特点。同时，天然花岗岩色彩丰富，晶格花纹均匀细微，经磨光处理后，光亮如镜，具有华丽高贵的装饰效果。

天然花岗石的缺点如下：一是自重大，用于房屋建筑会增加建筑物的重量；二是硬度大，给开采和加工造成困难；质脆，耐火性差，当花岗石受热超过800℃以上时，由于花岗岩中所含石英的晶态转变，造成体积膨胀，导致石材爆裂，失去强度。但可利用此特性用火焰将花岗石表面烧成毛面（火烧板）；三是某些花岗石含有微量放射性元素，对人体有害，这类花岗石应避免用于室内。根据国家标准《建筑材料放射性核素限量》GB 6566—2001规定，所有石材均应提供放射性物质含量检测证明。天然石材中含有放射性物质镭、钍、氡，国标将天然石材按放射性物质的比活度分为A级、B级、C级。

A级：比活度低不会对人健康造成危害，可用于一切场合。

B级：比活度较高，用于宽敞高大的房间且通风良好的空间。

C级：比活度很高，只能用于室外。

另外，天然石材普遍存在色差是客观现实，石材质量标准中仅提及同一批板材的色调应基本调和，而没有具体量化（也不可能量化），这就容易在工程实施中发生矛盾。工程中应配合工厂合理选用荒料，分类使用，按工程部位分主次，按楼层或各个房间地面，各墙面先后加工，使差异减小到最低程度。

(3) 天然花岗石的品种。

天然花岗石根据用途和加工方法、加工程序的差异可分为剁斧板、机刨板、亚光板、烧毛板、磨光板、蘑菇石等六类；根据颜色可分为红橙色系列、暗色系列、灰白色系列、蓝绿色系列、褐黄色系列等五个系列。

①花岗石按其加工方法分为以下几种：

(a) 磨光板材：经过细磨加工和抛光，表面光亮，结晶裸露，表面具有鲜明的色彩和美丽的花纹。多用于室内外墙面、地面、立柱、纪念碑、基碑等处。

(b) 亚光板材：表面经机械加工，平整细腻，能使光线产生漫反射现象，有色泽和花纹。常用于室内墙柱面。

(c) 烧毛板材：经机械加工成型后，表面用火焰烧蚀，形成不规则粗糙表面，表面呈灰白色，岩体内暴露晶体仍闪烁发光，具有独特装饰效果，多用于外墙面。

(d) 机刨板材：是近几年兴起的新工艺，用机械将石材表面加工成有相互平行的刨纹，替代剁斧石。常用于室外台阶、广场。

(e) 剁斧板材：经人工剁斧加工，使石材表面有规律的条状斧纹。用于室外台阶、纪念碑座。

(f) 蘑菇石：将块材四边基本凿平齐，中部石材自然突出一定高度。使材料更具有自然和厚实感。常用于重要建筑外墙基座。

②按其颜色分有以下几种：

(a) 红橙色系列：中国红、印度红、石榴红、樱花红、泰山红、粉红麻、幻彩红。

(b) 暗色系列：丰镇黑、巴西黑、黑白根、金点黑、黑中王、济南青、蒙古黑（中国黑）。

(c) 灰白色系列：美利坚白麻、意大利白麻、太阳白、山东白麻、文登白、崂山灰。

(d) 蓝绿色系列：新疆兰宝、兰珍珠、幻彩绿、绿蝴蝶、墨玉冰花、豆绿、燕山绿、翡翠绿、孔雀绿。

(e) 褐黄色系列：英国棕、啡钻、金麻石、世贸金麻、虎皮黄、会理黄。

二、人工砌筑材料

墙体材料是建筑工程中十分重要的材料，在房屋建筑材料中占有70%的比重。在房屋建筑中它不但具有结构、围护功能，而且可以美化环境。因此，合理选用墙体材料对建筑物的功能、安全以及造价等均具有重要意义。目前，用于墙体的材料品种较多，总体可归纳为砌墙砖、砌块和板材三大类。

砌墙砖系指以黏土、工业废料或其他地方资源为主要原料，以不同工艺制造的、用于砌筑承重和非承重墙体的墙砖。

砌墙砖按照生产工艺分为烧结砖和非烧结砖。经焙烧制成的砖为烧结砖；经碳化或蒸汽（压）养护硬化而成的砖属于非烧结砖。按照孔洞率（砖上孔洞和槽的体积总和与按外阔尺寸算出的体积之比的百分率）的大小，砌墙砖分为实心砖、多孔砖和空心砖。实心砖是没有孔洞或孔洞率小于15%的砖；孔洞率不小于15%，孔的尺寸小而数量多的砖称为多孔砖；而孔洞率不小于15%，孔的尺寸大而数量少的砖称为空心砖。

(一) 烧结砖

1. 烧结普通砖

烧结普通砖是以黏土、页岩、煤矸石、粉煤灰为主要原料，经焙烧而成的普通砖。按主要原料分为烧结黏土砖（符号为N）、烧结页岩砖（符号为Y）、烧结煤矸石砖（符号为M）和烧结粉煤灰砖（符号为F）。

以黏土、页岩、煤矸石、粉煤灰等为原料烧制普通砖时，其生产工艺基本相同。基本生产工艺过程如下：

采土→配料调制→制坯→干燥→焙烧→成品

(1) 烧结普通砖的主要技术性能指标。

根据《烧结普通砖》（GB 5101—2003）规定，强度、抗风化性能和放射性物质合格的砖，根据尺寸偏差、外观质量、泛霜和石灰爆裂分为优等品（A）、一等品（B）和合格品（C）三个质量等级。通常将240mm×115mm面称为大面，240mm×53mm面称为条面，115mm×53mm面称为顶面（如图7-2-1）。

在新砌筑的砖砌体表面，有时会出现一层白色的粉状物，这种现象称为泛霜。出现泛霜的原因是由于砖内含有较多可溶性盐类，这些盐类在砌筑施工时溶解于进入砖内的水中，当水分蒸发时在砖的表面结晶成霜状。这些结晶的粉状物有损于建筑物的外观，而且结晶膨胀也会引起砖表层的疏松甚至剥落。

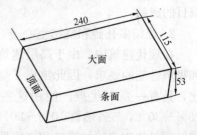

图7-2-1 烧结普通砖（mm）

石灰爆裂是指烧结砖的原料中夹杂着石灰石，焙烧时石灰石被烧成生石灰块，在使用过程中生石灰吸水熟化转变为熟石灰，体积膨胀而引起砖裂缝，严重时使砖砌体强度降低，直至破坏。

烧结普通砖根据抗压强度分为MU30、MU25、MU20、MU15、MU10五个强度等级，各强度等级应符合表7-2-2的规定。表中的强度标准值，是砖石结构设计规范中砖强度取值的依据。

烧结普通砖的强度等级（GB/T 5101—2003） 表7-2-2

强度等级	抗压强度平均值 $\bar{f} \geq$（MPa）	变异系数 $\delta \leq 0.21$ 强度标准值 $f_k \geq$（MPa）	变异系数 $\delta > 0.21$ 单块最小抗压强度值 $f_{min} \geq$（MPa）
MU30	30.0	22.0	25.0
MU25	25.0	18.0	22.0
MU20	20.0	14.0	16.0
MU15	15.0	10.0	12.0
MU10	10.0	6.5	7.5

抗风化性能是指在干湿变化、温度变化、冻融变化等物理因素作用下，材料不破坏并长期保持原有性质的能力。它是材料耐久性的重要内容之一。

砖的放射性物质应符合《建筑材料放射性核素限量》（GB 6566—2001）的规定。

(2) 烧结普通砖的优缺点及应用。

烧结普通砖具有较高的强度，较好的耐久性及隔热、隔声性，价格低廉等优点，加之原料广泛、工艺简单，所以是应用历史最久，应用范围最为广泛的墙体材料。其中优等品适用于清水墙和墙体装饰，一等品、合格品可用于混水墙，中等泛霜的砖不能用于潮湿部位。另外，烧结普通砖也可用来砌筑柱、拱、烟囱、地面及基础等，还可与轻骨料混凝土、加气混凝土、岩棉等复合砌筑成各种轻质墙体，在砌体中配置适当的钢筋或钢丝网也可制作柱、过梁等，代替钢筋混凝土柱、过梁使用。

黏土实心砖的缺点是大量毁坏土地、破坏生态、能耗高、砖的自重大、尺寸小、施工效率低、抗震性能差等。从节约黏土资源及利用工业废渣等方面考虑，提倡大力发展非黏土砖。所以，我国正大力推广墙体材料改革，以空心砖、工业废渣砖、砌块及轻质板材等新型墙体材料代替黏土实心砖，已成为不可逆转的势头。近10多年，我国各地采用多种新型墙体材料代替黏土实心砖，已取得了令人瞩目的成就。

2. 烧结多孔砖和烧结空心砖

在现代建筑中，由于高层建筑的发展，对烧结砖提出了减轻自重、改善绝热和吸声性能的要求，因此出现了烧结多孔砖、烧结空心砖。它们与烧结普通砖相比，具有一系列优点。使用这些砖可使建筑物自重减轻1/3左右，节约黏土20%～30%，节省燃料10%～20%，且烧成率高，造价降低20%，施工效率提高40%，并能改善砖的绝热和隔声性能，在相同的热工性能要求下，用空心砖砌筑的墙体厚度可减薄半砖左右。所以，推广使用多孔砖、空心砖是加快我国墙体材料改革，促进墙体材料工业技术进步的措施之一。

生产烧结多孔砖和烧结空心砖的原料和工艺与烧结普通砖基本相同，只是对原料的可塑性要求较高，制坯时在挤泥机的出口处设有成孔芯头，使坯体内形成孔洞。

(1) 烧结多孔砖。

烧结多孔砖是以黏土、页岩、煤矸石、粉煤灰为主要原料，经焙烧而成的孔洞率不小于15%，孔的尺寸小而数量多的砖。按主要原料分为黏土砖（N）、页岩砖（Y）、煤矸石砖（M）和粉煤灰砖（F）。烧结多孔砖的孔洞垂直于大面，砌筑时要求孔洞方向垂直于承压面。因为它的强度较高，主要用于六层以下建筑物的承重部位。

根据《烧结多孔砖》（GB 13544—2000）的规定，强度和抗风化性能合格的烧结多孔砖，根据尺寸偏差、外观质量、孔形及孔洞排列、泛霜、石灰爆裂分为优等品（A）、一等品（B）和合格品（C）三个质量等级。

烧结多孔砖为直角六面体。根据抗压强度分为MU30、MU25、MU20、MU15、MU10五个强度等级。

(2) 烧结空心砖。

烧结空心砖是以黏土、页岩、煤矸石、粉煤灰为主要原料，经焙烧而成的孔洞率不小于15%，孔的尺寸大而数量少的砖。其孔洞垂直于顶面，砌筑时要求孔洞方向与承压面平行。因为它的孔洞大、强度低，主要用于砌筑非承重墙体或框架结构的填充墙。

根据《烧结空心砖和空心砌块》（GB 13545—2003）的规定，强度、密度、抗风化性能和放射性物质合格的砖，根据尺寸偏差、外观质量、孔洞排列及其结构、泛霜、石灰爆裂、吸水率分为优等品（A）、一等品（B）和合格品（C）三个质量等级。

烧结空心砖的外形为直角六面体，其尺寸有 290mm×190mm×90mm 和 240mm×180mm×115mm 两种。烧结空心砖根据抗压强度分为 MU10.0、MU7.5、MU5.0、MU3.5、MU2.5 五个强度等级，根据表观密度分为 800、900、1000、1100 四个密度等级。

（二）非烧结砖

不经焙烧而制成的砖均为非烧结砖，如碳化砖、免烧免蒸砖、蒸养（压）砖等。目前应用较广的是蒸养（压）砖，这类砖是以含钙材料（石灰、电石渣等）和含硅材料（砂、粉煤灰、煤矸石、灰渣、炉渣等）与水拌合，经压制成型、常压或高压蒸汽养护而成，主要品种有灰砂砖、粉煤灰砖、煤渣砖等。

1. 蒸压灰砂砖

蒸压灰砂砖是用磨细生石灰和天然砂，经混合搅拌、陈化（使生石灰充分熟化）、轮碾、加压成型、蒸压养护（175～191℃，0.8～1.2MPa 的饱和蒸汽）而成。用料中石灰约占 10%～20%。蒸压灰砂砖有彩色的和本色的两类，本色为灰白色，若掺入耐碱颜料，可制成彩色砖。

按照《蒸压灰砂砖》（GB 11945—1999）的规定，蒸压灰砂砖根据尺寸偏差、外观质量、强度及抗冻性分为优等品（A）、一等品（B）和合格品（C）三个质量等级。

蒸压灰砂砖的外形为直角六面体，公称尺寸为 240mm×115mm×53mm，根据抗压强度和抗折强度分为 MU25、MU20、MU15、MU10 四个强度等级。

蒸压灰砂砖材质均匀密实，尺寸偏差小，外形光洁整齐，表观密度为 1800～1900kg/m³，导热系数约为 0.61W/(m·K)。MU15 及其以上强度等级的灰砂砖可用于基础及其他建筑部位；MU10 的灰砂砖仅可用于防潮层以上的建筑部位。由于灰砂砖中的某些水化产物（氢氧化钙、碳酸钙等）不耐酸，也不耐热，因此不得用于长期受热 200℃ 以上、受急冷急热和有酸性介质侵蚀的建筑部位，也不宜用于有流水冲刷的部位。

2. 粉煤灰砖

蒸压（养）粉煤灰砖是以粉煤灰、石灰或水泥为主要原料，掺加适量石膏、外加剂、颜料和骨料等，经坯料制备、压制成型、高压或常压蒸汽养护而制成。其颜色分为本色和彩色两种。根据《粉煤灰砖》（JC 239—2001）的规定，粉煤灰砖根据尺寸偏差、外观质量、强度等级、抗冻性和干燥收缩分为优等品（A）、一等品（B）和合格品（C）三个质量等级。粉煤灰砖的公称尺寸为 240mm×115mm×53mm，按照抗压强度和抗折强度分为 MU30、MU25、MU20、MU15、MU10 五个强度等级。粉煤灰砖的干燥收缩值：优等品和一等品应不大于 0.65mm/m，合格品应不大于 0.75mm/m。

粉煤灰砖可用于工业与民用建筑的墙体和基础，但用于基础或易受冻融和干湿交替作用的建筑部位时，必须使用 MU15 及以上强度等级的砖。粉煤灰砖不得用于长期受热 200℃ 以上、受急冷急热和有酸性介质侵蚀的建筑部位。为避免或减少收缩裂缝的产生，用粉煤灰砖砌筑的建筑物，应适当增设圈梁及伸缩缝。

3. 煤渣砖

煤渣砖是以煤渣为主要原料，加入适量石灰、石膏等材料，经混合、压制成型、蒸汽或蒸压养护而制成的实心砖，颜色呈黑灰色。

根据《炉渣砖》(JC/T 525—2007)的规定，炉渣砖的尺寸为240mm×115mm×53mm，按其抗压强度和抗折强度分为MU20、MU15、MU10、MU7.5四个强度级别。

煤渣砖可用于工业与民用建筑的墙体和基础，但用于基础或用于易受冻融和干湿交替作用的建筑部位必须使用MU15及其以上强度等级的砖。煤渣砖不得用于长期受热200℃以上、受急冷急热和有酸性介质侵蚀的建筑部位。

（三）墙用砌块

砌块是用于砌筑的、形体大于砌墙砖的人造块材。砌块一般为直角六面体，也有各种异形的。砌块系列中主规格的长度、宽度或高度有一项或一项以上分别大于365mm、240mm、115mm，但高度不大于长度或宽度的六倍，长度不超过高度的三倍。按产品主规格的尺寸可分为大型砌块（高度大于980mm）、中型砌块（高度为380~980mm）和小型砌块（高度为115~380mm）。

砌块是一种新型墙体材料，可以充分利用地方资源和工业废渣，并可节省黏土资源和改善环境。其具有生产工艺简单，原料来源广，适应性强，制作及使用方便灵活，可改善墙体功能等特点，因此发展较快。

砌块的分类方法很多，按用途可分为承重砌块和非承重砌块；按空心率（砌块上孔洞和槽的体积总和与按外阔尺寸算出的体积之比的百分率）可分为实心砌块（无孔洞或空心率小于25%）和空心砌块（空心率不小于25%）；按材质又可分为硅酸盐砌块、轻骨料混凝土砌块、普通混凝土砌块等。下面主要简介几种常用砌块。

1. 蒸压加气混凝土砌块（代号ACB）

蒸压加气混凝土砌块是以钙质材料（水泥、石灰等）、硅质材料（砂、矿渣、粉煤灰等）以及加气剂（铝粉）等，经配料、搅拌、浇注、发气、切割和蒸压养护而成的多孔硅酸盐砌块。根据《蒸压加气混凝土砌块》(GB 11968—2006)的规定，砌块按尺寸偏差、外观质量、干密度、抗压强度和抗冻性分为优等品（A）、合格品（B）两个等级。

蒸压加气混凝土砌块质量轻，表观密度约为黏土砖的1/3，具有保温、隔热、隔声性能好、抗震性强、耐火性好、易于加工、施工方便等特点，是应用较多的轻质墙体材料之一。适用于低层建筑的承重墙、多层建筑的间隔墙和高层框架结构的填充墙，也可用于一般工业建筑的围护墙，作为保温隔热材料也可用于复合墙板和屋面结构中。在无可靠的防护措施时，该类砌块不得用于水中、高湿度和有侵蚀介质的环境中，也不得用于建筑物的基础和湿度长期高于80%的建筑部位。

2. 粉煤灰砌块（代号FB）

粉煤灰砌块属硅酸盐类制品，是以粉煤灰、石灰、石膏和骨料（炉渣、矿渣）

等为原料，经配料、加水搅拌、振动成型、蒸汽养护而制成的密实砌块。

根据《粉煤灰砌块》[JC 238—1991（1996）]的规定，粉煤灰砌块的主规格尺寸有 880mm×380mm×240mm 和 880mm×430mm×240mm 两种。按立方体试件的抗压强度，粉煤灰砌块分为 MU10 级和 MU13 级两个强度等级；按外观质量、尺寸偏差和干缩性能分为一等品（B）和合格品（C）两个质量等级。

粉煤灰砌块的干缩值比水泥混凝土大，弹性模量低于同强度的水泥混凝土制品。粉煤灰砌块适用于一般工业与民用建筑的墙体和基础，但不宜用于长期受高温（如炼钢车间）和经常受潮湿的承重墙，也不宜用于有酸性介质侵蚀的建筑部位。

3. 普通混凝土小型空心砌块（代号 NHB）

普通混凝土小型空心砌块主要是以普通混凝土拌合物为原料，经成型、养护而成的空心块体墙材。有承重砌块和非承重砌块两类。为减轻自重，非承重砌块也可用炉渣或其他轻质骨料配制。

普通混凝土小型空心砌块的主规格尺寸为 390mm×190mm×190mm，其他规格尺寸可由供需双方协商。砌块各部位的名称如图 7-2-2 所示。最小外壁厚应不小于 30mm，最小肋厚应不小于 25mm。空心率应不小于 25%。

根据《普通混凝土小型空心砌块》（GB 8239—1997）的规定，砌块按尺寸偏差和外观质量分为优等品（A）、一等品（B）和合格品（C）三个质量等级。按抗压强度分为 MU3.5、MU5.0、MU7.5、MU10.0、MU15.0、MU20.0 六个强度等级，砌块的抗压强度是用砌块受压面的毛面积除破坏荷载求得的。

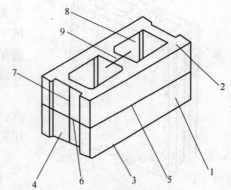

图 7-2-2 小型空心砌块
1—条面；2—坐浆面（肋厚较小的面）；3—铺浆面（肋厚较大的面）；4—顶面；5—长度；6—宽度；7—高度；8—壁；9—肋

普通混凝土小型空心砌块适用于地震设计烈度为 8 度及 8 度以下地区的一般民用与工业建筑物的墙体。对用于承重墙和外墙的砌块，要求其干缩值小于 0.5mm/m。非承重或内墙用的砌块，其干缩值应小于 0.6mm/m。

4. 轻骨料混凝土小型空心砌块（代号 LHB）

轻骨料混凝土小型空心砌块是由水泥、砂（轻砂或普砂）、轻粗骨料、水等经搅拌、成型而得。所用轻粗骨料有粉煤灰陶粒、黏土陶粒、页岩陶粒、膨胀珍珠岩、自然煤矸石轻骨料、煤渣等。其主规格尺寸为 390mm×190mm×190mm，其他规格尺寸可由供需双方商定。

根据《轻集料混凝土小型空心砌块》（GB/T 15229—2002）的规定，轻骨料混凝土小型空心砌块按砌块孔的排数分为五类：实心（0）、单排孔（1）、双排孔（2）、三排孔（3）和四排孔（4）；按砌块密度等级分为八级：500、600、700、800、900、1000、1200、1400；按砌块强度等级分为六级：MU1.5、MU2.5、

MU3.5、MU5.0、MU7.5、MU10.0；按砌块尺寸允许偏差和外观质量，分为两个等级：一等品（B）和合格品（C）。砌块的吸水率不应大于20%，干缩率、相对含水率、抗冻性应符合标准规定。

强度等级为3.5级以下的砌块主要用于保温墙体或非承重墙体，强度等级为3.5级及其以上的砌块主要用于承重保温墙体。

5. 混凝土中型空心砌块

混凝土中型空心砌块是以水泥或无熟料水泥，配以一定比例的骨料，制成空心率不小于25%的制品。砌块的构造形式如图7-2-3，其尺寸规格为：

长度：500mm、600mm、800mm、1000mm；

宽度：200mm、240mm；

高度：400mm、450mm、800mm、900mm。

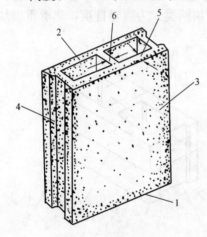

图 7-2-3 中型空心砌块
1—铺浆面；2—坐浆面；3—侧面；
4—端面；5—壁；6—肋

用无熟料水泥或少熟料水泥配制的砌块属硅酸盐类制品，生产中应通过蒸汽养护或相关的技术措施以提高产品质量。该类砌块的干燥收缩值不大于0.8mm/m；经15次冻融循环后其强度损失不大于15%，外观无明显疏松、剥落和裂缝。

中型空心砌块具有表观密度小、强度较高、生产简单、施工方便等特点，适用于民用与一般工业建筑物的墙体。

（四）水泥类墙用板材

随着建筑结构体系的改革和大开间多功能框架结构的发展，各种轻质和复合墙用板材也蓬勃兴起。以板材为围护墙体的建筑体系具有质轻、节能、施工方便快捷、使用面积大、开间布置灵活等特点，因此，墙用板材具有良好的发展前景。我国目前可用于墙体的板材品种很多。

水泥类墙用板材具有较好的力学性能和耐久性，生产技术成熟，产品质量可靠。可用于承重墙、外墙和复合墙板的外层面。其主要缺点是表观密度大，抗拉强度低（大板在起吊过程中易受损），生产中可制作预应力空心板材，以减轻自重和改善隔声隔热性能，也可制作以纤维等增强的薄型板材，还可在水泥类板材上制作成具有装饰效果的表面层。

1. 预应力混凝土空心墙板

预应力混凝土空心墙板构造如图7-2-4所示。使用时可按要求配以保温层、外饰面层和防水层等。该类板的长度为1000～1900mm，宽度为600～1200mm，总厚度为200～480mm。可用于承重或非承重外墙板、内墙板、楼板、屋面板和阳台板等。

2. 纤维增强低碱度水泥建筑平板

《纤维增强低碱度水泥建筑平板》（JC/T 626—2008）（以下简称"平板"）是

以石棉、抗碱玻璃纤维等为增强材料,以低碱水泥为胶结材料,加水混合成浆,经制坯、压制、蒸养而成的薄型平板。

按石棉掺入量分为:掺石棉纤维增强低碱度水泥建筑平板(代号为 TK)与无石棉纤维增强低碱度水泥建筑平板(代号为 NTK)。

平板的长度为 1200～2800mm,宽度为 800～1200mm,厚度有 4mm、5mm 和 6mm 三种规格。按尺寸偏差和物理力学性能,平板分为优等品(A)、一等品(B)和合格品(C)三个质量等级。

平板质量轻、强度高、防潮、防火、不易变形,可加工性好。适用于各类建筑物室内的非承重内隔墙和吊顶平板等。此外,水泥类墙板中还有玻璃纤维增强水泥轻质多孔隔墙条板、水泥木屑板等。

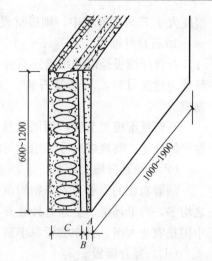

图 7-2-4 预应力空心墙板(mm)
A—外饰面层厚度;B—保温层厚度;
C—预应力混凝土空心板厚度

(五)石膏类墙用板材

石膏制品有许多优点,石膏类板材在轻质墙体材料中占有很大比例,主要有纸面石膏板、无面纸的石膏纤维板、石膏空心条板和石膏刨花板等。

1. 纸面石膏板(GB/T 9775—2008)

纸面石膏板是以石膏芯材与护面纸组成,按其用途分为普通纸面石膏板、耐水纸面石膏板和耐火纸面石膏板三种。普通纸面石膏板是以建筑石膏为主要原料,掺入适量轻骨料、纤维增强材料和外加剂构成芯材,并与具有一定强度的护面纸牢固地粘结在一起的建筑板材;若在芯材配料中加入耐水外加剂,并与耐水护面纸牢固地粘结在一起,即可制成耐水纸面石膏板;若在芯材配料中加入无机耐火纤维和阻燃剂等,并与护面纸牢固地粘结在一起,即可制成耐火纸面石膏板。

纸面石膏板表面平整、尺寸稳定,具有自重轻、保温隔热、隔声、防火、抗震、可调节室内湿度、加工性好、施工简便等优点,但用纸量较大、成本较高。

普通纸面石膏板可作为室内隔墙板、复合外墙板的内壁板、顶棚等;耐水纸面石膏板可用于相对湿度较大(不小于 75%)的环境,如厕所、盥洗室等;耐火纸面石膏板主要用于对防火要求较高的房屋建筑中。

2. 石膏空心条板(JC/T 829—1998)

石膏空心条板外形与生产方式类似于玻璃纤维增强水泥轻质多孔隔墙条板。它是以建筑石膏为胶凝材料,适量加入各种轻质骨料(如膨胀珍珠岩、膨胀蛭石等)和无机纤维增强材料,经搅拌、振动成型、抽芯模、干燥而成。其长度为 2400～3000mm,宽度为 600mm,厚度为 60mm。

石膏空心条板具有质轻、强度高、隔热、隔声、防火、可加工性好等优点,且安装墙体时不用龙骨,简单方便。适用于各类建筑的非承重内墙,若用于相对湿度大于75%的环境中，则板材表面应作防水等相应处理。

3. 石膏纤维板

石膏纤维板是以纤维增强石膏为基材的无面纸石膏板。常用无机纤维或有机纤维为增强材料，与建筑石膏、缓凝剂等经打浆、铺装、脱水、成型、烘干而制成。

石膏纤维板可节省护面纸，具有质轻、高强、耐火、隔声、韧性高、可加工性好的性能。其规格尺寸和用途与纸面石膏板相同。

（六）植物纤维类板材

随着农业的发展，农作物的废弃物（如稻草、麦秸、玉米秆、甘蔗渣等）随之增多，污染环境。上述各种废弃物如经适当处理，则可制成各种板材加以利用。中国是农业大国，农作物资源丰富，该类产品应该得到发展和推广。

（七）复合墙板

以单一材料制成的板材，常因材料本身的局限性而使其应用受到限制。如质量较轻、隔热、隔声效果较好的石膏板、加气混凝土板、稻草板等，因其耐水性差或强度较低，通常只能用于非承重的内隔墙。而水泥混凝土类板材虽有足够的强度和耐久性，但其自重大，隔声、保温性能较差。为克服上述缺点，常用不同材料组合成多功能的复合墙板以满足需要。

常用的复合墙板主要由承受外力的结构层（多为普通混凝土或金属板）、保温层（矿棉、泡沫塑料、加气混凝土等）及面层（各类具有可装饰性的轻质薄板）组成，如图7-2-5所示。其优点是承重材料和轻质保温材料的功能都得到合理利用，实现了物尽其用，拓宽了材料来源。

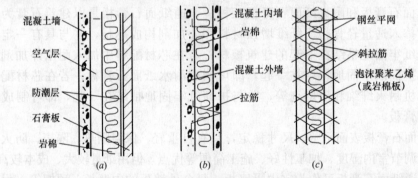

图7-2-5 复合墙板

(a) 拼装复合墙；(b) 岩棉—混凝土预制复合墙板；(c) 泰柏板（或GY板）

1. 混凝土夹心板

混凝土夹心板是以20~30mm厚的钢筋混凝土作内外表面层，中间填以矿渣毡、岩棉毡或泡沫混凝土等保温材料，内外两层面板以钢筋件连结，用于内外墙。

2. 泰柏板

泰柏板是以钢丝焊接成的三维钢丝网骨架与高热阻自熄性聚苯乙烯泡沫塑料组成的芯材板，两面喷（抹）涂水泥砂浆而成，如图7-2-6所示。

泰柏板的标准厚度为100mm，导热系数小（其热损失比一砖半的砖墙小

50%）。由于所用钢丝网骨架构造及夹心层材料、厚度的差别等，该类板材有多种名称，如GY板（夹芯为岩棉毡）、三维板、3D板、钢丝网节能板等，但它们的性能和基本结构相似。

泰柏板轻质高强、隔热、隔声、防火、防潮、抗震、耐久性好、易加工、施工方便。适用于自承重外墙、内隔墙、屋面板、3m跨内的楼板等。

3. 轻型夹心板

轻型夹心板是用轻质高强的薄板为面层，中间以轻质的保温隔热材料为芯材组成的复合板。用于面层的薄板有不锈钢板、彩色涂层钢板、铝合金板、纤维增强水泥薄板等。芯材有岩棉毡、玻璃棉毡、矿渣棉毡、阻燃型发泡聚苯乙烯、阻燃型发泡硬质聚氨酯等。该类复合墙板的性能与适用范围与泰柏板基本相同。

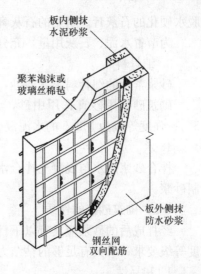

图 7-2-6 泰柏板

三、建筑砂浆

建筑砂浆是由无机胶凝材料、细骨料和水组成的，有时也掺入某些掺合料。建筑砂浆常用于砌筑砌体（如砖、石、砌块）结构，建筑物内外表面（如墙面、地面、顶棚）的抹面，大型墙板、砖石墙的勾缝，以及装饰材料的粘结等。

砂浆的种类很多，根据用途不同可分为砌筑砂浆、抹面砂浆。抹面砂浆包括普通抹面砂浆、装饰抹面砂浆、特种砂浆（如防水砂浆、耐酸砂浆、绝热砂浆、吸声砂浆等）。根据胶凝材料的不同可分为水泥砂浆、石灰砂浆、混合砂浆（包括水泥石灰砂浆、水泥黏土砂浆、石灰黏土砂浆、石灰粉煤灰砂浆等）。

将砖、石、砌块等粘结成为砌体的砂浆称为砌筑砂浆。它起着传递荷载的作用，是砌体的重要组成部分。

（一）砌筑砂浆的组成材料

1. 水泥

水泥是砂浆的主要胶凝材料，常用的水泥品种有普通水泥、矿渣水泥、火山灰水泥、粉煤灰水泥、复合水泥等，具体可根据设计要求、砌筑部位及所处的环境条件选择适宜的水泥品种。一般选择中低强度的水泥即能满足要求。水泥砂浆采用的水泥，其强度等级不宜大于32.5级；水泥混合砂浆采用的水泥，其强度等级不宜大于42.5级。如果水泥强度等级过高，则可加些混合材料。

2. 其他胶凝材料及掺合料

为改善砂浆的和易性，减少水泥用量，通常掺入一些廉价的其他胶凝材料（如石灰膏、黏土膏等）制成混合砂浆。生石灰熟化成石灰膏时，应使用孔径不大于3mm×3mm的网过滤，熟化时间不得少于7d；磨细生石灰粉的熟化时间不得小于2d。沉淀池中贮存的石灰膏，应采取措施防止干燥、冻结和污染。严禁使用脱水硬化的石灰膏。所用的石灰膏的稠度应控制在120mm左右。

为节省水泥、石灰用量,充分利用工业废料,也可将粉煤灰掺入砂浆中。

3. 细骨料

砂浆常用的细骨料为普通砂,对特种砂浆也可选用白色或彩色砂、轻砂等。

砌筑砂浆用砂宜选用中砂,其中毛石砌体宜选用粗砂,其含泥量不应超过5%;强度等级为M2.5的水泥混合砂浆,砂的含泥量不应超过10%。

4. 水

拌合砂浆用水与混凝土拌合水的要求相同,应选用无有害杂质的洁净水来拌制砂浆。

(二) 砌筑砂浆的性质

经拌成后的砂浆应具有以下性质:①满足和易性要求;②满足设计种类和强度等级要求;③具有足够的粘结力。

1. 和易性

新拌砂浆应具有良好的和易性。和易性良好的砂浆容易在粗糙的砖石底面上铺设成均匀的薄层,而且能够和底面紧密粘结。使用和易性良好的砂浆,既便于施工操作,提高劳动生产率,又能保证工程质量。砂浆和易性包括流动性和保水性。

(1) 流动性。

砂浆的流动性也叫做稠度,是指在自重或外力作用下流动的性能,用"沉入度"表示。沉入度大,砂浆流动性大,但流动性过大,硬化后强度将会降低;若流动性过小,则不便于施工操作。

砂浆流动性的大小与砌体材料种类、施工条件及气候条件等因素有关。对于多孔吸水的砌体材料和干热的天气,则要求砂浆的流动性大些;相反对于密实不吸水的材料和湿冷的天气,则要求流动性小些。

(2) 保水性。

新拌砂浆能够保持水分的能力称为保水性,保水性也指砂浆中各项组成材料不易分离的性质。新拌砂浆在存放、运输和使用的过程中,必须保持其中的水分不致很快流失,才能形成均匀密实的砂浆缝,保证砌体的质量。砂浆的保水性用"分层度"表示。分层度在10~20mm之间为宜,不得大于30mm。分层度大于30mm的砂浆,容易产生离析,不便于施工;分层度接近于零的砂浆,容易发生干缩裂缝。

2. 砂浆的强度

砂浆在砌体中主要起传递荷载的作用,并经受周围环境介质作用,因此砂浆应具有一定的粘结强度、抗压强度和耐久性。试验证明:砂浆的粘结强度、耐久性均随抗压强度的增大而提高,即它们之间有一定的相关性,而且抗压强度的试验方法较为成熟,测试较为简单准确,所以工程上常以抗压强度作为砂浆的主要技术指标。

砂浆的强度等级是以边长为70.7mm的立方体试块,在标准养护条件下(水泥混合砂浆为温度$20\pm2℃$,相对湿度60%~80%;水泥砂浆为温度$20\pm2℃$,相对湿度90%以上),用标准试验方法测得28d龄期的抗压强度来确定的。砌筑砂浆的强度等级有M20,M15,M10,M7.5,M5,M2.5。

影响砂浆强度的因素较多。实验证明,当原材料质量一定时,砂浆的强度主要取决于水泥强度等级与水泥用量。

3. 砂浆粘结力

砖石砌体是靠砂浆把许多块状的砖石材料粘结成为坚固整体的,因此要求砂浆对于砖石必须有一定的粘结力。砌筑砂浆的粘结力随其强度的增大而提高,砂浆强度等级越高,粘结力越大。此外,砂浆的粘结力与砖石的表面状态、洁净程度、湿润情况及施工养护条件等有关。所以,砌筑前砖要浇水湿润,其含水率控制在10%～15%左右,表面不沾泥土,以提高砂浆与砖之间的粘结力,保证砌筑质量。

(1) 水泥砂浆配合比选用。

水泥砂浆材料用量可按表7-2-3选用。

每立方米水泥砂浆材料用量 (JGJ 98—2000) (kg)　　　表7-2-3

强度等级	每立方米砂浆水泥用量	每立方米砂浆用砂量	每立方米砂浆用水量
M2.5～M5	200～230		
M7.5～M10	220～280	$1m^3$砂的堆积密度值	270～330
M15	280～340		
M20	340～400		

(2) 配合比试配、调整与确定。

试配时应采用工程中实际使用的材料。水泥砂浆、混合砂浆搅拌时间不少于120s;掺加粉煤灰或外加剂的砂浆,搅拌时间不少于180s。按计算配合比进行试拌,测定拌合物的沉入度和分层度,若不能满足要求,则应调整材料用量,直到符合要求为止,由此得到的即为基准配合比。

(三) 砌筑砂浆的工程应用

水泥砂浆宜用于砌筑潮湿环境以及强度要求较高的砌体;水泥石灰砂浆宜用于砌筑干燥环境中的砌体;多层房屋的墙一般采用强度等级为:M5的水泥石灰砂浆;砖柱、砖拱、钢筋砖过梁等一般采用强度等级为M5～M10的水泥砂浆;砖基础一般采用不低于M5的水泥砂浆;低层房屋或平房可采用石灰砂浆;简易房屋可采用石灰黏土砂浆。

【实训练习】

实训项目一:认识识别石材种类及其性能特性。

资料内容:利用校内建材实训基地,根据所学知识进行天然石材和人工石材识别。

实训项目二:认识识别砌体材料。

资料内容:利用校内建材实训基地,根据所学知识进行烧结砖、非烧结砖、砌块的识别。鼓励学生利用课余时间到建材市场,收集新型砌体材料的信息。

实训项目三:认识识别砌筑砂浆及其组成材料。

资料内容:利用校内建材实训基地,根据所学知识进行砌筑砂浆组成材料识别，按要求进行砌筑砂浆制作、使用等。

【复习思考题】

1. 天然大理石的特性？
2. 天然花岗岩的特性？
3. 常用砌筑石材的种类？
4. 常用烧结砖的种类及其特性？
5. 常用砌块的种类及其特性？
6. 有哪些常用板材墙体？
7. 砂浆在实际工程中的应用？
8. 砂浆的种类及其组成材料有哪些？
9. 影响砂浆强度的因素有哪些？

任务三　主体工程施工

【引入问题】

1. 砖砌体、砌块砌体如何砌筑？
2. 混凝土如何搅拌？
3. 混凝土浇筑时注意哪些问题？
4. 什么是预应力混凝土？

【工作任务】

掌握砌体施工的准备内容和要求；掌握砖砌体、中小型砌块的施工方法和施工工艺；了解砌筑工程的质量要求及安全防护措施。掌握混凝土的施工工艺及质量控制方法；掌握混凝土的质量验收标准及检测方法。了解预应力混凝土施工先张法、后张法、无粘结预应力的施工工艺及质量控制方法；掌握预应力混凝土的施工质量验收标准及检测方法。

【学习参考资料】

1. 《建筑施工技术》中国建筑工业出版社，姚谨英主编．2003．
2. 《砌筑工程》机械工业出版社，朱维益主编．1997．
3. 《地基处理工手册》中国建筑工业出版社，龚晓楠主编．2008．
4. 《普通混凝土配合比设计规程》机械工业出版社，中国建筑科学研究院主编．2001．
5. 《预应力结构原理与设计》中国建筑工业出版社，熊学玉主编．2004．

【主要学习内容】

一、砌筑工程

砌筑工程是指砖石块体和各种类型砌块的施工。早在三四千年前就已经出现了用天然石料加工成的块材的砌体结构，在大约2000多年前又出现了由烧制的黏土砖砌筑的砌体结构，祖先遗留下来的"秦砖汉瓦"，在我国古代建筑中占有重要地位，至今仍在建筑工程中起着很大的作用。这种砖石结构虽然具有就地取材方便、保温、隔热、隔声、耐火等良好性能，且可以节约钢材和水泥，不需大型施工机械，施工组织简单等优点，但它的施工仍以手工操作为主，劳动强度大，生产效率低，而且烧制黏土砖需占用大量农田，因而采用新型墙体材料代替普通黏土砖，改善砌体施工工艺已经成为砌筑工程改革的重要发展方向。

(一) 砌体施工的准备工作

1. 砂浆的制备

砂浆按组成材料的不同可分为水泥砂浆、水泥混合砂浆和非水泥砂浆三类。

(1) 水泥砂浆。

用水泥和砂拌合成的水泥砂浆具有较高的强度和耐久性，但和易性差。其多用于高强度和潮湿环境的砌体中。

(2) 水泥混合砂浆。

在水泥砂浆中掺入一定数量的石灰膏或黏土膏的水泥混合砂浆具有一定的强度和耐久性，且和易性和保水性好。其多用于一般墙体中。

(3) 非水泥砂浆。

不含有水泥的砂浆，如白灰砂浆、黏土砂浆等。强度低且耐久性差，可用于简易或临时建筑的砌体中。

砂浆的配合比应事先通过计算和试配确定。水泥砂浆的最小水泥用量不宜小于$200kg/m^3$，砂浆用砂宜采用中砂。砂中的含泥量，对于水泥砂浆和强度等级不小于M5的水泥混合砂浆，不宜超过5％；对于强度等级小于M5的水泥混合砂浆，不应超过10％。用块状生石灰熟化成石灰膏时，其熟化时间不得少于7d。用黏土或粉质黏土制备黏土膏，应过筛，并用搅拌机加水搅拌。为了改善砂浆在砌筑时的和易性，可掺入适量的有机塑化剂，其掺量一般为水泥用量的$(0.5\sim1)/10000$。

砂浆应采用机械拌合，自投完料算起，水泥砂浆和水泥混合砂浆的拌合时间不得少于2min；水泥粉煤灰砂浆和掺用外加剂的砂浆不得少于3min；掺用有机塑化剂的砂浆为3～5min。拌成后的砂浆，其稠度应符合表7-3-1规定；分层度不应大于30mm；颜色一致。砂浆拌成后应盛入贮灰器中，如砂浆出现泌水现象，应在砌筑前再次拌合。砂浆应随拌随用。水泥砂浆和水泥混合砂浆必须分别在拌成后3h和4h内使用完毕；若施工期间最高气温超过30℃时，必须分别在拌成后2h和3h内使用完毕。

砌筑砂浆的稠度 表7-3-1

项次	砌体种类	砂浆稠度（mm）
1	烧结普通砖砌体	70～90
2	轻骨料混凝土小型砌块砌体	60～90
3	烧结多孔砖、空心砖砌体	60～80

续表

项次	砌体种类	砂浆稠度（mm）
4	烧结普通砖平拱式过梁 空斗墙、筒拱 普通混凝土小型空心砌块砌体 加气混凝土砌块砌体	50～70
5	石砌体	30～50

砂浆强度等级以标准养护（温度20±5℃及正常湿度条件下的室内不通风处养护）龄期为28d的试块抗压强度为准。砌筑砂浆强度等级分为M15、M10、M7.5、M5、M2.5五个等级，各强度等级相应的抗压强度值应符合表7-3-2的规定。砂浆试块应在搅拌机出料口随机取样制作。每一检验批且不超过250m^3，砌体的各种类型及强度等级的砌筑砂浆，每台搅拌机应至少抽验一次。

砌筑砂浆强度等级　　　　　表7-3-2

强度等级	龄期28d抗压强度（MPa）	
	各组平均值不小于	最小一组平均值不小于
M15	15	11.25
M10	10	7.5
M7.5	7.5	5.63
M5	5	3.75
M2.5	2.5	1.88

2. 砖的准备

砖的品种、强度等级必须符合设计要求，并应规格一致。用于清水墙、柱表面的砖，应边角整齐、色泽均匀。在砌砖前应提前1～2d将砖堆浇水湿润，以使砂浆和砖能很好地粘结。严禁砌筑前临时浇水，以免因砖表面存有水膜而影响砌体质量。烧结普通砖、多孔砖的含水率宜为10%～15%；灰砂砖、粉煤灰砖的含水率宜为8%～12%。检查含水率的最简易方法是现场断砖，砖截面周围融水深度达15～20mm即视为符合要求。

3. 施工机具的准备

砌筑前，一般应按施工组织设计要求组织垂直和水平运输机械、砂浆搅拌机械进场、安装、调试等工作。垂直运输采用扣件及钢管搭设的井架，或人货两用施工电梯，或塔式起重机，而水平运输采用手推车或机动翻斗车。对多高层建筑，还可以用灰浆泵输送砂浆。同时，还要准备脚手架、砌筑工具（如皮数杆、托线板）等。

（二）砌筑工程施工工艺

1. 砌体的一般要求

砌体可分为：砖砌体，主要有墙和柱；砌块砌体，多用于定型设计的民用房屋及工业厂房的墙体；石材砌体，多用于带形基础、挡土墙及某些墙体结构；配筋砌体，在砌体水平灰缝中配置钢筋网片或在砌体外部的预留槽沟内设置竖向粗钢筋的组合砌体。

砌体除应采用符合质量要求的原材料外,还必须有良好的砌筑质量,以使砌体有良好的整体性、稳定性和良好的受力性能,一般要求灰缝横平竖直,砂浆饱满,厚薄均匀,砌块应上下错缝,内外搭砌,接槎牢固,墙面垂直;要预防不均匀沉降引起的开裂;要注意施工中墙、柱的稳定性;冬期施工时还要采取相应的措施。

2. 毛石基础与砖基础砌筑

(1) 毛石基础。

①毛石基础构造。

毛石基础是用毛石与水泥砂浆或水泥混合砂浆砌成。所用毛石应质地坚硬、无裂纹、强度等级一般为 MU20 以上,砂浆宜用水泥砂浆,其强度等级应不低于 M5。

毛石基础可作墙下条形基础或柱下独立基础。按其断面形状有矩形、阶梯形和梯形等。基础顶面宽度比墙基底面宽度要大 200mm;基础底面宽度依设计计算而定。梯形基础坡角应大于 60°。阶梯形基础每阶高不小于 300mm,每阶挑出宽度不大于 200mm(图 7-3-1)。

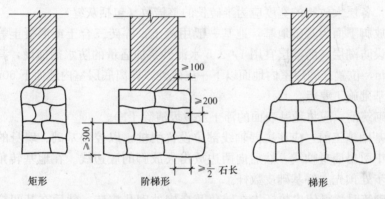

图 7-3-1 毛石基础(mm)

②毛石基础施工要点。

(a) 基础砌筑前,应先行验槽并将表面的浮土和垃圾清除干净。

(b) 放出基础轴线及边线,其允许偏差应符合规范规定。

(c) 毛石基础砌筑时,第一皮石块应坐浆,并大面向下;料石基础的第一皮石块应丁砌并坐浆。砌体应分皮卧砌,上下错缝,内外搭砌,不得采用先砌外面石块后中间填心的砌筑方法。

(d) 石砌体的灰缝厚度:毛料石和粗料石砌体不宜大于 20mm,细料石砌体不宜大于 5mm。石块间较大的孔隙应先填塞砂浆后用碎石嵌实,不得采用先放碎石块后灌浆或干填碎石块的方法。

(e) 为增加整体性和稳定性,应按规定设置拉结石。

(f) 毛石基础的最上一皮及转角处、交接处和洞口处,应选用较大的平毛石砌筑。有高低台的毛石基础,应从低处砌起,并由高台向低台搭接,搭接长度不小于基础高度。

(g) 阶梯形毛石基础,上阶的石块应至少压砌下阶石块的 1/2,相邻阶梯毛石应相互错缝搭接。

(h) 毛石基础的转角处和交接处应同时砌筑。如不能同时砌筑又必须留槎时，应砌成斜槎。基础每天可砌高度应不超过 1.2m。

(2) 砖基础。

①砖基础构造。

砖基础下部通常扩大，称为大放脚。大放脚有等高式和不等高式两种（图 7-3-2）。等高式大放脚是两皮一收，即每砌两皮砖，两边各收进 1/4 砖长；不等高式大放脚是两皮一收与一皮一收相间隔，即砌两皮砖，收进 1/4 砖长，再砌一皮砖，收进 1/4 砖长，如此往复。在相同底宽的情况下。后者可减小

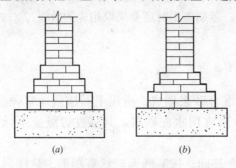

图 7-3-2 砖基础大放脚形式
(a) 等高式；(b) 不等高式

基础高度，但为保证基础的强度，底层需用两皮一收砌筑。大放脚的底宽应根据计算而定，各层大放脚的宽度应为半砖长的整倍数（包括灰缝）。

在大放脚下面为基础地基，地基一般用灰土、碎砖三合土或混凝土等。在墙基顶面应设防潮层，防潮层宜用 1:2.5 水泥砂浆加适量的防水剂铺设，其厚度一般为 20mm，位置在底层室内地面以下一皮砖处，即离底层室内地面下 60mm 处。

②砖基础施工要点。

(a) 砌筑前，应将地基表面的浮土及垃圾清除干净。

(b) 基础施工前，应在主要轴线部位设置引桩，以控制基础、墙身的轴线位置，并从中引出墙身轴线，然后向两边放出大放脚的底边线。在地基转角、交接及高低踏步处预先立好基础皮数杆。

(c) 砌筑时，可依皮数杆先在转角及交接处砌几皮砖，然后在其间拉准线砌中间部分。内外墙砖基础应同时砌起，如不能同时砌筑应留置斜槎，斜槎长度不应小于斜槎高度。

(d) 基础底标高不同时，应从低处砌起，并由高处向低处搭接。如设计无要求，搭接长度不应小于大放脚的高度。

(e) 大放脚部分一般采用一顺一丁砌筑形式。水平灰缝及竖向灰缝的宽度应控制在 10mm 左右，水平灰缝的砂浆饱满度不得小于 80%，竖缝要错开。要注意丁字及十字接头处砖块的搭接，在交接处，纵横墙要隔皮砌通。大放脚的最下一皮及每层的最上一皮应以丁砌为主。

(f) 基础砌完验收合格后，应及时回填。回填土要在基础两侧同时进行，并分层夯实。

3. 砖墙砌筑

(1) 砌筑形式。

普通砖墙的砌筑形式主要有五种：即一顺一丁、三顺一丁、梅花丁、二平一侧和全顺。

①一顺一丁。

一顺一丁是一皮全部顺砖与一皮全部丁砖间隔砌成。上下皮竖缝相互错开1/4砖长（图7-3-3a）。这种砌法效率较高，适用于砌一砖、一砖半及二砖墙。

②三顺一丁。

三顺一丁是三皮全部顺砖与一皮全部丁砖间隔砌成。上下皮顺砖间竖缝错开1/2砖长；上下皮顺砖与丁砖间竖缝错开1/4砖长（图7-3-3b）。这种砌法因顺砖较多效率较高，适用于砌一砖及一砖半墙。

③梅花丁。

梅花丁是每皮中丁砖与顺砖相隔，上皮丁砖坐中于下皮顺砖，上下皮间竖缝相互错开1/4砖长（图7-3-3c）。这种砌法内外竖缝每皮都能避开，故整体性较好，灰缝整齐，比较美观，但砌筑效率较低。适用于砌一砖及一砖半墙。

④两平一侧。

两平一侧采用两皮平砌砖与一皮侧砌的顺砖相隔砌成。当墙厚为3/4砖时，平砌砖均为顺砖，上下皮平砌顺砖间竖缝相互错开1/2砖长；上下皮平砌顺砖与侧砌顺砖间竖缝相互1/2砖长。当墙厚为$1\frac{1}{4}$砖长时，上下皮平砌顺砖与侧砌顺砖间竖缝相互错开1/2砖长；上下皮平砌丁砖与侧砌顺砖间竖缝相互错开1/4砖

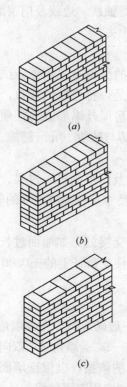

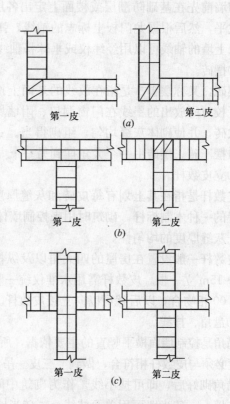

图7-3-3 砖墙组砌形式
(a) 一顺一丁；(b) 三顺一丁；
(c) 梅花丁

图7-3-4 砖墙交接处组砌
(a) 一砖墙转角（一顺一丁）；
(b) 一砖墙丁字交接处（一顺一丁）；
(c) 一砖墙十字交接处（一顺一丁）

长。这种形式适合于砌筑 3/4 砖墙及 $1\frac{1}{4}$ 砖墙。

⑤全顺式。

全顺式是各皮砖均为顺砖,上下皮竖缝相互错开 1/2 砖长。这种形式仅适用于砌半砖墙。

为了使砖墙的转角处各皮间竖缝相互错开,必须在外角处砌七分头砖(3/4 砖长)。当采用一顺一丁组砌时,七分头的顺面方向依次砌顺砖,丁面方向依次砌丁砖(图 7-3-4a)。

砖墙的丁字接头处,应分皮相互砌通,内角相交处竖缝应错开 1/4 砖长,并在横墙端头处加砌七分头砖(图 7-3-4b)。

砖墙的十字接头处,应分皮相互砌通,交角处的竖缝应相互错开 1/4 砖长(图 7-3-4c)。

(2) 砌筑工艺。

砖墙的砌筑一般有抄平、放线、摆砖、立皮数杆、盘角、挂线、砌筑、勾缝、清理等工序。

①抄平放线。

砌墙前先在基础防潮层或楼面上定出各层标高,并用水泥砂浆或 C10 细石混凝土找平,然后根据龙门板上标志的轴线,弹出墙身轴线、边线及门窗洞口位置。二楼以上墙的轴线可以用经纬仪或垂球将轴线引测上去。

②摆砖。

摆砖,又称摆脚。是指在放线的基面上按选定的组砌方式用干砖试摆。目的是为了校对所放出的墨线在门窗洞口、附墙垛等处是否符合砖的模数,以尽可能减少砍砖,并使砌体灰缝均匀,组砌得当。一般在房屋外纵墙方向摆顺砖,在山墙方向摆丁砖,摆砖由一个大角摆到另一个大角,砖与砖留 10mm 缝隙。

③立皮数杆。

皮数杆是指在其上划有每皮砖和灰缝厚度,以及门窗洞口、过梁、楼板等高度位置的一种木制标杆。砌筑时用来控制墙体竖向尺寸及各部位构件的竖向标高,并保证灰缝厚度的均匀性。

皮数杆一般设置在房屋的四大角以及纵横墙的交接处,如墙面过长时,应每隔 10~15m 立一根。皮数杆需用水准仪统一竖立,使皮数杆上的±0.00 与建筑物的±0.00 相吻合,以后就可以向上接皮数杆。

④盘角、挂线。

墙角是控制墙面横平竖直的主要依据,所以,一般砌筑时应先砌墙角,墙角砖层高度必须与皮数杆相符合,做到"三皮一吊,五皮一靠"。墙角必须双向垂直。

墙角砌好后,即可挂小线,作为砌筑中间墙体的依据,以保证墙面平整,一般一砖墙、一砖半墙可用单面挂线,一砖半墙以上则应用双面挂线。

⑤砌筑、勾缝。

砌筑操作方法各地不一,但应保证砌筑质量要求。通常采用"三一砌砖法",即一块砖、一铲灰、一揉压,并随手将挤出的砂浆刮去的砌筑方法。这种砌法的优点是灰缝容易饱满、粘结力好、墙面整洁。

勾缝是砌清水墙的最后一道工序，可以用砂浆随砌随勾缝，叫做原浆勾缝；也可砌完墙后再用1:1.5水泥砂浆或加色砂浆勾缝，称为加浆勾缝。勾缝具有保护墙面和增加墙面美观的作用，为了确保勾缝质量，勾缝前应清除墙面粘结的砂浆和杂物，并洒水润湿，在砌完墙后，应画出1cm的灰槽，灰缝可勾成凹、平、斜或凸形状。勾缝完后尚应清扫墙面。

(3) 施工要点。

①全部砖墙应平行砌起，砖层必须水平，砖层正确位置用皮数杆控制，基础和每楼层砌完后必须校对一次水平、轴线和标高，在允许偏差范围内，其偏差值应在基础或楼板顶面调整。

②砖墙的水平灰缝和竖向灰缝宽度一般为10mm，但不小于8mm，也不应大于12mm。水平灰缝的砂浆饱满度不得低于80%，竖向灰缝宜采用挤浆或加浆方法，使其砂浆饱满，严禁用水冲浆灌缝。

③砖墙的转角处和交接处应同时砌筑。对不能同时砌筑而又必须留槎时，应砌成斜槎，斜槎长度不应小于高度的2/3（图7-3-5）。非抗震设防及抗震设防烈度为6度、7度地区的临时间断处，当不能留斜槎时，除转角处外，可留直槎，但必须做成凸槎，并加设拉结筋。拉结筋的数量为每120mm墙厚放置1φ6拉结钢筋（120mm厚墙放置2φ6拉结钢筋），间距沿墙高不应超过500mm，埋入长度从留槎处算起每边均不应小于500mm，对抗震设防烈度为6度、7度的地区，不应小于1000mm，末端应有90°弯钩（图7-3-6）。抗震设防地区不得留直槎。

④隔墙与承重墙如不同时砌起而又不留成斜槎时，可于承重墙中引出阳槎，并在其灰缝中预埋拉结筋，其构造与上述相同，但每道不少于2根。抗震设防地区的隔墙，除应留阳槎外，还应设置拉结筋。

⑤砖墙接槎时，必须将接槎处的表面清理干净，浇水润湿，并应填实砂浆，保持灰缝平直。

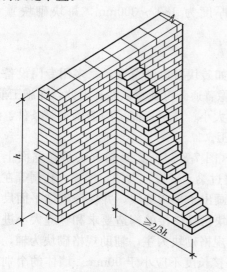

图7-3-5 斜槎

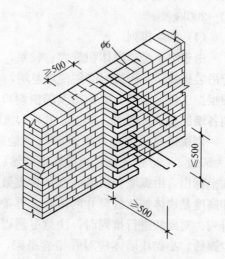

图7-3-6 直槎（mm）

⑥每层承重墙的最上一皮砖、梁或梁垫的下面及挑檐、腰线等处,应是整砖丁砌。填充墙砌至接近梁、板底时,应留一定空隙,待填充墙砌筑完并应至少间隔 7d 后,再将其补砌挤紧。

⑦砖墙中留置临时施工洞口时,其侧边离交接处的墙面不应小于 500mm,洞口净宽度不应超过 1m。

⑧砖墙相邻工作段的高度差,不得超过一个楼层的高度,也不宜大于 4m。工作段的分段位置应设在伸缩缝、沉降缝、防震缝或门窗洞口处。砖墙临时间断处的高度差,不得超过一步脚手架的高度。砖墙每天砌筑高度以不超过 1.8m 为宜。

4. 构造柱施工

构造柱竖向受力钢筋,底层锚固在基础梁上,锚固长度不应小于 35d（d 为竖向钢筋直径）,并保证位置正确。受力钢筋接长,可采用绑扎接头,搭接长度为 35d,绑扎接头处箍筋间距不应大于 200mm。楼层上下 500mm 范围内箍筋间距宜为 100mm。砖砌体与构造柱连接处应砌成马牙槎,从每层柱脚开始,先退后进,每一马牙槎沿高度方向的尺寸不宜超过 300mm,并沿墙高每隔 500mm 设 2φ6 拉结钢筋,且每边伸入墙内不宜小于 1m；预留的拉结钢筋应位置正确,施工中不得任意弯折。浇筑构造柱混凝土之前,必须将砖墙和模板浇水湿润（若为钢模板,不浇水,刷隔离剂）,并将模板内落地灰、砖碴和其他杂物清理干净。浇筑混凝土可分段施工,每段高度不宜大于 2m,或每个楼层分两次浇灌,应用插入式振动器,分层捣实。

构造柱钢筋竖向移位不应超过 100mm,每一马牙槎沿高度方向尺寸不应超过 300mm。钢筋竖向位移和马牙槎尺寸偏差每一构造柱不应超过 2 处。

5. 砌块砌筑

用砌块代替烧结普通砖做墙体材料,是墙体改革的一个重要途径。近几年来,中小型砌块在我国得到了广泛应用。常用的砌块有粉煤灰硅酸盐砌块、混凝土小型空心砌块、煤矸石砌块等。砌块的规格不统一,中型砌块一般高度为 380～940mm,长度为高度的 1.5～2.5 倍,厚度为 180～300mm,每块砌块重量 50～200kg。

（1）砌块排列。

由于中小型砌块体积较大、较重,不如砖块可以随意搬动,多用专门设备进行吊装砌筑,且砌筑时必须使用整块,不像普通砖可随意砍凿,因此,在施工前,须根据工程平面图、立面图及门窗洞口的大小、楼层标高、构造要求等条件,绘制各墙的砌块排列图,以指导吊装砌筑施工。

砌块排列图按每片纵横墙分别绘制（图 7-3-7）。其绘制方法是在立面上用 1：50 或 1：30 的比例绘出纵横墙,然后将过梁、平板、大梁、楼梯、孔洞等在墙面上标出,由纵墙和横墙高度计算皮数,画出水平灰缝线,并保证砌体平面尺寸和高度是块体加灰缝尺寸的倍数,再按砌块错缝搭接的构造要求和竖缝大小进行排列。对砌块进行排列时,注意尽量以主规格砌块为主,辅助规格砌块为辅,减少镶砖。小砌块墙体应对孔错缝搭砌,搭接长度不应小于 90mm。墙体的个别部位不能满足上述要求时,应在灰缝中设置拉结钢筋或钢筋网片,但竖向通缝仍不得超过两皮小砌块。砌块中水平灰缝厚度一般为10~20mm，有配筋的水平灰缝厚度为20~25mm；竖缝的宽度为15~20mm，当竖缝宽度大于30mm时，应用强度等级不低于C20的细石混凝土填实，当竖缝宽度不小于150mm或楼层高不是砌块加灰缝的整数倍时，应用普通砖镶砌。

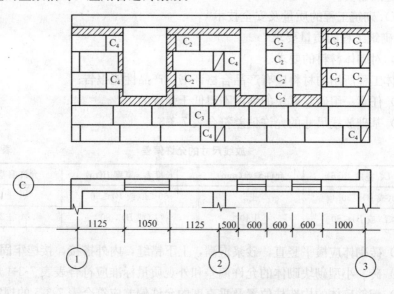

图7-3-7 砌块排列图

（2）砌块施工工艺。

砌块施工的主要工序是：铺灰、砌块吊装就位、校正、灌缝和镶砖。

①铺灰。

砌块墙体所采用的砂浆，应具有良好的和易性，其稠度以50~70mm为宜铺灰应平整饱满，每次铺灰长度一般不超过5m，炎热天气及严寒季节应适当缩短。

②砌块吊装就位。

砌块安装通常采用两种方案：一是以轻型塔式起重机进行砌块、砂浆的运输以及楼板等预制构件的吊装，由台灵架吊装砌块；二是以井架进行材料垂直运输、杠杆车进行楼板吊装，所有预制构件及材料的水平运输则用砌块车和劳动车，台灵架负责砌块的吊装，前者适用于工程量大的房屋，后者适用于工程量小的房屋。

砌块的吊装一般按施工段依次进行，其次序为先外后内，先远后近，先下后上，在相邻施工段之间留阶梯形斜槎。吊装时应从转角处或砌块定位处开始，采用摩擦式夹具，按砌块排列图将所需砌块吊装就位。

③校正。

砌块吊装就位后，用托线板检查砌块的垂直度，拉准线检查水平度，并用撬棍、楔块调整偏差。

④灌缝。

竖缝可用夹板在墙体内外夹住，然后灌砂浆，用竹片插或铁棒捣，使其密实。当砂浆吸水后用刮缝板把竖缝和水平缝刮齐。灌缝后，一般不应再撬动砌块，以防损坏砂浆粘结力。

⑤镶砖。

当砌块间出现较大竖缝或过梁找平时,应镶砖。镶砖砌体的竖直缝和水平缝应控制在 15~30mm 以内。镶砖工作应在砌块校正后即刻进行,镶砖时应注意使砖的竖缝灌密实。

(三)砌筑工程的质量及安全技术

1. 砌筑工程的质量要求

(1) 对砌体材料的要求。

砌体工程所用的材料应有产品合格证书、产品性能报告。

(2) 任意一组砂浆试块的强度不得低于强度的 75%。

(3) 基础放线尺寸的允许偏差符合表 7-3-3。

放线尺寸的允许偏差　　　　　　　　　表 7-3-3

长度 L、宽度 B(m)	允许偏差(mm)	长度 L、宽度 B(m)	允许偏差(mm)
L(或 B)≤30	±5	60<L(或 B)≤90	±15
30<L(或 B)≤60	±10	L(或 B)>90	±20

(4) 砖砌体应横平竖直,砂浆饱满,上下错缝,内外搭接,接槎牢固。

(5) 砖、小型砌块砌体的允许偏差和外观质量标准应符合表表 7-3-4 规定。

(6) 配筋砌体的构造柱位置及垂直度的允许偏差应符合表 7-3-5 的规定。

砖、小型砌块砌体的允许偏差和外观质量标准　　　表 7-3-4

项　　目			允许偏差(mm)	检查方法	抽检数量
轴线位移			10	用经纬仪和尺或其他测量仪器检查	全部承重墙柱
垂直度	每层		5	用 2m 托线板检查	外墙全高查阳角不于4处;每层查一处。内墙有代表性的自然间抽 10%,但不少于 3 间,每间不少于 2 处,柱不少于 5 根
	全高	≤10mm	10	用经纬仪、垂挂线和尺或其他测量仪器检查	
		>10m	20		
基础顶面和楼面标高			±15	用水准仪和尺检查	不少于 5 处
表面平整度	清水墙、柱		5	用 2m 直尺和楔形塞尺检查	有代表性的自然间抽 10%,但不少于 3 间,2 处
	混水墙、柱		8		
水平灰缝平直度	清水墙		7	灰缝上口处拉 10m 线和尺检查	
	混水墙		10		
门窗洞口高、宽(后塞框)			±5	用尺检查	检验批洞口的 10%,且不应少于 5 处
外墙上下窗口偏移			20	以底层窗口为准,用经纬仪吊线检查	检验批的 10%,且不应少于 5 处
清水墙面游丁走缝(中型砌块)			20	用吊线和尺检查,以每层第一皮砖为准	有代表性的自然间抽 10%,但不少于 3 间,2 处

配筋砌体的构造柱位置及垂直度的允许偏差　　　　表 7-3-5

项次	项目		允许偏差(mm)	检查方法	抽检数量
1	柱中心线位置		10	用经纬仪和尺检查或用其他测量仪器检查	每检验批抽 10%，且不应少于 5 处
2	柱层间错位		8	用经纬仪和尺检查或用其他测量仪器检查	
3	柱垂直度	每层	10	用 2m 托线板检查	
		≤10m	15	用经纬仪、吊线和尺检查，或用其他测量仪器检查	
	全高	>10m	20		

2. 砌筑工程的安全与防护措施

施工人员必须带好安全帽，不准站在墙线上做划线及墙面清扫活、检查大角垂直等工作。雨天上下班，做好防雨准备，防止雨水冲走砂浆，致使砌体倒塌。

二、混凝土结构工程

（一）混凝土结构工程

混凝土工程包括混凝土的拌制、运输、浇筑捣实和养护等施工过程。各个施工过程既相互联系又相互影响，在混凝土施工过程中除按有关规定控制混凝土原材料质量外，任一施工过程处理不当都会影响混凝土的最终质量，因此，如何在施工过程中控制每一施工环节，是混凝土工程需要研究的课题。

1. 混凝土制备

混凝土制备应采用符合质量要求的原材料，按规定的配合比配料，混合料应拌合均匀，以保证结构设计所规定的混凝土强度等级，满足设计提出的特殊要求（如抗冻、抗渗等）和施工和易性要求，并应符合节约水泥、减轻劳动强度等原则。

混凝土施工配合比及施工配料。混凝土的配合比是在实验室根据混凝土的配制强度经过试配和调整而确定的，称为实验室配合比。实验室配合比所用砂、石都是不含水分的。而施工现场砂、石都有一定的含水率，且含水率大小随气温等条件不断变化。为保证混凝土的质量，施工中应按砂、石实际含水率对原配合比进行修正。根据现场砂、石含水率调整后的配合比称为施工配合比。

设实验室配合比为：水泥：砂：石 $=1:x:y$，水灰比 W/C，现场砂、石含水率分别为 W_x、W_y，则施工配合比为：

$$水泥：砂：石 = 1:x(1+W_x):y(1+W_y)$$

水灰比 W/C 不变，但加水量应扣除砂、石中的含水量。

施工配料是确定每拌一次需用的各种原材料量，它根据施工配合比和搅拌机的出料容量计算。

【例】某工程混凝土实验室配合比为 1:2.3:4.27，水灰比 $W/C=0.6$，每立方米混凝土水泥用量为 300kg，现场砂石含水率分别为 3%、1%，求施工配合比。若采用 250L 搅拌机，求每拌一次材料用量。

【解】施工配合比水泥：砂：石为：

$$1:x(1+W_x):y(1+W_y) = 1:2.3\times(1+0.03):4.27\times(1+0.01)$$
$$= 1:2.37:4.31$$

用250L搅拌机，每拌一次材料用量（施工配料）：

水泥：$300\times0.25=75$ (kg)

砂：$75\times2.37=177.8$ (kg)

石：$75\times4.31=323.3$ (kg)

水：$75\times0.6-75\times2.3\times0.03-75\times4.27\times0.01=36.6$ (kg)

2. 混凝土搅拌机选择

（1）搅拌机的选择。

混凝土搅拌是将各种组成材料拌制成质地均匀、颜色一致、具备一定流动性的混凝土拌合物。如混凝土搅拌得不均匀就不能获得密实的混凝土，影响混凝土的质量，所以搅拌是混凝土施工工艺中很重要的一道工序。由于人工搅拌混凝土质量差，消耗水泥多，而且劳动强度大，所以只有在工程量很小时才用人工搅拌。一般均采用机械搅拌。混凝土搅拌机按其搅拌原理分为自落式和强制式两类（图7-3-8）。

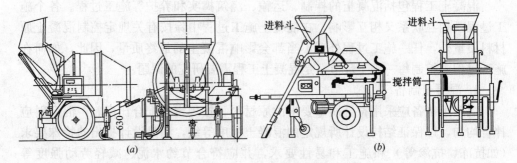

图 7-3-8 混凝土搅拌机
(a) 锥形自落式搅拌；(b) 强制式搅拌

选择搅拌机时，要根据工程量大小、混凝土的坍落度、骨料尺寸等而定，既要满足技术上的要求，亦要考虑经济效果和节约能源。

（2）搅拌制度的确定。

为了获得质量优良的混凝土拌合物，除正确选择搅拌机外，还必须正确确定搅拌制度，即搅拌时间、投料顺序等。

①搅拌时间：搅拌时间是影响混凝土质量及搅拌机生产率的重要因素之一，混凝土搅拌的最短时间（即自全部材料装入搅拌筒中起到卸料止）可按表7-3-6采用。

②投料顺序：投料顺序应从提高搅拌质量，减少叶片、衬板的磨损，减少拌合物与搅拌筒的粘结，减少水泥飞扬改善工作条件等方面综合考虑确定。常用方法有：一次投料法，即在上料斗中先装石子，再加水泥和砂，然后一次投入搅拌机。在鼓筒内先加水或在料斗提升进料的同时加水，这种上料顺序使水泥夹在石子和砂中间，上料时不致飞扬，又不致粘住斗底，且水泥和砂先进入搅拌筒形成水泥砂浆，可缩短包裹石子的时间。

混凝土搅拌的最短时间（s）　　　　　　表 7-3-6

混凝土坍落度（mm）	搅拌机机型	搅拌机出料容量（L）		
		<250	250~500	>500
≤30	自落式	90	120	150
	强制式	60	90	120
>30	自落式	90	90	120
	强制式	60	60	90

注：掺有外加剂时，搅拌时间应适当延长。

二次投料法。它又分为预拌水泥砂浆法、预拌水泥净浆法、水泥裹砂法。预拌水泥砂浆法是先将水泥、砂和水加入搅拌筒内进行充分搅拌，成为均匀的水泥砂浆，再投入石子搅拌成均匀的混凝土。预拌水泥净浆法是将水泥和水充分搅拌成均匀的水泥净浆后，再加入砂和石子搅拌成混凝土。

水泥裹砂法又称为 SEC 法。采用这种方法拌制的混凝土称为 SEC 混凝土，也称作造壳混凝土。其搅拌程序是先加一定量的水，将砂表面的含水量调节到某一规定的数值后，再将石子加入，与湿砂拌匀，然后将全部水泥投入，与润湿后的砂、石拌合，使水泥在砂、石表面形成一层低水灰比的水泥浆壳（此过程称为"成壳"），最后将剩余的水和外加剂加入，搅拌成混凝土。二次投料法搅拌的混凝土与一次投料法相比较，混凝土强度提高约 15%，在强度相同的情况下，可节约水泥约为 15%~20%。

（3）混凝土搅拌站。

混凝土拌合物在搅拌站集中拌制，可以做到自动上料、自动称量、自动出料和集中操作控制、机械化、自动化程度大大提高，劳动强度大大降低，使混凝土质量得到改善，可以取得较好的技术经济效果。施工现场可根据工程任务的大小、现场的具体条件、机具设备的情况，因地制宜的选用，如采用移动式混凝土搅拌站等。

3. 混凝土的运输

对混凝土拌合物运输的要求是：运输过程中，应保持混凝土的均匀性，避免产生分层离析现象，混凝土运至浇筑地点，应符合浇筑时所规定的坍落度见表 7-3-7；混凝土应以最少的中转次数，以最短的时间从搅拌地点运至浇筑地点，保证混凝土从搅拌机卸出后到浇筑完毕的延续时间不超过表 7-3-8 的规定；运输工作应保证混凝土的浇筑工作连续进行；运送混凝土的容器应严密，其内壁应平整光洁，不吸水，不漏浆，粘附的混凝土残渣应经常清除。

混凝土浇筑时的坍落度　　　　　　表 7-3-7

项　次	结 构 种 类	坍落度（mm）
1	基础或地面等的垫层、无配筋的厚大结构（挡土墙 基础或厚大的块体等）或配筋稀疏的结构	10~30
2	板、梁和大型及中型截面的柱等	30~50

续表

项 次	结 构 种 类	坍落度（mm）
3	配筋密列的结构（薄壁、斗仓、筒仓、细柱等）	50～70
4	配筋特密的结构	70～90

注：1. 本表系指采用机械振捣的坍落度，采用人工捣实时可适当增大。
2. 需要配制大坍落度混凝土时，应掺用外加剂。
3. 曲面或斜面结构的混凝土，其坍落度值，应根据实际需要另行选定。
4. 轻骨料混凝土的坍落度，宜比表中数值减少 10～20mm。
5. 自密实混凝土的坍落度另行规定。

混凝土从搅拌机卸出后到浇筑完毕的延续时间（min）　　表 7-3-8

混凝土强度等级	气 温（℃）	
	不高于 25	高于 25
C30 及 C30 以下	120	90
C30 以上	90	60

注：1. 掺用外加剂或采用快硬水泥拌制混凝土时，应按试验确定。
2. 轻骨料混凝土的运输、浇筑延续时间应适当缩短。

混凝土运输工作分为地面运输、垂直运输和楼面运输三种情况。混凝土的垂直运输，目前多用塔式起重机、井架，也可采用混凝土泵。

混凝土泵是一种有效的混凝土运输工具，它以泵为动力，沿管道输送混凝土，可以同时完成水平和垂直运输，将混凝土直接运送至浇筑地点，我国一些大中城市及重点工程正逐渐推广使用并取得了较好的技术经济效果。多层和高层框架建筑、基础、水下工程和隧道等都可以采用混凝土泵输送混凝土。

混凝土泵根据驱动方式分为柱塞式混凝土泵和挤压式混凝土泵。柱塞式混凝土泵根据传动机构不同，又分为机械传动和液压传动两种。

挤压式混凝土泵的工件原理和挤牙膏的道理一样，挤压泵构造简单，使用寿命长、能逆运转，易于排除故障，管道内混凝土压力较小，其输送距离较柱塞泵小。

混凝土泵车是将混凝土泵装在车上，车上装有可以伸缩或屈折的"布料杆"，管道装在杆内，末端是一段软管，可将混凝土直接送到浇筑地点（图 7-3-9）。宜与混凝土搅拌运输车配套使用，且应使混凝土搅拌站的供应能力和混凝土搅拌车的运输能力大于混凝土泵的输送能力，以保证混凝土泵能连续工作。

4. 混凝土的浇筑

混凝土浇筑要保证混凝土的均匀性和密实性，要保证结构的整体性、尺寸准确和钢筋、预埋件的位置正确，拆模后混凝土表面要平整、光洁。

浇筑前应检查模板、支架、钢筋和预埋件的正确位置，并进行验收。由于混凝土工程属于隐蔽工程；因而对混凝土量大的工程、重要工程或重点部位的浇筑，以及其他施工中的重大问题，均应随时填写施工记录。

(1) 浇筑要求。

①防止离析。

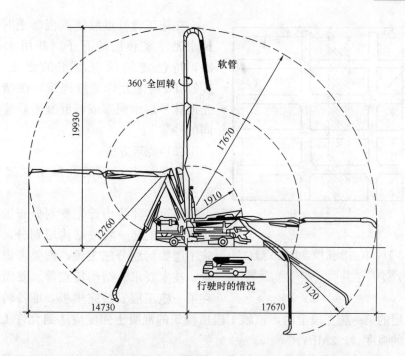

图 7-3-9　三折叠式布料车浇注范围（mm）

浇筑混凝土时，混凝土拌合物由料斗、漏斗、混凝土输送管、运输车内卸出时，如自由倾落高度过大，由于粗骨料在重力作用下，克服黏着力后的下落动能大，下落速度较砂浆快，因而可能形成混凝土离析。为此，混凝土自高处倾落的自由高度不应超过 2m，在竖向结构中限制自由倾落高度不宜超过 3m，否则应沿串筒、斜槽、溜管等下料。

②正确留置施工缝。

混凝土结构大多要求整体浇筑，如因技术或组织上的原因不能连续浇筑时，且停顿时间有可能超过混凝土的初凝时间，则应事先确定在适当位置留置施工缝。由于混凝土的抗拉强度约为其抗压强度的 1/10，因而施工缝是结构中的薄弱环节，宜留在结构剪力较小的部位，同时要方便施工。柱宜留在基础顶面、梁或吊车梁牛腿的下面、吊车梁的上面、无梁楼盖柱帽的下面（图 7-3-10）。和板连成整体的大截面梁应留在板底面以下 20～30mm 处，当板下有梁托时，留置在梁托下部。单向板应留在平行于板短边的任何位置。有主次梁的楼盖宜顺着次梁方向浇筑，施工缝应留在次梁跨度的中间 1/3 长度范围内（图 7-3-11）。墙可留在门洞口过梁跨中 1/3 范围内，也可留在纵横墙的交接处。双向受力的楼板、大体积混凝土结构、拱、薄壳、多层框架等及其他复杂的结构，应按设计要求留置施工缝。

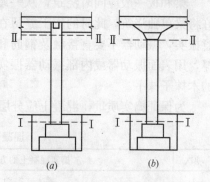

图 7-3-10　柱子的施工缝位置
(a) 梁板式结构；(b) 无梁楼盖结构

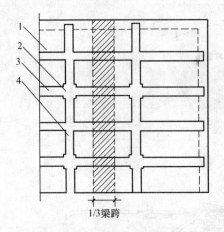

图 7-3-11 有主次梁楼盖的施工缝位置
1—楼板；2—柱；3—次梁；4—主梁

在施工缝处继续浇筑混凝土时，应除掉水泥浮浆和松动石子，并用水冲洗干净，待已浇筑的混凝土的强度不低于 1.2MPa 时才允许继续浇筑，在结合面应先铺抹一层水泥浆或与混凝土砂浆成分相同的砂浆。

（2）浇筑方法。

①现浇多层钢筋混凝土框架结构的浇筑。

浇筑这种结构首先要划分施工层和施工段，施工层一般按结构层划分，而每一施工层如何划分施工段，则要考虑工序数量、技术要求、结构特点等。要做到木工在第一施工层安装完模板，准备转移到第二施工层的第一施工段上时，该施工段所浇筑的混凝土强度应达到允许工人在上面操作的强度（1.2MPa）。

施工层与施工段确定后，就可求出每班（或每小时）应完成的工程量，据此在混凝土浇筑前应做好必要的准备工作，如模板、钢筋和预埋管线的检查和清理以及隐蔽工程的验收；浇筑用脚手架、走道的搭设和安全检查；根据试验室下达的混凝土配合比通知单准备和检查材料；做好施工用具的准备等。

浇筑柱时，施工段内的每排柱应由外向内对称地顺序浇筑，不要由一端向另一端推进，预防柱模板因湿胀造成受推倾斜而误差积累难以纠正。截面在 400mm×400mm 以内，或有交叉箍筋的柱，应在柱模板侧面开孔用斜溜槽分段浇筑，每段高度不超过 2m。截面在 400mm×400mm 以上、无交叉箍筋的柱，如柱高不超过 4.0m，可从柱顶浇筑；如用轻骨料混凝土从柱顶浇筑，则柱高不得超过 3.5m。柱开始浇筑时，底部应先浇筑一层厚 50～100mm 与所浇筑混凝土成分相同的水泥砂浆。浇筑完毕，如柱顶处有较大厚度的砂浆层，则应处理。柱浇筑后，应间隔 1～1.5h，待所浇混凝土拌合物初步沉实，再浇筑上面的梁板结构。

梁和板一般应同时浇筑，从一端开始向前推进。只有当梁高大于 1m 时才允许将梁单独浇筑，此时的施工缝留在楼板板面下 20～30mm 处。梁底与梁侧面注意振实，振动器不要直接触及钢筋和预埋件。楼板混凝土的虚铺厚度应略大于板厚，用表面振动器或内部振动器振实，用铁插尺检查混凝土厚度，振捣完后用长的木抹子抹平。

为保证捣实质量，混凝土应分层浇筑，每层厚度见表 7-3-9。

混凝土浇筑层的厚度　　　表 7-3-9

项次	捣实混凝土的方法	浇筑层厚度（mm）
1	插入式振动	振动器作用部分长度的 1.25 倍
2	表面振动	200

续表

项次	捣实混凝土的方法		浇筑层厚度（mm）
3	人工捣固	（1）在基础或无筋混凝土和配筋稀疏的结构中	250
		（2）在梁、墙、板、柱结构中	200
		（3）在配筋密集的结构中	150
4	轻骨料混凝土	插入式振动	300
		表面振动（振动时需加荷）	200

②大体积混凝土结构浇筑。

大体积混凝土结构在工业建筑中多为设备基础，在高层建筑中多为厚大的桩基承台或基础底板等，整体性要求较高，往往不允许留施工缝，要求一次连续浇筑完毕。大体积混凝土结构浇筑方案为保证结构的整体性，混凝土应连续浇筑，要求每一处的混凝土在初凝前就被后部分混凝土覆盖并捣实成整体，根据结构特点不同，可分为全面分层、分段分层、斜面分层等浇筑方案（图7-3-12）。

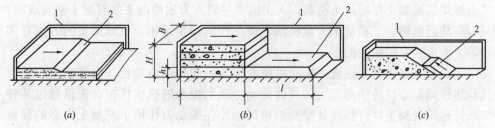

图7-3-12 大体积混凝土浇筑方案图
(a) 全面分层；(b) 分段分层；(c) 斜面分层
1—模板；2—新浇筑的混凝土

(a) 全面分层 当结构平面面积不大时，可将整个结构分为若干层进行浇筑，即第一层全部浇筑完毕后，再浇筑第二层，如此逐层连续浇筑，直到结束。

(b) 分段分层 当结构平面面积较大时，全面分层已不适应，这时可采用分段分层浇筑方案。即将结构分为若干段，每段又分为若干层，先浇筑第一段各层，然后浇筑第二段各层，如此逐段逐层连续浇筑，直至结束。

(c) 斜面分层 当结构的长度超过厚度的3倍时，可采用斜面分层的浇筑方案。这时，振捣工作应从浇筑层斜面下端开始，逐渐上移，且振动器应与斜面垂直。

③早期温度裂缝的预防。

厚大钢筋混凝土结构由于体积大，水泥水化热聚积在内部不易散发，内部温度显著升高，外表散热快，形成较大内外温差，要防止混凝土早期产生温度裂缝，就要降低混凝土的温度应力。控制混凝土的内外温差，使之不超过25℃，以防止表面开裂；控制混凝土冷却过程中的总温差和降温速度，以防止基底开裂。早期温度裂缝的预防方法主要有：优先采用水化热低的水泥（如矿渣硅酸盐水泥）；减少水泥用量；掺入适量的粉煤灰或在浇筑时投入适量的毛石；放慢浇筑速度和减少浇筑厚度，采用人工降温措施（拌制时，用低温水，养护时用循环水冷却）；浇筑后应及时覆盖，以控制内外温差，减缓降温速度，尤其应注意寒潮的不利影响；必要时，取得设计单位同意后，可分块浇筑，块和块间留 1m 宽后浇带，待各分块混凝土干缩后，再浇筑后浇带。分块长度可根据有关手册计算，当结构厚度在 1m 以内时，分块长度一般为 20～30m。

④泌水。

处理大体积混凝土的另一特点是上、下浇筑层施工间隔时间较长，各分层之间易产生泌水层，它将使混凝土强度降低，引起酥软、脱皮、起砂等不良后果。采用自流方式和抽吸方法排除泌水，会带走一部分水泥浆，影响混凝土的质量。泌水处理措施主要有同一结构中使用两种不同坍落度的混凝土，或在混凝土拌合物中掺减水剂，都可减少泌水现象。

（3）混凝土密实成型。

混凝土浇入模板以后是较疏松的，里面含有空气与气泡。而混凝土的强度、抗冻性、抗渗性以及耐久性等，都与混凝土的密实程度有关。目前主要是用人工或机械捣实混凝土使混凝土密实。人工捣实是用人力的冲击来使混凝土密实成型，只有在缺乏机械、工程量不大或机械不便工作的部位采用。机械捣实的方法有多种，下面主要介绍振动捣实。

①混凝土振动密实原理。振动机械的振动一般是由电动机、内燃机或压缩空气马达带动偏心块转动而产生的简谐振动。产生振动的机械将振动能量通过某种方式传递给混凝土拌合物使其受到强迫振动。在振动力作用下混凝土内部的黏着力和内摩擦力显著减少，使骨料犹如悬浮在液体中，在其自重作用下向新的位置沉落，紧密排列，水泥砂浆均匀分布填充空隙，气泡被排出，游离水被挤压上升，混凝土填满了模板的各个角落并形成密实体积。

②振动机械的选择。振动机械可分为内部振动器、表面振动器、外部振动器和振动台（图 7-3-13）。

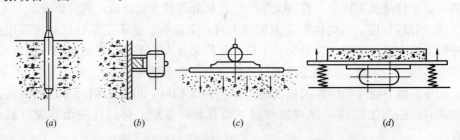

图 7-3-13 振动机械示意图
(a) 内部振动器；(b) 外部振动器；(c) 表面振动器；(d) 振动台

行星滚锥式内部振动器插点的分布有行列式和交错式两种，如图 7-3-14 所示。

5. 混凝土养护与拆模

（1）混凝土养护。

混凝土浇筑捣实后，逐渐凝固硬化，这个过程主要由水泥的水化作用来实现，而水化作用必须在适当的温度和湿度条件下才能完成。因此，为了保证混凝土有

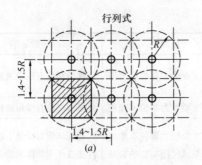 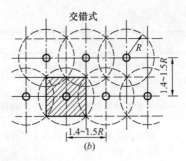

图 7-3-14 插点的分布
(a) 行列式；(b) 交替式

适宜的硬化条件，使其强度不断增长，必须对混凝土进行养护。

混凝土浇筑后，如气候炎热、空气干燥，不及时进行养护，混凝土中的水分蒸发过快会出现脱水现象，使已形成凝胶体的水泥颗粒不能充分水化，不能转化为稳定的结晶，缺乏足够的粘结力，从而会在混凝土表面出现片状或粉状剥落，影响混凝土的强度。此外，在混凝土尚未具备足够的强度时，水分过早地蒸发，还会产生较大的变形，出现干缩裂缝，影响混凝土的整体性和耐久性。因此，混凝土养护绝不是一件可有可无的事，而是一个重要的环节，应按照要求，精心进行。

混凝土养护方法分自然养护和人工养护。

（2）混凝土的拆模。

模板拆除日期取决于混凝土的强度、模板的用途、结构的性质及混凝土硬化时的气温。

不承重的侧模，在混凝土强度能保证其表面棱角不因拆除模板而受损坏时，即可拆除。承重模板，如梁、板等底模，应待混凝土达到规定强度后，方可拆除。结构的类型跨度不同，其拆模时混凝土强度不同，底模拆除时对混凝土强度要求也不同。

已拆除承重模板的结构，应在混凝土达到规定的强度等级后，才允许承受全部设计荷载。拆模后应由监理单位、施工单位对混凝土的外观质量和尺寸偏差进行检查，并作好记录。

现浇结构的外观质量缺陷，应由监理单位、施工单位等各方根据其对结构性能和使用功能影响的严重程度，按表 7-3-10 确定。

现浇结构外观质量缺陷　　　　　表 7-3-10

名　称	现象	严重缺陷	一般缺陷
露筋	构件内钢筋未被混凝土包裹而外露	纵向受力钢筋有露筋	其他钢筋有少量露筋
蜂窝	混凝土表面缺少水泥砂浆而形成石子外露	构件主要受力部位有蜂窝	其他部位有少量蜂窝
孔洞	混凝土中孔穴深度和长度均超过保护层厚度	构件主要受力部位有孔洞	其他部位有少量孔洞

续表

名　称	现象	严重缺陷	一般缺陷
夹渣	混凝土中夹有杂物且深度超过保护层厚度	构件主要受力部位有夹渣	其他部位有少量夹渣
疏松	混凝土中局部不密实	构件主要受力部位有疏松	其他部位有少量疏松
裂缝	缝隙从混凝土表面延伸至混凝土内部	构件主要受力部位有影响结构性能或使用功能的裂缝	其他部位有少量不影响结构性能或使用功能的裂缝
连接部位缺陷	构件连接处混凝土缺陷及连接钢筋、连接件松动	连接部位有影响结构传力性能的缺陷	连接部位有基本不影响结构传力性能的缺陷
外形缺陷	缺棱掉角、棱角不直、翘曲不平、飞边凸肋等	清水混凝土构件有影响使用功能或装饰效果的外形缺陷	其他混凝土构件有不影响使用功能的外形缺陷
外表缺陷	构件表面麻面、掉皮、起砂、粘污等	具有重要装饰效果的清水混凝土构件有外表缺陷	其他混凝土构件有不影响使用功能的外表缺陷

现浇结构的一般外观质量缺陷，用钢丝刷或压力水洗刷基层，然后用1∶2～1∶2.5的水泥砂浆抹平；对较大面积的蜂窝、露石、露筋应按其全部深度凿去薄弱的混凝土层，然后用钢丝刷或压力水冲刷，再用比原混凝土强度等级高一个级别的细骨料混凝土填塞，并仔细捣实。对影响结构性能的缺陷，应与设计单位研究处理。

（二）钢筋混凝土预制构件

施工现场就地制作构件，为节省木模板材料，可用土胎膜或砖胎膜。为节约底模板，或场地狭小，屋架、柱子、桩等大型构件可平卧迭浇，即利用已预制好的构件作底模，沿构件两侧安装侧模板再浇制上层构件。上层构件的模板安装和混凝土浇筑，需待下层构件的混凝土强度达到 $5N/mm^2$ 后方可进行。在构件之间应涂抹隔离剂以防混凝土粘结。

预制厂制作构件的方法，根据成型和养护的不同，有台座法、机组流水法、传送带法。

（1）台座法。

台座是预制构件的底模，可选择表面光滑平整的混凝土地坪、胎膜或混凝土槽。构件的成型、养护、脱膜等生产过程都在台座上同一地点进行。构件在整个生产过程中固定在一个地方，而操作工人和生产机具则顺序地从一个构件移至另一个构件，来完成各项生产过程。

（2）机组流水法。

本法在车间内生产，将整个车间按生产工艺的要求划分为几个工段，每个工段皆配备相应的工人和机具设备，构件的成型、养护、脱膜等生产过程分别在有关的工段下循序完成。生产时，构件随同模板沿着工艺流水线，借助于起重运输设备，从一个工段移至下一个工段，分别完成各有关的生产过程，而操作工人的工作地点是固定的。构件随同模板在各工段停留的时间长短可以不同。此法生产效率比台座法高，机械化程度较高，占地面积小，但建厂投资较大，生产过程中运输繁多，宜于生产定型的中小型构件。

（3）传送带法。

本法是使模板在一条呈封闭环形的传送带上移动，生产工艺中的各个生产过程（如清理模板、涂刷隔离剂、排放钢筋、预应力筋的张拉、浇筑混凝土等）都是在沿传送带循序分布的各个工作区中进行。生产时，模板沿着传送带有节奏地从一个工作区移至下一个工作区，而各工作区要求在相同的时间内完成各自的有关生产过程，以此保证有节奏地连续生产。此法是目前最先进的工艺方案，生产效率高，机械化、自动化程度高，但设备复杂，投资大，宜于大型预制厂大批量生产定型构件。

（三）混凝土结构工程施工的安全技术

1. 混凝土搅拌机的安全规定

（1）进料时，严禁将头或手伸入料斗与机架之间察看或探摸进料情况，运转中不得用手或工具等物伸入搅拌筒内扒料出料。

（2）料斗升起时，严禁在其下方工作或穿行。料坑底部要设料斗枕垫，清理料坑时必须将料斗用链条扣牢。

（3）向搅拌筒内加料应在运转中进行；添加新料必须先将搅拌机内原有的混凝土全部卸出来才能进行。不得中途停机或在满载荷时启动搅拌机，反转出料者除外。

（4）作业中，如发生故障不能继续运转时，应立即切断电源、将筒内的混凝土清除干净，然后进行检修。

2. 混凝土泵送设备作业的安全事项

（1）支腿应全部伸出并支固，未支固前不得启动布料杆。布料杆升离支架后方可回转。布料杆伸出时应按顺序进行。严禁用布料杆起吊或拖拉物件。

（2）当布料杆处于全伸状态时，严禁移动车身。

（3）应随时监视各种仪表和指示灯，发现不正常应及时调整或处理。如出现输送管道堵塞时，应进行逆向运转使混凝土返回料斗，必要时应拆管排除堵塞。

（4）泵送工作应连续作业，必须暂停时应每隔5~10min（冬季3~5min）泵送一次。若停止较长时间后泵送时，应逆向运转一至二个行程，然后顺向泵送。泵送时料斗内应保持一定量的混凝土，不得吸空。

（5）应保持储满清水，发现水质混浊并有较多砂粒时应及时检查处理。

（6）泵送系统受压力时，不得开启任何输送管道和液压管道。液压系统的安全阀不得任意调整，蓄能器只能充入氮气。

3. 混凝土振捣器的使用规定

（1）使用前应检查各部件是否连接牢固，旋转方向是否正确。

（2）振捣器不得放在初凝的混凝土、地板、脚手架、道路和干硬的地面上进行试振。维修或作业间断时，应切断电源。

（3）插入式振捣器软轴的弯曲半径不得小于50cm，并不多于两个弯，操作时振动棒应自然垂直地沉入混凝土，不得用力硬插、斜推或使钢筋夹住棒头，也不得全部插入混凝土中。

（4）振捣器应保持清洁，不得有混凝土粘结在电动机外壳上妨碍散热。

（5）作业转移时，电动机的导线应保持有足够的长度和松度。

（6）操作人员必须穿戴绝缘手套。

（7）作业后，必须做好清洗、保养工作。振捣器要放在干燥处。

（8）在一个构件上同时使用几台附着式振捣器工作时，所有振捣器的频率必须相同。

三、预应力混凝土工程

普通钢筋混凝土构件的抗拉极限应变值只有 0.0001~0.00015，即相当于每米只允许拉长 0.1~0.15mm，超过此值，混凝土就会开裂。如果混凝土不开裂，构件内的受拉钢筋应力只能达到 20~30N/mm^2。如果允许构件开裂，裂缝宽度限制在 0.2~0.3mm 时，构件内的受拉钢筋应力也只能达到 150~250N/mm^2，因此，在普通混凝土构件中采用高强度钢材达到节约钢材的目的受到限制。采用预应力混凝土才是解决这一矛盾的有效办法。所谓预应力混凝结构（构件），就是在结构（构件）受拉区预先施加压力产生预压应力，从而使结构（构件）在使用阶段产生的拉应力首先抵消预压应力，从而推迟了裂缝的出现和限制裂缝的开展，提高了结构（构件）的抗裂度和刚度。这种施加预应力的混凝土，叫作预应力混凝土。与普通混凝土相比，预应力混凝土除了提高构件的抗裂度和刚度外，还具有减轻自重、增加构件的耐久性、降低造价等优点。

预应力混凝土按施工方法的不同可分为先张法和后张法两大类；按钢筋张拉方式不同可分为机械张拉、电热张拉与自应力张拉法等。

（一）先张法

先张法是在浇筑混凝土之前，先张拉预应力钢筋，并将预应力筋临时固定在台座或钢模上，待混凝土达到一定强度（一般不低于混凝土设计强度标准值的75%），混凝土与预应力筋具有一定的粘结力时，放松预应力筋，使混凝土在预应力筋的反弹力作用下，使构件受拉区的混凝土承受预压应力。预应力筋的张拉力，主要是由预应力筋与混凝土之间的粘结力传递给混凝土。

先张法生产可采用台座法和机组流水法。

台座法是构件在台座上生产，即预应力筋的张拉、固定、混凝土浇筑、养护和预应力筋的放松等工序均在台座上进行。采用机组流水法是利用钢模板作为固定预应力筋的承力架，构件连同模板通过固定的机组，按流水方式完成其生产过程。先张法适用于生产定型的中小型构件，如空心板、屋面板、吊车梁、檩条等。先张法施工中常用的预应力筋有钢丝和钢筋两类。图 7-3-15 为预应力混凝土构件先张法（台座）生产示意图。

1. 台座

台座是先张法施工张拉和临时固定预应力筋的支撑结构，它承受预应力筋的全部张拉力，因此要求台座具有足够的强度、刚度和稳定性。

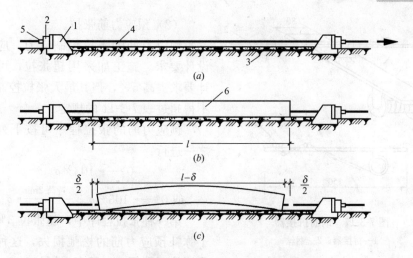

图 7-3-15 先张法（台座）示意图
(a) 预应力筋张拉；(b) 混凝土灌筑与养护；(c) 放松预应力筋
1—台座承力结构；2—横梁；3—台面；4—预应力筋；5—锚固夹具；6—混凝土构件

2. 夹具

夹具是预应力筋张拉和临时固定的锚固装置，用在先张法施工中。按其用途不同，可分为锚固夹具和张拉夹具。

3. 张拉设备

张拉设备要求工作可靠，控制应力准确，能以稳定的速率加大拉力。常用的张拉设备有油压千斤顶、卷扬机、电动螺杆张拉机等。

4. 先张法施工工艺

先张法施工工艺流程如图 7-3-16 所示。

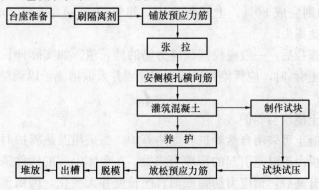

图 7-3-16 先张法施工工艺流程图

（1）预应力筋的铺设。

预应力筋铺设前先做好台面的隔离层，应选用非油类模板隔离剂，隔离剂不得使预应力筋受污，以免影响预应力筋与混凝土的粘结。

碳素钢丝强度高、表面光滑、与混凝土粘结力较差，因此必要时可采取表面刻痕和压波措施，以提高钢丝与混凝土的粘结力。

钢丝接长可借助钢丝拼接器用 20～22 号钢丝密排绑扎，如图 7-3-17 所示。

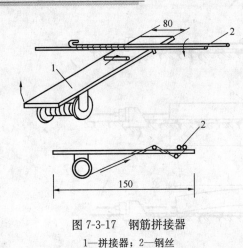

图 7-3-17　钢筋拼接器
1—拼接器；2—钢丝

(2) 预应力筋张拉。

预应力筋的张拉控制应力，应符合设计要求。施工如采用超张拉，可比设计要求提高 5%，但其最大张拉控制应力不得超过表 7-3-11 的规定。

预应力筋的张拉程序可按下列程序之一进行：

$$0 \longrightarrow 103\%\sigma_{con}$$

或 $0 \longrightarrow 105\%\sigma_{con} \xrightarrow{\text{持荷 2min}} \sigma_{con}$

第一种张拉程序中，超张拉 3% 是为了弥补预应力筋的松弛损失，这种张拉程序施工简便，一般多采用。

最大张拉控制应力值　　　　表 7-3-11

钢　种	张　拉　方　法	
	先　张　法	后　张　法
消除应力钢丝、钢绞线	$0.8 f_{ptk}$	$0.8 f_{ptk}$
热处理钢筋	$0.75 f_{ptk}$	$0.70 f_{ptk}$

注：f_{ptk} 为预应力筋极限抗拉强度标准值。

第二种张拉程序中，超张拉 5% 并持荷 2min 其目的是为了减少预应力筋的松弛损失。钢筋松弛的数值与控制应力、延续时间有关，控制应力越高，松弛也就越大，同时还随着时间的延续不在增加，但在第一分钟内完成损失总值的 50% 左右，24 小时内则完成 80%。上述程序中，超张拉 5%σ_{con} 持荷 2min，可以减少 50% 以上的松弛损失。

预应力筋张拉后，一般应校核预应力筋的伸长值。如实际伸长值与计算伸长值的偏差超过 ±6% 时，应暂停张拉，查明原因并采取措施予以调整后，方可继续张拉。

(3) 混凝土浇筑与养护。

预应力混凝土可采用自然养护和湿热养护。当采用湿热养护时应采取正确的养护制度，减少由于温差引起的预应力损失。在台座生产的构件采用湿热法养护时，由于温度升高后，预应力筋膨胀而台座长度并无变化，因而预应力筋的应力减少。在这种情况下混凝土逐渐硬结，则在混凝土硬化前预应力筋由于温度升高而引起的应力降低将无法恢复，形成温差应力损失。因此，为了减少温差应力损失，应使混凝土达到一定强度（100N/mm²）前，将温度升高限制在一定范围内（一般不超过 20℃）。用机组流水法钢模制作预应力构件，因湿热养护时钢模与预应筋同样伸缩，所以不存在因温差引起的预应力损失。

(4) 预应力筋的放张。

① 放张要求。

放张预应力筋时，混凝土应达到设计要求的强度。如设计无要求时，应不得低于设计混凝土强度等级的75%。

放张预应力筋前应拆除构件的侧模使放张时构件能自由压缩，以免模板损坏或造成构件开裂。对有横肋的构件（如大型屋面板），其横肋断面应有适宜的斜度，也可以采用活动模板以免放张时构件端肋开裂。

②放张方法。

配筋不多的中小型构件，钢丝可用砂轮锯或切断机等方法放张。配筋多的钢筋混凝土构件，钢丝应同时放张，如逐根放张，最后几根钢丝将由于承受过大的拉力而突然断裂，使得构件端部容易开裂。

对钢丝、热处理钢筋不得用电弧切割，宜用砂轮锯或切断机切断。预应力钢筋数量较多时，可用千斤顶、砂箱、楔块等装置同时放张。

（二）后张法

后张法是先制作构件，预留孔道，待构件混凝土强度达到设计规定的数值后，在孔道内穿入预应力筋进行张拉，并用锚具在构件端部将预应力筋锚固，最后进行孔道灌浆。预应力筋的张拉力主要是靠构件端部的锚具传递给混凝土，使混凝土产生预压应力。图7-3-18为预应力混凝土后张法生产示意图。

1. 锚具及张拉设备

（1）锚具的种类。

后张法所用锚具根据其锚固原理和构造型式不同，分为螺杆锚具、夹片锚具、锥销式锚具和镦头锚具四种体系；在预应力筋张拉过程中，锚具所在位置与作用不同，又可分为张拉端锚具和固定端锚具；预应力筋的种类有热处理钢筋束、消除应力钢筋束或钢绞线束、钢丝束。因此按锚具锚固钢筋或钢丝的数量，可分为单根粗钢筋锚具、钢丝锚具和钢筋束、钢绞线束锚具。

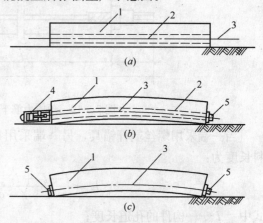

图7-3-18 后张法施工顺序
(a) 制作构件，预留孔道；(b) 穿入预应力钢筋进行张拉并锚固；(c) 孔道灌浆
1—混凝土构件；2—预留孔道；3—预应力筋
4—千斤顶；5—锚具

单根粗钢筋锚具有螺栓端杆锚具和帮条锚具。帮条锚具一般用在单根粗钢筋作预应力筋的固定端。

钢筋束和钢绞线束目前使用的锚具有JM型、KT-Z型、XM型、QM型等工具式锚具和镦头锚具。镦头锚具用于固定端。

钢丝束所用锚具目前国内常用的有钢质锥形锚具、锥形螺杆锚具、钢丝束镦头锚具、XM型锚具和QM型锚具。

（2）张拉设备。

后张法主要张拉设备有千斤顶和高压油泵。

千斤顶分拉杆式千斤顶（YL型）、锥锚式千斤顶（YZ型）和穿心式千斤顶

(YC 型)。拉杆式千斤顶（YL 型）主要用于张拉带有螺丝端杆锚具的粗钢筋、锥形螺杆锚具钢丝束及镦头锚具钢丝束。锥锚式千斤顶（YZ 型）主要用于张拉 KT-Z 型锚具锚固的钢筋束或钢绞线束和使用锥形锚具的预应力钢丝束。穿心式千斤顶（YC 型）主要用于张拉采用 JM12 型、QM 型、XM 型的预应力钢丝束、钢筋束和钢绞线束。

高压油泵与液压千斤顶配套使用，它的作用是向液压千斤顶各个油缸供油，使其活塞按照一定速度伸出或回缩。

2. 预应力筋的制作

(1) 单根预应力筋制作。

单根预应力钢筋一般用热处理钢筋，其制作包括配料、对焊、冷拉等工序。为保证质量，宜采用控制应力的方法进行冷拉。

钢筋对焊接长在钢筋冷拉前进行。钢筋的下料长度由计算确定。

当构件两端均采用螺丝端杆锚具时（图 7-3-19），预应力筋下料长度为

$$L = \frac{l + 2l_2 - 2l_1}{1 + \gamma - \delta} + n\Delta$$

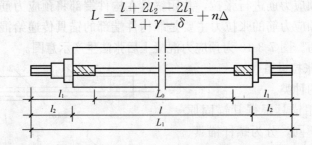

图 7-3-19　预应力筋下料长度计算图

当一端采用螺丝端杆锚具，另一端采用帮条锚具或镦头锚具时，预应力筋下料长度为：

$$L = \frac{l + l_2 + l_3 - l_1}{1 + \gamma - \delta} + n\Delta$$

式中　l——构件的孔道长度；

l_1——螺丝端杆长度，一般为 320mm；

l_2——螺丝端杆伸出构件外的长度，一般为 120～150mm 或按下式计算：

张拉端：$l_2 = 2H + h + 5$（mm）；

锚固端：$l_2 = H + h + 10$（mm）；

l_3——帮条或镦头锚具所需钢筋长度；

γ——预应力筋的冷拉率（由试验定）；

δ——预应力筋的冷拉回弹率一般为 0.4%～0.6%；

n——对焊接头数量；

Δ——每个对焊接头的压缩量，取一个钢筋直径；

H——螺母高度；

h——垫板厚度。

(2) 钢筋束及钢绞线束制作。

钢筋束由直径为 10mm 的热处理钢筋编束而成，钢绞线束由直径为 12mm 或 15mm 的钢绞线束编束而成。预应力筋的制作一般包括开盘冷拉、下料和编束等工序。每束 3～6 根，一般不需对焊接长，下料是在钢筋冷拉后进行。钢绞线下料前应在切割口两侧各 50mm 处用铁丝绑扎，切割后对切割口应立即焊牢，以免松散。

为了保证构件孔道穿入筋和张拉时不发生扭结，应对预应力筋进行编束。编束时一般把预应力筋理顺后，用 18～22 号钢丝，每隔 1m 左右绑扎一道，形成束状。

预应力钢筋束或钢绞线束的下料长度 L 可按下式计算：

一端张拉时：$L = l + a + b$

两端张拉时：$L = l + 2a$

式中　l——构件孔道长度；

　　　a——张拉端留量，与锚具和张拉千斤顶尺寸有关；

　　　b——固定端留量，一般为 80mm。

(3) 钢丝束制作。

钢丝束制作随锚具的不同而异，一般需经调直、下料、编束和安装锚具等工序。

当采用 XM 型锚具、QM 型锚具、钢质锥形锚具时，预应力钢丝束的制作和下料长度计算基本与预应力钢筋束、钢绞线束相同。

当采用镦头锚具时，一端张拉，应考虑钢丝束张拉锚固后螺母位于锚环中部，钢丝下料长度 L，可按图 7-3-20 所示，用下式计算：

$$L = L_0 + 2a + 2b - 0.5(H - H_1) - \Delta L - C$$

式中　L_0——孔道长度；

　　　a——锚板厚度；

　　　b——钢丝镦头留量，取钢丝直径 2 倍；

　　　H——锚杯高度；

　　　H_1——螺母高度；

　　　ΔL——张拉时钢丝伸长值；

　　　C——混凝土弹性压缩（若很小时可略不计）。

为了保证张拉时各钢丝应力均匀，用锥形螺杆锚具和镦头锚具的钢丝束，要求钢丝每根长度要相等。下料长度相对误差要控制在 $L/5000$ 以内且不大于 5mm。因此下料时应在应力状态下切断下料，下料的控制应力为 300MPa。

为了保证钢丝不发生扭结，必须进行编束。编束前应对钢丝直径进行测量，直径相对误差不得超过 0.1mm，以保证成束钢丝与锚具可靠连接。采用锥形螺杆锚具时，编束工作在平整的场地上把钢丝理顺放平，用 22 号铅丝将钢丝每隔 1m 编成帘子状，然后每隔 1m 放置 1 个螺旋衬圈，再将编好的钢丝帘绕衬圈围成圆束，用铅丝绑扎牢固，如图 7-3-21 所示。

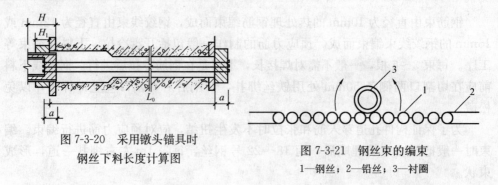

图 7-3-20 采用镦头锚具时
钢丝下料长度计算图

图 7-3-21 钢丝束的编束
1—钢丝;2—铅丝;3—衬圈

当采用镦头锚具时,根据钢丝分圈布置的特点,编束时首先将内圈和外圈钢丝分别用铅丝顺序编扎,然后将内圈钢丝放在外圈钢丝内扎牢。编束好后,先在一端安装锚杯并完成镦头工作,另一端钢丝的镦头,待钢丝束穿过孔道安装上锚板后再进行。

3. 后张法施工工艺

后张法施工工艺与预应力施工有关的主要是孔道留设、预应力筋张拉和孔道灌浆三部分,图 7-3-22 为后张法工艺流程图。

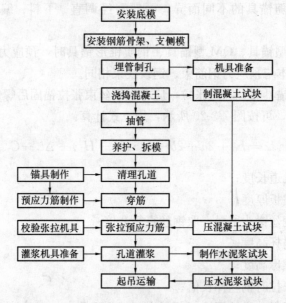

图 7-3-22 后张法工艺流程图

(1) 孔道留设。

后张法构件中孔道留设一般采用钢管抽芯法、胶管抽芯法、预埋管法。预应力筋的孔道形状有直线、曲线和折线三种。钢管抽芯法只用于直线孔道,胶管抽芯法和预埋管法则适用于直线、曲线和折线孔道。

孔道的留设是后张法构件制作的关键工序之一。所留孔道的尺寸与位置应正确,孔道要平顺,端部的预埋钢板应垂直于孔中心线。孔道直径一般应比预应力筋的接头外径或需穿入孔道锚具外径大 10~15mm,以利于穿入预应力筋。

(2) 预应力筋张拉。

用后张法张拉预应力筋时，混凝土强度应符合设计要求，如设计无规定时，不应低于设计强度等级的75%。

①张拉控制应力。

张拉控制应力越高，建立的预应力值就越大，构件抗裂性越好。但是张拉控制应力过高，构件使用过程经常处于高应力状态，构件出现裂缝的荷载与破坏荷载很接近，往往构件破坏前没有明显预兆，而且当控制应力过高，构件混凝土预压应力过大而导致混凝土的徐变应力损失增加。因此控制应力应符合设计规定。在施工中预应力筋需要超张拉时，可比设计要求提高5%，但其最大张拉控制应力不得超过施工操作规程的规定。

为了减少预应力筋的松弛损失。预应力筋的张拉程序可为：

$$0 \longrightarrow 105\%\sigma_{con} \xrightarrow{\text{持荷 2min}} \sigma_{con} \text{ 或 } 0 \longrightarrow 103\%\sigma_{con}$$

②张拉顺序。

张拉顺序应使构件不扭转与侧弯，不产生过大偏心力，预应力筋一般应对称张拉。对配有多根预应力筋构件，不可能同时张拉时，应分批、分阶段对称张拉。

③张拉端的设置。

为了减少预应力筋与预留孔壁摩擦引起的预应力损失，对于抽芯成形孔道，曲线预应力筋和长度大于24m的直线预应力筋，应在两端张拉；对长度不大于24m的直线预应力筋，可在一端张拉；预埋波纹管孔道，对于曲线预应力筋和长度大于30m的直线预应力筋，宜在两端张拉；对于长度小于30m的直线预应力筋可在一端张拉。

(3) 孔道灌浆。

预应力筋张拉完毕后，应进行孔道灌浆。灌浆的目的是为了防止钢筋锈蚀，增加结构的整体性和耐久性，提高结构抗裂性和承载力。

灌浆用的水泥浆应有足够强度和粘结力，且应有较好的流动性，较小的干缩性和泌水性，水灰比控制在0.4~0.45，搅拌后3h泌水率宜控制在2%，最大不得超过3%，对孔隙较大的孔道，可采用砂浆灌浆。

为了增加孔道灌浆的密实性，在水泥浆或砂浆内可掺入对预应力筋无腐蚀作用的外加剂。如掺入占水泥重量0.25%的木质素磺酸钙，或掺入占水泥重量0.05%的铝粉。

灌浆用的水泥浆或砂浆应过筛，并在灌浆过程中不断搅拌，以免沉淀析水。灌浆前，用压力水冲洗和湿润孔道。用电动或手动灰浆泵进行灌浆。灌浆工作应连续进行，不得中断。并应防止空气压入孔道而影响灌浆质量。灌浆压力以0.5~0.6MPa为宜。灌浆顺序应先下后上，以避免上层孔道漏浆时把下层孔道堵塞。当灰浆强度达到$15N/mm^2$时，方能移动构件，灰浆强度达到100%设计强度时，才允许吊装。

(三) 无粘结预应力施工工艺

无粘结预应力是指在预应力构件中的预应力筋与混凝土没有粘结力，预应力筋张拉力完全靠构件两端的锚具传递给构件。具体做法是预应力筋表面刷涂料并包塑料布（管）后，将其铺设在支好的构件模板内，并浇筑混凝土，待混凝土达到规定强度后进行张拉锚固。它属于后张法施工。

无粘结预应力具有不需要预留孔道、穿筋、灌浆等复杂工序，施工程序简单，加快了施工速度。同时摩擦力小，且易弯成多跨曲线型。特别适用于大跨度的单、双向连续多跨曲线配筋梁板结构和屋盖。

1. 无粘结预应力筋制作

（1）无粘结预应力筋的组成及要求。

无粘结预应力筋主要有预应力钢材、涂料层、外包层和锚具组成，如图7-3-23所示。

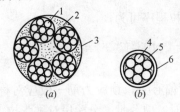

图 7-3-23　无粘结预应力筋截面示意图
(a) 无粘结钢绞线束；
(b) 无粘结钢丝束或单根钢绞线
1—钢绞线；2—沥青涂料；
3—塑料布外包层；4—钢丝；
5—油脂涂料；6—塑料管、外包层

无粘结预应力筋所用钢材主要有消除应力钢丝和钢绞线。钢丝和钢绞线不得有死弯，有死弯时必须切断，每根钢丝必须通长，严禁有接点。预应力筋的下料长度计算，应考虑构件长度、千斤顶长度、镦头的预留量、弹性回弹值、张拉伸长值、钢材品种和施工方法等因素。具体计算方法与有粘结预应力筋计算方法基本相同。

预应力筋下料时，宜采用砂轮锯或切断机切断，不得采用电弧切割。钢丝束的钢丝下料应采用等长下料。钢绞线下料时，应在切口两侧用20号或22号钢丝预先绑扎牢固，以免切割后松散。

涂料层的作用是使预应力筋与混凝土隔离，减少张拉时的摩擦损失，防止预应力筋腐蚀等。涂料应有较好的化学稳定性和韧性；在－20～＋70℃温度范围内应不开裂、不变脆、不流淌，能较好地粘附在钢筋上；涂料层应不透水、不吸湿、润滑性好、摩阻力小。

外包层主要由塑料带或高压聚乙烯塑料管制作而成。外包层应具有在－20～＋70℃温度范围内不脆化、化学稳定性高，具有抗破损性强和足够的韧性，防水性好且对周围材料无侵蚀作用。塑料使用前必须烘干或晒干，避免成型过程中由于气泡引起塑料表面开裂。

（2）锚具。

无粘结预应力构件中，预应力筋的张拉力主要是靠锚具传递给混凝土的。因此，无粘结预应力筋的锚具不仅受力比有粘结预应力筋的锚具大，而且承受的是重复荷载。无粘结筋的锚具性能应符合Ⅰ类锚具的规定。

预应力筋为高强度钢丝时，主要是采用镦头锚具。预应筋为钢绞线时，可采用XM型锚具和QM型锚具。

2. 无粘结预应力施工工艺

下面主要叙述无粘结预应力构件制作工艺中的几个主要问题。

（1）预应力筋的铺设。

无粘结预应力筋铺设前应检查外包层完好程度，对有轻微破损者，用塑料带补包好，对破损严重者应予以报废。双向预应力筋铺设时，应先铺设下面的预应力筋,再铺设上面的预应力筋,以免预应力筋相互穿插。

无粘结预应力筋应严格按设计要求的曲线形状就位固定牢固。可用短钢筋或混凝土垫块等架起控制标高,再用钢丝绑扎在非预应力筋上。绑扎点间距不大于1m,钢丝束的曲率控制可用铁马凳控制,马凳间距不宜大于2m。

(2) 预应力筋的张拉。

预应力筋张拉时,混凝土强度应符合设计要求,当设计无要求时,混凝土的强度应达到设计强度的75%方可开始张拉。

张拉程序一般采用 $0\sim103\% \sigma_{con}$,以减少无粘结预应力筋的松弛损失。张拉顺序应按预应力筋的铺设顺序进行,先铺设的先张拉,后铺设的后张拉。当预应力筋的长度小于25m时,宜采用一端张拉;若长度大于25m时,宜采用两端张拉;长度超过50m时,宜采取分段张拉。

(3) 预应力筋端部处理。

①张拉端处理。预应力筋端部处理取决于无粘结筋和锚具种类。

无粘结预应力筋采用钢丝束镦头锚具时,其张拉端头处理如图7-3-24所示,其中塑料套筒供钢丝束张拉时锚环从混凝土中拉出来用,软塑料管的作用是保护无粘结钢丝末端在穿锚具时避免损坏。无粘结钢丝的锚头防腐处理,应特别重视。

采用无粘结钢绞线夹片式锚具时,张拉端头构造简单,无需另加设施。张拉端头钢绞线预留长度不小于150mm,多余割掉,然后在锚具及承压板表面涂以防水涂料,再进行封闭。锚固区可以用后浇的钢筋混凝土圈梁封闭,将锚具外伸的钢绞线散开打弯,埋在圈梁内加强锚固,如图7-3-25所示。

 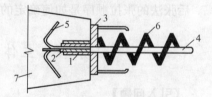

图7-3-24 镦头锚固系统张拉端
1—锚环;2—螺母;3—承压板;
4—塑料套筒;5—软塑料管;
6—螺旋筋;7—无粘结筋

图7-3-25 夹片式锚具张拉端处理
1—锚环;2—夹片;3—承压板;
4—无粘结筋;5—散开打弯钢丝;
6—螺旋筋;7—后浇混凝土

②固定端处理。

无粘结筋的固定端可设置在构件内。当采用无粘结钢丝束时固定端可采用扩大的镦头锚板,并用螺旋筋加强,如图7-3-26(a)所示。施工中如端头无结构配

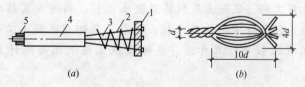

图7-3-26 无粘结筋固定端详图
(a) 无粘结钢丝束固定端;(b) 钢绞线固定端
1—锚板;2—钢丝;3—螺旋筋;4—软塑料管;5—无粘结网丝束

筋时，需要配置构造钢筋，使固定端板与混凝土之间有可靠锚固性能。当采用无粘结钢绞线时，锚固端可采用压花成型，如图7-3-26（b）所示，埋置在设计部位。这种做法的关键是张拉前锚固端的混凝土强度等级必须达到设计强度（不小于C30）才能形成可靠的粘结式锚头。

【实训练习】

实训项目一：编制砌筑工程施工方案。

资料内容：利用教学用施工图纸和所学知识，结合实际情况，编写砌筑工程施工方案。

实训项目二：编制混凝土工程施工方案。

资料内容：利用教学用施工图纸和所学知识，结合施工现场情况，编写混凝土工程施工方案。

【复习思考题】

1. 砌筑砂浆有哪些种类？适用在什么场合？对砂浆制备和使用有什么要求？
2. 简述毛石基础和砖基础的构造特点及施工要点。
3. 简述砖墙砌筑的施工工艺和施工要点。
4. 混凝土工程施工包括哪几个施工过程？
5. 混凝土施工配合比怎样根据实验室配合比求得？
6. 什么叫先张法？什么叫后张法？比较它们的异同点。
7. 后张法的张拉顺序是如何确定的？

任务四　主体工程计量与计价

【引入问题】

1. 砌筑工程计量项目有哪些？
2. 砌筑工程工程量如何计算？
3. 混凝土及钢筋混凝土工程计量项目有哪些？
4. 混凝土及钢筋混凝土工程工程量如何计算？
5. 构件安装与运输计量项目有哪些？
6. 构件安装与运输工程工程量如何计算？

【工作任务】

掌握砌筑工程、混凝土及钢筋混凝土工程、构件安装与运输工程计量的有关规定，熟练掌握砌筑工程、混凝土及钢筋混凝土工程、构件安装与运输工程工程量计算方法，能根据施工图纸正确地计算主体的工程量。

【学习参考资料】

1. 《建筑工程概预算》黑龙江科技出版社，王春宁主编．2000.
2. 《建筑工程概预算》电子工业出版社，汪照喜主编．2007.

3.《建筑工程预算》中国建筑工业出版社,袁建新、迟晓明编著.2007.

4.《房屋建筑工程量速算方法实例详解》中国建材工业出版社,李传让编著.2006.

【主要学习内容】

一、砌筑工程计量与计价

砌筑工程是以砖石或其他块料为主要材料,用砂浆砌筑而成。其内容主要包括砖石基础、砖石墙、砖柱、各种砌块墙、其他各种砌体及砖砌体钢筋加固等工程。

(一)砌筑工程的有关计算规定

1. 墙体综合的内容

砌墙定额中已包括先立门窗框(先塞口)的调直用工以及腰线、窗台线、挑檐等一般出线用工;也包括了原浆勾缝用工,但不包括加浆勾缝。加浆勾缝时,另按其他相应定额项目计算。

2. 普通砖墙计算厚度

我国现行标准砖的规格为 240mm×115mm×53mm,墙体砌筑的横竖灰缝一般以 10mm 为准。因此,普通砖砌体计算厚度按下表(表 7-4-1)规定计算。使用非标准砖时,其砌体厚度应按砖实际规格和设计厚度计算。

普通砖砌体计算厚度　　　　　　　表 7-4-1

砖数(厚度)	1/4	1/2	3/4	1	1.5	2	2.5	3
计算厚度(mm)	53	115	180	240	365	490	615	740

3. 基础与墙(柱)身的界线划分

(1)基础与墙(柱)身使用同一种材料时,以设计室内地面为界(有地下室者,以地下室室内设计地面为界),以下为基础,以上为墙(柱)身,如图 7-4-1 所示。

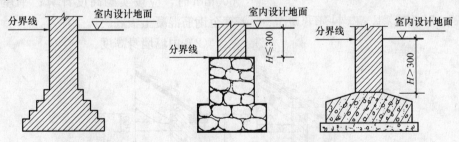

图 7-4-1　基础与墙身(柱身)分界线

(2)基础与墙身使用不同材料时,位于设计室内地面±300mm 以内时,以不同材料为分界线;超过±300mm 时,以设计室内地面为分界线,如图 7-4-1 所示。

(3)砖、石围墙,以设计室外地坪为界线,以下为基础,以上为墙身。

4. 砖墙砌体选套定额

砖墙砌体定额不分内、外墙，均按实心砖墙定额项目执行。砖砌挡土墙，两砖以上执行砖基础定额；两砖以内执行砖墙定额。

5. 砌筑砂浆种类、强度等级

项目中砂浆系按常用规格、强度等级列出，设计规定的砌筑砂浆种类、强度等级与定额规定不同时，可以换算。

6. 基础与墙身的计算长度

（1）外墙基础与墙身的长度。

外墙墙基按外墙中心线长度计算，外墙长度按外墙中心线长度计算。

（2）内墙基础与墙身的长度。

内墙墙基按内墙基净长线计算，内墙长度按内墙净长线计算。如图 7-4-2 所示。

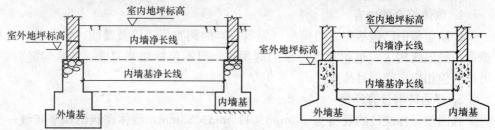

图 7-4-2 内墙基础与墙身的净长线

7. 墙身的计算高度

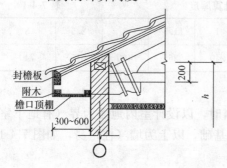

（1）外墙墙身高度。

外墙墙身高度下界起点为基础与墙身的分界线。其上界止点：斜（坡）屋面无檐口顶棚者算至屋面板底；有屋架且室内外均有顶棚者，算至屋架下弦底面另加 200mm（图 7-4-3）；无顶棚者算至屋架下弦底加 300mm（图 7-4-4）；出檐宽度超过 600mm 时，应按实砌高度计算；平屋面算至钢筋混凝土板底。

图 7-4-3 有屋架且室内外均有顶棚者（mm）

（2）内墙墙身高度。

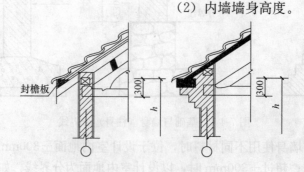

图 7-4-4 有屋架无顶棚者（mm）

内墙墙身高度下界起点，底层与外墙身相同，2层及2层以上以楼板顶面为起点。其上界止点：位于屋架下弦者，其高度算至屋架底（图7-4-5a）；无屋架者算至顶棚底另加100mm（图7-4-5b）；有钢筋混凝土楼板隔层者算至板顶；有框架梁时算至梁底面。

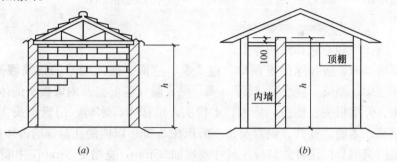

图7-4-5 内墙墙身高度（mm）
(a) 位于屋架下内墙高；(b) 无屋架内墙高

（3）内外山墙的高度。

内外山墙的高度按平均高度计算。

（4）女儿墙的高度。

有混凝土压顶时，由屋面板底面算至压顶底面。

无混凝土压顶时，由屋面板底面算至女儿墙顶面（图7-4-6）。

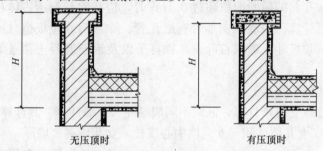

图7-4-6 女儿墙的高度示意图

8. 砌石

（1）定额中粗、细料石（砌体）墙按400mm×220mm×200mm，柱按450mm×220mm×200mm，踏步石按400mm×200mm×100mm规格编制的。

（2）毛石墙镶砖，墙身按内背镶1/2砖编制的，墙体厚度为600mm。

（二）砌筑工程量的计算方法

1. 砖石基础

砖石基础的工程量，按图示尺寸以立方米计算。

带形砖石基础工程量

$$V = 基础长度 \times 基础断面积$$

不扣除基础大放脚T形接头处的重叠部分，嵌入基础的钢筋、铁件、管道和基础防潮层等所占的体积。不增加靠墙沟道的挑砖，增加附墙垛基础宽出部分的体积。

2. 普通砖墙

普通砖墙的工程量,按图示尺寸以立方米计算。其计算公式为:

$$砖墙体积 = (L \times H - S_{洞口面积}) \times 墙厚 - V_{应扣除的嵌入墙内构件体积} + V_{应增加的突出墙面的体积}$$

(1) 应扣除和不应扣除的体积。

计算墙体时,应扣除门窗洞口、过人洞、空圈、嵌入墙身的钢筋混凝土柱、梁(包括过梁、圈梁、挑梁)、砖平(弧)拱、暖气包壁龛及内墙板头的体积;不扣除梁头、外墙板头、檩头、垫木、木楞头、沿椽木、木砖、门窗走头、砖墙内的加固钢筋、木筋、铁件、钢管及每个面积在 $0.3m^2$ 以内的孔洞等所占体积。

双层门窗洞口按设计外口标注尺寸高增加 25mm,宽增加 35mm,扣除窗洞口面积计算。

(2) 应增加和不应增加的体积。

计算墙体时,对于凸出墙面的砖垛、三皮砖以上的挑檐、腰线等体积,均应并入所依附的墙体内计算;对于凸出墙面的窗台虎头砖、压顶线、山墙泛水、烟囱根、门窗套、三皮砖以内的腰线和挑檐等体积亦不增加。

附墙烟囱(包括附墙通风道、垃圾道)按其外形体积计算,并入所依附的墙体积内,不扣除每个横截面积在 $0.1m^2$ 以内的孔洞体积,孔洞内的抹灰工程量亦不增加。如每一孔洞的横断面积超过 $0.1m^2$ 时,应扣除孔洞所占体积,孔洞内的抹灰亦另列项目计算。附墙烟囱如带有缸瓦管、除灰门或垃圾道(或通风道、烟道)带有道门、垃圾斗、通风百叶窗、铁算子以及钢筋混凝土顶盖等,均应另列项目计算。

(3) 女儿墙的工程量。

按图示尺寸以立方米计算,区别不同墙厚并入外墙计算。其计算公式如下:

$$女儿墙体积 = 女儿墙中心线长 \times 女儿墙高 \times 墙厚$$

3. 空斗墙、空花墙、填充墙、多孔砖和空心砖墙

(1) 空斗墙(图 7-4-7)。按外形尺寸以立方米计算,墙角、内外墙交接处、门窗洞口立边、窗台砖及屋檐处的实砌部分已包括在定额内,不另行计算;但窗间墙、窗台下、楼板下、梁头下等实砌部分,应另行计算,套零星砌砖定额项目。

图 7-4-7 空斗墙

(2) 空花墙(图 7-4-8)。按空花部分外形体积以立方米计算,空花部分不予扣除,与空花墙连接的附墙柱和实砌墙体应合并计算,套相应厚度的外墙定额项目。

(3) 填充墙。填充墙按外形体积以立方米计算,应扣除门窗洞口及嵌入墙身

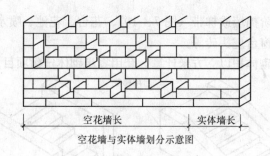

图 7-4-8 空花墙

的钢筋混凝土构件等所占体积。实砌砖部分已包括在定额内，不另行计算。填充墙定额以填炉渣、炉渣混凝土为准，如实际使用材料与定额不同时允许换算，其他不变。

（4）多孔砖和空心砖墙（图 7-4-9）。按图示厚度以立方米计算，不扣除砖本身孔或空心部分体积，其他同普通砖墙。

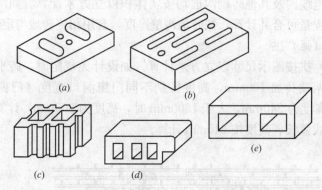

图 7-4-9 多孔砖和空心砖示意图

4．其他砖砌体

（1）砖砌地下室墙。

砖砌地下室墙的工程量，套用相应厚度的砖墙定额项目。但地下室墙身外侧防水层的砖砌保护墙应另列项目计算，套相应厚度的贴砌砖定额项目。砌保护墙与防水层间的填缝砂浆已包括在贴砌砖定额项目内，不另计算。

地下室墙的工程量计算方法同普通砖墙。

（2）贴砌砖墙。

贴砌砖墙指在地下室外墙防潮层外侧或其他结构外侧贴砌的砖砌体。贴砌砖墙按外形尺寸以立方米计算，扣除门窗洞口所占的体积，套相应定额项目。

（3）框架间砌体。

框架间砌体，以框架间的净空面积乘以墙厚计算；框架外表镶贴部分按零星贴砌项目执行。

（4）零星砌砖。

零星砌砖项目系指房上烟囱及通气道、屋面伸缩缝、楼梯栏板及楼梯下砌砖、厕所蹲台、便槽、挡板墙、阳台栏板、洗涤池、教室讲台砌体、水槽腿、灯箱、垃圾箱、台阶、台阶挡墙或梯带（图7-4-10）、花台、花池、喷水池、地垄墙、毛石墙的门窗立边、窗台虎头砖等。

零星砌砖按实砌体积以立方米计算，套用零星砌体定额项目。

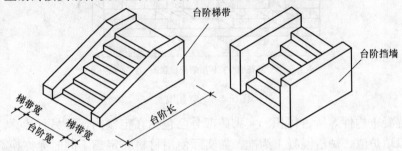

图7-4-10　台阶及挡墙和梯带

(5) 砖地沟。

暖气沟、电缆沟及其他砖砌沟道均按实体积以立方米计算。如沟壁以下为砖基础时，其工程量可合并计算，按砖地沟壁厚度，套用相应砖地沟定额。

(6) 砖平（弧）拱。

砖平（弧）拱按图示尺寸以立方米计算。如设计无规定时，砖平拱长度可按门窗洞口宽度两端共加100mm，高度区别不同门窗洞口宽度（门窗洞口宽小于1500mm时，高度为240mm，大于1500mm时，高度为365mm）计算。砖弧拱长度按拱的中心线弧长、高度按240mm计算。

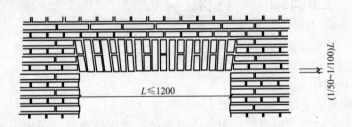

图7-4-11　砖平（弧）拱示意图

(7) 锅台、炉灶、火墙、朝鲜式火炕。

锅台、炉灶按外形体积以立方米计算，不扣除各种孔洞的体积。灶台面镶贴块料面层以及砌体内设置预埋铁件者应另列项目计算。火墙、灶台安放的铁活均按座计算。

火墙、朝鲜式火炕按平方米计算。普通火炕按延长米计算。

(8) 砖砌围墙。

砖砌围墙按不同厚度以实砌体积按立方米计算，其围墙柱（垛）、压顶按实体积并入围墙工程量内，砖旋执行相应定额项目。

(9) 砖砌检查井及化粪池。

砖砌检查井及化粪池不分壁厚均以立方米计算，洞口上的砖平（弧）拱等并入砌体体积内计算。

5. 砌块墙

加气混凝土砌块墙，不分内、外墙均按图示尺寸以立方米计算。应扣除门窗洞口及嵌入墙身的钢筋混凝土构件所占的体积。按设计规定需要镶嵌砖砌体部分已包括在定额内，不另计算。

陶粒混凝土墙按设计图示尺寸以立方米计算，贴砌陶粒混凝土墙按结构部分外边线至墙外边线以立方米计算。计算工程量时扣除门窗洞口以及嵌入墙内的混凝土构件等所占体积。

6. 石砌体

毛石墙、方整石砌体（墙、柱、台阶）按图示尺寸以立方米计算。墙体中如有砖平（弧）拱等，按实砌体积另列项目计算。

石勒脚出垛者，其出垛部分按相应定额项目人工乘以系数 1.53。

石砌独立柱基础按相应石基础定额项目人工乘以系数 1.27；地垅墙按相应石基础定额项目执行。

7. 砌体钢筋加固

砌体钢筋加固是指在砌体内设置钢筋网或通长钢筋，以及墙体砌筑留直槎时设置的拉结钢筋。

砌体内的拉接钢筋、钢筋加固中的钢筋应根据设计规定，以吨计算，套钢筋工程的相应项目。

8. 砖烟囱

（1）筒身：圆形、方形均按图示筒壁平均中心线周长乘以厚度并扣除筒身各种孔洞、钢筋混凝土圈梁、过梁等体积以立方米计算。其筒壁周长不同时，可按下式分段计算。

$$V = \Sigma H \times C \times \pi D$$

式中　V——筒身体积；

　　　C——每段筒壁厚度；

　　　H——每段筒身垂直高度；

　　　D——每段筒壁中心线的平均直径。

（2）烟道、烟囱内衬按不同内衬材料并扣除孔洞后，以图示实体积计算。

（3）烟囱内壁表面隔热层，按筒身内壁并扣除各种孔洞后的面积以平方米计算；填料按烟囱内衬与筒身之间的中心线平均周长乘以图示宽度和筒高，并扣除各种孔洞所占体积（但不扣除连接横砖及防沉带的体积）后，以立方米计算。

（4）烟道砌砖：烟道与炉体的划分以第一道闸门为界，炉体内的烟道部分列入炉体工程量计算。

二、混凝土及钢筋混凝土工程计量与计价

混凝土及钢筋混凝土工程主要包括现浇和预制的各种结构构件，如基础、柱、梁、板、墙、楼梯、阳台、雨篷、挑檐、屋架及其他工程项目。

（一）混凝土及钢筋混凝土工程的计量与计价的规定

1. 预算定额综合的内容

混凝土及钢筋混凝土工程定额中均考虑了混凝土各种工序的人工、材料及施工机械的耗用量（不含垂直运输机械）。现浇钢筋混凝土柱、墙定额项目，均按现行规范规定综合了底部灌注 1∶2 水泥砂浆用量。

钢筋工程内容包括：制作、绑扎、安装以及浇灌混凝土时维护钢筋正确位置。预应力钢筋工程内容包括：制作、穿筋、张拉、孔道灌浆、锚固、放张、切断等。

模板工程在定额措施中计算。

2. 工程量的计量单位

（1）混凝土工程量除另有规定者外，均按图示尺寸实体体积以立方米计算。

（2）钢筋区别现浇、预制构件、不同钢种和规格，分别按设计长度乘以单位理论质量，以吨计算。计算钢筋工程量时，设计已规定钢筋搭接长度的，按规定搭接长度计算用量，设计未规定搭接长度的，定额已按规范要求计算了搭接头用量，不另计算。

3. 混凝土及钢筋混凝土工程量中应扣除和不扣除的体积

不扣除构件内钢筋、预埋铁件及墙、板中单个面积在 $0.3m^2$ 以内的孔洞所占体积。墙、板中单孔面积在 $0.3m^2$ 以外时，应予扣除。用型钢代替钢筋时，每吨型钢扣减 $0.10m^3$ 混凝土的体积。

对于沿板的长度或宽度方向留设的孔洞面积不足 $0.3m^2$ 时，也应扣除孔洞所占的体积。例如，空心板的孔洞是沿板长方向留设的，因此其孔洞体积应予扣除。现浇空心楼板，应扣除管与空心体积。

后张法的预应力构件，不扣除孔道体积，孔道灌浆也不另计。

4. 商品混凝土及现场搅拌泵送混凝土

（1）商品混凝土（现场搅拌泵送）施工损耗均为 2％。计算现场振捣养护费，并扣减垂直运输费。

（2）施工中采用商品混凝土，其价格直接计入材料费。

（3）施工现场设置集中搅拌站时，根据搅拌站生产能力，套相应的定额项目。

（4）现场泵送混凝土，使用普通搅拌机搅拌时，应按混凝土搅拌站 $25m^3/h$ 项目执行。

（5）现场泵送混凝土（商品混凝土），水平垂直运输按定额相应项目计算。混凝土配合比中使用的水泥强度等级分别按 32.5 级和 42.5 级考虑的，根据混凝土的不同强度等级，定额选用了一种强度等级的水泥，实际使用与定额规定不同时，均不得调整。

5. 混凝土的换算规定

（1）混凝土是按常用强度等级列入定额的，如设计要求不同时，配合比可以换算。定额中的混凝土选用了砾石和碎石两种石子，其石子最大粒径分为 10mm、15mm、20mm 和 40mm 四种规格。若实际施工使用的石子种类和粒径与定额规定不符时，可以换算。

（2）毛石混凝土是按毛石占混凝土体积 20％计算的，如设计要求不同时，可以换算。

(3) 楼梯图示混凝土用量与定额消耗量不同时，可以调整混凝土消耗量，其他不变。

(4) 设计图纸坡屋面、斜墙、斜梁（柱），执行相应的板、墙、梁（柱）定额项目，其人工费按以下规定调整：

坡度在 15°以内时，增加人工费 5%；

坡度在 15~30°以内时，增加人工费 10%；

坡度在 30~45°以内时，增加人工费 15%；

坡度在 45~60°以内时，增加 人工费 20%。

6. 混凝土工程其他规定

(1) 小型混凝土构件，系指每件体积在 $0.05m^3$ 以内的未列出定额项目的构件。

(2) 构筑物混凝土按构件选用相对应的定额项目使用。

(3) 钢筋混凝土烟道，按地沟项目执行，但架空烟道应分别套用相应定额项目。

(4) 现浇钢筋混凝土框架分别按梁、板、柱、墙的相关定额项目计算。

(5) 混凝土墙和混凝土柱（不含暗柱）同时浇筑时，应分别按墙、柱相应项目计算。

(二) 混凝土及钢筋混凝土工程量的计算方法

1. 现浇混凝土

(1) 现浇钢筋混凝土柱。

现浇柱一般有矩形柱、圆形柱和构造柱等，其工程量可按下式以立方米计算：

$$柱体积＝柱高×柱图示断面面积$$

依附柱上的牛腿并入柱身体积内计算。

①现浇钢筋混凝土柱高。

(a) 有梁板的柱高，应自柱基上表面（或楼板上表面）至上一层楼板上表面之间的高度计算，如图 7-4-12 (a) 所示。

(b) 无梁板的柱高，应自柱基上表面（或楼板上表面）至柱帽下表面之间的高度计算，如图 7-4-12 (b) 所示。

(c) 框架柱的柱高，应自柱基上表面至柱顶高度计算，如图 7-4-12 (c)、(d) 所示。

(d) 构造柱按全高计算。

②柱的图示断面面积。

柱的断面面积按图示尺寸计算。

③构造柱。

抗震墙构造柱，它一般设置在混合结构的墙体转角处或内外墙交接处，同墙构成一个整体，用以加强墙体的抗震能力。

构造柱按全高计算，与砖墙嵌接部分的体积并入柱身体积内计算。构造柱的体积按柱截面乘以柱高计算。

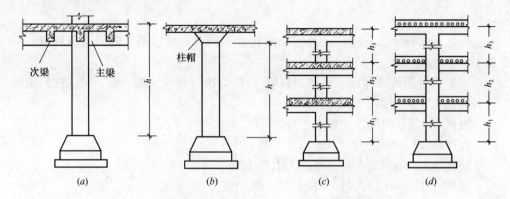

图 7-4-12 现浇钢筋混凝土柱高示意图

一般构造柱的马牙槎间净距为 300mm，伸出高度为 300mm，宽为 60mm，如图 7-4-13 所示。

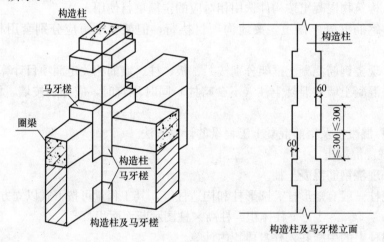

图 7-4-13 构造柱示意图（mm）

常见构造柱的断面形式一般有四种，即 L 形拐角、T 形接头、"十字形"交叉和长墙中的"一字形"，如图 7-4-14 所示。

构造柱计算断面积的公式为：

$$F_g = a \times b + 0.03 \times a \times n_1 + 0.03 \times b \times n_2$$

式中　F_g——构造柱断面积；

n_1、n_2——分别为相当于 a、b 两个方向的咬接边数，其数值为 0、1、2。

抗震墙构造柱只适用于先砌墙后浇柱的情况，如先浇柱后砌墙者，应按现浇矩形柱定额计算。

（2）现浇钢筋混凝土梁。

现浇钢筋混凝土梁一般包括：基础梁、单梁及连续梁、T 及工形梁、圈梁和过梁等。各种梁均按图示尺寸以立方米计算，其计算公式为：

$$梁的体积 = 梁长 \times 梁图示断面积$$

对于现浇梁的端部有现浇梁垫时，其体积并入梁内计算。梁挑耳宽度在 250mm 并入梁体积内计算。

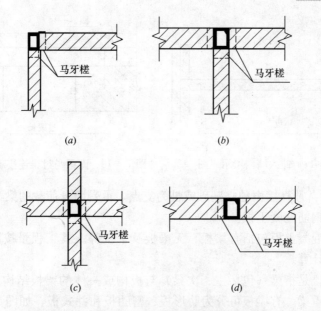

图 7-4-14　构造柱的断面形式示意图
(a) 转角接头；(b) T形接头；(c) "十字形"接头；(d) "一字形"接头

梁的长度按下列规定确定：

① 梁与柱连接时，梁长算至柱侧面。如图 7-4-15 所示。

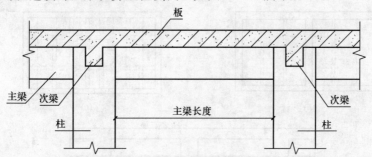

图 7-4-15　主梁与柱连接示意图

② 主梁与次梁连接时，次梁长算至主梁侧面。如图 7-4-16 所示。

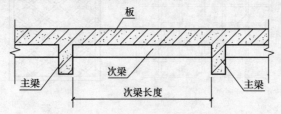

图 7-4-16　主梁与次梁连接示意图

③ 伸入墙内梁头，应包括在梁的长度内计算。如图 7-4-17 所示。

④ 圈梁与过梁连接者，分别套用圈梁、过梁定额项目，过梁长度按门、窗洞口宽度两端共加 50cm 计算。如图 7-4-18 所示。

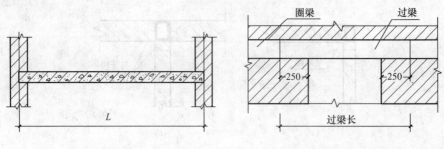

图 7-4-17 伸入墙内梁示意图　　图 7-4-18 圈梁与过梁连接示意图（mm）

⑤基础梁：凡直接由独立基础或桩为支点，承受墙身荷载的梁为基础梁。

(3) 现浇钢筋混凝土板。

现浇钢筋混凝土板包括有梁板、无梁板及平板等。其工程量按图示面积乘以板厚以立方米计算。

①有梁板。是指梁（包括主、次梁）与板构成一体的梁板结构。有梁板的梁必须是结构承重梁。有梁板可分为肋形板、密肋板和井式板，如图 7-4-19 和图 7-4-20 所示。

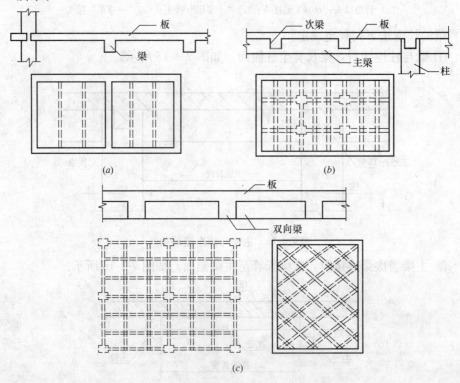

图 7-4-19 有梁板示意图
(a) 肋形板；(b) 密肋板；(c) 井式板

有梁板工程量可按下式计算：

$$有梁板体积 = V_{板} + V_{梁}$$

②无梁板。是指不带梁，直接由柱支承的板，如图 7-4-21 所示。其工程量可

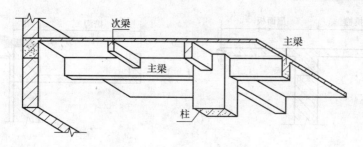

图 7-4-20 有梁板示意图

按下式计算：

$$V = V_{板} + V_{柱帽}$$

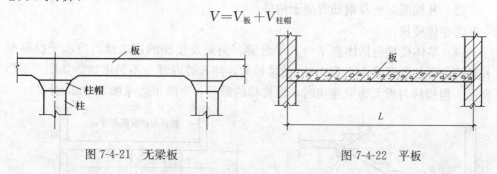

图 7-4-21 无梁板　　　　　图 7-4-22 平板

③平板。是指无柱、梁，直接由墙支承的板，工程量按板实体积计算，伸入墙内的板头并入板体积内计算。如图 7-4-22 所示。其工程量可按下式计算：

$$平板体积 = 板长 \times 板宽 \times 板厚$$

④多种板连接的界线划分。

多种板连接时，以墙的中心线为界，伸入墙内的板头并入板内计算。如图 7-4-23 所示。

现浇挑檐、天沟、雨篷、阳台与板（包括屋面板、楼板）连接时，以外墙（包括保温墙）外边线为分界线，与圈梁（悬挑梁）连接时以梁外边线为分界线，外边线以外为挑檐、天沟、雨篷或阳台。如图 7-4-24 所示。

（4）混凝土及钢筋混凝土墙。

混凝土及钢筋混凝土墙通常分为：一般钢筋混凝土墙、电梯井壁、大钢模板墙、地下室墙和挡土墙等。工程量按图示墙的长度

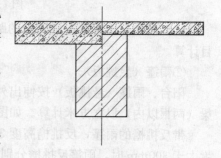

图 7-4-23 多种板连接示意图

乘以墙高和厚度以立方米计算。应扣除门窗洞口及 0.3m² 以外孔洞的体积，墙垛及突出墙挑耳宽度在 250mm 并入墙体积内计算。大钢模板混凝土墙中的圈梁、过梁及外墙的八字角应并入墙体积内计算。

墙的长度，外墙按中心线长，内墙按净长计算；墙厚按图示尺寸；墙的高度按下列规定确定：

①混凝土外墙高度按层高计算。

②混凝土内墙高度算至板下皮。

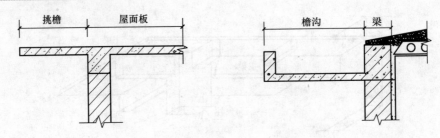

图 7-4-24 现浇挑檐、天沟与板、梁的划分示意图

③梁与墙厚度不同时,墙高度算至梁下皮。

(5)其他混凝土及钢筋混凝土构件。

①整体楼梯。

(a)整体楼梯包括休息平台、平台梁、斜梁及楼梯的连接梁,按水平投影面积计算,不扣除宽度小于 500mm 的楼梯井,伸入墙内部分不另增加。如图 7-4-25 所示。但楼梯与板无梯梁连接时,以楼梯的最后一个踏步边缘加 300mm 计算。

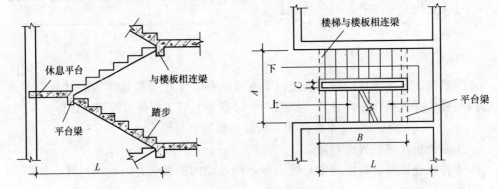

图 7-4-25 整体楼梯

(b)楼梯与地面相连接部分的踏步、楼梯基础、支承柱,应另按相应定额项目计算。

②雨篷(悬挑板)。

阳台、雨篷(悬挑板)按伸出外墙部分工程量计算,包括伸出外墙的牛腿和梁(两根以内)以立方米计算。如图 7-4-26 所示。

带反挑檐的雨篷,反挑檐高度 300mm 以内并入雨篷工程量内计算。反挑檐高度大于 300mm 时,雨篷反挑檐分别计算。如图 7-4-27 所示。

阳台有 3 根及 3 根以上梁时,按有梁板以立方米计算。

③有柱、梁雨篷及有柱、梁加油站、地重衡的风雨篷,按有梁板以立方米计算,柱按相应定额以立方米计算。

④栏板、扶手按图示尺寸以立方米计算。伸入墙内的栏板头、扶手头并入相应项目内计算。栏板高度超过 1200mm 时,按墙的相应项目计算。如图 7-4-28 所示。

⑤台阶、池、槽按实体积计算,如台阶与平台连接时,其分界线应以最上层踏步外沿加 300mm 计算。如图 7-4-29 所示。

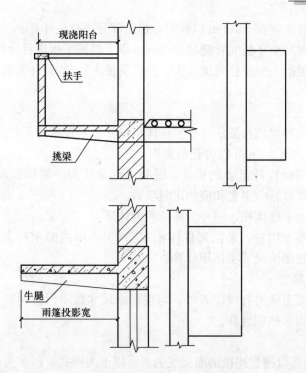

图 7-4-26 阳台、雨篷示意图

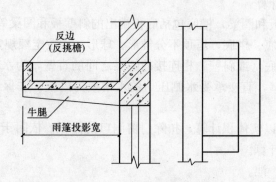

图 7-4-27 带反挑檐的雨篷

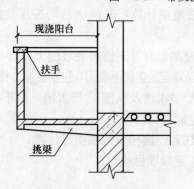
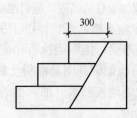

图 7-4-28 栏板、扶手　　　图 7-4-29 台阶（mm）

⑥梁与墙挑耳宽度在250mm以外时，挑出部分按栏板计算。

⑦预制钢筋混凝土平板间补缝超过40mm以上时按平板项目计算。

⑧预制钢筋混凝土框架柱现浇接头（包括梁接头），按设计断面和长度以立方米计算。

2. 预制混凝土

（1）混凝土工程量均按图示尺寸实体体积以立方米计算，不扣除构件内钢筋、铁件及小于300mm×300mm以内孔洞面积。

（2）混凝土与钢杆件组合的构件，混凝土部分按构件实体积以立方米计算，钢构件部分按吨计算，分别套相应的定额项目。

（3）预制柱上牛腿体积，应并入柱体积内计算。

（4）小型混凝土构件，系指每件体积在0.05m^3以内的未列出定额项目的构件。其工程量均按图示尺寸实体积计算。

3. 构筑物混凝土

（1）构筑混凝土除另有规定者外，均按图示尺寸扣除门窗洞口及0.3m^2以外孔洞所占体积，以实体积计算。

（2）水塔。

①筒身与槽底以槽底连接的圈梁底为界，以上为槽底，以下为筒身。

②筒式塔身其依附于筒身的过梁、雨篷、挑檐等并入筒身体积内计算；柱式塔身、柱、梁合并计算。

③塔顶包括顶板和圈梁，槽底包括底板挑出的斜壁板和圈梁等合并计算。

④槽底不分平底、拱底，塔顶不分锥形、球形，均按定额规定计算。

⑤与塔顶、槽底（或斜壁）相连接的圈梁之间的直壁，为水槽内外壁，保温水槽外保护壁为外壁，直接承受水侧压力的水槽壁为内壁，非保温水塔的水槽按内壁计算。

⑥水槽内外壁以实体积计算，扣除门窗洞口的体积。依附于外壁的柱、梁等均并入外壁体积中计算。

（3）贮水（油）池。

①贮水（油）池混凝土部分不分平底、坡底，均按池底计算；壁基梁、池壁混凝土部分不分圆形壁和矩形壁，均按池壁计算；其他项目均按现浇混凝土部分相应项目计算。

②锥形底应算至壁基梁底面，无壁基梁时算至锥形底坡的上口。

③无梁池盖柱的高度，应自池底表面算至池盖的下表面，包括柱座、柱帽的体积。

④沉淀池水槽，系指池壁上的环形溢水槽及纵槽U形水槽，但不包括与水槽相连接的矩形梁，矩形梁执行相应的定额项目。

⑤砖石池如带有钢筋混凝土独立柱者，按相应定额项目计算。

（4）化粪池按贮水（油）池的相应定额项目执行。

（5）地沟。

①钢筋混凝土及混凝土的现浇无肋地沟的底、壁、顶，不论方形（封闭式）、槽形（开口式）、阶梯形（变截面式）均按地沟项目执行。但净空断面面积在

1.5m² 以内的混凝土地沟，应按本部分的相应项目计算。

② 沟壁与底的分界，以底板的上表面为界。沟壁与顶的分界，以顶板的下表面为界。上薄下厚的壁按平均厚度计算；阶梯形的壁，按加权平均厚度计算，八字角部分的数量并入沟壁工程量内计算。

③ 肋形顶板或预制顶板，按相应定额计算。

④ 钢筋混凝土烟道，按地沟项目计算。但架空烟道应分别套用相应的项目。

(6) 贮仓。

① 矩形仓按不同壁的厚度计算体积。

② 圆形仓工程量应分仓基础板、仓底板、仓顶板、仓壁等部分计算。

③ 仓基础板与仓底板之间的钢筋混凝土柱，包括上下柱头在内，合并计算工程量，按本部分相应项目计算。

④ 仓顶板的梁与仓顶板合并计算，按仓顶板定额执行。

⑤ 板式仓基础，可按满堂基础项目计算。

⑥ 仓壁高度应自基础板顶面算至仓顶板底面计算，扣除 0.05m² 以上的孔洞。

(7) 大型池槽等分别按基础、墙、板、梁、柱等有关规定计算，并套相应定额项目。

(8) 沉井。

适用于在排水条件下施工的钢筋混凝土沉井，不适用于市政工程和其他专业工程渗井，不适用于水下施工。定额中未考虑排水施工所需的人工和机械，发生时另行计算。

4. 构件接头灌缝

(1) 接头灌缝：包括构件坐浆、灌缝、堵板孔、塞板梁缝等，均按预制钢筋混凝土构件实体积以立方米计算。

(2) 柱与柱基的灌缝，按首层柱体积计算，首层以上柱灌缝按各层柱体积计算。

5. 泵送混凝土的水平运距和垂直运距

混凝土泵送的水平运距和垂直运距合并、分层计算。运距在 30m 以内的套 30m 以内相应项目；超过 30m，超过部分另套每增 10m 项目，不足 10m 按 1 个 10m 计算。

(1) 水平运距由两部分构成：

①混凝土输送泵或泵车中心点至建筑物（构筑物）外墙外边线的管道长度。

②建筑物（构筑物）中心线水平长度、垂直长度各一半。

(2) 垂直运距：由输送泵或输送泵车着落地表面至建筑物（构筑物）浇筑混凝土构件的上表面。

(3) 如混凝土分为两段或两段以上浇筑时，应按施工段分别计算水平及垂直运输长度。

三、构件安装与运输

构件运输与安装工程，主要包括预制混凝土构件和金属构件的场内外运输、现场安装、拼装及木门窗构件的运输等内容。

(一)构件运输、安装工程的有关计算规定

1. 构件运输

(1) 构件运输分类。

由于构件种类很多,体形大小也不同,所以所需的装卸机械、运输工具也不一样。为了便于统一结算和考察,预算定额根据构件体形大小和吊装灵活程度。将钢筋混凝土构件分为六类,金属构件分为三类,木门窗不分类。见表7-4-2、表7-4-3。

预制混凝土构件分类　　　　　表7-4-2

类别	项目
Ⅰ	4m以内空心板、实心板
Ⅱ	6m以内的桩、屋面板、工业楼板、进深梁、基础梁、吊车梁、楼梯休息板、楼梯段、阳台板
Ⅲ	6~14m梁、板、柱、桩,各类屋架、桁架、托架
Ⅳ	天窗架、挡风架、侧板、端壁板、天窗上下档、门框及单件体积在0.1m³以内小构件
Ⅴ	装配式内外墙板、大楼板、厕所板
Ⅵ	隔墙板(高层用)

金属结构构件分类　　　　　表7-4-3

类别	项目
Ⅰ	钢柱、屋架、托架梁、防风桁架
Ⅱ	吊车梁、制动梁、型钢檩条、钢支撑、上下档、钢拉杆栏杆、盖板、垃圾出灰门、倒灰门、箅子、爬梯、零星构件平台、操作台、走道休息台、扶梯、钢吊车梯台、烟囱紧固箍
Ⅲ	墙架、挡风架、天窗架、组合檩条、轻型屋架、滚动支架、悬挂支架、管道支架

(2) 构件运输机械。

定额中的构件运输所用的机械类型、规格是按常用机械考虑的,实际使用机械与定额规定不同时,除定额注明者外,均不得换算。

(3) 构件运输的距离。

在预制厂或现场预制的构件,其运输距离按构件堆放场中心点至拟建工程的中心点水平运输距离计算。预制混凝土构件运输的最大运输距离取定为50km以内;钢构件和木门窗构件最大运输距离取定为20km以内,超过时另行补充。

(4) 其他规定。

①构件运输适用于由构件堆放场地或构件加工厂至施工现场的运输。

②预制混凝土构件单体长度超过14m,金属构件单体长度超过20m,质量超过20t,应另采取措施运输,定额项目不适用。

③钢门窗运输按木门窗运输定额项目人工、机械乘1.10系数。

④构件运输综合考虑了城镇、现场运输道路等级、重车上下坡等各种因素,

不得因道路条件不同而修改定额。

⑤构件运输过程中，如遇路桥限载（限高），而发生的加固、拓宽等费用及有电车线路和公安交通管理部门的保安护送费用，应另行处理。

2. 构件安装

（1）构件的安装高度。

构件的安装高度，定额是以20m以内考虑的，如超过20m时，另按定额建筑物超高增加人工、机械台班计算超高费用。

（2）构件的场内运输。

各种构件的安装，定额项目中只包括了自然地面范围内安装机械回转半径15m的构件运输，若超过15m时，应按构件1km运输定额项目执行。

对于自然地面以上的构件安装，其构件运输距离不受15m的限制，在构件安装定额项目中均已包括，不另计算场内运输费。

（3）构件安装机械。

构件安装机械是按汽车式起重机、轮胎式起重机、塔式起重机分别编制的，如使用履带式起重机时，按汽车式起重机相应定额项目的台班用量除以系数1.05，并换算台班价格，其他不变。

构件安装机械按单机作业制定的，每一工作循环中，均包括机械的必要位移。定额中的塔式起重机（卷扬机）台班均已包括在垂直运输机械费中。

（4）其他规定。

①本部分不包括起重机械、运输机械行驶道路的修整、铺垫工作的人工、材料和机械，发生时应按实计算。

②柱接柱定额未包括钢筋焊接。支架安装按柱安装相应定额项目执行。

③小型构件安装系指单体小于$0.1m^3$的构件安装。

④预制钢筋混凝土构件及金属构件拼接和安装所需的连接螺栓与配件，定额内未包括，发生时，应按实际材料用量另行计算，并随同构件一起制作，供给安装使用。

⑤预制混凝土构件和金属构件安装定额均不包括为安装所搭设的脚手架，若发生时另行计算。

⑥钢柱安装在混凝土柱上，其人工、机械乘以系数1.43。

⑦预制混凝土构件、钢构件，若需跨外安装时，其人工、机械乘以系数1.18。

⑧钢网架拼装定额不包括拼装后所用材料，使用定额时，可按实际施工方案进行补充。钢网架定额是按焊接考虑的，安装是按分体吊装考虑的，若施工方法与定额不同时，可按实调整。

⑨如构件单体质量超过40t，或构件特殊时，本部分构件安装定额项目不适用，应另行计算。

3. 构件运输和安装的损耗

构件运输和安装的损耗量，应计入构件制作工程量内，不得列入构件运输和安装的工程量中。预制混凝土构件运输、堆放及安装（打桩）损耗率见表7-4-4。

预制混凝土构件运输、堆放及安装（打桩）损耗率　　　表 7-4-4

序　号	材　料　名　称	损耗率%
1	混凝土预制构件制作废品损耗	0.2
2	混凝土预制构件运输堆放损耗	0.8
3	混凝土预制构件安装损耗	0.5
4	打桩损耗	1.5

（二）构件运输、安装工程的计量

1. 金属构件的运输和安装

金属构件运输和安装的工程量，应按图示尺寸长度或面积折算成重量以吨为单位计算。依附于钢柱上的牛腿及悬臂梁等，并入柱身主材重量计算。金属结构中所用的钢板，设计为多边形者，按矩形计算。矩形的边长以设计尺寸中互相垂直的最大尺寸为准。

H 型钢按柱使用时，套柱定额；按梁使用时，套梁定额。

2. 预制混凝土构件的运输和安装

预制混凝土构件运输及安装均按构件图示尺寸，以实体积计算。

（1）凡预制柱、梁通过焊接而组成框架结构，其柱安装按框架柱项目计算，梁安装按框架梁项目计算；节点浇筑成形的框架，按连体框架梁、柱计算。

（2）组合屋架是指上弦为钢筋混凝土、下弦为型钢组成的屋架。计算工程量时，只计算构件上弦钢筋混凝土部分的实体积，型钢部分不予计算。

（3）加气混凝土板运输，其工程量按 $1m^3$ 加气混凝土构件折合 $0.4m^3$ 钢筋混凝土板，执行一类构件运输定额项目。

（4）预制钢筋混凝土工字型柱、矩形柱、空腹柱、双肢柱、空心柱、管道支架等安装，均按柱安装计算。

（5）预制钢筋混凝土多层柱安装，首层柱按柱安装计算，二层及二层以上按柱接柱计算。

3. 木门窗的运输

木门窗运输的工程量，按外框面积以平方米计算。其运输工程量按下式计算：

木门窗的运输工程量＝木门框工程量＋木门扇工程量

【实训练习】

实训项目一：砌体工程计量与计价。

资料内容：利用教学用施工图纸和预算定额，进行砌体工程项目列项、计算工程量，填写工程量计算表和工程预算表。

实训项目二：混凝土及钢筋混凝土工程计量与计价。

资料内容：利用教学用施工图纸和预算定额，进行混凝土及钢筋混凝土柱、梁、板、墙、楼梯、阳台、雨篷、挑檐及其他工程项目列项、计算工程量，填写工程量计算表和工程预算表。

实训项目三：计算构件运输、安装工程量。

资料内容：利用教学用施工图纸和预算定额，进行构件运输、安装工程项目列项、计算工程量，填写工程量计算表和工程预算表。

【复习思考题】

1. 基础与墙（柱）身的界线如何划分？
2. 外墙与内墙工程量计算时有何区别？
3. 墙体砌筑工程量中应扣除和不应扣除的体积有哪些？
4. 墙体砌筑工程量中应增加和不应增加的体积有哪些？
5. 零星砌砖包括哪些构件？
6. 钢筋混凝土柱高如何确定？
7. 钢筋混凝土梁长如何确定？
8. 现浇挑檐、天沟、雨篷、阳台与板（包括屋面板、楼板）连接时，其界限如何划分？
9. 现浇整体楼梯工程量如何计算？
10. 泵送混凝土的水平运距和垂直运距如何确定？
11. 现浇阳台、雨篷工程量如何计算？
12. 构件运输为何分类，如何分类？
13. 构件的场内运输如何确定？

学习情境八 屋面及防水工程

任务一 识读屋面及防水工程构造

【引入问题】
1. 屋面有哪些作用？
2. 屋面有哪些形式？
3. 平屋面与坡屋面有哪些不同？

【工作任务】

了解屋面及防水工程的基本知识，掌握屋面的结构形式，熟悉屋面的基本构造组成，熟练识读屋面施工图。

【学习参考资料】

1. 《建筑识图与构造》中国建筑工业出版社，高远、张艳芳编著．2008．
2. 《建筑构造与识图》中国建筑工业出版社，赵研编．2008．
3. 《建筑构造与识图》机械工业出版社，魏明编．2008．

【主要学习内容】

一、屋顶构造

屋顶是建筑物围护结构的一部分。其主要功能表现在两个方面：一是起围护作用，抵御风、雨、雪、太阳辐射和气温变化等方面的影响；二是起承重作用，它承受作用于屋面上的所有荷载，包括：屋顶自重、积雪荷载、施工荷载以及上人屋面的活荷载等。同时，屋顶是构成建筑的外观和体形的重要元素，是建筑立面的重要组成部分。因此，屋顶必须具备坚固耐久、防水排水、保温隔热、抵御侵蚀等功能。还应满足自重轻、构造简单、施工方便、经济适用、造型和色彩美观等方面的要求。

（一）屋顶的坡度和类型

1. 屋顶的坡度

屋顶坡度与屋面排水要求和结构的要求有关，坡度的大小一般要考虑屋面选用的防水材料、当地降雨量大小、屋顶结构形式、建筑造型等因素。屋顶坡度太小容易渗漏，坡度太大又浪费材料。所以要综合考虑，合理确定屋顶排水坡度。从排水角度考虑，排水坡度越大越好；但从经济性、维修方便以及上人活动等方面考虑，又要求坡度越小越好。此外，屋面坡度的大小还取决于屋面材料的防水性能，采用防水性能好、单块面积大的屋面材料时，屋面坡度可以小一些，如油毡、钢板等；采用黏土瓦、小青瓦等单块面积小、接缝多的屋面材料时，坡度就必须大一些。

常用的屋面表示方法有斜率法、百分比法和角度法，如图 8-1-1 所示。斜率法是以屋顶斜面的垂直投影高度与其水平投影长度之比来表示，如 1：5 等。较小的坡度则常用百分率，即以屋顶倾斜面的垂直投影高度与其水平投影长度的百分比值来表示，如 2%、5% 等。较大的坡度有时也用角度，即以倾斜屋面与水平面所成的夹角表示。

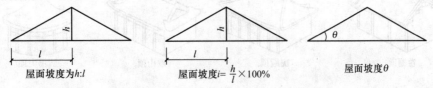

图 8-1-1　屋面坡度表示方法

2. 屋顶的类型

屋顶的类型与建筑物的屋面材料、屋顶结构类型以及建筑造型要求等因素有关。常见的屋顶类型有平屋顶、坡屋顶、曲面屋顶、折板屋顶等。

（1）平屋顶。

通常把屋面坡度小于 5% 的屋顶称为平屋顶。平屋顶的主要特点是构造简单、节约材料、屋面平缓，常用做屋顶花园、露台等。常用坡度为 1%～3%。如图 8-1-2 所示。

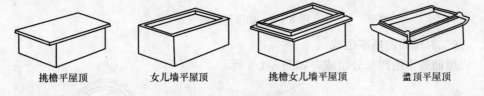

图 8-1-2　平屋顶的形式

（2）坡屋顶。

屋面坡度大于 10% 的屋顶称为坡屋顶。坡屋顶在我国有着悠久的历史，由于坡屋顶造型丰富多彩，并能就地取材，至今仍被广泛应用。

坡屋顶按其分坡的多少可分为单坡屋顶、双坡屋顶和四坡屋顶。当建筑物进深不大时，可选用单坡顶，当建筑物进深较大时，宜采用双坡顶或四坡顶。双坡屋顶有硬山和悬山之分，硬山是指房屋两端山墙高出屋面，山墙封住屋面；悬山是指屋顶的两端挑出山墙外面，屋面盖住山墙。古建筑中的庑殿屋顶和歇山屋顶均属于四坡屋顶。图 8-1-3 为坡屋顶的示例。

（3）曲面屋顶。

曲面屋顶是由各种薄壳结构、悬索结构、网膜结构以及网架结构等作为屋顶承重结构的屋顶，如双曲拱屋顶、扁壳屋顶、鞍形悬索屋顶等。这类结构的受力合理，能充分发挥材料的力学性能，因而能节约材料，自重也比较轻。但是，这类屋顶施工复杂，造价高，故常用于大跨度的大型公共建筑中。图 8-1-4 为曲面屋顶的示例。

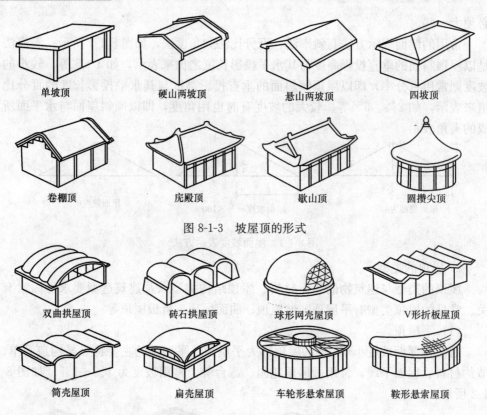

图 8-1-3 坡屋顶的形式

图 8-1-4 曲面屋顶的形式

（二）屋面的基本组成

屋面通常由四部分组成，如图 8-1-5 所示。

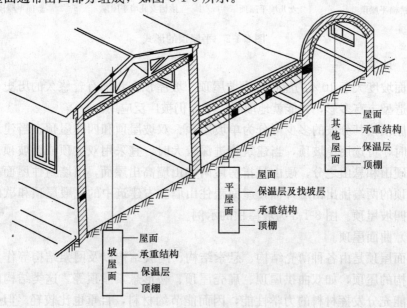

图 8-1-5 屋面组成

(1) 顶棚，是指房间的顶面。当承重结构采用梁板结构时，可在梁、板底面抹灰，形成抹灰顶棚。当装修要求较高时，可做吊顶处理。

(2) 承重结构，主要用于承受屋面上所有荷载及屋面自重等，并将这些荷载传递给支承它的墙或柱。

(3) 保温（隔热）层。我国北方地区，冬季室内需要采暖，为使室内热量不致散失过快，屋面需设保温层。而南方地区，夏季室外屋面温度高，会影响室内正常的工作和生活，因而屋面要进行隔热处理。

(4) 面层。面层材料应具有防水和耐侵蚀的性能，并要有一定的强度。

（三）平屋顶的构造

平屋顶具有构造简单，节约材料，造价低廉，预制装配化程度高，施工方便，屋面便于利用的优点，同时也存在着造型单一、顶层房间物理环境稍差的缺陷。目前，平屋顶仍是我国一般建筑工程中较常见的屋顶形式。

1. 平屋顶的组成

平屋顶一般由面层（防水层）、保温隔热层、结构层和顶棚层等四部分组成。因各地气候条件不同，所以其组成也略有差异。比如，在我国南方地区，一般不设保温层，而北方地区则很少设隔热层。

(1) 面层（防水层）。

平屋顶坡度较小、排水缓慢，要加强面层的防水构造处理。平屋顶一般选用防水性能好和单块面积较大的屋面防水材料，并采取有效的接缝处理措施来增强屋面的抗渗能力。目前，在工程中常用的有柔性防水和刚性防水两种形式。

(2) 保温层或隔热层。

为防止冬、夏季顶层房间过冷或过热，需在屋顶构造中设置保温层或隔热层。保温层、隔热层通常设置在结构层与防水层之间。常用的保温材料有无机粒状材料和块状制品，如膨胀珍珠岩、水泥蛭石、聚苯乙烯泡沫塑料板等。

(3) 结构层。

平屋顶主要采用钢筋混凝土结构。按施工方法不同，有现浇钢筋混凝土结构、预制装配式混凝土结构和装配整体式钢筋混凝土结构三种形式。

(4) 顶棚层。

顶棚层的作用及构造做法与楼板层顶棚层基本相同，有直接抹灰顶棚和吊顶棚两大类。

2. 平屋顶的排水

为了迅速排除屋面雨水，首先应选择适宜的排水坡度，确定合理的排水方式，做好屋顶排水组织设计。平屋面的常用排水坡度为1%～3%，其坡度的形成有两种方式，即构造找坡和结构找坡。排水方式为有组织排水。

有组织排水多用于高度较大或较为重要的建筑，以及年降水量较大地区的建筑，宜采用有组织排水方式。有组织排水是将屋面划分成若干区域，按一定的排水坡度把屋面雨水有组织地引导到檐沟或雨水口，通过雨水管排到散水或明沟中，如图8-1-6所示。与自由落水相比，这种方式构造较复杂，造价较高。有组织排水分为外排水和内排水两种形式。

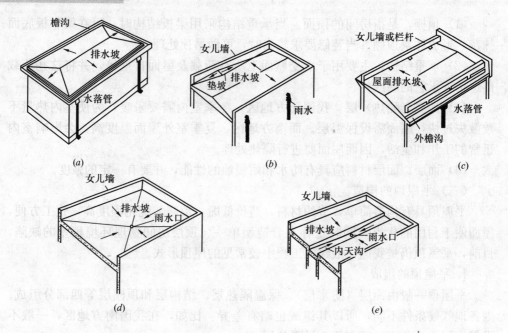

图 8-1-6 平屋顶有组织排水
(a) 檐沟外排水；(b) 女儿墙外排水；(c) 女儿墙外
檐沟外排水；(d) 内排水；(e) 内天沟排水

(1) 外排水。

外排水根据檐口做法不同可分为檐沟外排水和女儿墙外排水。檐沟外排水是根据建筑物的跨度和立面造型的需要，将屋面做成单坡、双坡或四坡，相应地在单面、双面或四面设置排水檐沟。雨水从屋面排至檐沟，沟内垫出不小于0.5%的纵向坡度，把雨水引向雨水口，再经落水管排到地面的明沟和散水；女儿墙外排水是在女儿墙内侧设内檐沟或垫坡，雨水口穿过女儿墙，在女儿墙外面设落水管，如图 8-1-6 (a)、(b)、(c) 所示。

(2) 内排水。

多跨房屋的中间跨、高层建筑及严寒地区（为防止室外落水管冻结堵塞）的建筑等不宜在外墙设置落水管，这时可采用内排水，雨水由屋面天沟汇集，经雨水口和室内雨水管排入地下排水系统，如图 8-1-6 (d)、(e) 所示。

（四）坡屋顶的构造

1. 坡屋顶的组成

坡屋顶由承重结构、屋面和顶棚等部分组成，根据使用要求不同，有时还需增设保温层或隔热层等。

(1) 承重结构。

承重结构主要承受作用在屋面上的各种荷载，并把它们传到墙或柱上。坡屋顶的承重结构一般由椽条、檩条、屋架或大梁等组成。现代仿古建筑中，多采用钢筋混凝土梁板结构。

(2) 屋面。

屋面是屋顶的上覆盖层，直接承受风、雨、雪和太阳辐射等大自然的作用。

它包括屋面覆盖材料和基层材料，如挂瓦条、屋面板等。

(3) 顶棚。

顶棚是屋顶下面的遮盖部分，可使室内上部平整，起反射光线和装饰作用。

(4) 保温层或隔热层。

保温层或隔热层可设在屋面层或顶棚处。

2. 坡屋顶的承重结构

坡屋顶的承重结构分为：砖墙承重、梁架承重、屋架承重和钢筋混凝土屋面板承重四种形式。

(1) 砖墙承重（硬山搁檩）。

横墙间距较小时，可将横墙顶部做成坡形，直接搁置檩条，即为砖墙承重。这类结构形式亦叫做硬山搁檩，如图 8-1-7 所示。

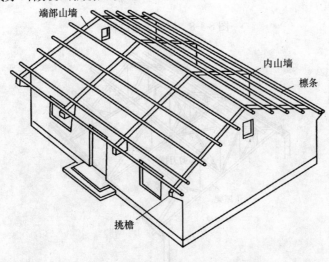

图 8-1-7 砖墙承重

(2) 梁架承重。

这是我国传统的木结构形式，它由柱和梁组成排架，檩条置于梁间承受屋面荷载并将各排架联系成为一完整骨架。内外墙体均填充在骨架之间，仅起分隔和围护作用，不承受荷载。梁架交接点为榫齿结合，整体性和抗震性较好。这种结构形式的梁受力不够合理，梁截面需要较大，耐火及耐久性均差，维修费用高，现已很少采用，如图 8-1-8 所示。

(3) 屋架承重。

用做屋顶承重结构的桁架叫屋架。屋架支承于墙或柱上，可根据排水坡度和空间要求组成三角形、梯形、矩形、多边形屋架。屋架中各杆件受力较合理，因而杆件截面较小，且能获得较大跨度和空间。木制屋架跨度可达 18m，钢筋混凝土屋架跨度可达 24m，钢屋架跨度可达 36m 以上，如图 8-1-9 所示。

(4) 钢筋混凝土屋面板承重。

钢筋混凝土屋面板承重，在横墙、屋架或斜梁上倾斜搁置现浇或预制钢筋混凝土屋面板（类似于平屋顶的结构找坡屋面板的搁置方式）来作为坡屋顶的承重

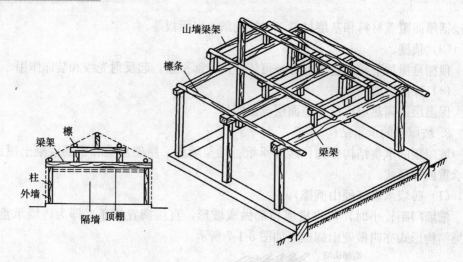

图 8-1-8 梁架承重结构

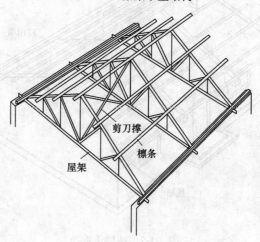

图 8-1-9 屋架承重结构

结构。

这种承重方式构造简单，节省木材，提高了建筑物的防火性能和耐久性，近年来常用于住宅建筑和风景园林建筑的屋顶，如图 8-1-10 所示。

3. 坡屋顶的排水。

坡屋顶排水有两种形式：无组织排水和有组织排水。无组织排水一般在小雨地区采用这种排水方式，现在比较少用。有组织排水又分为：挑檐沟外排水和女儿墙檐沟外排水。

（1）挑檐沟外排水。

在坡屋顶挑檐处悬挂檐沟，雨水流向檐沟，经雨水管排至地面，如图 8-1-11（a）所示。

（2）女儿墙檐沟外排水。

在屋顶四周做女儿墙，女儿墙内再做檐沟，雨水流向檐沟，经雨水管排至地面，如图 8-1-11（b）所示。

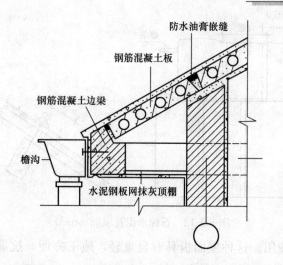

图 8-1-10 钢筋混凝土屋面板承重结构瓦屋面

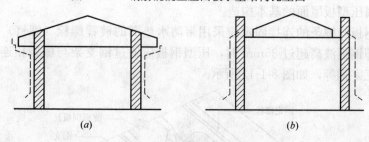

图 8-1-11 坡屋顶排水方式
（a）檐沟外排水；（b）檐沟女儿墙外排水

4. 坡屋顶的屋面构造

根据坡屋顶面层防水材料的种类不同，可将坡屋顶屋面划分为：平瓦屋面、波形瓦屋面、压型钢板屋面以及构件自防水屋面等。

（1）波形瓦屋面。

波形瓦可用石棉水泥、塑料、玻璃钢等材料制成，其中以石棉水泥波形瓦应用量多。石棉水泥瓦屋面具有重量轻、构造简单、施工方便、造价低廉等优点，但易脆裂，保温隔热性能较差，多用于室内要求不高的建筑。石棉水泥瓦分为大波瓦、中波瓦和小波瓦三种规格。

石棉水泥瓦尺寸较大，且具有一定的刚度，可直接铺钉在檩条上，檩条的间距要保证每张瓦至少有三个支承点。瓦的上下搭接长度不小于100mm。如图8-1-12 所示。

此外，在工程中常用的还有：塑料波形瓦屋面、玻璃钢瓦屋面，它们的构造方法与石棉水泥瓦基本相同。

（2）压型钢板屋面。

金属压型钢板是以镀锌钢板为基料，经轧制成型，并敷以各种防腐涂层和彩色烤漆而成的轻质屋面板。具有多种规格，有的中间填充了保温材料，成为夹芯板，可提高屋顶的保温效果。具有防水、保温和承重三重功效。压型钢板屋面一

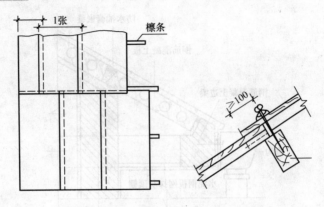

图 8-1-12　石棉水泥瓦屋面（mm）

一般与钢屋架配合使用。这种屋面板具有自重轻，施工方便，抗震好，装饰性和耐久性强的特点。

①金属压型板屋面的基本构造。

压型钢板与檩条的连接固定应采用带防水垫圈的镀锌螺栓（螺钉）在波峰固定。当压型钢板波高超过 35mm 时，压型钢板应通过钢支架与檩条相连，檩条多为槽钢、工字钢等，如图 8-1-13 所示。

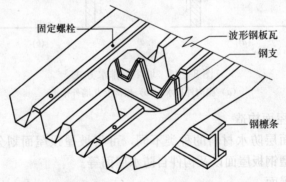

图 8-1-13　彩色压型钢板屋面

②金属压型板屋面的细部构造。

压型钢板屋面檐口、山墙泛水构造，如图 8-1-14 所示。

（3）沥青瓦屋面。

沥青瓦又称为橡皮瓦，是近年引进的一种具有良好装饰效果的屋面防水材料，这种瓦是用沥青类材料把多层胎纸进行粘结，然后在其表面粘贴上石屑。沥青瓦适用于坡度较大的屋顶，一般先在屋面做卷材防水层，然后按照事先设计好的铺贴方案把瓦钉在坡屋顶上，由于这种瓦沥青类材料的软化点较低，经过一段时间之后，在高温的作用下底层沥青就会与屋面卷材粘贴在一起。

5. 采光屋顶

采光屋顶是指建筑物的屋顶全部或部分由金属骨架和透光的覆盖构件所取代，形成既具有一般屋面隔热、防风雨的功能，又具有较强的采光和装饰功能的屋顶。

采光屋顶按造型分为方锥形、多角锥形、斜坡式、拱形和穹形等多种形式；

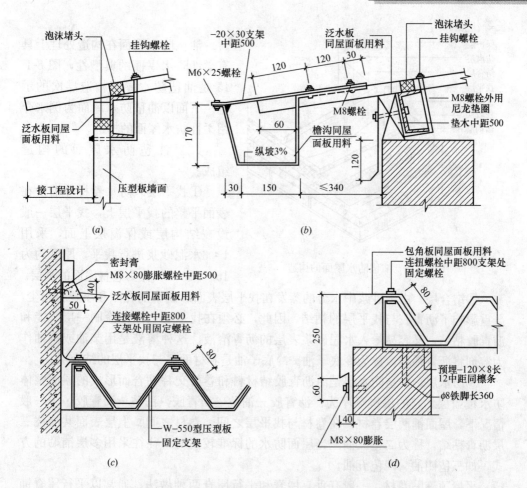

图 8-1-14 压型钢板屋面檐口、山墙泛水构造（mm）
(a) 挑檐构造；(b) 挑檐沟构造；(c) 山墙泛水构造；(d) 山墙包角

按透光材料分，目前大致有两大类，即玻璃屋顶和阳光板（简称 PC 板）屋顶。

二、屋顶的防水与保温构造

（一）平屋顶的防水构造

按防水层的做法不同，平屋顶的防水构造分为柔性防水屋面、刚性防水屋面等形式。

1. 柔性防水屋面

柔性防水屋面是将柔性的防水卷材或片材用胶结材料粘贴在屋面上，形成一个大面积的封闭防水覆盖层，又称卷材防水屋面。这种防水层具有一定的延伸性，能适应温度变化而引起的屋面变形。在传统的构造做法中多使用沥青油毡做为屋面的主要防水材料，这种做法造价低廉，防水性能好，但需热施工，易老化、使用寿命较短、污染环境，在城市中基本被淘汰。目前，多使用新型的防水卷材或片材防水材料，如三元乙丙橡胶、铝箔塑胶、橡塑共混等高分子防水卷材，还有加入聚酯、合成橡胶等制成的改性沥青油毡等。它们具有冷施工、弹性好、寿命长等优点。

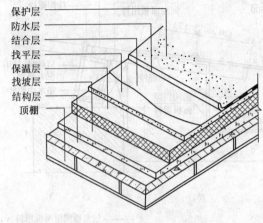

图 8-1-15 油毡防水屋面的构造

油毡防水屋面在构造处理上具有柔性防水屋面的典型性，图 8-1-15 是油毡防水屋面构造层次的示意。下面以油毡防水屋面为例来介绍柔性防水屋面的构造。

（1）油毡防水屋面的构造组成。

①找平层。防水卷材应铺设在表面平整的找平层上，找平层一般设在结构层或保温层上面，采用 1∶3 水泥砂浆进行找平，厚度约为 15～20mm，作为卷材屋面的基层。

②结合层。由于砂浆中水分的蒸发在找平层表面形成小的孔隙和小颗粒粉尘，严重影响了沥青胶与找平层的粘结。因此，必须在找平层上预先涂刷一层既能和沥青胶粘结，又容易渗入水泥砂浆表层的沥青溶液。这种溶液是用柴油或汽油作为溶剂将沥青稀释，称为冷底子油。冷底子油是卷材面层与找平层的结合层。

③防水层。油毡防水层是由沥青胶结材料和卷材交替粘合而形成的屋面整体防水覆盖层。它的层次顺序为：沥青胶—油毡—沥青胶—油毡—沥青胶……一般情况下，屋面铺两层卷材，在卷材与找平层之间、卷材之间、上层表面共涂浇三层沥青粘结，称为二毡三油。当屋面防水的标准较高时，往往采用多层铺贴的方式，如三毡四油、四毡五油。

平屋顶铺贴卷材，一般有垂直屋脊和平行屋脊两种做法。通常以平行屋脊铺设较多，即从屋檐开始平行于屋脊由下向上铺设，上下边搭接 80～120mm，左右边搭接 100～150mm，并在屋脊处用整幅油毡压住坡面油毡。为了防止沥青胶结材料因厚度过大而发生龟裂，每层沥青胶结材料的厚度要控制在 1～1.5mm 以内，最大不应超过 2mm。为保证卷材屋面的防水效果，在铺贴卷材时，必须要求基层干燥，避免基层的湿气存留在卷材层内。另外，有时室内水蒸气透过结构层渗入卷材下。这两种情形下的水蒸气在太阳辐射热的作用下，将气化膨胀，从而导致卷材起鼓，鼓泡的皱褶和破裂将使屋面漏水，因此，在铺设第一层油毡时，将粘结材料沥青涂刷成点状或条状，点与条之间的空隙即作为排汽的通道，将蒸汽排出。

④保护层。油毡防水层的表面呈黑色，最易吸热，夏季表面温度可达 60～80℃以上，沥青会因高温而流淌。由于温度不断变化，油毡很容易老化。为防止沥青老化，延长油毡防水层的使用寿命，需在防水层之上增设保护层。保护层分为不上人屋面和上人屋面两种做法。

（a）不上人屋面保护层。

即不考虑人在屋顶上的活动情况。石油沥青油毡防水层的不上人屋面保护层做法是，用玛瑞脂粘结粒径为 3～5mm 的浅色绿豆砂。高聚物改性沥青防水卷材和合成高分子防水卷材在出厂时，卷材的表面一般已做好了铝箔面层、彩砂或涂料等保护层，则不需再专门做保护层。

(b) 上人屋面保护层。

即屋面上要承受人的活动荷载，故保护层应有一定的强度和耐磨度，一般做法是：在防水层上用水泥砂浆或沥青砂浆铺贴缸砖、大阶砖、预制混凝土板等，或在防水层上浇筑 40mm 厚 C20 细石混凝土。

(2) 油毡防水屋面的细部构造。

卷材防水屋面在檐口、屋面与突出构件之间、变形缝、上人孔等处特别容易产生渗漏，所以应加强这些部位的防水处理。

① 泛水。泛水是指屋面防水层与突出构件之间的防水构造。一般在屋面防水层与女儿墙、上人屋面的楼梯间、突出屋面的电梯机房、水箱间、高低屋面交接处等，都需做泛水。泛水的高度一般不小于 250mm，在垂直面与水平面交接处要加铺一层卷材，并且转圆角或做 45°斜面，防水卷材的收头处要进行粘结固定（图 8-1-16）。

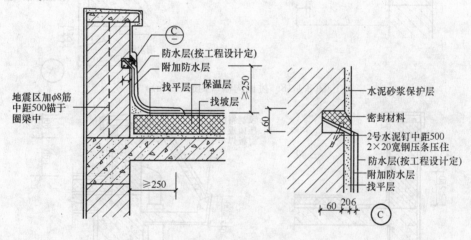

图 8-1-16　女儿墙泛水构造（mm）

② 檐口。檐口是屋面防水层的收头处，此处的构造处理方法与檐口的形式有关。檐口的形式由屋面的排水方式和建筑物的立面造型要求来确定，一般有无组织排水檐口、挑檐沟檐口、女儿墙檐口和斜板挑檐檐口等。

(a) 无组织排水檐口。无组织排水檐口的挑檐板一般与屋顶圈梁整体浇筑，屋面防水层的收头压入距挑檐板前端 40mm 处的预留凹槽内，先用钢压条固定，然后用密封材料进行密封（图 8-1-17）。

(b) 挑檐沟檐口。当檐口处采用挑檐口时，卷材防水层应在檐沟处加铺一层附加卷材，注意做好卷材的收头（图 8-1-18）。

(c) 女儿墙檐口和斜板挑檐檐口。如图 8-1-19 所示。

③ 雨水口构造。雨水口是将屋面雨水排至雨水管的连通构件，应排水通畅，不易堵塞和渗漏。雨水口分为直管式和弯管式两类，直管式适用于中间天沟、挑檐沟和女儿墙内排水天沟的水平雨水口；弯管式则适用于女儿墙的垂直雨水口。

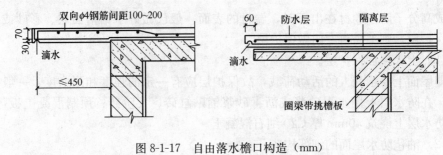

图 8-1-17 自由落水檐口构造（mm）

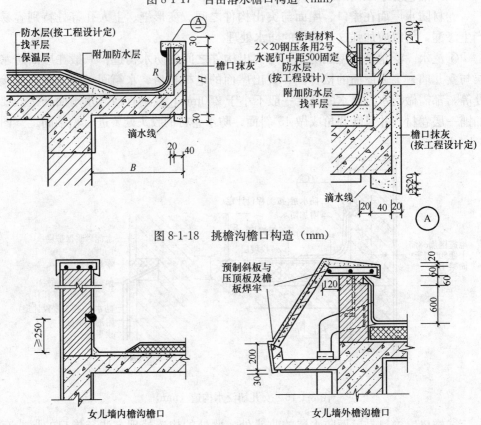

图 8-1-18 挑檐沟檐口构造（mm）

图 8-1-19 女儿墙檐沟檐口（mm）

直管式雨水口一般用铸铁或钢板制造，有各种型号，根据降水量和汇水面积进行选择，它由套管、环形筒、顶盖底座和顶盖几部分组成，如图 8-1-20 所示。弯管式雨水口呈 90°弯曲状，由弯曲套管和铸铁管两部分组成，如图 8-1-21 所示。

2. 刚性防水屋面

刚性防水屋面用防水砂浆或细石混凝土等刚性材料做防水面层。由于防水砂浆中掺有防水剂，它堵塞了毛细孔道；而细石混凝土是通过一系列精加工排除多余水分，从而提高了它们的防水性能。防水砂浆和防水混凝土的抗拉强度低，属于脆性材料，故称为刚性防水屋面。这种屋面的主要优点是构造简单、施工方便、造价低，但容易受温度变化和结构变形的影响产生开裂。刚性防水屋面多用于南方地区。

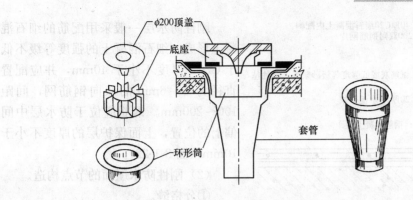

图 8-1-20　直管式雨水口

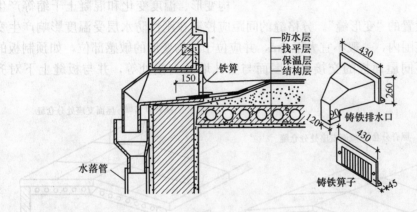

图 8-1-21　弯管式雨水口

（1）刚性防水屋面的基本构造。

①结构层。

刚性防水屋面的结构层应具有足够的强度和刚度，以尽量减小结构层变形对防水层的影响。一般采用现浇钢筋混凝土屋面板，当采用预制钢筋混凝土屋面板时，应加强对板缝的处理。

刚性防水屋面的排水坡度一般采用结构找坡，所以结构层施工时要考虑倾斜搁置。

②找平层。

为使刚性防水层便于施工，厚度均匀，应在结构层上用20mm厚1∶3的水泥砂浆找平。当采用现浇钢筋混凝土屋面板时，若能够保证基层平整，可不做找平层。

③隔离层。

为了减小结构层变形对防水层的影响，应在防水层下设置隔离层。隔离层一般采用麻刀灰、纸筋灰、低强度等级水泥砂浆或干铺一层油毡等做法。如果防水层中加有膨胀剂，其抗裂性较好，不需再设隔离层。

④防水层。

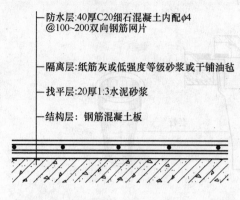

图 8-1-22 刚性防水屋面构造层次（mm）

刚性防水层一般采用配筋的细石混凝土形成。细石混凝土的强度等级不低于C20，厚度不小于40mm，并应配置直径为4～6mm的双向钢筋网，间距100～200mm。钢筋应位于防水层中间偏上的位置，上面保护层的厚度不小于10mm（图 8-1-22）。

（2）刚性防水屋面的节点构造。

①分格缝。

分格缝是为了避免刚性防水层因结构变形、温度变化和混凝土干缩等产生裂缝，所设置的"变形缝"。分格缝的间距应控制在刚性防水层受温度影响产生变形的许可范围内，一般不宜大于6m，并应位于结构变形的敏感部位，如预制板的支承端、不同屋面板的交接处、屋面与女儿墙的交接处等，并与板缝上下对齐（图 8-1-23）。

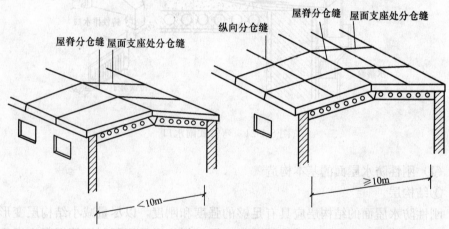

图 8-1-23 刚性屋面分仓缝的划分

分格缝的宽度为20～40mm左右，有平缝和凸缝两种构造形式。平缝适用于纵向分格缝，凸缝适用于横向分格缝和屋脊处的分格缝。为了有利于伸缩变形，缝的下部用弹性材料，如聚乙烯发泡棒、沥青麻丝等填塞；上部用防水密封材料嵌缝。当防水要求较高时，可再在分格缝的上面加铺一层卷材进行覆盖（图 8-1-24）。

②泛水。

刚性防水层与山墙、女儿墙处应做泛水，泛水的下部设分格缝，上部加铺卷材或涂膜附加层，其处理方法同卷材防水屋面的相同（图 8-1-25）。

(二) 平屋顶的保温与隔热

屋顶属建筑物的外围护结构，不仅有遮风、挡雨的功能，还应满足保温与隔热的功能要求。在寒冷地区为防止建筑物的热量散失过多、过快，须在屋顶结构

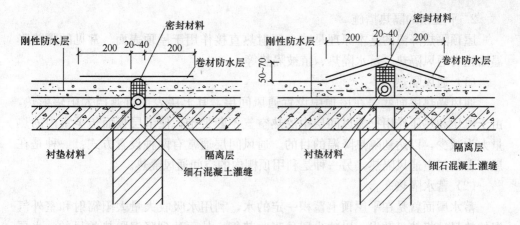

图 8-1-24 分格缝的构造（mm）

中设置保温层。夏季在太阳辐射和室外高温空气的综合作用下，通过屋顶传入室内大量的热量，必须从构造上采取相应的隔热措施。

1. 平屋顶保温

保温层的构造方案和材料做法需根据使用要求、气候条件、屋顶的结构形式、防水处理方法等因素来具体考虑确定。

（1）屋面保温材料。

屋面保温材料应选用轻质、多孔、导热系数小的材料。有散料、现场浇筑

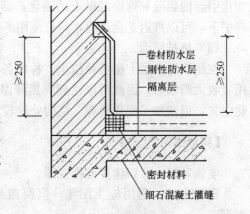

图 8-1-25 泛水构造（mm）

的拌合物、板块料等三大类。常用的散料有炉渣、矿渣、膨胀珍珠岩等。现浇式保温层是在结构层上用轻骨料（矿渣、陶粒、蛭石、珍珠岩等）与石灰或水泥拌合，浇筑而成。常用的保温层板块有预制膨胀珍珠石板、膨胀蛭石板、加气混凝土块、聚苯乙烯泡沫塑料板等。

（2）保温层的位置。

根据屋顶结构层、防水层和保温层的相对位置不同，可归纳为以下几种情况：

①保温层设在防水层之下，结构层之上。这种形式构造简单，施工方便，是目前应用最广泛的一种形式。

②保温层设置在防水层之上，亦称"倒铺法"保温。其构造层次为保温层、防水层、结构层，其优点是防水层被覆盖在保温层之下，而不受阳光及气候变化的影响，热温差较小，同时防水层不易受到来自外界的机械损伤，延长了使用寿命。该屋面保温材料宜采用吸湿性小的憎水材料，如聚苯乙烯泡沫塑料板或聚氨酯泡沫塑板。在保温层上应设保护层，以防表面破损及延缓保温材料的老化过程。

2. 平屋顶的隔热措施

屋顶隔热降温的基本原理是减少辐射热直接作用于屋顶表面。常见的隔热降温措施有通风隔热、蓄水隔热、植被隔热等。

（1）通风隔热。

通风隔热屋面就是在屋顶中设置通风间层，其上层表面可遮挡太阳辐射热，由于风压和热压作用把通风间层中的热空气不断带走，使下层板面传至室内的热量大为减少，以达到隔热降温的目的。通风间层通常有两种设置方式：一种是在屋面上的架空通风隔热，另一种是利用顶棚内的空间通风隔热。

（2）蓄水隔热。

蓄水屋面就是在平屋顶上蓄积一定的水，利用水吸收大量太阳辐射和室外气温的热量，将热量散发，以减少屋顶吸收热能，从而达到降温隔热的目的。水层对屋面还可以起到保护作用；混凝土防水屋面在水的养护下，可以减轻由于温度变化引起的裂缝和延缓混凝土的碳化；沥青材料和嵌缝胶泥等防水屋面，在水的养护下，可以推迟老化过程，延长使用寿命。

（3）植被屋面。

在屋面防水层上覆盖种植土，种植各种绿色植物。利用植物的蒸发和光合作用吸收太阳辐射，因此可以达到隔热降温的作用。这种屋面有利于美化环境，净化空气，但增加了屋顶荷载，结构处理较复杂。

【实训练习】

实训项目一：识读屋面施工图。

资料内容：利用施工图集—屋面施工图，根据所学知识总结、归纳屋面的类型。

实训项目二：识读屋面施工图。

资料内容：利用施工图集—屋面施工图，根据所学知识总结屋顶的防水与保温构造。

【复习思考题】

1. 屋顶的主要作用有哪些？
2. 屋顶的类型有哪些？
3. 平屋顶主要由哪几层组成？
4. 平屋顶的防水构造分为哪两种形式？各自的特点是什么？
5. 油毡防水屋面的构造组成有哪些？
6. 刚性防水屋面主要由哪几层组成？

任务二　屋面防水及保温建筑材料识别

【引入问题】

1. 什么是防水材料？

2. 防水材料有哪些材料？
3. 什么是保温材料？
4. 保温材料有哪些材料？

【工作任务】

了解防水材料、保温材料的基本知识，熟悉防水材料、保温材料使用的基本要求。

【学习参考资料】

1.《建筑与装饰材料》中国建筑工业出版社，宋岩丽编．2007．
2.《建筑装饰材料》科学出版社，李燕、任淑霞编．2006．
3.《建筑装饰材料》重庆大学出版社，张粉琴、赵志曼编．2007．
4.《建筑装饰材料》北京大学出版社，高军林编．2009．

【主要学习内容】

一、屋面防水材料

（一）沥青防水卷材

沥青防水卷材是传统的防水材料（俗称油毡），成本低、性能稍差，耐用年限较短，施工较复杂，属低档防水材料。为满足建筑工程的要求，防水卷材须具备以下性能：

（1）耐水性：指被水浸润后其性能基本不变，在压力水作用下，在规定的时间内不会被水渗透，常用不透水性等指标表示。

（2）温度稳定性：指在高温下不流淌、不起泡、不分层滑动，低温下不易脆裂的性能，即在一定温度变化下保持原有性质不变的能力，常用耐热度等指标表示。

（3）机械强度、延伸性和抗断裂性：指防水卷材承受一定荷载、应力或在一定变形的条件下不易断裂的性能，常用拉力、拉伸强度和断裂伸长率等指标表示。

（4）柔韧性：指在低温条件下仍保持柔韧的性能。它对于保证冬期施工和使用很重要，常用柔度、低温弯折性等指标表示。

（5）大气稳定性：指在阳光、空气、冷热和干湿交替及其他化学介质的侵蚀等因素的长期综合作用下抵抗侵蚀的能力，常用耐老化性、热老化保持率等指标表示。

常用的防水卷材有以下类型和品种。

1. 沥青防水卷材

沥青防水卷材俗称油毡，是以原纸、织物、纤维毡、塑料膜等材料为胎基，浸涂石油沥青，再撒布矿物粉料或以塑料膜为隔离材料制成的防水卷材。

石油沥青纸胎油毡系用低软化点石油沥青浸渍原纸，然后用高软化点石油沥青涂盖油纸两面，再撒布隔离材料所制成的一种纸胎防水卷材。按规范的规定：油毡按原纸 $1m^2$ 的重量克数分为 200g、350g、500g 三种标号；按物理性能分为合格品、一等品和优等品三个等级；各标号、等级油毡的物理性能应符合表 8-2-1 的规定。其中 200 号油毡适用于简易防水、临时性建筑防水、防潮及包装等，350 号和500号油毡用于多层粘贴建筑防水。

石油沥青防水卷材物理性能　　　　　表8-2-1

项　　目		性能要求	
		350号	500号
纵向拉力（25±2℃时）(N)		≥340	≥440
耐热度（85±2℃，2h）		不流淌，无集中性气泡	
柔度（18±2℃）		绕Φ20圆棒无裂纹	绕Φ25圆棒无裂纹
不透水性	压力（MPa）	≥0.10	≥0.15
	保持时间（min）	≥30	≥30

纸胎油毡抗拉强度较低、易腐蚀、耐久性差，通过改进胎体材料可改善沥青防水卷材的性能。目前已大量使用玻璃布沥青油毡、玻纤沥青油毡、黄麻织物沥青油毡、铝箔胎沥青油毡等品种的沥青防水卷材。沥青防水卷材一般都采用多层热粘贴铺设施工。常用的沥青防水卷材的特点及适用范围见表8-2-2。

《屋面工程技术规范》(GB 50345—2004）规定：沥青防水卷材仅适应于屋面防水等级为Ⅲ级（一般的工业与民用建筑、防水层合理使用年限为10年）和Ⅳ级（非永久性的建筑、防水层合理使用年限为5年）的屋面防水工程。

对于防水等级为Ⅲ级的屋面，应选用三毡四油沥青卷材防水；对于防水等级为Ⅳ级的屋面，可选用二毡三油沥青卷材防水。

石油沥青防水卷材的特点及适用范围　　　　表8-2-2

卷材名称	特　点	适用范围	施工工艺
石油沥青纸胎油毡	传统的防水材料，低温柔韧性差，防水层耐用年限较短，但价格较低	三毡四油、二毡三油叠层设的屋面工程	热玛琋脂、冷玛琋脂粘贴施工
玻璃布胎沥青油毡	抗拉强度高，胎体不易腐烂，材料柔韧性好，耐久性比纸胎油毡提高一倍以上	多用作纸胎油毡的增强附加层和突出部位的防水层	热玛琋脂、冷玛琋脂粘贴施工
玻纤毡胎沥青油毡	具有良好的耐水性、耐腐蚀性和耐久性，柔韧性也优于纸胎油毡	常用作屋面或地下防水工程	热玛琋脂、冷玛琋脂粘贴施工
黄麻胎沥青油毡	抗拉强度高，耐水性好，但胎体材料易腐烂	常用作屋面增强附加层	热玛琋脂、冷玛琋脂粘贴施工
铝箔胎沥青油毡	有很高的阻隔蒸汽的渗透能力，防水功能好，且具有一定的抗拉强度	与带孔玻纤毡配合或单独使用，宜用于隔汽层	热玛琋脂粘贴

2．高聚物改性沥青防水卷材

高聚物改性沥青防水卷材是以合成高分子聚合物改性石油沥青为涂盖层，聚酯毡、玻纤毡或聚酯玻纤复合毡为胎基，细砂、矿物粉料或塑料膜为隔离材料，制成的防水卷材。

在沥青中添加适量的高聚物可以提高沥青防水卷材的温度稳定性，延伸性和抗断裂等性能。按改性高聚物的种类，有弹性SBS改性沥青防水卷材、塑性APP改性沥青防水卷材、聚氯乙烯改性焦油沥青防水卷材、三元乙丙改性沥青防水卷材、再生胶改性沥青防水卷材等。按油毡使用的胎体又可分为玻纤胎、聚乙烯膜胎、聚酯胎、黄麻布胎、复合胎等品种。此类防水卷材按厚度分为2mm、3mm、4mm、5mm等规格。

(1) SBS改性沥青防水卷材。

SBS改性沥青防水卷材属于弹性体沥青防水卷材，是用沥青或热塑性弹性体改性沥青（简称"弹性体沥青"）浸渍胎基，两面涂以弹性体沥青涂盖层，上表面撒以细砂、矿物粒（片）料或覆盖聚乙烯膜，下表面撒以细砂或覆盖聚乙烯膜所制成的一类防水卷材。该类卷材使用玻纤毡或聚酯毡两种胎基。按《弹性体改性沥青防水卷材》(GB 18242—2008)的规定，弹性体沥青防水卷材以$10m^2$卷材的标称重量（kg）作为卷材的标号：玻纤毡胎基的卷材分为25号、35号和45号三种标号，聚酯毡胎基的卷材分为25号、35号、45号和55号四种标号。按卷材的物理性能分为合格品、一等品、优等品三个等级。

(2) APP改性沥青防水卷材。

APP改性沥青防水卷材属塑性体沥青防水卷材。塑性体沥青防水卷材是以聚酯毡或玻纤毡为胎基，无规聚丙烯（APP）或聚烯烃类聚合物（APAO、APO）作改性剂，表面覆以隔离材料所制成的防水卷材。按《塑性体改性沥青防水卷材》(GB 18243—2008)的规定，塑性体沥青防水卷材以$10m^2$卷材的标称重量（kg）作为卷材的标号；玻纤毡胎基的卷材分为25号、35号和45号三种标号，聚酯毡胎基的卷材分为25号、35号、45号和55号四种标号。按卷材物理性能分为合格品、一等品、优等品三个等级。

该类防水卷材广泛适用于各类建筑防水、防潮工程，尤其适用于高温或有强烈太阳辐射地区的建筑防水。其中35号及其以下品种用于多层防水；35号以上的品种可用作单层防水或多层防水层的面层；厚度3mm及以上的可采用热熔法施工。

高聚物改性沥青防水卷材除弹性SBS改性沥青防水卷材和塑性APP改性沥青防水卷材外，还有许多其他品种，它们因高聚物品种和胎体品种的不同而性能各异，在建筑防水工程中的适用范围也各不相同。常用高聚物改性沥青防水卷材的特点和适用范围见表8-2-3。

《屋面工程技术规范》(GB 50345—2004)规定：高聚物改性沥青防水卷材可用于屋面防水等级为Ⅰ级（特别重要或对防水有特殊要求的建筑。防水层合理使用年限为25年）、Ⅱ级（重要的建筑和高层建筑。防水层合理使用年限为15年）和Ⅲ级的屋面防水工程。对于Ⅰ级屋面防水工程要求三道或三道以上防水设防；对于Ⅱ级屋面防水工程要求二道防水设防；对于Ⅲ级屋面防水工程要求一道防水设防。

常用高聚物改性沥青防水卷材的特点和适用范围　　　　　表8-2-3

卷材名称	特　点	适用范围	施工工艺
SBS改性沥青防水卷材	耐高、低温性能有明显提高，卷材的弹性和耐疲劳性明显改善	单层铺设的屋面防水工程或复合使用，适合于寒冷地区和结构变形频繁的建筑	冷施工铺贴或热熔铺贴
APP改性沥青防水卷材	具有良好的强度、延伸性、耐热性、耐紫外线照射及耐老化性能	单层铺设，适合于紫外线辐射强烈及炎热地区屋面使用	热熔法或冷粘法铺设
聚氯乙烯改性焦油防水卷材	有良好的耐热及耐低温性能，最低开卷温度为-18℃	有利于在冬季负温度下施工	可热作业亦可冷施工
再生胶改性沥青防水卷材	有一定的延伸性，且低温柔性较好，有一定的防腐蚀能力，价格低廉属低档防水卷材	变形较大或档次较低的防水工程	热沥青粘贴
废橡胶粉改性沥青防水卷材	比普通石油沥青纸胎油毡的抗拉强度、低温柔性均有明显改善	叠层使用于一般屋面防水工程，宜在寒冷地区使用	热沥青粘贴

（二）合成高分子材料

合成高分子防水卷材是以合成橡胶、合成树脂或两者共混为基料，加入适量的助剂和填料，经混炼压延或挤出等工序加工而成的防水卷材。

合成高分子防水卷材具有拉伸强度和抗撕裂强度高、断裂伸长率大、耐热性和低温柔性好、耐腐蚀、耐老化等一系列优异的性能，是新型高档防水卷材。常用的有再生胶防水卷材、三元乙丙橡胶防水卷材、三元丁橡胶防水卷材、聚氯乙烯防水卷材、氯化聚乙烯防水卷材、氯化聚乙烯，橡胶共混防水卷材等。此类卷材按厚度分为1mm、1.2mm、1.5mm、2.0mm、2.5mm等规格。

1. 聚氯乙烯（PVC）防水卷材

聚氯乙烯防水卷材是以聚氯乙烯树脂为主要原料，掺加填充料和适量的改性剂、增塑剂等，经混炼、压延或挤出成型、分卷包装而成的防水卷材。

PVC防水卷材根据基料的组分及其特性分为两种类型，即S型和P型。S型是以煤焦油与聚氯乙烯树脂混溶料为基料的柔性卷材。P型是以增塑聚氯乙烯为基料的塑性卷材。该类卷材耐热性、耐腐蚀性、耐细菌性等均较好，适用于各类建筑的屋面防水工程和水池、堤坝等防水抗渗工程。

2. 三元乙丙（EPDM）橡胶防水卷材

三元乙丙橡胶防水卷材是以三元乙丙橡胶为主体，掺入适量的硫化剂、促进剂、软化剂、填充剂等，经密炼、拉片、过滤、压延或挤出成型、硫化、分卷包装而成的防水卷材。

三元乙丙橡胶防水卷材具有优良的耐候性、耐臭氧性和耐热性。适用于防水要求高、耐用年限长的建筑防水工程。

3. 氯化聚乙烯—橡胶共混型防水卷材

氯化聚乙烯—橡胶共混型防水卷材是以氯化聚乙烯树脂和合成橡胶共混物为

主体，加入适量的硫化剂、促进剂、稳定剂、软化剂和填充料等，经过素炼、混炼、过滤、压延或挤出成型、硫化、分卷包装等工序制成的防水卷材。

氯化聚乙烯—橡胶共混型防水卷材兼有塑料和橡胶的特点。它不仅具有氯化聚乙烯所特有的高强度和优异的耐臭氧、耐老化性能，而且具有橡胶类材料所特有的高弹性、高延伸性和良好的低温柔韧性。所以该卷材具有良好的物理性能，特别适用于寒冷地区或变形较大的建筑防水工程。

合成高分子防水卷材除以上三种典型品种外，还有再生胶、三元丁橡胶、氯化聚乙烯等品种。根据国家标准《屋面工程技术规范》（GB 50345—2004）的规定，合成高分子防水卷材适用于防水等级为Ⅰ级、Ⅱ级和Ⅲ级的屋面防水工程。常见的合成高分子防水卷材的特点和适用范围见表8-2-4。

常见合成高分子防水卷材的特点和适用范围　　　　表8-2-4

卷材名称	特　点	适用范围	施工工艺
再生胶防水卷材［JC 206—76（1996）］	有良好的延伸性、耐热性、耐寒性和耐腐蚀性，价格低廉	单层非外露部位及地下防水工程，或加盖保护层的外露防水工程	冷粘法施工
氯化聚乙烯防水卷材（GB 12953—2003）	具有良好的耐候、耐臭氧、耐热老化、耐油、耐化学腐蚀及抗撕裂的性能	单层或复合使用宜用于紫外线强的炎热地区	冷粘法施工
聚氯乙烯防水卷材（GB 12952—2003）	具有较高的拉伸和撕裂强度，延伸率较大，耐老化性能好，原材料丰富，价格便宜，容易粘结	单层或复合使用于外露或有保护层的防水工程	冷粘法或热风焊接法施工
三元乙丙橡胶防水卷材	防水性能优异，耐候性好，耐臭氧性、耐化学腐蚀性、弹性和抗拉强度大，对基层变形开裂的适用性强，重量轻，使用温度范围宽，寿命长，但价格高，粘结材料尚需配套完善	防水要求较高，防水层耐用年限长的工业与民用建筑，单层或复合使用	冷粘法或自粘法
三元丁橡胶防水卷材（JC/T 645—96）	有较好的耐候性、耐油性、抗拉强度和延伸率，耐低温性能稍低于三元乙丙防水卷材	单层或复合使用于要求较高的防水工程	冷粘法施工
氯化聚乙烯-橡胶共混防水卷材（JC/T 684—97）	不但具有氯化聚乙烯特有的高强度和优异的耐臭氧、耐老化性能，而且具有橡胶所特有的高弹性、高延伸性以及良好的低温柔韧性	单层或复合使用，尤宜用于寒冷地区或变形较大的防水工程	冷粘法施工

（三）防水涂料

防水涂料（胶粘剂）是以高分子合成材料、沥青等为主体，在常温下呈流态或半流态，可采用刷、刮、喷等工艺涂布在基层表面，待溶剂或水分挥发或者各组份化学反应后,形成具有一定厚度的坚韧防水膜的物料的总称。

防水涂料固化成膜后的防水涂膜具有良好的防水性能,特别适合于各种复杂不规则部位的防水,能形成与基层牢固粘结的连续无接缝的防水膜。它大多采用冷施工,不必加热熬制,涂布的防水涂料既是防水层的主体,也是胶粘剂,还可以与胎体增强材料配合使用。施工质量容易保证,维修也较简单。因此,防水涂料广泛适用于建筑的屋面防水工程,地下室防水工程和地面防潮、防渗等。

防水涂料按液态类型可分为溶剂型、水乳型和反应型三种;按成膜物质的主要成分分为沥青类、高聚物改性沥青类、合成高分子类和聚合物水泥类等。

1. 沥青基防水涂料

沥青基防水涂料是指以沥青为基料配制的水乳型或溶剂型防水涂料。这类涂料可与沥青防水卷材配合用于建筑结构基层的涂刷处理,也可用于低防水等级的建筑物表面防水层。主要品种有石灰膏乳化沥青、膨润土乳化沥青和水性石棉沥青防水涂料等。

2. 高聚物改性沥青防水涂料

高聚物改性沥青防水涂料是指以沥青为基料,用合成高分子聚合物进行改性,制成的水乳型或溶剂型防水涂料。这类涂料在柔韧性、抗裂性、拉伸强度、耐久性和使用寿命等方面比沥青基涂料有较大改善。主要品种有再生橡胶改性防水涂料、氯丁橡胶改性沥青防水涂料、SBS橡胶改性沥青防水涂料、聚氯乙烯改性沥青防水涂料等。适用于Ⅱ、Ⅲ、Ⅳ级防水等级的屋面、地面、地下室和卫生间等的防水工程。

3. 合成高分子防水涂料

合成高分子防水涂料是以合成橡胶或合成树脂为主要成膜物质,配制成的单组份或多组份防水涂料。这类涂料具有高弹性、高耐久性及优良的耐高低温性能。主要品种有聚氨酯防水涂料、丙烯酸酯防水涂料、环氧树脂防水涂料和有机硅防水涂料等。适用于Ⅰ、Ⅱ、Ⅲ级防水等级的屋面、地下室、水池及卫生间等的防水工程。

4. 聚合物水泥防水涂料

聚合物水泥防水涂料是以丙烯酸酯等聚合物乳液和水泥为主要原料,加入其他外加剂制得的双组份水性建筑防水涂料。其性能和适用范围与合成高分子防水涂料接近。

二、绝热材料

绝热材料指对热流具有显著阻抗性的材料或材料复合体,是保温材料和隔热材料的总称。习惯上把用于控制室内热量外流的材料叫做保温材料;把防止外部热量进入室内的材料叫做隔热材料。在建筑工程中,处于寒冷地区的建筑物为保持室内温度的恒定、减少热量的损失,要求围护结构具有良好的保温性能;而对于炎热夏季使用空调的建筑物则要求围护结构具有良好的隔热性能。

(一)绝热材料的作用原理

在理解材料绝热原理之前,先了解传热的原理。传热是指热量从高温区向低温区的自发流动,是一种由于温差而引起的能量转移,在自然界中,无论是在一种介质内部,还是在两种介质之间,只要有温差存在,就会出现传热过程。传热的方式有三种:导热、对流和辐射。

导热是依靠物体内各部分直接接触的物质质点(分子、原子、自由电子)等作热运动而引起的热能传递过程;对流是指较热的液体或气体因遇热膨胀而密度减小从而上升,冷的液体或气体就会补充过来,形成分子的循环流动,这样热量就从高温的地方通过分子的相对位移,传向低温的地方;热辐射是依靠物体表面对外发射电磁波而传递热量的现象,高温物体辐射给低温物体的能量大于低温物体辐射给高温物体的能量,其结果为热从高温物体传递给低温物体。因此,要实现绝热必须使材料表观密度降到极其小,对流弱到极其小,热辐射降到极其小。

在实际的传热过程中,往往同时存在着两种或三种传热方式。建筑材料的传热主要是靠导热,由于建筑材料内部孔隙中含有空气和水分,所以同时还有对流和热辐射存在,只是对流和热辐射所占比例较小。对绝热材料的基本要求是导热系数小于 $0.23W/(m·K)$,表观密度小于 $1000kg/m^3$,抗压强度大于 $0.3MPa$。

(二)常用的绝热材料

绝热材料按其化学组成,可分为无机绝热材料、有机绝热材料和复合绝热材料三大类型。

无机绝热材料是用矿物质原材料制成的材料;有机绝热材料是用有机原材料(各种树脂、软木、木丝、刨花等)制成;复合绝热材料可以是金属与非金属的复合也可以是无机与有机材料的复合。一般说来,无机绝热材料的表观密度大,不易腐蚀,耐高温,而有机绝热材料吸湿性大,不耐久,不耐高温,只能用于低温绝热。

绝热材料按形态分类有纤维状绝热材料、微孔状绝热材料、气泡状绝热材料和层状绝热材料,详见表 8-2-5。

绝热材料分类表 表 8-2-5

纤维状	无机质	天然	石棉纤维
		人造	矿物纤维(矿渣棉、岩棉、玻璃棉、硅酸铝棉)
	有机质	天然	软质纤维板(木纤维板、草纤维板)
微孔状	无机质	天然	硅藻土
		人造	硅酸钙、碳酸镁
	有机质	天然	软木
气泡状	无机质	人造	膨胀珍珠岩、膨胀蛭石、加气混凝土
			泡沫玻璃、泡沫硅玻璃、火山灰微珠
			泡沫黏土等
	有机质	人造	泡沫聚苯乙烯塑料、泡沫聚氨酯塑料、泡沫酚醛树脂、泡沫尿素树脂、泡沫橡胶、钙塑绝热板
层状	金属	人造	镀膜玻璃、铝箔

1. 无机保温隔热材料

(1) 石棉及其制品。

石棉为常见的保温隔热材料,是一种纤维状无机结晶材料,石棉纤维具有极高的抗拉强度,并具有耐高温、耐腐蚀、绝热、绝缘等优良特性,是一种优质绝热材料,通常将其加工成石棉粉、石棉板、石棉毡等制品,用于热表面绝热及防火覆盖。

(2) 矿棉及其制品。

岩棉和矿渣棉统称为矿棉。岩棉是由玄武岩、辉绿岩等矿物在冲天炉或电炉中熔化后,用压缩空气喷吹法或离心法制成;矿渣棉是以工业废料矿渣为主要原料,熔融后,用高速离心法或压缩空气喷吹法制成的一种棉丝状的纤维材料。矿棉具有质轻、不燃、绝热和电绝缘等性能,且原料来源广,成本较低。矿棉制品一般分为板、管、毡、绳、粒状棉和块状制品等六种类型。

矿棉用于建筑保温大体可包括墙体保温、屋面保温和地面保温等几个方面。其中,墙体保温最为主要,可采用现场复合墙体和工厂预制复合墙体两种形式。前者中的一种是外墙内保温,即外层采用砖墙、钢筋混凝土墙、玻璃幕墙或金属板材,中间为空气层加矿棉层,内侧面采用纸面石膏板。另一种是外墙外保温,即在建筑物外层粘贴矿棉层,再加外饰层,其优点是不影响建筑的使用面积。外保温层是全封闭的,基本消除了冷热桥现象,保温性能优于外墙内保温。工厂预制复合墙体(即各种矿棉夹芯复合板、矿棉复合墙体)的推广对我国尤其三北地区的建筑节能具有重要的意义。

(3) 玻璃棉及其制品。

玻璃棉是以石英砂、白云石、蜡石等天然矿石,配以其他化工原料,如纯碱、硼等,在熔融状态下经拉制、吹制或甩制而成极细的纤维状材料。建筑业中常用的玻璃棉分为两种,即普通玻璃棉和普通超细玻璃棉。普通棉的纤维长度一般长50~150mm,纤维直径 $120\mu m$,而超细玻璃棉细得多,一般纤维直径在 $4\mu m$ 以下,其外观洁白如棉。

在玻璃棉纤维中,加入一定量的胶粘剂和其他添加剂,经固化、切割、贴面等工序即可制成各种用途的玻璃棉毡、玻璃棉板、玻璃棉套管及一些异形制品。具有轻质(表观密度仅为矿棉密度的一半左右)、导热系数低、吸声性能好、过滤效率高、不燃烧、耐腐蚀等性能,是一种优良的绝热、吸声、过滤材料。

玻璃棉毡、卷毡主要用于建筑物的隔热、隔声,通风、空调设备的保温、隔声,播音室、消声室及噪声车间的吸声,计算机房和冷库的保温、隔热。玻璃棉板用于大型录音棚、冷库、仓库、船舶、火车、汽车的保温、隔热、吸声等。玻璃棉管套主要用于通风、供热、供水、动力等设备各种管道的保温。

在工业发达国家,玻璃棉及其制品已是一种非常普及的建筑绝热保温和吸声材料。以美国为例,其玻璃棉年产量达百万吨以上,玻璃棉制品在建筑上的用量占其玻璃棉总量的80%以上。由于建筑节能的需要,我国及世界各国对玻璃棉及其制品的需求都在不断增加。

(4) 膨胀珍珠岩及其制品。

膨胀珍珠岩是一种酸性火山玻璃质岩石,其绝热产品是以珍珠岩矿石为原料,经破碎、分级、预热、高温焙烧瞬时急剧加热膨胀而成的一种轻质、多功能材料。内部含有3%～6%的结合水,当受高温作用时,玻璃质由固态软化为黏稠状态,内部水则由液态变为一定压力的水蒸气向外扩散,使黏稠的玻璃质不断膨胀,当被迅速冷却达到软化温度以下时就形成一种多孔结构的物质,称为膨胀珍珠岩。其制品具有表观密度轻、导热系数低、化学稳定性好、使用温度范围广、吸湿能力小,且无毒、无味、吸声等特点,占我国保温材料年产量的一半左右,是国内使用最为广泛的一类轻质保温材料。

膨胀珍珠岩产品可分为无定型产品和定型产品两大类。无定型产品主要涉及以膨胀珍珠岩散料和涂料两大应用领域;定型产品主要是以膨胀珍珠岩为主要原材料,用水泥、石膏、水玻璃、沥青、合成高分子树脂将其胶结成整体而制成的具有规则形状的材料,称为膨胀珍珠岩绝热制品。由于这类产品资源丰富,生产简便,耐高温、耐酸碱、导热系数小,因此被广泛应用于各种绝热工程。水泥膨胀珍珠岩制品与其他保温材料的比较如表8-2-6所示。

水泥膨胀珍珠岩制品与其他保温材料的比较　　　表8-2-6

制品名称	表观密度(kg/m³)	使用温度(℃)	导热系数[W/(m·K)]
水泥珍珠岩制品	320	600	0.065
水泥蛭石制品	420	600	0.104
硅藻土制品	450～500	900	0.099
粉煤灰泡沫混凝土	450	350	0.100

(5) 膨胀蛭石及其制品。

蛭石是一种层状的含水镁铝硅酸盐矿物,外形似云母,多由黑云母经热液蚀变或化学风化等作用次生形成。因其受热膨胀时呈挠曲状,形态酷似水蛭,故称蛭石。膨胀蛭石是由天然矿物蛭石,经烘干、破碎、焙烧(850～1000℃),在短时间内体积急剧膨胀(6～20倍)而成的一种金黄色或灰白色的颗粒状材料,具有表观密度轻、导热系数小、防火、防腐、化学性能稳定、无毒无味等特点,因而是一种优良的保温、隔热建筑材料。

作为轻质保温绝热吸声材料,膨胀蛭石及其制品被广泛应用于工业与民用建筑、热工设备以及各种管道的保温绝热、隔声,也用于冷藏设施的保冷中。与膨胀珍珠岩相同,它除与水泥、水玻璃以及合成树脂、沥青等胶结材料制成各种制品外,也可以作为散料,用作保温绝热填充材料、现浇水泥蛭石保温层、膨胀蛭石灰浆以及配制膨胀蛭石混凝土、制作膨胀蛭石复合材料等。

(6) 泡沫玻璃。

泡沫玻璃是以天然玻璃或人工玻璃碎料和发泡剂配制成的混合物经高温煅烧而得到的一种内部多孔的块状绝热材料。玻璃质原料在加热软化或熔融冷却时,具有很高的黏度,此时引入发泡剂,体系内有气体产生,使黏流体发生膨胀,冷却固化后,便形成微孔结构。泡沫玻璃具有均匀的微孔结构,孔隙率高达80%～90%,孔径尺寸一般为0.1～5mm,且多为封闭气孔,因此,具有良好的防水抗渗性、不透气性、耐热性、抗冻性、防火性和耐腐蚀性。

大多数绝热材料都具有吸水透湿性，因此随着时间的增长，其绝热效果也会降低，而泡沫玻璃由于其基质为玻璃，故不吸水。又由于绝热泡沫玻璃内部是封闭的，故其既不存在毛细现象，也不会渗透，仅表面附着残留水分，因此导热系数长期稳定，不因环境影响发生改变，实践证明，泡沫玻璃在使用 20 年后，其性能没有任何改变。且使用温度较宽，其工作温度一般在 −200～430℃，这也是其他材料无法替代的。

2. 有机保温绝热材料

(1) 泡沫塑料。

泡沫塑料是高分子化合物或聚合物的一种，以各种树脂为基料，加入各种辅助料经加热发泡制得的轻质、保温、隔热、吸声、防振材料。它保持了原有树脂的性能，并且同塑料相比，具有表观密度小，导热系数低、防振、吸声、耐腐蚀、耐霉变、加工成型方便、施工性能好等优点。泡沫塑料按其泡孔结构可分为闭孔、开孔和网状泡沫塑料三类；按泡沫塑料的表观密度可分为低发泡、中发泡和高发泡泡沫塑料；按泡沫塑料的柔韧性可分为软质、硬质和半硬质泡沫塑料；按燃烧性能可分为自熄性和非自熄性；按塑料种类可分为热塑性和热固性塑料。

目前我国生产的有聚苯乙烯、聚氯乙烯、聚氨酯及脲醛树脂等泡沫塑料。通过选择不同的发泡剂和加入量，可以制得孔隙率不同的发泡材料，以适应不同场合的应用。与国外相比，我国目前将泡沫塑料用于建筑业刚刚起步，用作建筑保温时，常填充在围护结构中或夹在两层其他材料中间做成夹芯板，主要品种是钢丝网架夹芯复合内外墙板、金属夹芯板。随着我国节能降耗工作的深入开展，工业和建筑保温要求的逐渐提高，泡沫塑料的应用前景，将会异常广阔。

(2) 碳化软木板。

碳化软木板是以一种软木橡树的外皮为原料，经适当破碎后再在模型中成型，在 300℃ 左右热处理而成。由于软木树皮层中含有无数树脂包含的气泡，所以成为理想的保温、绝热、吸声材料，且具有不透水、无味、无毒等特性，并且有弹性，柔和耐用，不起火焰只能阴燃。

(3) 植物纤维复合板。

植物纤维复合板是以植物纤维为主要材料加入胶结料和填料而制成。如木丝板是以木材下脚料制成的木丝，加入硅酸钠溶液及普通硅酸盐水泥混合，经成型、冷压、养护、干燥而制成。甘蔗板是以甘蔗渣为原料，经过蒸制、加压、干燥等工序制成的一种轻质、吸声、保温材料。

3. 反射型保温绝热材料

我国建筑工程的保温绝热，目前普遍采用的是利用多孔保温材料和在围护结构中设置普通空气层的方法来解决。但在围护结构较薄的情况下，仅利用上述方法来解决保温隔热问题是较为困难的，反射型保温绝热材料为解决上述问题提供了一条新途径。如铝箔波形纸保温隔热板，它是以波形纸板为基层，铝箔做为面层经加工而制成的，具有保温隔热性能、防潮性能、吸声效果好的特点，且质量轻、成本低，可固定在钢筋混凝土屋面板下及木屋架下作为保温隔热顶棚，也可以设置在复合墙体上，作为冷藏室、恒温室及其他类似房间的保温隔热墙体。常用绝热材料如表 8-2-7 所示。

常用绝热材料简表　　　　　　　表 8-2-7

名　称	主要组成	导热系数 W/(m·K)	主要应用
硅藻土	无定形 SiO_2	0.060	填充料、硅藻土砖
膨胀蛭石	铝硅酸盐矿物	0.046～0.070	填充料、轻骨料
膨胀珍珠岩	铝硅酸盐矿物	0.047～0.070	填充料、轻集料
微孔硅酸钙	水化硅酸钙	0.047～0.056	绝热管、砖
泡沫玻璃	硅、铝氧化物玻璃体	0.058～0.128	绝热砖、过滤材料
岩棉及矿棉	玻璃体	0.044～0.049	绝热板、毡、管等
玻璃棉	钙硅铝系玻璃体	0.035～0.041	绝热板、毡、管等
泡沫塑料	高分子化合物	0.031～0.047	绝热板、管及填充
纤维板	木材	0.058～0.307	墙壁、地板、顶棚等

【实训练习】

实训项目一：认识识别防水材料。
资料内容：利用校内建材实训基地，根据所学知识进行防水材料识别。
实训项目二：认识识别保温材料。
资料内容：利用校内建材实训基地，根据所学知识进行保温材料识别。

【复习思考题】

1. 实际工程中有哪些防水材料及其性能？
2. 石油沥青防水卷材的特点及适用范围？
3. 常见合成高分子防水卷材的特点和适用范围？
4. 常用高聚物改性沥青防水卷材的特点和适用范围？
5. 什么是保温绝热材料？
6. 保温绝热材料的作用原理？
7. 各种保温材料的使用范围？

任务三　屋面及防水施工

【引入问题】
1. 卷材防水屋面施工有哪些特点？
2. 常见屋面渗漏如何防治？
3. 哪些部位需要防水？如何施工？
4. 哪些部位需要保温？如何施工？

【工作任务】
了解建筑防水屋面的分类和等级，能正确选择防水方案；掌握屋面防水工程施工工艺和施工质量要求及质量控制方法。掌握地下防水工程施工质量要求及质量控制方法；掌握防水工程施工中质量通病及防治措施。掌握室内卫生间等特殊部位的防水工程施工特点及方法。掌握墙体保温工程的基本构造及各种施工方案特点，能够根据具体情况选用合适的保温方法。

【学习参考资料】

1. 《建筑施工技术》中国建筑工业出版社，姚谨英主编. 2003.
2. 《防水工程施工》机械工业出版社，方世康主编. 2006.
3. 《地下防水施工便携手册》中国计划出版社，袁锐文主编. 2007.
4. 《墙体保温技术探索》中国建筑工业出版社，北京振利节能环保科技股份有限公司主编. 2009.

【主要学习内容】

一、屋面防水工程

屋面防水工程是房屋建筑的一项重要工程。根据建筑物的性质、重要程度、使用功能要求及防水层耐用年限等，将屋面防水分为四个等级，并按不同等级进行设防（表8-3-1）。防水屋面的常用种类有卷材防水屋面、涂膜防水屋面和刚性防水屋面等。

屋面防水等级和设防要求　　　　　　表8-3-1

项 目	屋面防水等级			
	Ⅰ	Ⅱ	Ⅲ	Ⅳ
建筑物类别	特别重要或对防水有特殊要求的建筑	重要的建筑和高层建筑	一般的建筑	非永久性的建筑
防水层合理使用年限	25年	15年	10年	5年
防水层选用材料	宜选用合成高分子防水卷材、高聚物改性沥青防水卷材、金属板材、合成高分子防水涂料、细石混凝土等材料	宜选用高聚物改性沥青防水卷材、合成高分子防水卷材、金属板材、合成高分子防水涂料、高聚物改性沥青防水涂料、细石混凝土、平瓦、油毡瓦等材料	宜选用三毡四油沥青防水卷材、高聚物改性沥青防水卷材、合成高分子防水卷材、金属板材、高聚物改性沥青防水涂料、合成高分子防水涂料、细石混凝土、平瓦、油毡瓦等材料	可选用二毡三油沥青防水卷材、高聚物改性沥青防水涂料等材料
设防要求	三道或三道以上防水设防	二道防水设防	一道防水设防	一道防水设防

屋面的保温层和防水层严禁在雨天、雪天和五级以上大风下施工，温度过低也不宜施工。屋面工程完工后，应对屋面细部构造、接缝、保护层等进行外观检

验，并用淋水或蓄水进行检验。防水层不得有渗漏或积水现象。

（一）卷材防水屋面

卷材防水屋面是用胶结材料粘贴卷材进行防水的屋面。这种屋面具有重量轻、防水性能好的优点，其防水层的柔韧性好，能适应一定程度的结构振动和胀缩变形。所用卷材有传统的沥青防水卷材、高聚物改性沥青防水卷材和合成高分子防水卷材三大系列。

1. 卷材屋面构造

卷材防水屋面的构造如图 8-3-1 所示。

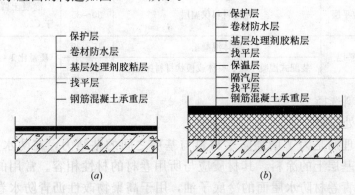

图 8-3-1 卷材防水屋面构造层次示意图
(a) 不保温卷材防水屋面；(b) 保温卷材防水屋面

2. 卷材防水层施工

(1) 基层要求。

基层施工质量的好坏，将直接影响屋面工程的质量。基层应有足够的强度和刚度，承受荷载时不致产生显著变形。基层一般采用水泥砂浆、细石混凝土或沥青砂浆找平，做到平整、坚实、清洁、无凹凸形及尖锐颗粒。其平整度为：用 2m 长的直尺检查，基层与直尺间的最大空隙不应超过 5mm，空隙仅允许平缓变化，每米长度内不得多于一处。铺设屋面隔汽层和防水层以前，基层必须清扫干净。

屋面及檐口、檐沟、天沟找平层的排水坡度，必须符合设计要求，平屋面采用结构找坡应不小于 3%，采用材料找坡宜为 2%，天沟、檐沟纵向找坡不应小于 1%，沟底落水差不大于 200mm，在与突出屋面结构的连接处以及在基层的转角处，均应做成圆弧或钝角，其圆弧半径应符合要求：沥青防水卷材为 100~150mm，高聚物改性沥青防水卷材为 50mm，合成高分子防水卷材为 20mm。

为防止由于温差及混凝土构件收缩而使防水屋面开裂，找平层应留分格缝，缝宽一般为 20mm。缝应留在预制板支承边的拼缝处，其纵横向最大间距，当找平层采用水泥砂浆或细石混凝土时，不宜大于 6m；采用沥青砂浆时，不宜大于 4m。分格缝处应附加 200~300mm 宽的油毡，用沥青胶结材料单边点贴覆盖。

采用水泥砂浆或沥青砂浆找平层做基层时，其厚度和技术要求应符合表 8-3-2

的规定。

找平层厚度和技术要求 表 8-3-2

类别	基层种类	厚度(mm)	技术要求
水泥砂浆找平层	整体混凝土	15~20	1:2.5~1:3（水泥:砂）体积比，水泥强度等级不低于 32.5
	整体或板状材料保温层	20~25	
	装配式混凝土板、松散材料保温层	20~30	
细石混凝土找平层	松散材料保温层	30~35	混凝土强度等级不低于 C20
沥青砂浆找平层	整体混凝土	15~20	质量比 1:8（沥青:砂）
	装配式混凝土板、整体或板状材料保温层	20~25	

(2) 材料选择。

①基层处理剂。

基层处理剂是为了增强防水材料与基层之间的粘结力，在防水层施工前，预先涂刷在基层上的涂料。其材质应与所用卷材的材性相容。常用的基层处理剂有用于沥青卷材防水屋面的冷底子油，用于高聚物改性沥青防水卷材屋面的氯丁胶沥青乳胶、橡胶改性沥青溶液、沥青溶液（即冷底子油）和用于合成高分子防水卷材屋面的聚氨酯煤焦油系的二甲苯溶液、氯丁胶乳溶液、氯丁胶沥青乳胶等。

②胶粘剂。

卷材防水层的粘结材料，必须选用与卷材相应的胶粘剂。沥青卷材可选用沥青胶作为胶粘剂，沥青胶的标号应根据屋面坡度、当地历年室外极端最高气温按表 8-3-3 选用，其性能应符合表 8-3-4 规定。

沥青胶标号选用表 表 8-3-3

屋面坡度	历年室外极端最高温度	沥青胶结材料标号
1%~3%	小于 38℃	S-60
	38~41℃	S-65
	41~45℃	S-70
3%~15%	小于 38℃	S-65
	38~41℃	S-70
	41~45℃	S-75
15%~25%	小于 38℃	S-75
	38~41℃	S-80
	41~45℃	S-85

注：1. 油毡层上有板块保护层或整体保护层时，沥青胶标号可按上表降低 5 号。
2. 屋面受其他热影响（如高温车间等），或屋面坡度超过 25% 时，应考虑将其标号适当提高。

沥青胶的质量要求　　　　　　　　　　　　　　　　　表 8-3-4

指标名称＼标号	S-60	S-65	S-70	S-75	S-80	S-85
耐热度	用 2mm 厚的沥青胶粘合两张沥青纸，于不低于下列温度（℃）中，在 1∶1 坡度上停放 5h 的沥青胶不应流淌，油纸不应滑动					
	60	65	70	75	80	85
柔韧性	涂在沥青油纸上的 2mm 厚的沥青胶层，在 18±2℃ 时，围绕下列直径（mm）的圆棒，用 2s 的时间以均衡速度弯成半周，沥青胶不应有裂纹					
	10	15	15	20	25	30
粘结力	用于将两张粘贴在一起的油纸慢慢地一次撕开，从油纸和沥青胶的粘贴面的任何一面的撕开部分，应不大于粘贴面积的 1/2					

　　高聚物改性沥青卷材可选用橡胶或再生橡胶改性沥青的汽油溶液或水乳液作胶粘剂，其粘结剪切强度应大于 0.05MPa，粘结剥离强度应大于 $8N/10mm^2$。

　　合成高分子防水卷材可选用以氯丁橡胶和丁基酚醛树脂为主要成分的胶粘剂或以氯丁橡胶乳液制成的胶粘剂（如表 8-3-5 所示），其粘结剥离强度不应小于 $15N/10mm^2$，其用量为 $0.4 \sim 0.5 kg/m^2$。胶粘剂均由卷材生产厂家提供。

用合成高分子卷材的胶粘剂　　　　　　　　　　　　　表 8-3-5

卷材名称	基层与卷材胶粘剂	卷材与卷材胶粘剂	表面保护层涂料
三元乙丙-丁基橡胶卷材	CX-404 胶	丁基胶粘剂 A、B 组份（1∶1）	水乳型醋酸乙烯-丙烯酸酯共聚，油溶型乙丙橡胶和甲苯溶液
氯化聚乙烯卷材	BX-12 胶粘剂	BX-12 乙组份胶粘剂	水乳型醋酸乙烯-丙烯酸酯共聚，油溶型乙丙橡胶和甲苯溶液
LYX-630 氯化聚乙烯卷材	LYX-603-3（3号胶）甲、乙组份	LYX-603-2（2号胶）	LYX-603-1（1号胶）
聚氯乙烯卷材	FL-5 型（5～15℃时使用）FL-15 型（15～40℃时使用）		

③卷材。

主要防水卷材的分类参见表 8-3-6。

主要防水卷材的分类　　　　　　　　　　　　　　　　表 8-3-6

类　别	防水卷材名称
沥青基防水卷材	纸胎、玻璃胎、玻璃布、黄麻、铝箔沥青卷材
高聚物改性沥青防水卷材	SBS、APP，SBS-APP，丁苯橡胶改性沥青卷材；胶粉改性沥青卷材、再生胶卷材、PVC 改性煤焦油沥青卷材等

续表

类别		防水卷材名称
合成高分子防水卷材	硫化型橡胶或橡胶共混卷材	三元乙丙卷材、氯磺化聚乙烯卷材、丁基橡胶卷材、氯丁橡胶卷材、氯化聚乙烯-橡胶共混卷材等
	非硫化型橡胶或橡塑共混卷材	丁基橡胶卷材、氯丁橡胶卷材、氯化聚乙烯-橡胶共混卷材等
	合成树脂系防水卷材	氯化聚乙烯卷材、PVC卷材等
特种卷材		热熔卷材、冷自粘卷材、带孔卷材、热反射卷材、沥青瓦等

各种防水材料及制品均应符合设计要求，具有质量合格证明，进场前应按规范要求进行抽样复检，严禁使用不合格产品。

(3) 卷材施工。

①沥青卷材防水施工

卷材防水层施工的一般工艺流程如图 8-3-2 所示。

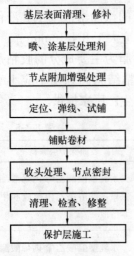

图 8-3-2 卷材防水施工工艺流程图

(a) 铺设方向。

卷材的铺设方向应根据屋面坡度和屋面是否有振动来确定。当屋面坡度小于 3% 时，卷材宜平行于屋脊铺贴；屋面坡度在 3%～15% 之间时，卷材可平行或垂直于屋脊铺贴；屋面坡度大于 15% 或屋面受振动时，沥青防水卷材应垂直于屋脊铺贴。上下层卷材不得相互垂直铺贴。

(b) 施工顺序。

屋面防水层施工时，应先做好节点、附加层和屋面排水比较集中部位（如屋面与水落口连接处、檐口、天沟、屋面转角处、板端缝等）的处理，然后由屋面最低标高处向上施工。铺贴天沟、檐沟卷材时，宜顺天沟、檐口方向，尽量减少搭接。铺贴多跨和有高低跨的屋面时，应按先高后低、先远后近的顺序进行。大面积屋面施工时，应根据屋面特征及面积大小等因素合理划分流水施工段。施工段的界线宜设在屋脊、天沟、变形缝等处。

(c) 搭接方法及宽度要求

铺贴卷材采用搭接法，上下层及相邻两幅卷材的搭接缝应错开。平行于屋脊的搭接应顺流水方向；垂直于屋脊的搭接应顺主导风向。叠层铺设的各层卷材在天沟与屋面的连接处，应采用叉接法搭接，搭接缝应错开，接缝宜留在屋面或天沟侧面，不宜留在沟底。各种卷材搭接宽度应符合表 8-3-7 的要求。

卷材搭接宽度（mm） 表 8-3-7

铺贴方法 卷材种类	短边搭接		长边搭接	
	满粘法	空铺、点粘、条粘法	满粘法	空铺、点粘、条粘法
沥青防水卷材	100	150	70	100
高聚物改性沥青防水卷材	80	100	80	100

续表

卷材种类	铺贴方法	短边搭接		长边搭接	
		满粘法	空铺、点粘、条粘法	满粘法	空铺、点粘、条粘法
合成高分子防水卷材	胶粘剂	80	100	80	100
	胶粘带	50	60	50	60
	单缝焊	60，有效焊接宽度不小于25			
	双缝焊	80，有效焊接宽度10×2+空腔宽			

(d) 铺贴方法。

沥青卷材的铺贴方法有浇油法、刷油法、刮油法、撒油法等四种。通常采用浇油法或刷油法，在干燥的基层上满涂沥青胶，应随浇涂随铺油毡。铺贴时，油毡要展平压实，使之与下层紧密粘结，卷材的接缝，应用沥青胶赶平封严。对容易渗漏水的薄弱部位（如天沟、檐口、泛水、水落口处等），均应加铺1~2层卷材附加层。

(e) 屋面特殊部位的铺贴要求。

天沟、檐沟、檐口、水落口、泛水、变形缝和伸出屋面管道的防水构造，必须符合设计要求。天沟、檐沟、檐口、泛水和立面卷材收头的端部应裁齐，塞入预留凹槽内，用金属压条，钉压固定，最大钉距不应大于900mm，并用密封材料嵌填封严，凹槽距屋面找平层高度不小于250mm，凹槽上部墙体应做防水处理。

水落口杯应牢固地固定在承重结构上，如系铸铁制品，所有零件均应除锈，并刷防锈漆；天沟、檐沟铺贴卷材应从沟底开始。如沟底过宽，卷材纵向搭接时，搭接缝必须用密封材料封口，密封材料嵌填必须密实、连续、饱满，粘结牢固，无气泡，不开裂脱落。沟内卷材附加层在与屋面交接处宜空铺，其空铺宽度不小于200mm，其卷材防水层应由沟底翻上至沟外檐顶部，卷材收头应用水泥钉固定并用密封材料封严，铺贴檐口800mm范围内的卷材应采取满粘法。

铺贴泛水处的卷材应采取满粘法，防水层贴入水落口杯内不小于50mm，水落口周围直径500mm范围内的坡度不小于5%，并用密封材料封严。

变形缝处的泛水高度不小于250mm，伸出屋面管道的周围与找平层或细石混凝土防水层之间，应预留20mm×20mm的凹槽，并用密封材料嵌填严密，在管道根部直径500mm范围内，找平层应抹出高度不小于30mm的圆台。管道根部四周应增设附加层，宽度和高度均不小于300mm。管道上的防水层收头应用金属箍紧固，并用密封材料封严。

(f) 排汽屋面的施工。

卷材应铺设在干燥的基层上。当屋面保温层或找平层干燥有困难而又急需铺设屋面卷材时，则应采用排汽屋面。排汽屋面是整体连续的，在屋面与垂直面连接的地方，隔汽层应延伸到保温层顶部，并高出150mm，以便与防水层相连，要防止房间内的水蒸气进入保温层，造成防水层起鼓破坏，保温层的含水率必须符合设计要求。在铺贴第一层卷材时，采用条粘、点粘、空铺等方法使卷材与基层之间留有纵横相互贯通的空隙作排汽道（图8-3-3），排汽道的宽度一般为30~

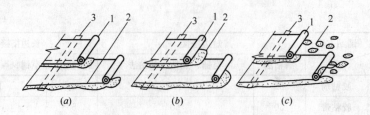

图 8-3-3 排汽屋面卷材铺法
(a) 空铺法；(b) 条粘法；(c) 点粘法
1—卷材；2—沥青胶；3—附加卷材条

40mm，深度一直到结构层。对于有保温层的屋面，也可在保温层上的找平层上留槽作排汽道，并在屋面或屋脊上设置一定的排汽孔（每36m² 左右一个）与大气相通，这样就能使潮湿基层中的水分蒸发排出，防止油毡起鼓。排汽屋面适用于气候潮湿，雨量充沛，夏季阵雨多，保温层或找平层含水率较大，且干燥有困难地区。

② 高聚物改性沥青卷材防水施工。

高聚物改性沥青防水卷材，是指对石油沥青进行改性，提高防水卷材使用性能，增加防水层寿命而生产的一类沥青防水卷材。对沥青的改性，主要是通过添加高分子聚合物实现，其分类品种包括：塑性体沥青防水卷材、弹性体沥青防水卷材、自粘结油毡、聚乙烯膜沥青防水卷材等。使用较为普遍的是 SBS 改性沥青卷材、APP 改性沥青卷材、PVC 改性沥青卷材和再生胶改性沥青卷材等。其施工工艺流程与普通沥青卷材防水层相同。

依据高聚物改性沥青防水卷材的特性，其施工方法有冷粘法、热熔法和自粘法之分。在立面或大坡面铺贴高聚物改性沥青防水卷材时，应采用满粘法，并宜减少短边搭接。

(a) 冷粘法施工。

冷粘法施工是利用毛刷将胶粘剂涂刷在基层或卷材上，然后直接铺贴卷材，使卷材与基层、卷材与卷材粘结的方法。施工时，胶粘剂涂刷应均匀、不露底、不堆积。空铺法、条粘法、点粘法应按规定的位置与面积涂刷胶粘剂。铺贴卷材时应平整顺直，搭接尺寸准确，接缝应满涂胶粘剂，辊压粘结牢固，不得扭曲，溢出的胶粘剂随即刮平封口；也可采用热熔法接缝。接缝口应用密封材料封严，宽度不应小于 10mm。

(b) 热熔法施工。

热熔法施工是指利用火焰加热器熔化热熔型防水卷材底层的热熔胶进行粘贴的方法。施工时，在卷材表面热熔后（以卷材表面熔融至光亮黑色为度）应立即滚铺卷材，使之平展，并辊压粘结牢固。搭接缝处必须以溢出热熔的改性沥青胶为度，并应随即刮封接口。加热卷材时应均匀，不得过分的热或烧穿卷材。

(c) 自粘法施工。

自粘法施工是指采用带有自粘胶的防水卷材，不用热施工，也不需涂胶结材料，而进行粘结的方法。铺贴前，基层表面应均匀涂刷基层处理剂，待干燥后及时铺贴卷材。铺贴时,应先将自粘胶底面隔离纸完全撕净,排除卷材下面的空气,并辊压粘结牢固,不得空鼓。搭接部位必须采用热风焊枪加热后随即粘贴牢固,溢出的自粘胶随即刮平封口。接缝口用不小于10mm宽的密封材料封严。对厚度小于3mm的高聚物改性沥青防水卷材,严禁采用热熔法施工。

③合成高分子卷材防水施工。

合成高分子卷材的主要品种有:三元乙丙橡胶防水卷材,氯化聚乙烯-橡胶共混防水卷材,氯化聚乙烯防水卷材和聚氯乙烯防水卷材等。其施工工艺流程与前相同。

施工方法一般有冷粘法、自粘法和热风焊接法三种。

冷粘法、自粘法施工要求与高聚物改性沥青防水卷材基本相同,但冷粘法施工时搭接部位应采用与卷材配套的接缝专用胶粘剂,在搭接缝粘合面上涂刷均匀,并控制涂刷与粘合的间隔时间,排除空气,辊压粘结牢固。

热风焊接法是利用热空气焊枪进行防水卷材搭接粘合的方法。焊接前卷材铺放应平整顺直,搭接尺寸正确;施工时焊接缝的结合面应清扫干净,应无水滴、油污及附着物。先焊长边搭接缝,后焊短边搭接缝,焊接处不得有漏焊、缺焊、焊焦或焊接不牢的现象,也不得损害非焊接部位的卷材。

(4)保护层施工。

卷材铺设完毕,经检查合格后,应立即进行保护层的施工,及时保护防水层免受损伤,从而延长卷材防水层的使用年限。常用的保护层做法有以下几种:

①涂料保护层。

保护层涂料一般在现场配制,常用的有铝基沥青悬浮液、丙烯酸浅色涂料或在涂料中掺入铝粉的反射涂料。施工前防水层表面应干净无杂物。涂刷方法与用量按各种涂料使用说明书操作,基本和涂膜防水施工相同。涂刷应均匀、不漏涂。

②绿豆砂保护层。

在沥青卷材非上人屋面中使用较多。施工时在卷材表面涂刷最后一道沥青胶,趁热撒铺一层粒径为3~5mm的绿豆砂(或人工砂),绿豆砂应撒铺均匀,全部嵌入沥青胶中。为了嵌入牢固,绿豆砂须经预热至100℃左右干燥后使用。边撒砂边扫铺均匀,并用软辊轻轻压实。

③细砂、云母或蛭石保护层。

主要用于非上人屋面的涂膜防水层的保护层,使用前应先筛去粉料,砂可采用天然砂。当涂刷最后一道涂料时,应边涂刷边撒布细砂(或云母、蛭石),同时用软胶辊反复轻轻滚压,使保护层牢固地粘结在涂层上。

④混凝土预制板保护层。

混凝土预制板保护层的结合层可采用砂或水泥砂浆。混凝土板的铺砌必须平整,并满足排水要求。在砂结合层上铺砌块体时,砂层应洒水压实、刮平;板块对接铺砌,缝隙应一致,缝宽10mm左右,砌完洒水轻拍压实。板缝先填砂至一半高度,再用1:2水泥砂浆勾成凹缝。为防止砂子流失,在保护层四周500mm范围内,应改用低强度等级水泥砂浆做结合层。采用水泥砂浆做结合层时,应先在防水层上做隔离层,隔离层可采用热砂、干铺油毡、铺纸筋灰或麻刀灰、黏土砂浆、白灰砂浆等多种方法施工。预制块体应先浸水湿润并阴干。摆铺完后应立即挤压密实、平整，使之结合牢固。预留板缝（10mm 宽）用 1：2 水泥砂浆勾成凹缝。

上人屋面的预制块体保护层，块体材料应按照楼地面工程质量要求选用，结合层应选用 1：2 水泥砂浆。

⑤水泥砂浆保护层。

水泥砂浆保护层与防水层之间应设置隔离层。保护层用的水泥砂浆配合比一般为 1：2.5～3（体积比）。

保护层施工前，应根据结构情况每隔 4～6m 用木模设置纵横分格缝。铺设水泥砂浆时应随铺随拍实，并用刮尺刮平。排水坡度应符合设计要求。

立面水泥砂浆保护层施工时，为使砂浆与防水层粘结牢固，可事先在防水层表面粘上砂粒或小豆石，然后再做保护层。

⑥细石混凝土保护层。

施工前应在防水层上铺设隔离层，并按设计要求支设好分格缝木模，设计无要求时，每格面积不大于 $36m^2$，分格缝宽度为 20mm。一个分格内的混凝土应连续浇筑，不留施工缝。振捣宜采用铁辊滚压或人工拍实，以防破坏防水层。拍实后随即用刮尺按排水坡度刮平，初凝前用木抹子提浆抹平，初凝后及时取出分格缝木模，终凝前用铁抹子压光。

细石混凝土保护层浇筑后应及时进行养护，养护时间不应少于 7d。养护期满即将分格缝清理干净，待干燥后嵌填密封材料。

（二）涂膜防水屋面

涂膜防水屋面是在屋面基层上涂刷防水涂料，经固化后形成一层有一定厚度和弹性的整体涂膜从而达到防水目的的一种防水屋面形式。其典型的构造层次如图 8-3-4 所示。这种屋面具有施工操作简便，无污染，冷操作，无接缝，能适应复杂基层，防水性能好，温度适应性强，容易修补等特点。适用于防水等级为Ⅲ级、Ⅳ级的屋面防水；也可作为Ⅰ级、Ⅱ级屋面多道防水设防中的一道防水层。

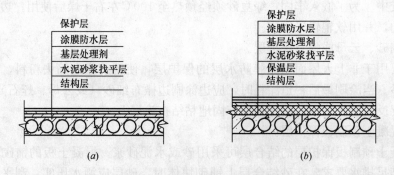

图 8-3-4 涂膜防水屋面构造图
(a) 无保温层涂膜屋面；(b) 有保温层涂膜屋面

1. 材料要求

根据防水涂料成膜物质的主要成分，适用涂膜防水层的涂料可分为：高聚物改性沥青防水涂料和合成高分子防水涂料两类。根据防水涂料的形成液态的方式，可分为溶剂型、反应型和水乳型三类（表8-3-8）。

防水涂料的分类 表8-3-8

类 别		材 料 名 称
高聚物改性沥青防水涂料	溶剂型	再生橡胶沥青涂料、氯丁橡胶沥青涂料等
	乳液型	丁苯胶乳沥青涂料、氯丁胶乳沥青涂料、PVC煤焦油涂料等
合成高分子防水涂料	乳液型	硅橡胶涂料、丙烯酸酯涂料、AAS隔热涂料等
	反应型	聚氨酯防水涂料、环氧树脂防水涂料等

2. 基层要求

涂膜防水层基层刚度大，空心板安装牢固，找平层有一定强度，表面平整、密实，不应有起砂、起壳、龟裂、爆皮等现象。表面平整度应用2m直尺检查，基层与直尺的最大间隙不应超过5mm，间隙仅允许平缓变化。基层与凸出屋面结构连接处及基层转角处应做成圆弧形或钝角。按设计要求做好排水坡度，不得有积水现象。施工前应将分格缝清理干净，不得有异物和浮灰。对屋面的板缝处理应遵守有关规定。等基层干燥后方可进行涂膜施工。

3. 涂膜防水层施工

涂膜防水施工的一般工艺流程是：

基层表面清理、修理→喷涂基层处理剂→特殊部位附加增强处理→涂布防水涂料及铺贴胎体增强材料→清理与检查修理→保护层施工

基层处理剂常用涂膜防水材料稀释后使用，其配合比应根据不同防水材料按要求配置。

涂膜防水必须由两层以上涂层组成，每层应刷2~3遍，且应根据防水涂料的品种，分层分遍涂布，不能一次涂成，待先涂的涂层干燥成膜后，方可涂后一遍涂料，其总厚度必须达到设计要求。涂膜厚度选用应符合表8-3-9规定。

涂膜厚度选用表 表8-3-9

屋面防水等级	设防道数	高聚物改性沥青防水涂料	合成高分子防水涂料
Ⅰ级	三道或三道以上设防	—	不应小于1.5mm
Ⅱ级	二道设防	不应小于3mm	不应小于1.5mm
Ⅲ级	一道设防	不应小于3mm	不应小于2mm
Ⅳ级	一道设防	不应小于2mm	—

涂料的涂布顺序为：先高跨后低跨，先远后近，先立面后平面。同一屋面上先涂布排水较集中的水落口、天沟、檐口等节点部位，再进行大面积涂布。涂层应厚薄均匀、表面平整，不得有露底、漏涂和堆积现象。两涂层施工间隔时间不宜过长，否则易形成分层现象。涂层中夹铺增强材料时，宜边涂边铺胎体。胎体增强材料长边搭接宽度不得小于50mm，短边搭接宽度不得小于70mm。当屋面坡度小于15%时，可平行屋脊铺设。屋面坡度大于15%时，应垂直屋脊铺设。采用二层胎体增强材料时，上下层不得互相垂直铺设，搭接缝应错开，其间距不应小

于幅宽的 1/3。找平层分格缝处应增设胎体增强材料的空铺附加层，其宽度以 200~300mm 为宜。涂膜防水层收头应用防水涂料多遍涂刷或用密封材料封严。在涂膜未干前，不得在防水层上进行其他施工作业。涂膜防水屋面上不得直接堆放物品。涂膜防水屋面的隔汽层设置原则与卷材防水屋面相同。

涂膜防水屋面应设置保护层。保护层材料可采用细砂、云母、蛭石、浅色涂料、水泥砂浆或块材等。采用水泥砂浆或块材时，应在涂膜与保护层之间设置隔离层。当用细砂、云母、蛭石时，应在最后一遍涂料涂刷后随即撒上，并用扫帚轻扫均匀、轻拍粘牢。当用浅色涂料作保护层时，应在涂膜固化后进行。

(三) 刚性防水屋面

刚性防水屋面是指利用刚性防水材料作防水层的屋面。主要有普通细石混凝土防水屋面、补偿收缩混凝土防水屋面、块体刚性防水屋面、预应力混凝土防水屋面等。与卷材及涂膜防水屋面相比，刚性防水屋面所用材料易得，价格便宜，耐久性好，维修方便，但刚性防水层材料的表观密度大，抗拉强度低，极限拉应力变小，易受混凝土或砂浆的干湿变形、温度变形和结构变位而产生裂缝。主要适用于防水等级为Ⅲ级的屋面防水，也可用作Ⅰ、Ⅱ级屋面多道防水设防中的一道防水层，不适用于设有松散材料保温层的屋面以及受较大振动或冲击和坡度大于15%的建筑屋面。

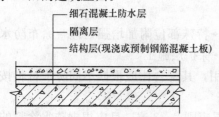

图 8-3-5 细石混凝土防水屋面构造

刚性防水屋面的一般构造形式如图 8-3-5 所示。

1. 材料要求

防水层的细石混凝土宜用普通硅酸盐水泥或硅酸盐水泥，用矿渣硅酸盐水泥时应采取减少泌水性措施。水泥强度等级不宜低于 32.5 级。不得使用火山灰质水泥。防水层的细石混凝土和砂浆中，粗骨料的最大粒径不宜超过 15mm，含泥量不应大于 1%；细骨料应采用中砂或粗砂，含泥量不应大于 2%；拌合用水应采用不含有害物质的洁净水。混凝土水灰比不应大于 0.55，每立方米混凝土水泥最小用量不应小于 330kg，含砂率宜为 35%~40%，灰砂比应为 1.2~2.5，并宜掺入外加剂，混凝土强度不得低于 C20。普通细石混凝土、补偿收缩混凝土的自由膨胀率应为 0.05%~0.1%。块体刚性防水层使用的块体应无裂纹、石灰颗粒、灰浆泥面、缺棱掉角等缺陷，应质地密实，表面平整。

2. 基层要求

刚性防水屋面的结构层宜为整体现浇的钢筋混凝土。当屋面结构层采用装配式钢筋混凝土板时，应用强度等级不小于 C20 的细石混凝土灌缝，灌缝的细石混凝土宜掺膨胀剂。当屋面板板缝宽度大于 40mm 或上窄下宽时，板缝内必须设置构造钢筋，板端缝应进行密封处理。

3. 隔离层施工

在结构层与防水层之间宜增加一层低强度等级砂浆、卷材、塑料薄膜等材料，起隔离作用，使结构层和防水层变形互不受约束，以减少防水混凝土产生拉应力而导致混凝土防水层开裂。

(1) 黏土砂浆（或石灰砂浆）隔离层施工。

预制板缝填嵌细石混凝土后板面应清扫干净，洒水湿润，但不得积水，将按石灰膏：砂：黏土＝1：2.4：3.6（或石灰膏：砂＝1：4）配制的材料拌合均匀，砂浆以干稠为宜，铺抹的厚度约10～20mm，要求表面平整、压实、抹光，待砂浆基本干燥后。方可进行下道工序施工。

(2) 卷材隔离层施工。

用1：3水泥砂浆将结构层找平，并压实抹光养护，再在干燥的找平层上铺一层3～8mm干细砂滑动层，在其上铺一层卷材，搭接缝用热沥青胶胶结。也可以在找平层上直接铺一层塑料薄膜。

做好隔离层继续施工时，要注意对隔离层加强保护。混凝土运输不能直接在隔离层表面进行，应采取垫板等措施；绑扎钢筋时不得扎破表面，浇捣混凝土时更不能振疏隔离层。

4. 分格缝的设置

为防止大面积的刚性防水层因温差、混凝土收缩等影响而产生裂缝，应按设计要求设置分格缝。其位置一般应设在结构应力变化较突出的部位，如屋面板的支承端、屋面转折处、防水层与突出屋面结构的交接处，并应与板缝对齐。分格缝的纵横间距一般不大于6m。

分格缝的一般做法是在施工刚性防水层前，先在隔离层上定好分格缝位置，再安放分格条，然后按分隔板块浇筑混凝土，待混凝土初凝后，将分格条取出即可。分格缝处可采用嵌填密封材料并加贴防水卷材的办法进行处理，以增加防水的可靠性。

5. 防水层施工

(1) 普通细石混凝土防水层施工。

混凝土浇筑应按先远后近、先高后低的原则进行，一个分格缝内的混凝土必须一次浇筑完毕，不得留施工缝。细石混凝土防水层厚度不小于40mm，应配双向钢筋网片，间距100～200mm，但在分隔缝处应断开，钢筋网片应放置在混凝土的中上部，其保护层厚度不小于10mm。混凝土的质量要严格保证，加入外加剂时，应准确计量，投料顺序得当，搅拌均匀。混凝土搅拌应采用机械搅拌，搅拌时间不少于2min，混凝土运输过程中应防止漏浆和离析。混凝土浇筑时，先用平板振动器振实，再用辊筒滚压至表面平整、泛浆，然后用铁抹子压实抹平，并确保防水层的设计厚度和排水坡度。抹压时严禁在表面洒水、加水泥浆或撒干水泥。待混凝土初凝收水后，应进行二次表面压光，或在终凝前三次压光成活，以提高其抗渗性。混凝土浇筑12～24h后应进行养护，养护时间不应少于14d。养护初期屋面不得上人。施工时的气温宜在5～35℃，以保证防水层的施工质量。

(2) 补偿收缩混凝土防水层施工。

补偿收缩混凝土防水层是在细石混凝土中掺入膨胀剂拌制而成，硬化后的混凝土产生微膨胀，以补偿普通混凝土的收缩，它在配筋情况下，由于钢筋限制其膨胀，从而使混凝土产生自应力，起到致密混凝土，提高混凝土抗裂性和抗渗性的作用。其施工要求与普通细石混凝土防水层大致相同。当用膨胀剂拌制补偿收缩混凝土时，应按配合比准确称量，搅拌投料时膨胀剂应与水泥同时加入。混凝土连续搅拌时间不应少于3min。

（四）其他屋面施工简介

1. 架空隔热屋面

架空隔热屋面是在屋面增设架空层，利用空气流通进行隔热。隔热屋面的防水层做法同前述，施工架空层前，应将屋面清扫干净，根据架空板尺寸弹出砖垛支座中心线，架空屋面的坡度不宜大于5%，为防止架空层砖垛下的防水层被损伤，应加强其底面的卷材或涂膜防水层，在砖垛下铺贴附加层。架空隔热层的砖垛宜用M5水泥砂浆砌筑，铺设架空板时，应将灰浆刮平，随时扫净屋面防水层上的落灰和杂物，保证架空隔热层气流畅通，架空板应铺设平整、稳固，缝隙宜用水泥砂浆或水泥混合砂浆嵌填，并按设计要求留变形缝。

架空隔热屋面所用材料及制品的质量必须符合设计要求。非上人屋面架空砖垛所用的黏土砖强度等级不小于MU10；架空盖板如采用混凝土预制板时，其强度等级不应小于C20，且板内宜放双向钢筋网片，严禁有断裂和露筋缺陷。

2. 瓦屋面

瓦屋面防水是我国传统的屋面防水技术。它的种类较多，有平瓦屋面、青瓦屋面、筒瓦屋面、石板瓦屋面、石棉水泥瓦屋面、玻璃钢波形瓦屋面、油毡瓦屋面、薄钢板屋面、金属压型夹心板屋面等。下面介绍的是目前使用较多并有代表性的几种瓦屋面。

（1）平瓦屋面。

平瓦屋面采用黏土、水泥等材料制成的平瓦铺设在钢筋混凝土或木基层上进行防水。它适用于防水等级为Ⅱ、Ⅲ级以及坡度不小于20%的屋面。

平瓦屋面与立墙及突出屋面结构等交接处，均应做泛水处理。天沟、檐沟的防水层，应采用合成高分子防水卷材、高聚物改性沥青防水卷材、沥青防水卷材、金属板材或塑料板材等材料铺设。

（2）石棉水泥、玻璃钢波形瓦屋面。

石棉水泥波瓦、玻璃钢波形瓦屋面适用于防水等级为Ⅳ级的屋面防水。铺设波瓦时，注意瓦楞与屋脊垂直，铺盖方向要与当地常年主导风雨方向相反，以避免搭口缝飘雨漏水。钉挂波瓦时，相邻两波瓦搭接处的每张盖瓦上，都应设一个螺栓或螺钉，并应设在靠近波瓦搭接部分的盖瓦波峰上。波瓦应采用带橡胶衬垫等防水垫圈的镀锌弯钩螺栓固定在金属檩条或混凝土檩条上，或用镀锌螺钉固定在木檩条上。固定波瓦的螺栓或螺钉不应拧得太紧，以垫圈稍能转动为宜。

（3）油毡瓦屋面。

油毡瓦是一种新型屋面防水材料，它是以玻璃纤维毡为胎基，经浸涂石油沥青后，一面覆盖彩砂矿物粒料，另一面撒以隔离材料，并经切割所制成的瓦片屋面防水材料。它适用于防水等级为Ⅱ、Ⅲ级以及坡度不小于20%的屋面。油毡瓦施工时，其基层应牢固平整。如为混凝土基层，油毡瓦应用专用水泥钢钉与冷沥青玛瑞脂粘结固定在混凝土基层上；如为木基层，铺瓦前应在木基层上铺设一层沥青防水卷材垫毡，用油毡钉铺钉，钉帽应盖在垫毡下面。在油毡瓦屋面与立墙及突出屋面结构等交接处，均应做泛水处理。

3. 金属压型夹心板屋面

金属压型夹心板屋面是金属板材屋面中使用较多的一种，它是由两层彩色涂层钢板、中间加硬质自熄性聚氨酯泡沫组成，通过辊轧、发泡、粘结一次成型。它适用于防水等级为Ⅱ、Ⅲ级的屋面单层防水，尤其是工业与民用建筑轻型屋盖的保温防水屋面。

铺设压型钢板屋面时，相邻两块板应顺年最大频率风向搭接，可避免刮风时冷空气贯入室内。上下两排板的搭接长度，应根据板型和屋面坡长确定。所有搭接缝内应用密封材料嵌填封严，防止渗漏。

4. 蓄水屋面

蓄水屋面是屋面上蓄水后利用水的蓄热和蒸发，大量消耗投射在屋面上的太阳辐射热，有效减少通过屋盖的传热量，从而达到保温隔热和延缓防水层老化的目的。蓄水屋面多用于我国南方地区，一般为开敞式。为加强防水层的坚固性，应采用刚性防水层或在卷材、涂膜防水层上再做刚性防水层，并采用耐腐蚀、耐霉烂、耐穿刺性好的防水层材料，以免异物掉入时损坏防水层。蓄水屋面应划分为若干蓄水区以适应屋面变形的需要。根据多年的使用经验，每区的边长不宜大于10m，在变形缝的两侧应分成两个互不连通的蓄水区，长度超过40m的蓄水屋面应做横向伸缩缝一道。蓄水屋面应设置人行通道。考虑到防水要求的特殊性，蓄水屋面所设排水管、溢水口和给水管等，应在防水层施工前安装完毕。并且为使每个蓄水区混凝土的整体防水性好，要求防水混凝土一次浇筑完毕，不得留施工缝。蓄水屋面的所有孔洞应预留，不能后凿。蓄水屋面的刚性防水层完工后，应在混凝土终凝后，即洒水养护，养护好后，及时蓄水，防止干涸开裂，蓄水屋面蓄水后不能断水。

5. 种植屋面

种植屋面是在屋面防水层上覆土或盖有锯木屑、膨胀蛭石等多孔松散材料，进行种植草皮、花卉、蔬菜、水果或设架种植攀缘植物等作物。这种屋面可以有效地保护防水层和屋盖结构层，对建筑物也有很好的保温隔热效果，并对城市环境能起到绿化和美化的作用，有益环境保护和人们的健康。

种植屋面在施工挡墙时，留设的泄水孔位置应准确，且不得堵塞，以免给防水层带来不利，覆盖层施工时，应避免损坏防水层，覆盖材料的厚度和质量应符合设计要求，以防止屋面结构过量超载。

6. 倒置式屋面

倒置式屋面是把原屋面"防水层在上，保温层在下"的构造设置倒置过来，将憎水性或吸水率较低的保温材料放在防水层上，使防水层不易损伤，提高耐久性，并可防止屋面结构内部结露。倒置式屋面的保温层的基层应平整、干燥和干净。

倒置式屋面的保温材料铺设，对松散型材料应分层铺设，并适当压实，每层虚铺厚度不宜大于150mm，板块保温材料应铺设平稳，拼缝严密，分层铺设的板块上、下层接缝应错开，板间缝隙用同类材料嵌填密实。

保温材料有松散型、板状型和整体现浇保温层，其保温层的含水率必须符合设计要求。

(五) 常见屋面渗漏防治方法

造成屋面渗漏的原因是多方面的，包括设计、施工、材料质量、维修管理等。要提高屋面防水工程的质量，应以材料为基础，以设计为前提，以施工为关键，并加强维护，对屋面工程进行综合治理。

1. 屋面渗漏的原因

(1) 山墙、女儿墙和突出屋面的烟囱等墙体与防水层相交部渗漏雨水。

其原因是节点做法过于简单，垂直面卷材与屋面卷材没有很好地分层搭接，或卷材收口处开裂，在冬季不断冻结，夏天炎热熔化，使开口增大，并延伸至屋面基层，造成漏水。此外，由于卷材转角处未做成圆弧形、钝角或角太小，女儿墙压顶砂浆等级低，滴水线未做或没有做好等原因，也会造成渗漏。

(2) 天沟漏水。

其原因是天沟长度大，纵向坡度小，雨水口少，雨水斗四周卷材粘贴不严，排水不畅，造成漏水。

(3) 屋面变形缝（伸缩缝、沉降缝）处漏水。

其原因是处理不当，如薄钢板凸棱安反，薄钢板安装不牢，泛水坡度不当等造成漏水。

(4) 挑檐、檐口处漏水。

其原因是檐口砂浆未压住卷材，封口处卷材张口，檐口砂浆开裂，下口滴水线未做好而造成漏水。

(5) 雨水口处漏水。

其原因是雨水口处水斗安装过高，泛水坡度不够，使雨水沿雨水斗外侧流入室内，造成渗漏。

(6) 厕所、厨房的通气管根部处漏水。

其原因是防水层未盖严，或包管高度不够，在油毡上口未缠麻丝或铅丝，油毡没有做压毡保护层，使雨水沿出气管进入室内造成渗漏。

(7) 大面积漏水。

其原因是屋面防水层找坡不够，表面凹凸不平，造成屋面积水而渗漏。

2. 屋面渗漏的预防及治理办法

女儿墙压顶开裂时，可铲除开裂压顶的砂浆，重抹 1:(2~2.5)水泥砂浆，并做好滴水线，有条件者可换成预制钢筋混凝土压顶板。突出屋面的烟囱、山墙、管根等与屋面交接处、转角处做成钝角，垂直面与屋面的卷材应分层搭接，对已漏水的部位，可将转角渗透漏处的卷材割开，并分层将旧卷材烤干剥离，清除原有沥青胶。按图 8-3-6、图 8-3-7 处理。

出屋面管道：管根处做成钝角，并建议设计单位加做防雨罩，使油毡在防雨罩下收头，如图 8-3-8 所示。

檐口漏雨：将檐口处旧卷材掀起，用 24 号镀锌薄钢板将其钉于檐口，将新卷材贴于薄钢板上,如图8-3-9所示。

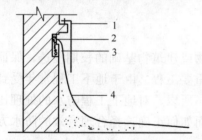

图 8-3-6 女儿墙镀锌薄钢板泛水
1—镀锌薄钢板泛水;2—水泥砂浆堵缝;
3—预埋木砖;4—防水卷材

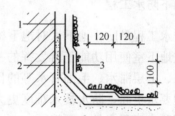

图 8-3-7 转角渗漏处处理(mm)
1—原有卷材;2—干铺一层新卷材;
3—新附加卷材

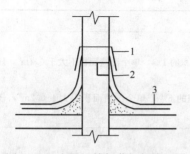

图 8-3-8 出屋面管加薄钢板防雨罩
1—24号镀锌薄钢板防雨罩;
2—铅丝或麻绳;3—油毡

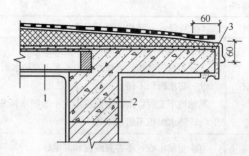

图 8-3-9 檐口漏雨处理(mm)
1—屋面板;2—圈梁;3—24号镀锌薄钢板

雨水口漏雨渗水:将雨水斗四周卷材铲除,检查短管是否紧贴基层板面或铁水盘。如短管浮搁在找平层上,则将找平层凿掉,清除后安装好短管,再用搭接法重做三毡四油防水层,然后进行雨水斗附近卷材的收口和包贴,如图8-3-10所示。

如用铸铁弯头代替雨水斗时,则需将弯头凿开取出,清理干净后安装弯头,再铺油毡(或卷材)一层,其伸入弯头内应大于50mm,最后做防水层至弯头内并与弯头端部搭接顺畅、抹压密实。

对于大面积渗漏屋面,针对不同原因可采用不同方法治理。一般有以下两种方法:

第一种方法,是将原豆石保护层清扫一遍,去掉松动的浮石,抹20mm厚水泥砂浆找平层,然后做一布三油乳化沥青(或氯丁胶乳沥青)防水层和黄砂(或粗砂)保护层。

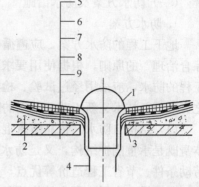

图 8-3-10 雨水口漏水处理
1—雨水罩;2—轻质混凝土;3—雨水斗紧贴基层;4—短管;5—沥青胶或油膏灌缝;6—三毡四油防水层;7—附加一层卷材;8—附加一层再生胶油毡;9—水泥砂浆找平层

第二种方法,是按上述方法将基层处理好后,将一布三油改为二毡三油防水层,再做豆石保护层。第一层油毡应干铺于找平层上,只在四周女儿墙和通风道处卷起，与基层粘贴。

二、地下防水工程

地下防水工程是防止地下水对地下构筑物或建筑物基础的长期浸透，保证地下构筑物或地下室使用功能正常发挥的一项重要工程。由于地下工程常年受到地表水、潜水、上层滞水、毛细管水等的作用，所以，对地下工程防水的处理比屋面防水工程要求更高，防水技术难度更大。而如何正确选择合理有效的防水方案就成为地下防水工程中的首要问题。

地下工程的防水等级分 4 级，各级标准应符合表 8-3-10 的规定。

地下工程的防水等级标准　　　　　表 8-3-10

防水等级	标　准
1 级	不允许渗水，结构表面无湿渍
2 级	不允许漏水，结构表面可有少量湿渍 工业与民用建筑：湿渍总面积不大于总防水面积的 1‰，单个湿渍面积不大于 $0.1m^2$，任意 $100m^2$ 防水面积不超过 1 处 其他地下工程：湿渍总面积不大于总防水面积的 6‰，单个湿渍面积不大于 $0.2m^2$，任意 $100m^2$ 防水面积不超过 4 处
3 级	有少量漏水点，不得有线流和漏泥砂 单个湿渍面积不大于 $0.3m^2$，单个漏水点的漏水量不大于 2.5L/d，任意 $100m^2$ 防水面积不超过 7 处
4 级	有漏水点，不得有线流和漏泥砂 整个工程平均漏水量不大于 $2L/(m^2 \cdot d)$，任意 $100m^2$ 防水面积的平均漏水量不大于 $4L/(m^2 \cdot d)$

（一）防水方案及防水措施

1. 防水方案

地下工程的防水方案，应遵循"防、排、截、堵结合，刚柔相济、因地制宜、综合治理"的原则，根据使用要求、自然环境条件及结构形式等因素确定。地下工程的防水，应采用经过试验、检测和鉴定并经实践检验质量可靠的新材料，行之有效的新技术、新工艺。常用的防水方案有以下三类：

（1）结构自防水。依靠防水混凝土本身的抗渗性和密实性来进行防水。结构本身既是承重围护结构，又是防水层。因此，它具有施工简便、工期较短、改善劳动条件、节省工程造价等优点，是解决地下防水的有效途径，从而被广泛采用。

（2）设防水层。即在结构物的外侧增加防水层，以达到防水的目的。常用的防水层有水泥砂浆、卷材、沥青胶结料和金属防水层，可根据不同的工程对象、防水要求及施工条件选用。

（3）渗排水防水。利用盲沟、渗排水层等措施来排除附近的水源以达到防水目的。适用于形状复杂、受高温影响、地下水为上层滞水且防水要求较高的地下建筑。

2. 防水措施

地下工程的钢筋混凝土结构，应采用防水混凝土，并根据防水等级的要求采用防水措施。其防水措施选用应根据地下工程开挖方式确定，明挖法地下工程的防水设防要求参见表 8-3-11，暗挖法地下工程的防水设防要求参见表 8-3-12。

明挖法地下工程防水设防 表 8-3-11

工程部位		主体					施工缝					后浇带			变形缝、诱导缝					
防水措施		防水混凝土	防水砂浆	防水卷材	防水涂料	塑料防水板	金属板	遇水膨胀止水条	中埋式止水带	外贴式止水带	外抹防水砂浆	外涂防水涂料	膨胀混凝土	遇水膨胀止水条	外贴式止水带	防水嵌缝材料	中埋式止水带	外贴式止水带	可缺式止水带	防水嵌缝材料	外贴防水卷材	外涂防水涂料	遇水膨胀止水条
防水等级	一级	应选	应选一至二种					应选二种					应选	应选二种			应选二种					
	二级	应选	应选一种					应选一至二种					应选	应选一至二种			应选一至二种					
	三级	应选	宜选一种					宜选一至二种					宜选	宜选一至二种			宜选一至二种					
	四级	应选						宜选一种					宜选	宜选一种			宜选一种					

暗挖法地下工程防水设防 表 8-3-12

工程部位		主体				内衬砌施工缝					内衬砌变形缝、诱导缝				
防水措施		复合式衬砌	离壁式衬砌、衬套	贴壁式衬砌	喷射混凝土	外贴式止水带	遇水膨胀止水带	防水嵌缝材料	中埋式止水带	外涂防水涂料	中埋式止水带	外贴式止水带	可卸式止水带	防水嵌缝材料	遇水膨胀止水条
防水等级	一级	应选一种				应选二种				应选	应选二种				
	二级	应选一种				应选一至二种				应选	应选一至二种				
	三级	应选一种				宜选一至二种				应选	应选一种				
	四级	应选一种				宜选一种				应选	宜选一种				

(二) 结构主体防水的施工

1. 防水混凝土结构的施工

防水混凝土结构是指以本身的密实性而具有一定防水能力的整体式混凝土或钢筋混凝土结构。它兼有承重、围护和抗渗的功能，还可满足一定的耐冻融及耐侵蚀要求。

(1) 防水混凝土的种类。

防水混凝土一般分为普通防水混凝土、外加剂防水混凝土和膨胀水泥防水混凝土三种。

普通防水混凝土是以调整和控制配合比的方法,以达到提高密实度和抗渗性要求的一种混凝土。外加剂防水混凝土是指用掺入适量外加剂的方法,改善混凝土内部组织结构,以增加密实性、提高抗渗性的混凝土。按所掺外加剂种类的不同可分减水剂防水混凝土、加气剂防水混凝土、三乙醇胺防水混凝土、氯化铁防水混凝土等。膨胀水泥防水混凝土是指用膨胀水泥为胶结料配制而成的防水混凝土。

不同类型的防水混凝土具有不同特点,应根据使用要求加以选择。

(2) 防水混凝土施工。

防水混凝土结构工程质量的优劣,除取决于合理的设计、材料的性质及配合成分以外,还取决于施工质量的好坏。因此,对施工中的各主要环节,如混凝土搅拌、运输、浇筑、振捣、养护等,均应严格遵循施工及验收规范和操作规程的各项规定进行施工。

防水混凝土所用模板,除满足一般要求外,应特别注意模板拼缝严密,支撑牢固。在浇筑防水混凝土前,应将模板内部清理干净。如若两侧模板需用对拉螺栓固定时,应在螺栓或套管中间加焊止水环,螺栓加堵头(如图 8-3-11 所示)。

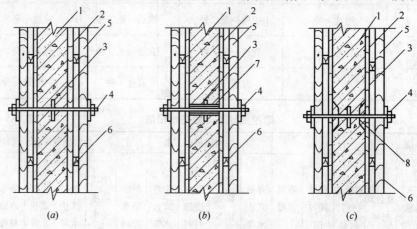

图 8-3-11 螺栓穿墙止水措施
(a) 螺栓加焊止水环;(b) 套管加焊止水环;(c) 螺栓加堵头
1—防水建筑;2—模板;3—止水环;4—螺栓;5—水平加劲肋;6—垂直加劲肋;
7—预埋套管(拆模后将螺栓拔出,套管内用膨胀水泥砂浆封堵);
8—堵头(拆模后将螺栓沿平凹坑底割去,再用膨胀水泥砂浆封堵)

钢筋不得用钢丝或钢钉固定在模板上,必须采用相同配合比的细石混凝土或砂浆块作垫块,并确保钢筋保护层厚度符合规定,不得有负误差。如结构内设置的钢筋确需用铅丝绑扎时,均不得接触模板。

防水混凝土的配合比应通过试验选定。选定配合比时,应按设计要求的抗渗等级提高 0.2MPa。防水混凝土的抗渗等级不得小于 S6,所用水泥的强度等级不低于 32.5 级,石子的粒径宜为 5~40mm,宜采用中砂,防水混凝土可根据抗裂要求掺入钢纤维或合成纤维,其掺合料、外加剂的掺量应经试验确定,其水灰比均不大于 0.55。地下防水工程所使用的防水材料应有产品合格证书和性能检测报告,材料的品种、规格、性能等应符合现行国家产品标准和设计要求,不合格的材料不得在工程中使用。配制防水混凝土要用机械搅拌，先将砂、石、水泥一次倒入搅拌筒内搅拌 0.5~1.0min，再加水搅拌 1.5~2.5min。如加掺外加剂应最后加入。外加剂必须先用水稀释均匀，掺外加剂防水混凝土的搅拌时间应根据外加剂的技术要求确定。对厚度不小于 250mm 的结构，混凝土坍落度宜为 10~30mm，厚度小于 250mm 或钢筋稠密的结构，混凝土坍落度宜为 30~50mm。拌好的混凝土应在半小时内运至现场，于初凝前浇筑完毕，如运距较远或气温较高时，宜掺缓凝减水剂。防水混凝土拌合物在运输后，如出现离析，必须进行二次搅拌，当坍落度损失后，不能满足施工要求时，应加入原水灰比的水泥浆或二次掺减水剂进行搅拌，严禁直接加水。混凝土浇筑时应分层连续浇筑，其自由倾落高度不得大于 1.5m。混凝土应用机械振捣密实，振捣时间为 10~30s，以混凝土开始泛浆和不冒气泡为止，避免漏振、欠振和超振。混凝土振捣后，须用铁锹拍实，等混凝土初凝后用铁抹子压光，以增加表面致密性。

防水混凝土应连续浇筑，尽量不留或少留施工缝。必须留设施工缝时，宜留在下列部位：墙体水平施工缝不应留在剪力与弯矩最大处或底板与侧墙的交接处，应留在高出底板表面不小于 300mm 的墙体上；拱（板）墙结合的水平施工缝，宜留在拱（板）墙接缝线以下 150~300mm 处；墙体有预留孔洞时，施工缝距孔洞边缘不应小于 300mm；垂直施工缝应避开地下水和裂隙水较多的地段，并宜与变形缝相结合。施工缝防水的构造形式见图 8-3-12。

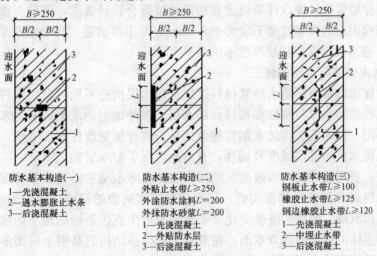

图 8-3-12 施工缝防水构造（mm）

施工缝浇灌混凝土前，应将其表面浮浆和杂物清除干净，先铺净浆，再铺 30~50mm 厚的 1∶1 水泥砂浆或涂刷混凝土界面处理剂，并及时浇灌混凝土，垂直施工缝可不铺水泥砂浆，选用的遇水膨胀止水条，应牢固地安装在缝表面或预留槽内，且该止水条应具有缓胀性能，其 7d 的膨胀率不应大于最终膨胀率的 60%，如采用中埋式止水带时，应位置准确，固定牢靠。

防水混凝土终凝后（一般浇后 4~6h），即应开始覆盖浇水养护，养护时间应在 14d 以上，冬期施工混凝土入模温度不应低于 5℃，宜采用综合蓄热法，蓄热法、暖棚法等养护方法，并应保持混凝土表面湿润，防止混凝土早期脱水，如采用掺化学外加剂方法施工时，能降低水溶液的冰点，使混凝土在低温下硬化，但要适当延长混凝土搅拌时间，振捣要密实，还要采取保温保湿措施。不宜采用蒸汽养护和电热养护，地下构筑物应及时回填分层夯实，以避免由于干缩和温差产生裂缝。防水混凝土结构须在混凝土强度达到设计强度40％以上时方可在其上面继续施工，达到设计强度70％以上时方可拆模。拆模时，混凝土表面温度与环境温度之差，不得超过15℃，以防混凝土表面出现裂缝。

防水混凝土浇筑后严禁打洞，因此，所有的预留孔和预埋件在混凝土浇筑前必须埋设准确。对防水混凝土结构内的预埋铁件、穿墙管道等防水薄弱之处，应采取措施，仔细施工。

拌制防水混凝土所用材料的品种、规格和用量，每工作班检查不应少于两次，混凝土在浇筑地点的坍落度，每工作班至少检查两次，防水混凝土抗渗性能，应采用标准条件下养护混凝土抗渗试件的试验结果评定，试件应在浇筑地点制作。连续浇筑混凝土每500m³，应留置一组抗渗试件，一组为6个试件，每项工程不得小于两组。

防水混凝土的施工质量检验，应按混凝土外露面积每100m²抽查1处，每处10m²，且不得少于3处，细部构造应全数检查。

防水混凝土的抗压强度和抗渗压力必须符合设计要求，其变形缝、施工缝、后浇带、穿墙管道、埋设件等设置和构造均要符合设计要求，严禁有渗漏。防水混凝土结构表面的裂缝宽度不应大于0.2mm，并不得贯通，其结构厚度不应小于250mm，迎水面钢筋保护层厚度不应小于50mm。

2. 水泥砂浆防水层的施工

刚性抹面防水根据防水砂浆材料组成及防水层构造不同可分为两种：掺外加剂的水泥砂浆防水层与刚性多层抹面防水层。掺外加剂的水泥砂浆防水层，近年来已从掺用一般无机盐类防水剂发展至用聚合物外加剂改性水泥砂浆，从而提高水泥砂浆防水层的抗拉强度及韧性，有效地增强了防水层的抗渗性，可单独用于防水工程，获得较好的防水效果。刚性多层抹面防水层主要是依靠特定的施工工艺要求来提高水泥砂浆的密实性，从而达到防水抗渗的目的，适用于埋深不大，不会因结构沉降、温度和湿度变化及受振动等产生有害裂缝的地下防水工程。适用于结构主体的迎水面或背水面，在混凝土或砌体结构的基层上采用多层抹压施工，但不适用环境有侵蚀性、持续振动或温度高于80℃的地下工程。

水泥砂浆防水层所采用的水泥强度等级不应低于32.5级，宜采用中砂，其粒径在3mm以下，外加剂的技术性能应符合国家或行业标准一等品及以上的质量要求。

刚性多层抹面防水层通常采用四层或五层抹面做法。一般在防水工程的迎水面采用五层抹面做法（图8-3-13），在背水面采用四层抹面做法（少一道水泥浆）。施工前要注意对基层的处理，使基层表面保持湿润、清洁、平整、坚实、粗糙，以保证防水层与基层表面结合牢固，不空鼓和密实不透水。施工时应注意素灰层与砂浆层应在同一天完成。施工应连续进行，尽可能不留施工缝。一般顺序为先平面后立面。分层做法如下：第一层，在浇水湿润的基层上先抹1mm厚素灰（用铁板用力刮抹5~6遍)，再抹1mm找平。第二层，在素灰层初凝后终凝前进行，使砂浆压入素灰层0.5mm并扫出横纹。第三层，在第二层凝固后进行，做法同第一层。第四层，同第二层做法，抹后在表面用铁板抹压5~6遍，最后压光。第五层，在第四层抹压二遍后刷水泥浆一遍，随第四层压光。水泥砂浆铺抹时，采用砂浆收水后二次抹光，使表面坚固密实。防水层的厚度应满足设计要求，一般为18~20mm厚，聚合物水泥砂浆防水层厚度要视施工层数而定。施工时应注意素灰层与砂浆层应在同一天完成，防水层各层之间应结合牢固，不空鼓。每层宜连续施工尽可能不留施工缝，必须留施工缝时，应采用阶梯坡形槎，但离开阴阳角处，不小于200mm，防水层的阴阳角应做成圆弧形。

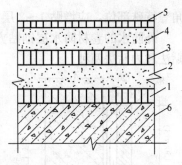

图 8-3-13　五层构造做法
1、3—素灰层2mm；2、4—砂浆层4~5mm；5—水泥浆1mm；6—结构层

水泥砂浆防水层不宜在雨天及5级以上大风中施工，冬期施工不应低于5℃，夏期施工不应在35℃以上或烈日照射下施工。如采用普通水泥砂浆做防水层，铺抹的面层终凝后应及时进行养护，且养护时间不得少于14d。

对聚合物水泥砂浆防水层未达硬化状态时，不得浇水养护或受雨水冲刷，硬化后应采用干湿交替的养护方法。

3. 卷材防水层施工

卷材防水层是用沥青胶结材料粘贴卷材而成的一种防水层，属于柔性防水层。其特点是具有良好的韧性和延伸性，能适应一定的结构振动和微小变形，对酸、碱、盐溶液具有良好的耐腐蚀性，是地下防水工程常用的施工方法，采用改性沥青防水卷材和高分子防水卷材，抗拉强度高，延伸率大，耐久性好，施工方便。但由于沥青卷材吸水率大，耐久性差，机械强度低，直接影响防水层质量，而且材料成本高，施工工序多，操作条件差，工期较长，发生渗漏后修补困难。

(1) 铺贴方案。

地下防水工程一般把卷材防水层设置在建筑结构的外侧迎水面上称为外防水，这种防水层的铺贴法可以借助土压力压紧，并与结构一起抵抗有压地下水的渗透和侵蚀作用，防水效果良好，采用比较广泛。卷材防水层用于建筑物地下室，应铺设在结构主体底板垫层至墙体顶端的基面上，在外围形成封闭的防水层，卷材防水层为一至二层，防水卷材厚度应满足表8-3-13的规定。

防水卷材厚度　　　　表8-3-13

防水等级	设防道数	合成高分子卷材	高聚物改性沥青防水卷材
一级	三道或三道以上设防	单层：不应小于1.5mm；	单层：不应小于4mm；
二级	二道设防	双层：每层不应小于1.2mm	双层：每层不应小于3mm
三级	一道设防	不应小于1.5mm	不应小于4mm
	复合设防	不应小于1.2mm	不应小于3mm

阴阳角处应做成圆弧或135°折角，其尺寸视卷材品质而定，在转角处，阴阳

角等特殊部位，应增贴1~2层相同的卷材，宽度不宜小于500mm。

外防水的卷材防水层铺贴方法，按其与地下防水结构施工的先后顺序分为外贴法和内贴法两种。

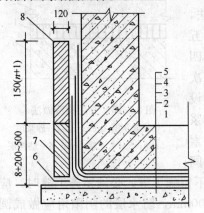

图8-3-14 外贴法（mm）
1—垫层；2—找平层；3—卷材防水层；
4—保护层；5—构筑物；6—油毡；
7—永久保护墙；8—临时性保护墙

①外贴法。

在地下建筑墙体做好后，直接将卷材防水层铺贴在墙上，然后砌筑保护墙（图8-3-14）。其施工程序是：首先浇筑需防水结构的底面混凝土垫层；并在垫层上砌筑永久性保护墙，墙下干铺油毡一层，墙高不小于结构底板厚度，另加200~500mm；在永久性保护墙上用石灰砂浆砌临时保护墙，墙高为150mm×（油毡层数+1）；在永久性保护墙上和垫层上抹1:3水泥砂浆找平层，临时保护墙上用石灰砂浆找平；待找平层基本干燥后，即在其上满涂冷底子油，然后分层铺贴立面和平面卷材防水层，并将顶端临时固定。在铺贴好的卷材表面做好保护层后，再进行需防水结构的底板和墙体施工。需防水结构施工完成后，将临时固定的接槎部位的各层卷材揭开并清理干净，再在此区段的外墙外表面上补抹水泥砂浆找平层，找平层上满涂冷底子油，将卷材分层错槎搭接向上铺贴在结构墙上。卷材接槎的搭接长度，高聚物改性沥青卷材为150mm，合成高分子卷材为100mm，当使用两层卷材时，卷材应错槎接缝，上层卷材应盖过下层卷材；应及时做好防水层的保护结构。

②内贴法。

在地下建筑墙体施工前先砌筑保护墙，然后将卷材防水层铺贴在保护墙上，最后施工并浇筑地下建筑墙体（图8-3-15）。其施工程序是：先在垫层上砌筑永久保护墙，然后在垫层及保护墙上抹1:3水泥砂浆找平层，待其基本干燥后满涂冷底子油，沿保护墙与垫层铺贴防水层。卷材防水层铺贴完成后，在立面防水层上涂刷最后一层沥青胶时，趁热粘上干净的热砂或散麻丝，待冷却后，随即抹一层10~20mm厚1:3水泥砂浆保护层。在平面上可铺设一层30~50mm厚1:3水泥砂浆或细石混凝土保护层。最后进行需防水结构的施工。

（2）施工要点。

铺贴卷材的基层必须牢固、无松动现象；基层表面应平整干净；阴阳角处，均应做成圆弧形或钝角。铺贴卷材前，应在基面上涂刷基层处理剂，当基面较潮湿时，应涂刷湿固化型胶粘剂或潮湿界面隔离剂。基层处理剂应与卷材和胶粘剂的材性相容，基层处理剂可采用喷涂法或涂刷法施工，喷涂应均

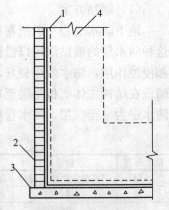

图8-3-15 内贴法
1—卷材防水层；2—永久保护墙；
3—垫层；4—尚未施工的构筑物

匀一致，不露底，待表面干燥后，再铺贴卷材。铺贴卷材时，每层的沥青胶，要求涂布均匀，其厚度一般为 1.5～2.5mm。外贴法铺贴卷材应先铺平面，后铺立面，平、立面交接处应交叉搭接；内贴法宜先铺垂直面，后铺水平面。铺贴垂直面时应先铺转角，后铺大面。墙面铺贴时应待冷底子油干燥后自下而上进行。卷材接槎的搭接长度，高聚物改性沥青卷材为 150mm，合成高分子卷材为 100mm，当使用两层卷材时，上下两层和相邻两幅卷材的接缝应错开 1/3～1/2 幅宽，并不得互相垂直铺贴。在立面与平面的转角处，卷材的接缝应留在平面距立面不小于 600mm 处。在所有转角处均应铺贴附加层并仔细粘贴紧密。粘贴卷材时应展平压实。卷材与基层和各层卷材间必须粘结紧密；搭接缝必须用沥青胶仔细封严。最后一层卷材贴好后，应在其表面均匀涂刷一层 1～1.5mm 的热沥青胶，以保护防水层。铺贴高聚物改性沥青卷材应采用热熔法施工，在幅宽内卷材底表面均匀加热，不可过分加热或烧穿卷材，致使卷材的粘结面材料加热呈熔融状态后，立即与基层或已粘贴好的卷材粘结牢固，但对厚度小于 3mm 的高聚物改青沥青防水卷材不能采用热熔法施工。铺贴合成高分子卷材要采用冷粘法施工，所使用的胶粘剂必须与卷材材性相容。

如用模板代替临时性保护墙时，应在其上涂刷隔离剂。从底面折向立面的卷材与永久性保护墙的接触部位，应采用空铺法施工，与临时性保护墙或围护结构模板接触的部位，应临时贴附在该墙上或模板上，卷材铺好后，其顶端应临时固定。当不设保护墙时，从底面折向立面的卷材的接槎部位应采取可靠的保护措施。

（三）结构细部构造防水的施工

1. 变形缝

地下结构物的变形缝是防水工程的薄弱环节，防水处理比较复杂。如处理不当会引起渗漏现象，从而直接影响地下工程的正常使用和寿命。为此，在选用材料、作法及结构形式上，应考虑变形缝处的沉降、伸缩的可变性，并且还应保证其在形态中的密闭性，即不产生渗漏水现象。用于伸缩的变形缩宜不设或少设，可根据不同的工程结构、类别及工程地质情况采用诱导缝、加强带、后浇带等替代措施。用于沉降的变形缝宽度宜为 20～30mm，用于伸缩的变形缝宽度宜小于此值，变形缝处混凝土结构的厚度不应小于 300mm，变形缝的防水措施可根据工程开挖方法、防水等级按施工规范的要求选用。

对止水材料的基本要求是：适应变形能力强；防水性能好；耐久性高；与混凝土粘结牢固等。防水混凝土结构的变形缝、后浇带等细部构造应采用止水带、遇水膨胀橡胶腻子止水条等高分子防水材料和接缝密封材料。

常见的变形缝止水带材料有：橡胶止水带、塑料止水带、氯丁橡胶止水带和金属止水带（如镀锌钢板等）。其中，橡胶止水带与塑料止水带的柔性、适应变形能力与防水性能都比较好，是目前变形缝常用的止水材料；氯丁橡胶止水带是一种新型止水材料，具有施工简便、防水效果好、造价低且易修补的特点；金属止水带一般仅用于高温环境条件下无法采用橡胶止水带或塑料止水带的场合。金属止水带的适应变形能力差，制作困难。对环境温度高于 50℃ 处的变形缝，可采用 2mm 厚的紫铜片或 3mm 厚不锈钢金属止水带，在不受水压的地下室防水工程中，结构变形缝可采用加防腐掺合料的沥青浸过的松散纤维材料，软质板材等填塞严密，并用封缝材料严密封缝，墙的变形缝的填嵌应按施工进度逐段进行，每300～500mm高填缝一次，缝宽不小于30mm，不受水压的卷材防水层，在变形缝处应加铺两层抗拉强度高的卷材，在受水压的地下防水工程中，温度经常小于50℃，在不受强氧化作用时，变形缝宜采用橡胶或塑料止水带，当有油类侵蚀时，应选用相应的耐油橡胶或塑料止水带，止水带应整条，如必须接长，应采用焊接或胶接，止水带的接缝宜为一处，应设在边墙较高位置上，不得设在结构转角处，止水带埋设位置应准确，其中间空心圆环与变形缝的中心线应重合。止水带应妥善固定，顶、底板内止水带应成盆状安设，宜采用专用钢筋套或扁钢固定，止水带不得穿孔或用铁钉固定，损坏处应修补，止水带应固定牢固、平直，不能有扭曲现象。

变形缝接缝处两侧应平整、清洁、无渗水，并涂刷与嵌缝材料相容的基层处理剂，嵌缝应先设置与嵌缝材料隔离的背衬材料，并嵌填密实，与两侧粘结牢固，在缝上粘贴卷材或涂刷涂料前，应在缝上设置隔离层后才能进行施工。

止水带的构造形式通常有埋入式、可卸式、粘贴式等，目前采用较多的是埋入式。根据防水设计的要求，有时在同一变形缝处，可采用数层、数种止水带的构造形式。图8-3-16是埋入式橡胶（或塑料）止水带的构造图，图8-3-17、图8-3-18分别是可卸式止水带和粘贴式止水带的构造图。

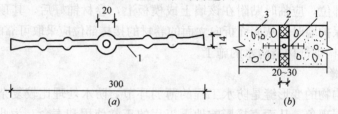

图 8-3-16 埋入式橡胶（或塑料）止水带的构造（mm）
(a) 橡胶止水带；(b) 变形缝构造
1—止水带 2—沥青麻丝；3—构筑物

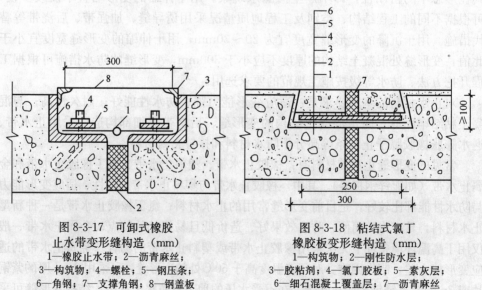

图 8-3-17 可卸式橡胶
止水带变形缝构造（mm）
1—橡胶止水带；2—沥青麻丝；
3—构筑物；4—螺栓；5—钢压条；
6—角钢；7—支撑角钢；8—钢盖板

图 8-3-18 粘结式氯丁
橡胶板变形缝构造（mm）
1—构筑物；2—刚性防水层；
3—胶粘剂；4—氯丁胶板；5—素灰层；
6—细石混凝土覆盖层；7—沥青麻丝

2. 后浇带的处理

后浇带（也称后浇缝）是对不允许留设变形缝的防水混凝土结构工程（如大型设备基础等）采用的一种刚性接缝。

防水混凝土基础后浇缝留设的位置及宽度应符合设计要求。其断面形式可留成平直缝或阶梯缝，但结构钢筋不能断开；如必须断开，则主筋搭接长度应大于45倍主筋直径，并应按设计要求加设附加钢筋。留缝时应采取支模或固定钢板网等措施，保证留缝位置准确、断口垂直、边缘混凝土密实。后浇带需超前止水时，后浇带部位混凝土应局部加厚，并增设外贴式或埋入式止水带。留缝后要注意保护，防止边缘毁坏或缝内进入垃圾杂物。

后浇带的混凝土施工，应在其两侧混凝土浇筑完毕并养护六个星期，待混凝土收缩变形基本稳定后再进行。但高层建筑的后浇带应在结构顶板浇筑混凝土14d后，再施工后浇带。浇筑前应将接缝处混凝土表面凿毛并清洗干净，保持湿润；浇筑的混凝土应优先选用补偿收缩的混凝土，其强度等级不得低于两侧混凝土的强度等级；施工期的温度应低于两侧混凝土施工时的温度，而且宜选择在气温较低的季节施工；浇筑后的混凝土养护时间不应少于四个星期。

三、室内其他部位防水工程

卫生间、厨房是建筑物中不可忽视的防水工程部位，它施工面积小，穿墙管道多，设备多，阴阳转角复杂，房间长期处于潮湿受水状态等不利条件。传统的卷材防水做法已不适应卫生间、厨房防水施工的特殊性，为此，通过大量的实验和实践证明，以涂膜防水代替各种卷材防水，尤其是选用高弹性的聚氨酯涂膜防水或选用弹塑性的氯丁胶乳沥青涂料防水等新材料和新工艺，可以使卫生间、厨房的地面和墙面形成一个没有接缝、封闭严密的整体防水层，从而提高其防水工程质量。下面以卫生间为例，介绍其防水做法。

（一）卫生间楼地面聚氨酯防水施工

聚氨酯涂膜防水材料是双组份化学反应固化型的高弹性防水涂料，多以甲、乙双组份形式使用。主要材料有聚氨酯涂膜防水材料甲组份、聚氨酯涂膜防水材料乙组份和无机铝盐防水剂等。施工用辅助材料应备有二甲苯、醋酸乙酯、磷酸等。

1. 基层处理

卫生间的防水基层必须用1∶3的水泥砂浆找平，要求抹平压光无空鼓，表面要坚实，不应有起砂、掉灰现象。在抹找平层时，在管道根部的周围，应使其略高于地面，在地漏的周围，应做成略低于地面的洼坑。找平层的坡度以1‰～2‰为宜，坡向地漏。凡遇到阴、阳角处，要抹成半径不小于10mm的小圆弧。与找平层相连接的管件、卫生洁具、排水口等，必须安装牢固，收头圆滑，按设计要求用密封膏嵌固。基层必须基本干燥，一般在基层表面均匀泛白无明显水印时，才能进行涂膜防水层施工。施工前要把基层表面的尘土杂物彻底清扫干净。

2. 施工工艺

（1）清理基层。

需作防水处理的基层表面，必须彻底清扫干净。

（2）涂布底胶。

将聚氨酯甲、乙两组份和二甲苯按1：1.5：2的比例（重量比，以产品说明为准）配合搅拌均匀，再用小辊刷或油漆刷均匀涂布在基层表面上。涂刷量约$0.15\sim0.2 kg/m^2$。涂刷后应干燥固化4h以上，才能进行下道工序施工。

（3）配制聚氨酯涂膜防水涂料。

将聚氨酯甲、乙组份和二甲苯按1：1.5：0.3的比例配合，用电动搅拌器强力搅拌均匀备用。应随配随用，一般在2h内用完。

（4）涂膜防水层施工。

用小辊刷或油漆刷将已配好的防水涂料均匀涂布在底胶已干固的基层表面上。涂完第一度涂膜后，一般需固化5h以上，在基本不粘手时，再按上述方法涂布第二、三、四度涂膜，并使后一度与前一度的涂布方向相垂直。对管根部、地漏周围以及墙转角部位，必须认真涂刷，涂刷厚度不小于2mm。在涂刷最后一度涂膜固化前及时稀撒少许干净的粒径为2~3mm的小豆石，使其与涂膜防水层粘结牢固，作为与水泥砂浆保护层粘结的过渡层。

（5）做保护层。

当聚氨酯涂膜防水层完全固化和通过蓄水试验合格后，即可铺设一层厚度为15~25mm的水泥砂浆保护层，然后按设计要求铺设饰面层。

3. 质量要求

聚氨酯涂膜防水材料的技术性能应符合设计要求或材料标准规定，并应附有质量证明文件和现场取样进行检测的试验报告以及其他有关质量的证明文件。聚氨酯的甲、乙料必须密封存放，甲料开盖后，吸收空气中的水分会起反应而固化，如在施工中，混有水分，则聚氨酯固化后内部会有水泡，影响防水能力。涂膜厚度应均匀一致，总厚度不应小于1.5mm。涂膜防水层必须均匀固化，不应有明显的凹坑、气泡和渗漏水的现象。

（二）卫生间楼地面氯丁胶乳沥青防水涂料施工

氯丁胶乳沥青防水涂料是以氯丁橡胶和沥青为基料，经加工合成的一种水乳型防水涂料。它兼有橡胶和沥青的双重优点，具有防水、抗渗、耐老化、不易燃、无毒、抗基层变形能力强等优点，冷作业施工，操作方便。

1. 基层处理

与聚氨酯涂膜防水施工要求相同。

2. 施工工艺及要点

二布六油防水层的工艺流程：

基层找平处理 → 满刮一遍氯丁胶沥青水泥腻子 → 满刮第一遍涂料 → 做细部构造加强层 → 铺贴玻璃布，同时刷第二遍涂料 → 刷第三遍涂料 → 铺贴玻纤网格布，同时刷第四遍涂料 → 涂刷第五遍涂料 → 涂刷第六遍涂料并及时撒砂粒 → 蓄水试验 → 按设计要求做保护层和面层 → 防水层二次试水，验收。

在清理干净的基层上满刮一遍氯丁胶乳沥青水泥腻子，管根和转角处要厚刮并抹平整，腻子的配制方法是将氯丁胶乳沥青防水涂料倒入水泥中，边倒边搅拌至稠浆状即可刮涂于基层，腻子厚度为2～3mm，待腻子干燥后，满刷一遍防水涂料，但涂刷不能过厚，不得漏刷，表面均匀不流淌，不堆积，立面刷至设计标高。在细部构造部位，如阴阳角、管道根部、地漏、大便器蹲坑等分别附加一布二涂附加层。附加层干燥后，大面铺贴玻纤网格布同时涂刷第二遍防水涂料，使防水涂料浸透布纹并渗入下层，玻纤网格布搭接宽度不小于100mm，立面贴到设计高度，顺水接槎，收口处贴牢。

上述涂料实干后（约24h），满刷第三遍涂料，表干后（约4h）铺贴第二层玻纤网格布同时满刷第四遍防水涂料。第二层玻纤布与第一层玻纤布接槎要错开，涂刷防水涂料时，应均匀，将布展平无折皱。上述涂层实干后，满刷第五遍、第六遍防水涂料，整个防水层实干后，可进行第一次蓄水试验，蓄水时间不少于24h，无渗漏才合格，然后做保护层和饰面层。工程交付使用前应进行第二次蓄水试验。

3. 质量要求

水泥砂浆找平层做完后，应对其平整度、强度、坡度和干燥度进行预检验收。防水涂料应有产品质量证明书以及现场取样的复检报告。施工完成的氯丁胶乳沥青涂膜防水层，不得有起鼓、裂纹、孔洞缺陷。末端收头部位应粘贴牢固，封闭严密，成为一个整体的防水层。做完防水层的卫生间，经24h以上的蓄水检验，无渗漏水现象方为合格。要提供检查验收记录，连同材料质量证明文件等技术资料一并归档备查。

四、墙体保温工程

（一）外墙保温系统的构造及要求

1. 外墙保温系统的基本构造及特点

外墙保温系统的基本构造做法见图8-3-19。外墙保温系统按保温层的位置分为外墙内保温系统和外墙外保温系统两大类。我们重点介绍外墙外保温系统。

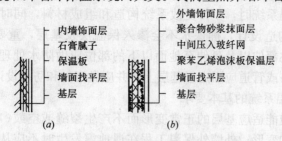

图8-3-19 外墙保温系统的基本构造

(a) 复合聚苯保温板外墙内保温；(b) 聚苯乙烯泡沫板（简称EPS）外墙外保温

（1）外墙内保温系统的构造及特点。

外墙内保温系统主要由基层、保温层和饰面层构成，其构造见图8-3-19（a）。外墙内保温是在外墙结构的内部加做保温层，内保温施工速度快，操作方便灵活，可以保证施工进度。内保温已有较长的使用时间，施工技术成熟，检验标准较为完善。在2001年前外墙保温中约有90%以上的工程应用了内保温技术。

目前，使用较多的内保温材料和技术有：增强石膏复合聚苯保温板、聚合物砂浆、复合聚苯保温板、增强水泥复合聚苯保温板、内墙贴聚苯板、粉刷石膏抹面及聚苯颗粒保温料浆加抗裂砂浆压入网格布抹面等施工方法。

但内保温要占用房屋使用面积，热桥问题不易解决，容易引起开裂，还会影响施工速度，影响居民的二次装修，且内墙悬挂和固定物件也容易破坏内保温结构。内保温在技术上的不合理性决定了其必然要被外保温所替代。

(2) 外墙外保温系统的构造及特点。

外墙外保温主要由基层、保温层、抹面层、饰面层构成，其构造如图 8-3-19 (b) 所示。

基层：是指外保温系统所依附的外墙。保温层：由保温材料组成，在外保温系统中起保温作用的构造层。抹面层：抹在保温层外面，中间夹有增强网，保护保温层，并起防裂、防水和抗冲击作用的构造层。抹面层可分为薄抹面层和厚抹面层。用于 EPS 板和胶粉 EPS 颗粒保温浆料时为薄抹面层，用于 EPS 钢丝网架板时为厚抹面层。对于具有薄抹面层的系统，保护层厚度应不小于 3mm 并且不宜大于 6mm。对于具有厚抹面层的系统，厚抹面层厚度应为 25~30mm。饰面层：外保温系统的外装饰层。我们把抹面层和饰面层总称保护层。外保温是目前大力推广的一种建筑保温节能技术，外保温与内保温相比较，具有技术合理，有明显的优越性。使用同样规格同样尺寸和性能的保温材料，外保温比内保温的保温效果好。外保温技术不仅适用于新建的结构工程，也适用于旧楼改造。外墙外保温适用范围广，技术含量较高；外保温层包在主体结构的外侧能够保护主体结构，可起到延长建筑物的寿命，有效减少了建筑结构的热桥，增加建筑的有效空间，同时消除了冷凝，提高了居住的舒适度的作用。

目前比较成熟的外墙外保温技术主要有：聚苯乙烯泡沫板薄抹灰外墙外保温系统、胶粉 EPS 颗粒保温浆料外墙外保温系统、EPS 板现浇混凝土外墙外保温系统、EPS 钢丝网架板现浇混凝土外墙外保温系统等。

在选用外保温系统时，不得更改系统构造和组成材料，同时应做好外保温工程的密封和防水构造设计，确保水不会渗入保温层及基层，重要部位应有详图。水平或倾斜的出挑部位以及延伸至地面以下的部位应做防水处理。在外墙外保温系统上安装的设备或管道应固定于基层上，并应做密封和防水设计。

2. 外墙外保温系统的基本要求

外墙外保温应能适应基层的正常变形而不产生裂缝或空鼓；应能长期承受自重而不产生有害的变形；外墙外保温工程在遇地震发生时不应从基层上脱落；外保温复合墙体的保温、隔热和防潮性能应符合国家现行标准。外墙外保温工程应能承受风荷载的作用而不产生破坏；外墙外保温工程应能承受室外气候的长期反复作用而不产生破坏；高层建筑外墙外保温工程应采取防火构造措施；外墙外保温工程应具有防水渗透性能；外墙外保温工程各组成部分应具有物理、化学稳定性。所有组成材料应彼此相容并应具有防腐性。在可能受到生物侵害（鼠害、虫害等）时，外墙外保温工程还应具有防生物侵害性能；在正确使用和正常维护的条件下，外墙外保温工程的使用年限不应少于 25 年。

外墙外保温系统应按规定进行耐火性检验,经耐火性试验后,不得出现饰面层起泡或剥落、保护层空鼓或脱落等破坏,不得产生渗水裂缝。具有薄抹面层的外保温系统,抹面层与保温层的拉伸粘结强度不得小于0.1MPa,并且破坏部位应位于保温层内。

胶粉EPS颗粒保温浆料外墙外保温系统应按规定进行抗拉强度检验,抗拉强度不得小于0.1MPa,并且破坏部位不得位于各层界面上。

EPS板现浇混凝土外墙外保温系统应按规定做现场粘结强度检验,其现场粘结强度不得小于0.1MPa,并且破坏部位应位于EPS板内。

外墙外保温系统应按规定对胶粘剂进行拉伸粘结强度检验,胶粘剂与水泥砂浆的拉伸粘结强度在干燥状态下不得小于0.6MPa,浸水48h后不得小于0.4MPa;与EPS板的拉伸粘结强度在干燥状态和浸水48h后均不得小于0.1MPa,并且破坏部位应位于EPS板内。

外墙外保温系统应按规定对玻纤网进行耐碱拉伸断裂强力检验,增强玻纤网经向和纬向耐碱拉伸断裂强力均不得小于750N/50mm,耐碱拉伸断裂强力保留率均不得小于50%。

3. 外墙保温系统施工的一般规定

除采用现浇混凝土外墙外保温系统外,外保温工程的施工应在基层施工质量验收合格后进行;除采用现浇混凝土外墙外保温系统外,外保温工程施工前,外门窗洞口应通过验收,洞口尺寸、位置应符合设计要求和质量要求,门窗框或辅框应安装完毕。伸出墙面的消防梯、水落管、各种进户管线和空调器等的预埋件、连接件应安装完毕,并按外保温系统厚度留出间隙。

基层应坚实、平整。保温层施工前,应进行基层处理。

外保温工程的施工应具备施工方案,施工人员应经过培训并经考核合格。

(二)增强石膏复合聚苯保温板外墙内保温施工

1. 增强石膏复合聚苯保温板外墙内保温的构造

增强石膏复合聚苯保温板外墙内保温的构造见图8-3-19(a)。

2. 施工准备

(1)材料的准备及要求。

①增强石膏聚苯复合板:规格尺寸:长2400~2700mm,宽595mm,厚50mm、60mm。技术性能:面密度不大于$25kg/m^2$,含水率不大于5%;当量热阻不小于$0.8m^2 \cdot K/W$;抗弯荷载不小于1.5G(G为板材的质量);抗压强度(面层)不小于7.0MPa;收缩率不大于0.08%;软化系数大于0.50。

②胶粘剂:胶粘剂可以采用SG791建筑胶粘液与建筑石膏粉调制成胶粘剂,配合比是建筑石膏粉:SG791=1:0.6~0.7(重量比),适用于石膏条板之间的粘结、石膏条板与砖墙、混凝土墙的粘结。石膏条板粘结的压剪强度不低于2.5MPa。有防水要求的部位宜采用EC-6砂浆型胶粘剂,粘贴时用EC-6型胶粘剂和32.5级水泥配制成粘贴胶浆。配制时先按EC-6型胶:水=1:1(重量比)混合成胶液,将32.5级水泥与砂按水泥:细砂=1:2的比例配制并拌合成干砂浆,再加入胶液拌制成适当稠度的EC-6型聚合物水泥砂浆胶粘剂,其粘结强度不小

于1.1MPa。

③建筑石膏粉及石膏腻子：建筑石膏粉应符合三级以上标准。石膏腻子的抗压强度大于2.5MPa，抗折强度大于1.0MPa，粘结强度大于0.2MPa，终凝时间3h。

④玻纤网格布条：用于板缝处理（布宽50mm）和墙面转角附加层（布宽200mm）。要求采用中碱玻纤涂塑网格布，布的质量不小于80g/m²；断裂强度：25mm×100mm布条经向断裂强度大于300N，纬向断裂强度大于150N。

（2）施工主要机具。

主要机具有木工手锯、钢丝刷、2m靠尺、开刀、2m托线板、钢尺、橡皮锤、钻、扁铲、管帚等。

3. 作业条件

结构已验收，屋面防水层已施工完毕。墙面弹出500mm标高线；内隔墙、外墙、门窗框、窗台板安装完毕；门、窗抹灰完毕；水暖及装饰工程分别需用的管卡、炉钩、窗帘杆等埋件留出位置或埋设完毕；电气工程的暗管线、接线盒等必须埋设完毕，并应完成暗管线的穿带线工作；操作地点环境温度不低于5℃。

正式安装前，先试安装样板墙一道，经鉴定合格后再正式安装。

4. 施工工艺

（1）增强石膏聚苯板外墙内保温施工工艺流程。

墙面清理→排板、弹线→配板、修补→标出管卡、炉钩等埋件位置→墙面贴饼→稳接线盒、安管卡、埋件等→安装防水保温踢脚板复合板→安装复合板→板缝及阴、阳角处理→板面装修

（2）施工要点。

增强石膏聚苯板外墙内保温施工要点如下：

①墙面清理：凡凸出墙面20mm的砂浆块、混凝土块必须剔除，并扫净墙面。

②排板、弹线：以门窗洞口边为基准，向两边按板宽600mm排板；按保温层的厚度在墙、棚顶上弹出保温墙面的边线；按防水保温踢脚层的厚度在地面上弹出防水保温踢脚面的边线，并在墙面上弹出踢脚的上口线。

③配板、修补：按排板进行配板。复合保温板的长度应略小于顶板到踢脚上口的净高尺寸；计算并量测门窗洞口上部及窗口下部的保温板尺寸，并按此尺寸配板；当保温板与墙的长度不相适应时，应将部分保温板预先拼接加宽（或锯窄）成合适的宽度，并放置在阴角处。有缺陷的板应修补。

④墙面贴饼：在墙面贴饼位置，用钢丝刷刷出直径不少于100mm的洁净面并浇水润湿，刷一道801胶水泥素浆；检查墙面的平整、垂直，找规矩贴饼，并在需设置埋件四周做出200mm×200mm的灰饼；贴饼材料为1:3水泥砂浆，灰饼大小为100mm×100mm左右，厚度以保证空气层厚度（20mm左右）为准。

⑤稳接线盒、安管卡、埋件：安装电气接线盒时，接线盒高出冲筋面不得大于复合板的厚度，且要稳定牢固。

⑥粘贴防水保温踢脚板：在踢脚板内侧上下四处，各按200～300mm间距布设EC-6砂浆胶粘剂粘结点，同时在踢脚板底面及相邻的已粘贴上墙的踢脚板侧面

满刮胶粘剂；按线粘贴踢脚板，粘贴时用橡皮锤敲振使踢脚板贴实，挤实拼头缝，并将挤出的胶粘剂随时清理干净；粘贴时要保证踢脚板上口平顺，板面垂直，保证踢脚板与结构墙间的空气层为 10mm 左右。

⑦安装复合板：将接线盒、管卡、埋件的位置准确地翻样到板面，并开出洞口；复合板安装顺序宜从左至右依次顺序安装；板侧面、顶面、底面清刷干净，在侧墙面、顶面、踢脚板上口、复合板顶面、底面及侧面（所有相拼合面）、灰饼面上先刷一道 SG791 胶液，再满刮 SG791 胶粘剂，按弹线位置立即安装就位。每块保温板除粘贴在灰饼上外，板中间需有大于 10％板面面积的 SG791 胶粘剂呈梅花状布点直接与墙体粘牢。安装时用手推挤，并用橡皮锤敲振，使所有拼合面挤紧冒浆，并使复合板贴紧灰饼。复合板的上端，如未挤严留有缝隙时，可用木楔适当楔紧，并用 SG791 胶粘剂将上口填塞密实（胶粘剂干后撤去木楔，用 SG791 胶粘剂填塞密实）。安装过程中，随时用开刀将挤出的胶粘剂刮平。按以上操作办法依次安装复合板。安装过程中随时用 2m 靠尺及塞尺测量墙面的平整度，用 2m 托线板检查板的垂直度。高出的部分用橡皮锤敲平。

复合板在门窗洞口处的缝隙用 SG791 胶粘剂嵌填密实。最后将复合板中露出的接线盒、管卡、埋件与复合板开口处的缝隙，用 SG791 胶粘剂嵌塞密实。

⑧板缝及阴阳角处理：复合板安装 10d 后，检查所有缝隙是否粘结良好，有无裂缝，如出现裂缝，应查明原因后进行修补。已粘结良好的所有板缝、阴角缝，先清理浮灰，刮一层接缝腻子，粘贴 50mm 宽玻纤网格带一层，压实、粘牢，表面再用接缝腻子刮平。所有阳角粘贴 200mm 宽（每边各 100mm）玻纤布，其方法同板缝。

⑨胶粘剂配制：胶粘剂要随配随用，配制的胶粘剂应在 30min 内用完。

⑩板面装修：板面打磨平整后，满刮石膏腻子一道，干后需打磨平整，最后按设计规定做内饰面层。

(3) 应注意的质量问题：

①增强石膏聚苯复合保温板必须是烘干已基本完成收缩变形的产品。未经烘干的湿板不得使用，以防止板裂缝和变形。

②注意增强石膏聚苯复合板的运输和保管。运输中应轻拿轻放、侧抬侧立，并互相绑牢，不得平抬平放。堆放处应平整，下垫 100mm×100mm 木方，板应侧立，垫方距板端 50cm。要防止板受潮。板如有明显变形，无法修补的过大孔洞、断裂或严重的裂缝、破损时不得使用。

③板缝开裂是目前的质量通病。防止板缝开裂的办法，一是板缝的粘结和板缝处理要严格按操作工艺认真操作。二是使用的胶粘剂必须对路。目前使用的胶粘剂，除 SG791 胶粘剂外，还有 I 型石膏胶粘剂等。胶粘剂的质量必须合格。三是宜采用接缝腻子处理板缝。

(三) EPS 板薄抹灰外墙外保温系统施工

1. EPS 板薄抹灰外墙外保温系统的构造

EPS 板薄抹灰外墙外保温系统（简称 EPS 板薄抹灰系统）由 EPS 板保温层、薄抹面层和饰面涂层构成，EPS 板用胶粘剂固定在基层上，薄抹面层中满铺玻纤网,当建筑物高度在 20m 以上时,在受负风压作用较大的部位宜使用锚栓辅助固定。

2. 施工工艺

(1) EPS 板薄抹灰外墙外保温系统施工工艺流程。

基面检查或处理 → 工具准备 → 阴阳角、门窗旁挂线 → 基层墙体湿润 → 配制聚合物砂浆,挑选 EPS 板 → 粘贴 EPS 板 → EPS 板塞缝,打磨、找平墙面 → 配制聚合物砂浆 → EPS 板面抹聚合物砂浆,门窗洞口处理,粘贴玻纤网,面层抹聚合物砂浆 → 找平修补,嵌密封膏 → 外饰面施工

(2) 粘贴聚苯乙烯板(EPS 板)施工要点。

①配制聚合物砂浆必须有专人负责,以确保搅拌质量;将水泥、砂子用量桶称好后倒入铁灰槽中进行混合,搅拌均匀后按配合比加入胶粘液进行搅拌,搅拌必须均匀,避免出现离析。根据和易性可适当加水,加水量为胶粘剂的 5%。聚合物砂浆应随用随配,配好的聚合物砂浆最好在 1h 之内用完。聚合物砂浆应在阴凉处放置,避免阳光暴晒。

②EPS 板薄抹灰系统的基层表面应清洁,无油污、隔离剂等妨碍粘结的附着物。凸起、空鼓和疏松部位应剔除并找平。找平层应与墙体粘结牢固,不得有脱层、空鼓、裂缝,面层不得有粉化、起皮、爆灰等现象。

③粘贴 EPS 板时,应将胶粘剂涂在 EPS 板背面,涂胶粘剂面积不得小于 EPS 板面积的 40%。EPS 板应按顺砌方式粘贴,竖缝应逐行错缝。EPS 板应粘贴牢固,不得有松动和空鼓。墙角处 EPS 板应交错互锁(图 8-3-20a)。

④门窗洞口四角处 EPS 板不得拼接,应采用整块 EPS 板切割成形,EPS 板接缝应离开角部至少 200mm,见图(8-3-20b)。

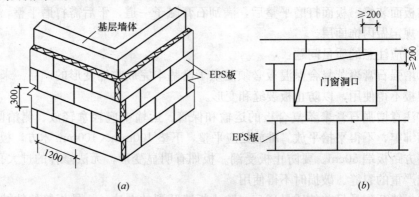

图 8-3-20 EPS 排版图(mm)
(a)墙角处 EPS 板应交错互锁;(b)门窗洞口 EPS 板排列

⑤应做好系统在檐口、勒脚处的包边处理。装饰缝、门窗四角和阴阳角等处应做好局部加强网施工。变形缝处应做好防水和保温构造处理。

⑥基层上粘贴的聚苯板,板与板之间缝隙不得大于 2mm,对下料尺寸偏差或切割等原因造成的板间小缝,应用聚苯板裁成合适的小片塞入缝中。

(四)胶粉 EPS 颗粒保温浆料外墙外保温系统施工

1. 胶粉 EPS 颗粒保温浆料外墙外保温系统的构造

胶粉 EPS 颗粒保温浆料外墙外保温系统（以下简称保温浆料系统）应由界面层、胶粉 EPS 颗粒保温浆料保温层、抗裂砂浆薄抹面层和饰面层组成（图 8-3-21）。胶粉 EPS 颗粒保温浆料经现场拌合后喷涂或抹在基层上形成保温层。薄抹面层中应满铺玻纤网，胶粉 EPS 颗粒保温浆料保温层设计厚度不宜超过 100mm，必要时应设置抗裂分隔缝。

2. 施工注意事项

胶粉 EPS 颗粒保温浆料保温层抹面的施工要点与前述抹灰要求相近，在此只阐述不同点。

（1）胶粉 EPS 颗粒保温浆料保温层的基层表面应清洁，无油污和隔离剂等妨碍粘结的附着物，空鼓、疏松部位应剔除。

（2）胶粉 EPS 颗粒保温浆料宜分遍抹灰，每遍间隔时间应在 24h 以上，每遍厚度不宜超过 20mm。第一遍抹灰应压实，最后一遍应找平，并用大杠搓平。

（3）保温层硬化后，应现场检验保温层厚度并现场取样检验胶粉 EPS 颗粒保温浆料干密度。现场取样胶粉 EPS 颗粒保温浆料干密度不应大于 $250kg/m^3$，并且不应小于 $180kg/m^3$。现场检验保温层厚度应符合设计要求，不得有负偏差。

（五）EPS 板与现浇混凝土外墙外保温系统一次浇筑成型施工

EPS 板现浇混凝土外墙外保温系统（简称无网现浇系统）以现浇混凝土外墙作为基层，EPS 板为保温层。EPS 板内表面（与现浇混凝土接触的表面）沿水平方向开有矩形齿槽，内、外表面均满涂界面砂浆。在施工时将 EPS 板置于外模板内侧，并安装锚栓作为辅助固定件。浇灌混凝土后，墙体与 EPS 板以及锚栓结合为一体。EPS 板表面抹抗裂砂浆薄抹面层，外表以涂料为饰面层，其构造见图 8-3-22。

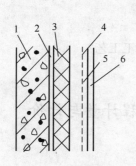
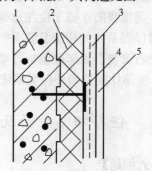

图 8-3-21 保温浆料系统
1—基层；2—界面砂浆；
3—胶粉 EPS 颗粒保温浆料；
4—抗裂砂浆薄抹面层；
5—玻纤网；6—饰面层

图 8-3-22 EPS 板现浇混凝土外墙外保温系统构造
1—现浇混凝土外墙；2—EPS 板；
3—抗裂砂浆薄抹面层；4—锚栓；
5—饰面层

【实训练习】

实训项目一：编写屋面防水工程施工方案。

资料内容：利用教学用施工图纸和所学知识，结合指定施工现场，编写卷材防水屋面、涂膜防水屋面、刚性防水屋面施工方案。

实训项目二：编写地下防水工程施工方案。

资料内容：利用教学用施工图纸和所学知识，结合指定施工现场，编写地下防水工程施工方案。

实训项目三：编写室内防水工程施工方案。

资料内容：利用教学用施工图纸和所学知识，结合指定施工现场，编写室内防水工程施工方案。

实训项目四：编写保温工程施工方案。

资料内容：利用教学用施工图纸和所学知识，结合指定施工现场，编写保温工程施工方案。

【复习思考题】

1. 试述沥青卷材屋面防水层的施工过程。
2. 试述高聚物改性沥青卷材的冷粘法和热熔法的施工过程。
3. 简述合成高分子卷材防水施工的工艺过程。
4. 刚性防水屋面的隔离层如何施工？分格缝如何处理？
5. 地下防水工程有哪几种防水方案？
6. 地下构筑物的变形缝有哪几种形式？各有哪些特点？
7. 地下防水层的卷材铺贴方案各具什么特点？
8. 卫生间防水有哪些特点？
9. 聚氨酯涂膜防水有哪些优缺点？有哪些施工工序？
10. 卫生间涂膜防水施工应注意哪些事项？
11. 外墙保温系统的构造及要求？
12. 增强石膏复合聚苯保温板外墙内保温施工工艺？
13. EPS板薄抹灰外墙外保温系统构造？

任务四　屋面及防水工程计量与计价

【引入问题】

1. 屋面工程计量项目有哪些？
2. 屋面工程工程量如何计算？
3. 防水工程计量项目有哪些？
4. 防水工程工程量如何计算？

【工作任务】

掌握屋面及防水工程、保温工程计量的有关规定，熟练掌握屋面及防水工程、保温工程工程量计算方法，能根据施工图纸正确地计算屋面的工程量。

【学习参考资料】

1. 《建筑工程概预算》黑龙江科技出版社，王春宁主编.2000.
2. 《建筑工程概预算》电子工业出版社，汪照喜主编.2007.
3. 《建筑工程预算》中国建筑工业出版社，袁建新、迟晓明编著.2007.
4. 《房屋建筑工程量速算方法实例详解》中国建材工业出版社，李传让编著.2006.

【主要学习内容】

一、屋面工程计量与计价

屋面工程主要有瓦屋面、镀锌薄钢板屋面、卷材屋面、涂漠屋面及屋面排水等项目。

（一）屋面工程的有关规定

1. 定额项目的套用

（1）屋面砂浆找平层、垫层、面层，按楼地面相应定额项目计算。

（2）卷材屋面的铁皮檐口滴水，按檐沟项目执行。

2. 换算的要求

（1）水泥瓦、黏土瓦、小青瓦、石棉瓦规格与定额不同时，瓦材数量可换算，其他不变。

（2）镀锌薄钢板屋面及镀锌薄钢板排水项目中，镀锌薄钢板咬口和搭接的工料，已包括在定额内，不得另计。镀锌薄钢板以26号镀锌薄钢板为准，如使用的规格品种不同时，允许换算。

（二）屋面工程量计算方法

1. 瓦屋面、型材屋面

瓦屋面、型材屋面（包括挑檐部分，如金属压型板），均按图示尺寸的水平投影面积乘以屋面坡度系数以平方米计算。不扣除房上烟囱、风帽底座、风道、屋面小气窗、斜沟等所占的面积，屋面小气窗的出檐部分亦不增加。

（1）屋面斜坡面积。

屋面斜坡面积＝屋面水平投影面积×坡度系数＋天窗出檐部分重叠面积

屋面坡度系数是指单位水平投影长度所对应的屋面斜坡的实际长度，通常以 C 表示。如图8-4-1所示。坡度系数可按下式计算：

$$C=\sqrt{A^2+B^2}$$

（2）四坡排水屋面斜脊长度。

四坡排水屋面斜脊长度＝$A\times D$（当 $S=A$ 时）

当端部马尾的削脊宽度 S 与屋面半跨长度 A 相等时（即 $S=A$），其斜脊的长度与斜脊所依附的斜坡水平投影长度的比值，称为偶坡度系数，通常以 D 表示（表8-4-1）。

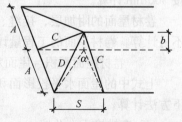

图 8-4-1 屋面坡度示意图

屋面坡度系数表 表 8-4-1

坡 度			坡度系数	偶坡度系数
B (A=1)	B/2A	角度α	C (A=1)	D (A=1)
1	1/2	45°	1.4142	1.7321
0.75	—	36°52′	1.2500	1.6008
0.70	—	35°	1.2207	1.5779
0.666	1/3	33°40′	1.2015	1.5620
0.65	—	33°01′	1.1926	1.5564
0.60	—	30°58′	1.1662	1.5362
0.577	—	30°	1.1547	1.5270
0.55	—	28°49′	1.1413	1.5170
0.50	1/4	26°34′	1.1180	1.5000
0.45	—	24°14′	1.0966	1.4839
0.40	1/5	21°48′	1.0770	1.4697
0.35	—	19°17′	1.0594	1.4569
0.30	—	16°42′	1.0440	1.4457
0.25	—	14°02′	1.0308	1.4362
0.20	1/10	11°19′	1.0198	1.4283
0.15	—	8°32′	1.0112	1.4221
0.125	—	7°8′	1.0078	1.4191
0.100	1/20	5°42′	1.0050	1.4177
0.083	—	4°45′	1.0035	1.4166
0.066	1/30	3°49′	1.0022	1.4157

2. 卷材屋面

卷材屋面的工程量，按图示尺寸的水平投影面积乘以规定的坡度系数以平方米计算。不扣除房上烟囱、风帽底座、风道、屋面小气窗和斜沟所占的面积，屋面的女儿墙、伸缩缝和天窗等处的弯起部分，按图示尺寸并入屋面工程量计算。如图纸无规定时，伸缩缝、女儿墙的弯起部分可按 250mm 计算，天窗弯起部分可按 500mm 计算。

卷材屋面的附加层、接缝、收头、找平层的嵌缝、冷底子油已计入定额内，不另计算。卷材屋面的工程量计算式：

　　卷材屋面面积＝屋面水平投影面积×坡度系数＋弯起部分面积

上式中的屋面水平投影面积，应根据有、无挑檐及女儿墙等不同情况，按以下方法计算。

(1) 有挑檐无女儿墙：

　　屋面水平投影面积＝屋面层建筑面积＋(外墙外边线＋檐宽×4)×檐宽

(2) 有女儿墙无挑檐：

　　屋面水平投影面积＝屋面层建筑面积－女儿墙中心线×女儿墙厚

(3) 有挑檐有女儿墙：

屋面水平投影面积＝屋面层建筑面积＋(外墙外边线＋檐宽×4)×檐宽－女儿墙中心线×女儿墙厚

3. 涂膜屋面

涂膜屋面的工程量计算同卷材屋面。涂膜屋面的油膏嵌缝、玻璃布盖缝、屋面分格按延长米计算。

4. 刚性屋面

屋面刚性防水按设计图示尺寸以面积计算。不扣除房上烟囱、风帽底座、风道等所占的面积。其工程量可按下式计算：

刚性屋面斜坡面积＝屋面水平投影面积×坡度系数

屋面水平投影面积和坡度系数的确定，同卷材屋面。

5. 屋面排水

屋面排水的导水装置，按使用材料不同可分为镀锌薄钢板和钢板制品排水、铸铁制品排水、玻璃钢制品排水及塑料制品排水。

(1) 镀锌薄钢板排水。

镀锌薄钢板排水按图示尺寸以展开面积计算，如图纸没有注明尺寸时，可按镀锌薄钢板排水单体零件折算表计算，可按表 8-4-2 计算。咬口和搭接等已计入定额项目中，不另计算。

镀锌薄钢板排水单体零件折算表 表 8-4-2

名　称		单位	水落管(m)	檐沟(m)	水斗(个)	滴斗(个)	下水口(个)	天沟(m)
镀锌薄钢板排水	水落管、檐沟、水斗、滴斗、下水口	m²	0.32	0.30	0.40	0.16	0.45	—
	天沟、斜沟、天窗、窗台泛水、天窗侧面泛水、烟囱泛水、通气管泛水、滴水檐头泛水、滴水	m²	—					1.30

名　称		单位	斜沟天窗台泛水(m)	天窗侧面泛水(m)	烟囱泛水(m)	通气管泛水(m)	滴水檐头泛水(m)	滴水(m)
镀锌薄钢板排水	水落管、檐沟、水斗、滴斗、下水口	m²	—	—	—	—	—	—
	天沟、斜沟、天窗、窗台泛水、天窗侧面泛水、烟囱泛水、通气管泛水、滴水檐头泛水、滴水	m²	0.50	0.70	0.80	0.22	0.24	0.11

(2) 铸铁管、玻璃钢制品排水。

水落管应区别不同直径，按图示尺寸以延长米计算工程量。雨水口、水斗、弯头及短管按个数计算工程量。在外墙突线处的弯折部分每处增加250mm计算，但勒脚和泄水口的弯起部分不增加。

二、防水工程计量与计价

防水工程主要是建筑物或构筑物的墙基、墙身、地下室、楼地面及室内厕所、浴室、变形缝等项目的防水、防潮。

（一）防水工程的有关规定

1. 定额项目的套用

(1) 高分子卷材隔气层应执行相应的防水层，定额项目，换算主材价格。

(2) 三元乙丙丁基橡胶卷材屋面防水，按相应三元乙丙橡胶卷材屋面防水项目计算。

2. 变形缝填缝与盖缝

(1) 变形缝填缝：建筑油膏、聚氯乙烯胶泥断面取定 3cm×2cm；油浸木丝板取定 2.5cm×15cm；紫铜板止水带取定 2mm 厚，展开宽 45cm；氯丁橡胶宽 30cm；涂刷氯丁胶粘玻璃止水片宽 35cm；其余均取 15cm×3cm。如设计断面不同时，用料可以换算，人工不变。

(2) 变形缝盖缝：木板盖缝断面为 20cm×2.5cm，如设计断面不同时，用料可以换算，人工不变。

3. 其他规定

(1) 高分子卷材厚度：再生橡胶卷材按 1.5mm，其他均按 1.2mm 取定。

(2) 氯丁冷胶"二布三涂"项目，其"三涂"是指涂料构成防水层数，并非指涂料遍数，每一层"涂层"刷二遍至数遍不等。

(3) 沥青、玛琋脂均指石油沥青、石油沥青玛琋脂。

(4) 卷材防潮层均已包括附加层等工料和刷冷底子油一遍，如设计要求不刷冷底子油时，应按刷一遍冷底子油项目扣除。

（二）防水工程量计算方法

1. 地面防水、防潮层

建筑物地面防水、防潮层，按主墙间净空面积计算，扣除凸出地面的构筑物、设备基础等所占的面积，不扣除柱、垛、间壁墙、烟囱及 0.3m² 以内孔洞所占面积。与墙面连接处高度在 500mm 以内者按展开面积计算，并入平面工程量内；超过 500mm 时，按立面防水层计算。

2. 墙基防水、防潮层

建筑物墙基防水、防潮层，外墙按中心线长度、内墙按净长线乘以宽度以平方米计算。

3. 地下室防水层

建筑物、构筑物地下室防水层，按实铺面积计算，不扣除 0.3m² 以内的孔洞面积。平面与立面交接处的防水层，其上卷高度超过 500mm 时，按立面防水层计算。

4. 变形缝

各种材料的变形缝，均按图示尺寸以延长米计算工程量。

变形缝填缝按材料不同，套平面或立面相应定额项目；变形缝盖缝分木板、镀锌薄钢板，套平面或立面相应定额项目。

三、保温隔热工程计量与计价

防腐、保温、隔热工程主要包括整体面层、隔离层、块料面层、涂料及保温隔热等项目。

（一）保温隔热工程有关规定

1. 耐酸防腐

（1）整体面层、隔离层适用于平面、立面的防腐耐酸工程，包括沟、坑、槽。

（2）块料面层以平面砌为准，砌立面者按平面砌相应项目，人工乘以系数1.38，踢脚板人工乘以系数1.56，其他不变。

（3）各种砂浆、胶泥、混凝土材料的种类，配合比及各种整体面层的厚度，如设计与定额不同时，可以换算，但各种块料面层的结合层砂浆或胶泥厚度不变。

（4）各种面层，除软聚氯乙烯塑料地面外，均不包括踢脚板。

（5）花岗岩板以六面剁斧的板材为准。如底面为毛面者，水玻璃砂浆增加$0.38m^3$，耐酸沥青砂浆增加$0.44m^3$。

2. 保温隔热

（1）适用于中温、低温及恒温的工业厂（库）房隔热工程以及一般保温工程。

（2）只包括保温隔热材料的铺贴，不包括隔气防潮、保护层或衬墙等。

（3）隔热层铺贴，除松散稻壳、玻璃棉、矿渣棉为散装外，其他保温材料均以石油沥青（30号）作胶结材料。

（4）稻壳已包括装前的筛选、除尘工序。稻壳中如需增加药物防虫时，材料另行计算，人工不变。

（5）玻璃棉、矿渣棉包装材料和人工均已包括在定额内。

（6）墙体铺贴块体材料，包括基层涂沥青一遍。

（7）保温层的保温材料配合比与定额不同时，可以换算。

（8）水塔保温，应按相应的墙体保温项目执行。

（9）干铺珍珠岩、稻壳、石灰、锯末保温亦适用于墙及顶棚保温。

（10）沥青软木保温项目亦适用于铺在屋面上。

（11）用岩棉做保温时，按沥青玻璃棉项目执行，岩棉的价格可以换算，其他不变。

（12）如设计规定铺加气混凝土碎块保温时，可按加气混凝土块项目执行，材料用量按$10.2m^3$计算，人工、机械不变。

（二）保温隔热工程计量

1. 防腐工程量计算

（1）防腐工程项目应区分不同防腐材料种类及其厚度，按设计实铺面积以平方米计算。应扣除凸出地面的构筑物、设备基础等所占的面积。砖垛等突出墙面部分按展开面积计算，并入墙面防腐工程量之内。

（2）踢脚板按设计实铺长度乘以高度以平方米计算，应扣除门洞所占面积并相应增加侧壁展开面积。

（3）平面砌筑双层耐酸块料时，按单层面积乘以系数2计算。

（4）防腐卷材接缝、附加层、收头等人工材料，已计入在定额中，不再另行计算。

2. 保温隔热工程量计算

（1）保温隔热层应区别不同保温隔热材料，除另有规定者外，均按设计实铺厚度以立方米计算。

（2）保温隔热层的厚度，按隔热材料净厚度（不包括胶结材料的厚度）计算。

（3）地面隔热层，按围护结构墙体间净面积乘以设计厚度以立方米计算，不扣除柱、垛所占的体积。

（4）墙体隔热层，外墙按隔热层中心线、内墙按隔热层净长乘以图示尺寸的高度及厚度，以立方米计算。应扣除冷藏门洞口和管道穿墙洞口所占的体积。

（5）柱包隔热层按图示柱的隔热层中心线的展开长度乘以图示高度及厚度，以体积计算。

【实训练习】

实训项目一：屋面及防水工程计量与计价。

资料内容：利用教学用施工图纸和预算定额，进行屋面及防水工程项目列项、计算工程量，填写工程量计算表和工程预算表。

实训项目二：保温工程计量与计价。

资料内容：利用教学用施工图纸和预算定额，进行保温工程项目列项、计算工程量，填写工程量计算表和工程预算表。

【复习思考题】

1. 屋面工程计量项目有哪些？
2. 卷材屋面的工程量如何计算？
3. 防水工程主要包括哪些项目？
4. 地面与墙面连接处的防水层如何计算？
5. 变形缝如何计算？
6. 屋面保温层如何计算？
7. 墙体隔热层如何计算？

学习情境九 一般装饰工程计量与计价

任务一 一般装饰材料识别

【引入问题】
1. 什么是抹面砂浆?
2. 抹面砂浆有哪些?
3. 油漆有哪些种类?
4. 常用陶瓷有哪些?

【工作任务】

了解抹面砂浆、油漆涂料、陶瓷、玻璃的基本知识,熟悉油漆的种类、陶瓷和玻璃的种类。

【学习参考资料】
1. 《建筑与装饰材料》中国建筑工业出版社,宋岩丽编. 2007.
2. 《建筑装饰材料》科学出版社,李燕、任淑霞编. 2006.
3. 《建筑装饰材料》重庆大学出版社,张粉琴、赵志曼编. 2007.
4. 《建筑装饰材料》北京大学出版社,高军林编. 2009.

【主要学习内容】

一、抹面砂浆

凡涂抹在建筑物或建筑构件表面的砂浆,统称为抹面砂浆。根据抹面砂浆功能的不同,可将抹面砂浆分为普通抹面砂浆、装饰砂浆和具有某些特殊功能的抹面砂浆(如防水砂浆、绝热砂浆、吸声砂浆、耐酸砂浆等)。

对抹面砂浆要求具有良好的和易性,容易抹成均匀平整的薄层,便于施工,还应有较高的粘结力,砂浆层应能与底面粘结牢固,长期不致开裂或脱落。处于潮湿环境或易受外力作用部位(如地面、墙裙等),还应具有较高的耐水性和强度。

(一)普通抹面砂浆

普通抹面砂浆是建筑工程中用量最大的抹面砂浆。其功能主要是保护墙体、地面不受风雨及有害杂质的侵蚀,提高防潮、防腐蚀、抗风化性能,增加耐久性;同时可使建筑物达到表面平整、清洁和美观的效果。

抹面砂浆通常分为两层或三层进行施工。各层砂浆要求不同,因此每层所选用的砂浆也不一样。一般底层砂浆起粘结基层的作用,要求砂浆应具有良好的和易性和较高的粘结力,因此底层砂浆的保水性要好,否则水分易被基层材料吸收而影响砂浆的粘结力。基层表面粗糙些有利于与砂浆的粘结。中层抹灰主要是为了找平，有时可省去不用。面层抹灰主要为了平整美观，因此应选细砂。

砖墙的底层抹灰，多用石灰砂浆；板条墙或板条顶棚的底层抹灰多用混合砂浆或石灰砂浆；混凝土墙、梁、柱、顶板等底层抹灰多用混合砂浆、麻刀石灰浆或纸筋石灰浆。

在容易碰撞或潮湿的地方，应采用水泥砂浆。如墙裙、踢脚板、地面、雨篷、窗台以及水池、水井等处一般多用1∶2.5的水泥砂浆。各种抹面砂浆的配合比，可参考表9-1-1。

（二）装饰砂浆

装饰砂浆即直接用于建筑物内外表面，以提高建筑物装饰艺术性为主要目的抹面砂浆。它是常用的装饰手段之一。装饰砂浆的底层和中层抹灰与普通抹面砂浆基本相同，而装饰砂浆的面层，要选用具有一定颜色的胶凝材料和骨料以及采用某种特殊的操作工艺，使表面呈现出各种不同的色彩、线条与花纹等装饰效果。

装饰砂浆所采用的胶凝材料有普通水泥、矿渣水泥、火山灰水泥和白水泥、彩色水泥，或在常用的水泥中掺加耐碱矿物颜料配成彩色水泥以及石灰、石膏等。骨料常采用大理石、花岗石等带颜色的细石碴或玻璃、陶瓷碎粒。

各种抹面砂浆配合比参考表　　　　　　　　　　表9-1-1

材　料	配合比（体积比）	应　用　范　围
石灰∶砂	1∶2～1∶4	用于砖石墙表面（檐口、勒脚、女儿墙以及潮湿房间的墙除外）
石灰∶黏土∶砂	1∶1∶4～1∶1∶8	干燥环境的墙表面
石灰∶石膏∶砂	1∶0.6∶2～1∶1∶3	用于不潮湿房间的墙及顶棚
石灰∶水泥∶砂	1∶0.5∶4.5～1∶1∶5	用于檐口、勒脚、女儿墙外脚以及比较潮湿的部位
水泥∶砂	1∶3～1∶2.5	用于浴室、潮湿车间等墙裙、勒脚等或地面基层
水泥∶砂	1∶2～1∶1.5	用于地面、顶棚或墙面面层
水泥∶石膏∶砂∶锯末	1∶1∶3∶5	用于吸声粉刷
水泥∶白石子	1∶2～1∶1	用于水磨石（打底用1∶2.5水泥砂浆）

二、涂料油漆

涂料，习惯上我们也称之为油漆。不管是高级装修，还是普通装修，都会用到油漆。油漆的第一个作用是保护表面，第二个作用是修饰作用。以木制品来说，由于木制品表面属多孔结构，不耐脏污，同时表面多节眼，不够美观。而油漆就能同时解决这些问题，这里介绍油漆的种类、选择和注意事项。当然，由于油漆的品种实在太多，下面只介绍属于装修的部分。

（一）油漆的分类

（1）按部位分类。油漆主要分为墙漆、木器漆和金属漆。墙漆包括外墙漆、内墙漆和顶面漆，主要是乳胶漆等品种；木器漆主要有硝基漆、聚氨酯漆等；金属漆主要是磁漆。

（2）按状态分类。油漆可分为水性漆和油性漆。乳胶漆是主要的水性漆，而聚氨酯漆等多属于油性漆。

（3）按功能分类。油漆可分为防水漆、防火漆、防霉漆、防蚊漆及具有多种功能的多功能漆等。

（4）按作用形态分类。油漆可分为挥发性漆和不挥发性漆。

（5）按表面效果分类。油漆可分为透明漆、半透明漆和不透明漆。

（二）油漆的品种

1. 木器漆

（1）硝基清漆。

硝基清漆是一种由硝化棉、醇酸树脂、增塑剂及有机溶剂调制而成的透明漆，属挥发性油漆，具有干燥快、光泽柔和等特点。硝基清漆分为亮光、半哑光和哑光三种，可根据需要选用。硝基漆也有其缺点：高湿天气易泛白、丰满度低，硬度低。

（2）手扫漆。

与硝基清漆同属于硝基漆，它是由硝化棉、各种合成树脂、颜料及有机溶剂调制而成的一种非透明漆。此漆专为人工施工而配制。

（3）硝基漆的主要辅助剂。

①天那水。它是由酯、醇、苯、酮类等有机溶剂混合而成的一种具有香蕉气味的无色透明液体，主要起调和硝基漆及固化作用。

②白水。也叫防白水，学名为乙二醇单丁醚。在潮湿天气施工时，漆膜会有发白现象，适当加入稀释剂量10%~15%的硝基磁化白水即可消除。

（4）聚酯漆。

它是用聚酯树脂为主要成膜物制成的一种厚质漆。聚酯漆的漆膜丰满，层厚面硬。聚酯漆同样拥有清漆品种，叫聚酯清漆。聚酯漆在施工过程中需要进行固化，这些固化剂的份量占油漆总分1/3。这些固化剂也称为硬化剂，其主要成分是TDI（甲苯二异氰酸酯）。这些处于游离状态的TDI会变黄，不但使家具漆面变黄，而且会使邻近的墙面变黄，这是聚酯漆的一大缺点。目前市面上已经出现了耐黄变聚酯漆，但也只能做到"耐黄"，还不能完全防止变黄。另外，超出标准的游离TDI还会对人体造成伤害。

（5）聚氨酯漆。

聚氨酯漆即聚氨基甲酸酯漆。它漆膜强韧，光泽丰满，附着力强，耐水、耐磨、耐腐蚀，被广泛用于高级木器家具，也可用于金属表面。其缺点主要有遇潮起泡、漆膜粉化等；与聚酯漆一样，也存在着变黄的问题。聚氨酯漆的清漆品种称为聚氨酯清漆。

2. 内墙漆

内墙漆主要分为水溶性漆和乳胶漆。一般装修采用的是乳胶漆，乳胶漆是乳液性涂料，按照基材的不同，分为聚醋酸乙烯乳液和丙烯酸乳液。乳胶漆以水为稀释剂，是一种施工方便、安全、耐水洗、透气性好的漆。可根据不同的配色方案调配出不同的色泽。乳胶漆主要由水、颜料、乳液、填充剂和各种助剂组成。这些原材料是无毒性的，可能含毒的主要是成膜剂中的乙二醇和防霉剂中的有机汞。目前市面上含有大量甲醛的所谓"乳胶漆"，其实是水溶性漆，而不是乳胶漆，一些不法厂商就是用劣质水溶性漆假冒乳胶漆的。所以，选择正货和保持通风，是防止污染的有效办法。

3. 外墙漆

外墙乳胶漆基本性能与内墙乳胶漆差不多。但漆膜较硬，抗水能力更强。外墙乳胶漆一般使用于外墙，也可以使用于洗手间等高潮湿的地方。虽然，外墙乳胶漆可以内用，但请不要尝试将内墙乳胶漆外用。

4. 防火漆

防火漆是由成膜剂、阻燃剂、发泡剂等多种材料制造而成的一种阻燃涂料。由于目前家居中大量使用木材、布料等易燃材料，因此，防火已经是一个值得提起的议题了。

三、陶瓷及玻璃

（一）陶瓷的基本概念

传统的陶瓷产品是由黏土类及其他天然矿物原料经过粉碎加工、成型、焙烧等过程制成的。陶瓷是陶器和瓷器的总称。陶器以陶土为原料，所含杂质较多，烧成温度较低，断面粗糙无光，不透明，吸水率较高。瓷器以纯的高岭土为原料，焙烧温度较高，坯体致密，几乎不吸水，有一定的半透明性。介于陶器和瓷器二者之间的产品为炻器，也称为石胎瓷、半瓷。炻器坯体比陶器致密，吸水率较低，但与瓷器相比，断面多数带有颜色而无半透明性，吸水率也高于瓷器。

陶器又可分为粗陶和精陶。粗陶坯体一般由含杂质较多的黏土制成，工艺较粗糙，建筑上用的砖瓦以及陶管等均属此类。精陶系指坯体焙烧后呈白色、象牙色的多孔性陶制品，所用原料为可塑黏土或硅灰石。通常两次烧成，素烧温度多为 1250~1280℃，釉烧温度为 1050~1150℃。建筑内饰面用的釉面内墙砖即属此类。

釉是附着于陶瓷坯体表面的连续玻璃质层。施釉的目的在于改善坯体的表面性能并提高力学强度，使坯体表面变得平滑、光亮，由于封闭了坯体孔隙而减小了吸水率，使耐久性提高。釉不仅具有各种鲜艳的色调，而且可以通过控制其成分、黏度和表面张力等参数，制成装饰效果各异的流纹釉、珠光釉、乳浊釉等艺术釉料，使建筑陶瓷大放异彩。

（二）建筑陶瓷制品

1. 外墙面砖

外墙面砖俗称无光面砖，是用难熔黏土压制成型后焙烧而成。通常做成矩形，尺寸有 100mm×100mm×10mm 和 150mm×150mm×10mm 等。它具有质地坚实、强度高、吸水率低（小于4％）等特点。一般为浅黄色，用作外墙饰面。

2. 釉面砖

釉面砖是用瓷土压制成坯，干燥后上釉焙烧而成，釉面砖过去习称"瓷砖"，由于其正面挂釉，近来才正名为"釉面砖"。通常做成 152mm×152mm×5mm 和 108mm×108mm×5mm 等正方形体，配件砖包括阳角条、阴角条、阳三角、阴三角等，用于铺贴一些特殊部位。

釉面砖由于釉料颜色多样，故有白瓷砖、彩釉面砖、印花砖、图案砖等品种，各种釉面砖色泽鲜艳，美观耐用，热稳定性好，吸水率小于18%，表面光滑，易于清洗，多用于浴室、厨房和厕所的台面，以及实验室桌面等处。

3. 地砖

地砖又名缸砖，由难熔黏土烧成，一般做成100mm×100mm×10mm和150mm×150mm×10mm等正方形，也有做成矩形、六角形等，色棕红或黄，质坚耐磨，抗折强度高（15MPa以上），有防潮作用。适于铺筑室外平台、阳台、平屋顶等的地坪，以及公共建筑的地面。

4. 陶瓷锦砖

陶瓷锦砖又名马赛克，它是用优质瓷土烧成，一般做成18.5mm×18.5mm×5mm、39mm×39mm×5mm的小方块，或边长为25mm的六角形等。这种制品出厂前已按各种图案反贴在牛皮纸上，每张大小约30cm见方，称作一联，其面积约0.093m^2，每40联为一箱，每箱约3.7m^2。施工时将每联纸面向上，贴在半凝固的水泥砂浆面上，用长木板压面，使之粘贴平实，待砂浆硬化后洗去牛皮纸，即显出美丽的图案。

陶瓷锦砖色泽多样，质地坚实，经久耐用，能耐酸、耐碱、耐火、耐磨，抗压力强，吸水率小，不渗水，易清洗，可用于工业与民用建筑的洁净车间、门厅、走廊、餐厅、厕所、浴室、工作间、化验室等处的地面和内墙面，并可作高级建筑物的外墙饰面材料。

（三）玻璃

玻璃是以石英砂、纯碱、石灰石和长石等为原料，于1550~1600℃高温下烧至熔融、成型、急冷而形成的一种无定形非晶态硅酸盐物质。其主要化学成分为SiO_2、Na_2O、CaO及MgO，有时还有K_2O。

1. 玻璃的制造工艺

建筑玻璃一般为平板玻璃，制造工艺一种是引拉法，另一种是浮法。引拉法是将高温液体玻璃冷至较稠时，由耐火材料制成的槽子中挤出，然后将玻璃液体垂直向上拉起，经石棉辊成型，并截成规则的薄板。这种传统方法制成的平板玻璃容易出现波筋和波纹。

浮法工艺制造的平板玻璃表面平整，光学性能优越，不经过辊子成型，而是将高温液体玻璃经锡槽浮抛，玻璃液回流到锡液表面上，在重力及表面张力的作用下，摊成玻璃带，向锡槽尾部拉引，经抛光、拉薄、硬化和冷却后退火而成。

2. 常用的建筑玻璃。

（1）普通平板玻璃。

国家标准规定，引拉法玻璃按厚度2mm、3mm、4mm、5mm分为四类；浮法玻璃按厚度3mm、4mm、5mm、6mm、8mm、10mm、12mm分为七类。要求单片玻璃的厚度差不大于0.3mm。标准规定，普通平板玻璃的尺寸不小于600mm×400mm；浮法玻璃尺寸不小于1000mm×1200mm且不大于2500mm×3000mm。目前，我国生产的浮法玻璃原板宽度可达2.4~4.6m，可以满足特殊使用要求。

由引拉法生产的平板玻璃分为特等品、一等品和二等品三个等级，浮法玻璃分为优等品、一级品与合格品三个等级。普通平板玻璃产量以重量箱计量,即以50kg为一重量箱,即相当于2mm厚的平板玻璃10m^2的重量,其他规格厚度的玻璃应换算成重量箱。

(2) 磨光玻璃。

磨光玻璃是把平板玻璃经表面磨平抛光而成,分单面磨光和双面磨光两种,厚度一般为5mm、6mm。其特点是表面非常平整,物象透过后不变形,且透光率高(大于84%),用于高级建筑物的门窗或橱窗。

(3) 钢化玻璃。

钢化玻璃是将平板玻璃加热到一定温度后迅速冷却(即淬火)而制成。其特点是机械强度比平板玻璃高4~6倍,6mm厚的钢化玻璃抗弯强度达125MPa,且耐冲击、安全、破碎时碎片小且无锐角,不易伤人,故又名安全玻璃,能耐急热急冷,耐一般酸碱,透光率大于82%。主要用于高层建筑门窗、车间天窗及高温车间等处。

(4) 压花玻璃。

压花玻璃是将熔融的玻璃液在快冷中通过带图案花纹的辊轴滚压而成的制品,又称花纹玻璃,一般规格为800mm×700mm×3mm。

压花玻璃具有透光不透视的特点,这是由于其表面凹凸不平,当光线通过时即产生漫射,因此从玻璃的一面看另一面的物体时,物象显得模糊不清。另外,压花玻璃因其表面有各种图案花纹,所以又具有一定的艺术装饰效果。

(5) 磨砂玻璃。

磨砂玻璃又称毛玻璃,它是将平板玻璃的表面经机械喷砂或手工研磨或氢氟酸溶蚀等方法处理成均匀毛面而成。其特点是透光不透视,光线不刺目且呈漫反射,常用于不需透视的门窗,如卫生间、浴厕、走廊等,也可用作黑板的板面。

(6) 有色玻璃。

有色玻璃是在原料中加入各种金属氧化物作为着色剂而制得的带有红、绿、黄、蓝、紫等颜色的透明玻璃。将各色玻璃按设计的图案划分后,用铅条或黄铜条拼装成瑰丽的橱窗,装饰效果很好,宾馆、剧院、厅堂等经常采用。有时在玻璃原料中加入乳浊剂(萤石等)可制得乳浊有色玻璃,白色的则称为乳白玻璃,这类玻璃透光而不透视具有独特的装饰效果。

(7) 热反射玻璃。

热反射玻璃又叫镀膜玻璃,分复合和普通透明两种,具有良好的遮光性和隔热性能。由于这种玻璃表面涂敷金属或金属氧化物薄膜、有的透光率是45%~65%(对于可见光),有的甚至可在20%~80%之间变动,透光率低,可以达到遮光及降低室内温度的目的。但这种玻璃和普通玻璃一样是透明的。

(8) 防火玻璃。

防火玻璃是由两层或两层以上的平板玻璃间含有透明不燃胶粘层而制成的一种夹层玻璃,在火灾发生初期,防火玻璃仍是透明的,人们可以通过玻璃看到火焰,判断起火部位和火灾危险程度。随着火势的蔓延扩大,室内温度增高,夹层受热膨胀发泡,逐渐由透明物质转变为不透明的多孔物质,形成很厚的防火隔热层，起到防火隔热保护作用。

（9）釉面玻璃。

釉面玻璃是在玻璃表面涂敷一层易熔性色釉，然后加热到彩釉的熔融温度，使釉层与玻璃牢固地结合在一起，经过热处理制成的装饰材料。所采用的玻璃基体可以是普通平板玻璃，也可以是磨光玻璃或玻璃砖等。如果用上述方法制成的釉面玻璃再经过退火处理，则可进行加工，如同普通玻璃一样，具有可切裁的可加工性。

（10）水晶玻璃。

水晶玻璃也称石英玻璃。这种玻璃制品是高级立面装饰材料。水晶玻璃中的玻璃珠是在耐火模具中制成的。其主要增强剂是二氧化硅，具有很高强度，而且表面光滑，耐腐蚀，化学稳定性好。水晶玻璃饰面板具有许多花色品种，其装饰性和耐久性均能令人满意。

（11）玻璃空心砖。

玻璃空心砖一般是由两块压铸成的凹形玻璃，经熔接或胶结成整块的空心砖。砖面可为光平，也可在内、外面压铸各种花纹。砖的腔内可为空气，也可填充玻璃棉等。砖形有正方形、长方形、圆形等。玻璃砖具有一系列优良性能，绝热、隔声，透光率达80%。

（12）玻璃锦砖。

玻璃锦砖也叫玻璃马赛克。它与陶瓷锦砖在外形和使用方法上有相似之处，但它是乳浊状半透明玻璃质材料，大小一般为20mm×20mm×4mm，背面略凹，四周侧边呈斜面，有利于与基面粘结牢固。玻璃锦砖颜色绚丽，色泽众多，历久常新，是一种很好的外墙装饰材料。

3. 人造饰面石材

人造石材是以天然大理石、花岗石碎料或方解石、白云石、石英砂、玻璃粉等无机矿物骨料，拌合树脂、聚酯等聚合物或水泥等胶粘剂，以及适宜的稳定剂、颜色等，经过真空强力拌合振动、混合、浇注、加压成型、打磨抛光以及切割等工序制成的板材。通过颜料、填料和加工工艺的变化，可以仿制成天然大理石、天然花岗石等表面装饰效果，故称为人造大理石、人造花岗石。人造石材具有重量轻、强度高、色泽均匀、结构紧密、耐磨、耐腐蚀、耐寒等特点。

（1）人造石材的分类及特点。

人造石材按照生产所用材料不同一般分为四类：

①水泥型人造石材。

水泥型人造石材组成材料：以水泥为胶粘剂，砂为细骨料，大理石、花岗石、工业废渣等为粗骨料。其特点：以铝酸盐水泥的制品最佳，表面光泽度高，花纹耐久；具有抗风化能力，耐火性、防潮性都优于一般人造大理石，价格低，耐腐蚀性能较差。

②树脂型人造石材。

树脂型人造石材组成材料：以不饱和聚酯树脂及其配套材料为胶粘剂，石英砂、大理石、方解石粉为骨料。其特点：光泽好，颜色浅，可调成不同的鲜明颜色；制作方法国际上比较通行，宜用于室内，价格相对较高。

③复合型人造石材。

组成材料以无机材料和有机高分子材料为胶粘剂，性能稳定的无机材料为底层，聚酯树脂和大理石为面层。具有大理石的优点，既有良好的物化性能，成本也较低。

④烧结型人造石材。

组成材料以黏土约占40%的高岭土为胶粘剂，以斜长石、石英、辉石、方解石等为骨料。生产方法与陶瓷工艺相似，高温焙烧能耗大，价格高，产品破损率高。

(2) 人造石材产品。

①聚酯型人造大理石。

聚酯型人造大理石俗称色丽石、富丽石或结晶石等，目前，它已实现用先进工艺机械化方式进行生产，产品性能优良，在国内，已较多运用于高档宾馆、餐厅、高级住宅的墙面、台面装饰。

聚酯型人造大理石具有装饰型好，强度高、耐磨性好，耐腐蚀性、耐污染性好，可加工性好，耐热、耐火性差等特点。

②聚酯型人造花岗石。

聚酯型人造花岗石与人造大理石有不少相似之处。但人造花岗石胶（树脂）固（填料）比更高，为 $1:6.3\sim8.0$，集料用天然较硬石质碎粒和深色颗粒。固化后经抛光，内部的石粒外露，通过不同色粒和颜料的搭配可生产出不同色泽的人造花岗石，其外观极像天然花岗石，并避免了天然花岗石抛光后表面存在的轻微凹陷（因所含云母矿物强度低，不耐磨所致）。由于集料、粉料掺量较多，故硬度较高，其他性能与聚酯型人造大理石相近。它主要用于高级装饰工程中。

③人造全无机花岗石大理石装饰板。

人造全无机花岗石大理石装饰板材是以高强度等级水泥、优质石英砂为主要原料，配以高级无机化工颜料，经化学反应塑化后制成的一种新型装饰板材。这种板材强度大、光泽度高、不变形、不龟裂、不粉化、耐酸碱、耐水火、色泽艳丽、易于水泥及胶粘剂粘贴、施工方便、化学性能稳定，主要技术指标接近天然石材产品，花纹及装饰效果可与天然石材媲美。特别适用于墙裙、柱面、地板、窗台、踢脚、家具、台面等的装修。

④玻璃花岗石装饰板。

这种装饰板是一种新型具有抗风化及有花岗石外观和性质的装饰材料，光泽度、色泽度、抗折强度、粘结强度、表面硬度方面均优于天然花岗石、天然大理石，耐老化、抗变形、抗冲击、抗冻性和热稳定性方面可与传统石材媲美，并可设计各种色调。可广泛用于建筑物及高档宾馆的内外墙面、台阶、廊柱、室内地面和其他固定设施的装饰。

⑤玻璃大理石装饰板。

这种大理石是玻璃基材仿大理石花纹装饰材料，花纹色彩可人工操控，酷似天然大理石，硬度、平整度、光洁度均高于天然大理石，具有寿命长、不怕风吹、雨淋、日晒以及耐酸碱、容易加工、便于施工等特点。应用于高档建筑的内外墙、地面装饰。

⑥仿花岗岩水磨石砖。

仿花岗岩水磨石砖,是使用颗粒较小的碎石米,加入各种颜色的色彩,采用压制、粗磨、打蜡、磨光等生产工艺制成。其砖面的颜色、纹路和天然花岗石十分逼真,光泽度较高,装饰效果好。用于宾馆、饭店、办公楼、住宅等的内外墙和地面装饰。

【实训练习】

实训项目一:认识识别抹面砂浆。

资料内容:利用校内建材实训基地,根据所学知识进行抹面砂浆材料识别,按要求进行抹面砂浆制作等。

实训项目二:认识识别油漆涂料。

资料内容:利用校内建材实训基地,根据所学知识进行油漆识别。

实训项目三:认识识别瓷砖玻璃。

资料内容:利用校内建材实训基地和当地建材市场,根据所学知识对瓷砖、玻璃进行市场调查,并询价。

【复习思考题】

1. 装饰砂浆有哪些特殊功能?
2. 普通砂浆的性能有哪些?
3. 油漆的种类及性能?
4. 一般装饰中油漆的使用部位及使用种类?
5. 建筑陶瓷在一般建筑中如何使用?
6. 建筑装饰玻璃的种类有哪些?

任务二　一般装饰工程施工

【引入问题】

1. 楼地面施工有哪些特点?
2. 门窗的施工工艺有哪些?
3. 墙柱面一般抹灰和装饰抹灰工艺如何?
4. 吊顶、涂料和油漆施工特点?

【工作任务】

掌握楼地面工程基层、垫层、面层各自的施工质量要求;整体面层的分类,水磨石地面的质量控制方法及要求;板块工程施工前的准备措施。掌握木门窗、钢门窗、铝合金门窗、塑料门窗工程的施工工艺及质量检测标准及要求。掌握一般抹灰、装饰抹灰的施工要点与施工质量验收标准及检测方法。了解饰面工程的施工要点及质量验收标准。掌握顶棚吊顶、涂料及刷浆工程的施工要点与施工质量验收标准及检测方法。

【学习参考资料】

1. 《建筑施工技术》中国建筑工业出版社，姚谨英主编．2003．
2. 《建筑装饰设计基础》中国建筑工业出版社，王帆叶主编．2009．

【主要学习内容】

一、楼地面工程施工

（一）楼地面的组成及分类

1. 楼地面的组成

楼地面是房屋建筑底层地坪与楼层地坪的总称。主要由面层、垫层和基层构成。

2. 楼地面的分类

按面层材料分有：土、灰土、三合土、菱苦土、水泥砂浆、混凝土、水磨石、陶瓷锦砖、木、砖和塑料地面等。

按面层结构分有：整体面层（如灰土、菱苦土、三合土、水泥砂浆、混凝土、现浇水磨石、沥青砂浆和沥青混凝土等），块料面层（如缸砖、塑料地板、拼花木地板、陶瓷锦砖、水泥花砖、预制水磨石块、大理石板材、花岗石板材等）和涂布地面等。

（二）基层施工

（1）抄平弹线，统一标高。检测各个房间的地坪标高，并将统一水平标高线弹在各房间四壁上，离地面500mm处。

（2）楼面的基层是楼板，应做好楼板板缝灌浆、堵塞工作和板面清理工作。

（3）地面的基层多为土。地面下的填土应采用素土分层夯实。土块的粒径不得大于50mm，每层虚铺厚度：用机械压实不应大于300mm，用人工夯实不应大于200mm，每层夯实后的干密度应符合设计要求。回填土的含水率应按照最佳含水率进行控制，太干的土要洒水湿润，太湿的土应晾干后使用，遇有橡皮土必须挖除更换，或将其表面挖松100～150mm，掺入适量的生石灰（其粒径小于5mm，每平方米约掺6～10kg），然后再夯实。

淤泥、腐殖土、冻土、耕植土、膨胀土和有机含量大于8%的土，均不得用作地面下的填土。

（三）垫层施工

1. 刚性垫层

刚性垫层指用水泥混凝土、水泥碎砖混凝土、水泥炉渣混凝土和水泥石灰炉渣混凝土等各种低强度等级混凝土做的垫层。

混凝土垫层的厚度一般为60～100mm。混凝土强度等级不宜低于C10，粗骨料粒径不应超过50mm，并不得超过垫层厚度的2/3，混凝土配合比按普通混凝土配合比设计进行试配。其施工要点如下：

①清理基层，检测弹线。②浇筑混凝土垫层前，基层应洒水湿润。③浇筑大面积混凝土垫层时，应纵横每6～10m设中间水平桩，以控制厚度。④大面积浇筑宜采用分仓浇筑的方法，要根据变形缝位置、不同材料面层的连接部位或设备基础位置情况进行分仓，分仓距离一般为3～4m。

2. 柔性垫层

柔性垫层包括用土、砂、石、炉渣等散状材料经压实的垫层。砂垫层厚度不小于60mm，应适当浇水并用平板振动器振实；砂石垫层的厚度不小于100mm，要求粗细颗粒混合摊铺均匀，浇水使砂石表面湿润，碾压或夯实不少于三遍至不松动为止。

（四）整体面层施工

1. 水泥砂浆面层

水泥砂浆地面面层的厚度应不小于20mm，一般用硅酸盐水泥、普通硅酸盐水泥，用中砂或粗砂配制，配合比为1：2～1：2.5（体积比）。

面层施工前，先按设计要求测定地坪面层标高，校正门框，将垫层清扫干净洒水湿润，表面比较光滑的基层，应进行凿毛，并用清水冲洗干净。铺抹砂浆前，应在四周墙上弹出一道水平基准线，作为确定水泥砂浆面层标高的依据。面积较大的房间，应根据水平基准线在四周墙角处每隔1.5～2m用1：2水泥砂浆抹标志块，按标志块的高度做出纵横方向通长的标筋以控制面层厚度。

面层铺抹前，先刷一道含4％～5％108胶的水泥浆，随即铺抹水泥砂浆，用刮尺赶平，并用木抹子压实，在砂浆初凝后终凝前，用铁抹子反复压光三遍。砂浆终凝后铺盖草袋、锯末等浇水养护。当施工大面积的水泥砂浆面层时，应按设计要求留分格缝，防止砂浆面层产生不规则裂缝。水泥砂浆面层强度小于5MPa之前，不准上人行走或进行其他作业。

2. 细石混凝土面层

细石混凝土面层可以克服水泥砂浆面层干缩较大的弱点。与水泥砂浆面层相比，它的耐久性更好，但厚度较大，一般为30～40mm。混凝土强度等级不低于C20，所用粗骨料要求级配适当，粒径不大于15mm，且不大于面层厚度的2/3。用中砂或粗砂配制。

细石混凝土面层施工的基层处理和找规矩的方法与水泥砂浆面层施工相同。

铺细石混凝土时，应由里向门口方向进行铺设，按标志筋厚度刮平拍实后，稍待收水，即用钢抹子预压一遍，待进一步收水，即用铁辊筒交叉滚压3～5遍或用表面振动器振捣密实，直到表面泛浆为止，然后进行抹平压光。细石混凝土面层与水泥砂浆面层基本相同，必须在水泥初凝前完成抹平工作，终凝前完成压光工作，要求其表面色泽一致，光滑无抹子印迹。

钢筋混凝土现浇楼板或强度等级不低于C15的混凝土垫层兼面层时，可用随捣随抹的方法施工，在混凝土楼地面浇捣完毕，表面略有吸水后即进行抹平压光。混凝土面层的压光和养护时间和方法与水泥砂浆面层相同。

3. 现浇水磨石面层

水磨石地面构造层如图9-2-1所示。

水磨石地面面层施工，一般是在完成顶棚、墙面等抹灰后进行。也可以在水磨石楼、地面磨光两

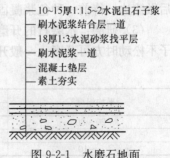

图9-2-1 水磨石地面构造层次（mm）

遍后再进行顶棚、墙面抹灰，但对水磨石面层应采取保护措施。

水磨石地面施工工艺流程如下：

基层清理 → 浇水冲洗湿润 → 设置标筋 → 铺水泥砂浆找平层 → 养护 → 嵌分格条 → 铺抹水泥石子浆 → 养护 → 研磨 → 打蜡抛光

水磨石面层所用的石子应质地密实、磨面光亮。如硬度不大的大理石、白云石、方解石或质地较硬的花岗岩、玄武岩、辉绿岩等。石子应洁净无杂质，石子粒径一般为 4~12mm；白色或浅色的水磨石面层，应采用白色硅酸盐水泥，深色的水磨石面层应采用普通硅酸盐水泥或矿渣硅酸盐水泥，水泥中掺入的颜料应选用遮盖力强、耐光性、耐候性、耐水性和耐酸碱性好的矿物颜料。掺量一般为水泥用量的 3%~6%，也可由试验确定。

(1) 嵌分格条：在找平层上按设计要求的图案弹出墨线，然后按墨线固定分格条，如图 9-2-2 所示，嵌条宽度与水磨石面层厚度相同，分格条正确的粘嵌方法是用素水泥浆粘嵌玻璃条成八分角，高度略大于分格条的 1/2 高度，水平方向以 30°角为准。分格条交叉处应留出 15~20mm 的空隙不填水泥浆，这样在铺设水泥石子浆时，石粒能靠近分格条交叉处。

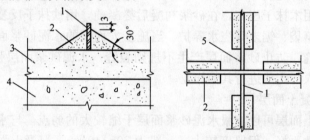

图 9-2-2　分格嵌条设置（mm）
1—分格条；2—素水泥浆；3—水泥砂浆找平层；4—混凝土垫层；
5—40~50mm 内不抹素水泥浆

(2) 铺水泥石子浆：分格条粘嵌养护 3~5 天后，将找平层表面清理干净，刷水泥浆一道，随刷随铺面层水泥石子浆。水泥石子浆的虚铺厚度比分格条高 3~5mm，以防在滚压时压弯铜条或压碎玻璃条。铺好后，用辊筒滚压密实，待表面出浆后，再用抹子抹平。在滚压过程中，如发现表面石子偏少，可补撒石子并拍平。如在同一平面上有几种颜色的水磨石，应先做深色，后做浅色；先做大面，后做镶边。待前一种色浆凝固后，再抹后一种色浆。

(3) 研磨：水磨石的开磨时间与水泥强度和气温高低有关，应先试磨，在石子不松动时方可开磨。一般开磨时间见表 9-2-1。

水磨石面层开磨参考时间表　　　　表 9-2-1

平均温度℃	开磨时间（h）	
	机　磨	人工磨
20~30	2~3	1~2
10~20	3~4	1.5~2.5
5~10	5~6	2~3

大面积施工宜用磨石机研磨，小面积、边角处，可用小型湿式磨光机研磨或

手工研磨，研磨时应边磨边加水，对磨下的石浆应及时清除。

水磨石面一般采用"二浆三磨"法，即整修研磨过程中磨光三遍，补浆二次。第一遍先用60～80号粗金刚石粗磨，磨石机走"8"字形，边磨边加水冲洗，要求磨匀磨平，随时用2m靠尺板进行平整度检查。磨后把水泥浆冲洗干净，并用同色水泥浆涂抹，填补研磨过程中出现的小孔隙和凹痕，洒水养护2～3d。第二遍用120～150号金刚石再平磨，方法同第一遍，磨光后再补一次浆，第三遍用180～240号油石精磨，要求打磨光滑，无砂眼细孔，石子颗颗显露，高级水磨石面层应适当增加磨光遍数及提高油石的号数。

（4）抛光：在影响水磨石面层质量的其他工序完成后，将地面冲洗干净，涂上10％浓度的草酸溶液，随即用280～320号油石进行细磨或把布卷固定在磨石机上进行研磨，表面光滑为止。用水冲洗晾干后，在水磨石面层上满涂一层蜡，稍干后再用磨光机研磨，或用钉有细帆布的木块代替油石，装在磨石机上研磨出光亮后，再涂蜡研磨一遍，直到光滑洁亮为止。

（五）板块面层施工

板块面层是在基层上用水泥砂浆或水泥浆、胶粘剂铺设块料面层（如水泥花砖、预制水磨石板、花岗石板、大理石板、陶瓷锦砖等）形成的楼面面层，如图9-2-3所示。

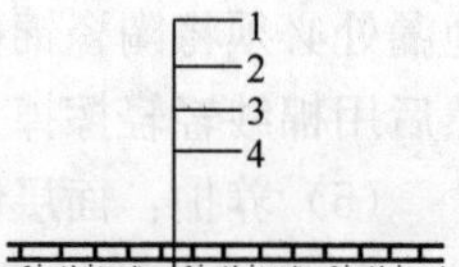

图9-2-3 块材地面
1—块材面层；2—结合层；3—找平层；4—基层（混凝土垫层或钢筋混凝土楼板）

1. 施工准备

铺贴前，应先挂线检查地面垫层的平整度，弹出房间中心"十"字线，然后由中央向四周弹出分块线，同时在四周墙壁上弹出水平控制线。按照设计要求进行试拼试排，在块材背面编号，以便安装时对号入座，根据试排结果，在房间的主要部位弹上互相垂直的控制线并引至墙上，用以检查和控制板块的位置。

2. 大理石板、花岗石板及预制水磨石板地面铺贴

（1）板材浸水：施工前应将板材（特别是预制水磨石板）浸水湿润，并阴干码好备用，铺贴时，板材的底面以内潮外干为宜。

（2）摊铺结合层：先在基层或找平层上刷一遍掺有4％～5％108胶的水泥浆，水灰比为0.4～0.5。随刷随铺水泥砂浆结合层，厚度10～15mm，每次铺2～3块板面积为宜，并对照拉线将砂浆刮平。

（3）铺贴：正式铺贴时，要将板块四角同时坐浆，四角平稳下落，对准纵横缝后，用木槌敲击中部使其密实、平整，准确就位。

（4）灌缝：要求嵌铜条的地面板材铺贴，先将相邻两块板铺贴平整，留出嵌条缝隙，然后向缝内灌水泥砂浆，将铜条敲入缝隙内，使其外露部分略高于板面即可，然后擦净挤出的砂浆。

对于不设镶条的地面，应在铺完24小时后洒水养护，2d后进行灌缝，灌缝力求达到紧密。

（5）上蜡磨亮：板块铺贴完工，待结合层砂浆强度达到60％～70％即可打蜡抛光，3d内禁止上人走动。

3. 水泥花砖和混凝土板地面施工

铺贴方法与预制水磨石板铺贴基本相同，板材缝隙宽度为：水泥花砖不大于2mm，预制混凝土板不大于6mm。

4. 陶瓷锦砖地面施工

(1) 铺贴：结合层砂浆养护2～3d后开始铺贴，先将结合层表面用清水湿润，刷素水泥浆一道，边刷边按控制线铺陶瓷锦砖。从房屋地面中间向两边铺贴。

(2) 拍实：整个房间铺完后，由一端开始用木槌或拍板依次拍实拍平所铺陶瓷锦砖，拍至水泥浆填满陶瓷锦砖缝隙为宜。

(3) 揭纸：面层铺贴完毕30min后，用水润湿背纸，15min后，即可把纸揭掉并用铲刀清理干净。

(4) 灌缝、拨缝：揭纸后应及时灌缝拨缝，先用1:1水泥细砂（砂要过窗纱筛）把缝隙灌满扫严。适当淋水后，用橡皮锤和拍板拍平。拍板要前后左右平移找平，将陶瓷锦砖拍至要求高度。然后用刀先调整竖缝后拨横缝，边拨边拍实。地漏处必须将陶瓷锦砖剔裁镶嵌顺平。最后用板拍一遍并局部调拨不均匀的缝隙，然后用棉纱轻轻擦掉余浆，如湿度太大，可用干水泥扫一遍，用锯木屑擦净。

(5) 养护：面层铺贴24小时后应铺锯木屑等养护，4～5d后方可上人。

5. 陶瓷地砖与墙地砖面层施工

铺贴前应先将地砖浸水湿润后阴干备用，阴干时间一般3～5d，以地砖表面有潮湿感但手按无水迹为准。

(1) 铺结合层砂浆：提前一天在楼地面基体表面浇水湿润后，铺1:3水泥砂浆结合层。

(2) 弹线定位：根据设计要求弹出标高线和平面中线，施工时用尼龙线或棉线在墙地面拉出标高线和垂直交叉的定位线。

(3) 铺贴地砖：用1:2水泥砂浆摊抹于地砖背面，按定位线的位置铺于地面结合层上，用木槌敲击地砖表面，使之与地面标高线吻合贴实，边贴边用水平尺检查平整度。

(4) 擦缝：整幅地面铺贴完成后，养护2d后进行擦缝，擦缝时用水泥（或白水泥）调成干团，在缝隙上擦抹，使地砖的拼缝内填满水泥，再将砖面擦净。

二、门窗工程及木结构工程施工

门窗按材料分为木门窗、钢门窗、铝合金门窗和塑料门窗四大类。木门窗应用最早且最普通，但越来越多地被钢门窗、铝合金门窗和塑料门窗所代替。

(一) 木门窗施工

木门窗大多在木材加工厂内制作。施工现场一般以安装木门窗框及内扇为主要施工内容。安装前应按设计图纸检查核对好型号，按图纸对号分发到位。安门框前，要用对角线相等的方法复核其规方程度。

木门窗的安装一般有立框安装和塞框安装两种方法。

(1) 立框安装：在墙砌到地面时立门框，砌到窗台时立窗框。立框时应先在地面（或墙面）划出门（窗）框的中线及边线，而后按线将门窗框立上，用临时支撑撑牢，并校正门窗框的垂直度及上、下槛水平。

立门窗框时要注意门窗的开启方向和墙面装饰层的厚度，各门框进出一致，上、下层窗框对齐。在砌两旁墙时，墙内应砌经防腐处理的木砖。垂直间隔0.5～0.7m一块，木砖大小为115mm×115mm×53mm。

(2) 塞框安装：塞框安装是在砌墙时先留出门窗洞口，然后塞入门窗框。洞口尺寸要比门窗框尺寸每边大20mm。门窗框塞入后，先用木楔临时塞住，要求横平竖直。校正无误后，将门窗框钉牢在砌于墙内的木砖上。

(3) 门窗扇的安装：安装前要先测量一下门窗框洞口净尺寸，根据测得的准确尺寸来修刨门窗扇。扇的两边要同时修刨。门窗冒头的修刨是，先刨平下冒头，以此为准再修刨上冒头。修刨时要注意留出风缝，一般门窗扇的对口处及扇与樘之间的风缝需留出20mm左右。门窗扇安装时，应保持冒头、窗芯水平，双扇门窗的冒头要对齐，开关灵活，但不准出现自开或自关的现象。

(4) 玻璃安装：清理门窗裁口，在玻璃底面与门窗裁口之间，沿裁口的全长均匀涂抹1～3mm的底灰，用手将玻璃摊铺平正，轻压玻璃使部分底灰挤出槽口，待油灰初凝后，顺裁口刮平底灰，然后用1/2～1/3寸的小圆钉沿玻璃四周固定玻璃，钉距200mm，最后抹表面油灰即可。油灰与玻璃、裁口接触的边缘平齐，四角成规则的八字形。

(二) 钢门窗施工

建筑中应用较多的钢门窗有：薄壁空腹钢门窗和实腹钢门窗。钢门窗在工厂加工制作后整体运到现场进行安装。

钢门窗现场安装前应按照设计要求，核对型号、规格、数量、开启方向及所带五金零件是否齐全，凡有翘曲、变形者，应调直修复后方可安装。

钢门窗采用后塞口方法安装。可在洞口四周墙体预留孔埋设铁脚连接件固定，或在结构内预埋铁件，安装时将铁脚焊在预埋件上。

钢门窗制作时将框与扇连成一体，安装时用木楔临时固定。然后用线锤和水准尺校正垂直与水平，做到横平竖直，成排门窗应上、下高低一致，进出一致。

门窗位置确定后，将铁脚与预埋件焊接或埋入预留墙洞内，用1:2水泥砂浆或细石混凝土将洞口缝隙填实。铁脚尺寸及间隙按设计要求留设，但每边不得少于2个，铁脚离端角距离约180mm。

大面组合钢窗可在地面上先拼装好，为防止吊运过程中变形，可在钢窗外侧用木方或钢管加固。

砌墙时门窗洞口应比钢门窗框每边大15～30mm，作为嵌填砂浆的留量。其中：清水砖墙不小于15mm；水泥砂浆抹面混水墙不小于20mm；水刷石墙不小于25mm；贴面砖或板材墙不小于30mm。

玻璃安装：清理槽口，先在槽口内涂小于4mm厚的底灰，用双手将玻璃揉平放正，挤出油灰，然后将油灰与槽口、玻璃接触的边缘刮平、刮齐。安卡子间距不小于300mm，且每边不少于2个，卡脚长短适当，用油灰填实抹光，卡脚以不露出油灰表面为准。

(三) 铝合金门窗施工

铝合金门窗是用经过表面处理的型材，通过下料、打孔、铣槽、攻丝和制窗等加工过程而制成的门窗框料构件,再与连接件、密封件和五金配件一起组装而成。

1. 弹线

铝合金门、窗框一般是用后塞口方法安装。在结构施工期间,应根据设计将洞口尺寸留出。门窗框加工的尺寸应比洞口尺寸略小,门窗框与结构之间的间隙,应视不同的饰面材料而定。抹灰面一般为20mm;大理石、花岗石等板材,厚度一般为50mm。以饰面层与门窗框边缘正好吻合为准,不可让饰面层盖住门窗框。

弹线时应注意:

(1) 同一立面的门窗在水平与垂直方向应做到整齐一致。安装前,应先检查预留洞口的偏差。对于尺寸偏差较大的部位,应剔凿或填补处理。

(2) 在洞口弹出门、窗位置线。安装前一般是将门窗立于墙体中心线部位。也可将门窗立在内侧。

(3) 门的安装,须注意室内地面的标高。地弹簧的表面,应与室内地面饰面的标高一致。

2. 门窗框就位和固定

按弹线确定的位置将门窗框就位,先用木楔临时固定,待检查立面垂直、左右间隙、上下位置等符合要求后,用射钉将铝合金门窗框上的铁脚与结构固定。

3. 填缝

铝合金门窗安装固定后,应按设计要求及时处理窗框与墙体缝隙。若设计未规定具体堵塞材料时,应采用矿棉或玻璃棉毡分层填塞缝隙,外表面留5~8mm深槽口,槽内填嵌缝油膏或在门窗两侧作防腐处理后填1∶2水泥砂浆。

4. 门、窗扇安装

门窗扇的安装,需在土建施工基本完成后进行,框装上扇后应保证框扇的立面在同一平面内,窗扇就位准确,启闭灵活。平开窗的窗扇安装前应先固定窗,然后再将窗扇与窗铰固定在一起;推拉式门窗扇,应先装室内侧门窗扇,后装室外侧门窗扇;固定扇应装在室外侧,并固定牢固,确保使用安全。

5. 安装玻璃

平开窗的小块玻璃用双手操作就位。若单块玻璃尺寸较大,可使用玻璃吸盘就位。玻璃就位后,即以橡胶条固定。型材凹槽内装饰玻璃,可用橡胶条挤紧,然后再在橡胶条上注入密封胶;也可以直接用橡胶衬条封缝、挤紧,表面不再注胶。

为防止因玻璃的胀缩而造成型材的变形,型材下凹槽内可先放置橡胶垫块,以免因玻璃自重而直接落在金属表面上,并且也要使玻璃的侧边及上部不得与框、扇及连接件相接触。

6. 清理

铝合金门窗交工前,将型材表面的保护胶纸撕掉,如有胶迹,可用香蕉水清理干净。擦净玻璃。

(四) 塑料门窗施工

塑料门窗及其附件应符合国家标准,按设计选用。塑料门窗不得有开焊、断裂等损坏现象,如有损坏,应予以修复或更换。塑料门窗进场后应存放在有靠架的室内并与热源隔开,以免受热变形。

塑料门窗在安装前，先装五金配件及固定件。由于塑料型材是中空多腔的，材质较脆，因此，不能将螺钉直接锤击拧入，应先用手电钻钻孔，后用自攻螺钉拧入。钻头直径应比所选用自攻螺丝直径小0.5～1.0mm，这样可以防止塑料门窗出现局部凹隐、断裂和螺丝松动等质量问题，保证零附件及固定件的安装质量。

与墙体连接的固定件应用自攻螺钉等紧固于门窗框上。将五金配件及固定件安装完工并检查合格的塑料门窗框，放入洞口内，调整至横平竖直后，用木楔将塑料框料四角塞牢作临时固定，但不宜塞得过紧以免外框变形。然后用尼龙胀管螺栓将固定件与墙体连接牢固。

塑料门窗框与洞口墙体的缝隙，用软质保温材料填充饱满，如泡沫塑料条、泡沫聚氨酯条、油毡卷条等。但不得填塞过紧，因过紧会使框架受压发生变形；但也不能填塞过松，否则会使缝隙密封不严，在门窗周围形成冷热交换区发生结露现象，影响门窗防寒、防风的正常功能和墙体寿命。最后将门窗框四周的内外接缝用密封材料嵌缝严密。

三、墙柱面工程施工

（一）一般抹灰施工

抹灰一般分三层，即底层、中层和面层（或罩面），如图9-2-4所示。底层主要起与基层粘结的作用，厚度一般为5～9mm，要求砂浆有较好的保水性，其稠度较中层和面层大，砂浆的组成材料要根据基层的种类不同而选用相应的配合比。底层砂浆的强度不能高于基层强度，以免抹灰砂浆在凝结过程中产生较强的收缩应力，破坏强度较低的基层，从而产生空鼓、裂缝、脱落等质量问题；中层起找平的作用，砂浆的种类基本与底层相同，只是稠度稍小，中层抹灰较厚时应分层，每层厚度应控制在5～9mm；面层起装饰作用，

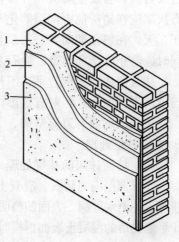

图 9-2-4 一般抹灰
1—底层；2—中层；3—面层

要求涂抹光滑、洁净，因此要求用细砂，或用麻刀、纸筋灰浆。各层砂浆的强度要求应为底层＞中层＞面层，并不得将水泥砂浆抹在石灰砂浆或混合砂浆上，也不得把罩面石膏灰抹在水泥砂浆层上。

抹灰层的平均总厚度，不得大于下列规定：

（1）顶棚：板条、空心砖、现浇混凝土为15mm，预制混凝土为18mm，金属网为20mm；

（2）内墙：普通抹灰为18mm～20mm，高级抹灰为25mm；

（3）外墙为20mm，勒脚及突出墙面部分为25mm；

（4）石墙为35mm。

（5）当抹灰厚度不小于35mm时，应采取加强措施。

涂抹水泥砂浆每遍厚度宜为5～7mm；涂抹石灰砂浆和水泥混合砂浆每遍厚度宜为7～9mm。

面层抹灰经赶平压实后的厚度，麻刀石灰不得大于3mm；纸筋石灰、石膏灰不得大于2mm。

1. 质量要求

一般抹灰按质量要求分为普通抹灰和高级抹灰两个等级。

普通抹灰为一道底层和一道面层或一道底层、一道中层和一道面层，要求表面光滑、洁净、接槎平整、分格缝应清晰。

高级抹灰为一道底层、数层中层和一道面层组成。要求表面光滑、洁净、颜色均匀无抹纹、分格缝和灰线应清晰美观。

抹灰层与基层之间及各抹灰层之间必须粘结牢固，抹灰层应无脱层、空鼓，面层应无爆灰和裂缝。

2. 材料准备

抹灰前准备材料时，石灰膏应用块状生石灰淋制，使用未经熟化的生石灰或过火石灰，会发生爆灰和开裂，俗称"出天花"、"生石灰泡"的质量问题。因此石灰浆应在储灰池中常温熟化不少于15天，罩面用的磨细石灰粉的熟化期不应少于3天。在熟化期间，石灰浆表面应保留一层水，以使其与空气隔开而避免碳化。同时应防止冻结和污染。生石灰不宜长期存放，保质期不宜超过一个月。

抹灰用的砂子应过筛，不得含有杂物。抹灰用砂一般用中砂，也可采用粗砂与中砂混合掺用，但对有抗渗性要求的砂浆，要求以颗粒坚硬洁净的细砂为好。

抹灰用纸筋麻刀应坚韧、干燥、不含杂质。

3. 基层处理

（1）墙面抹灰的基层处理。

①抹灰前应对砖石、混凝土及木基层表面作处理，清除灰尘、污垢、油渍和碱膜等，并洒水湿润。表面凹凸明显的部位，应事先剔平或用1∶3水泥砂浆补平，对于平整光滑的混凝土表面拆模时随即作凿毛处理，或用铁抹子满刮水灰比为0.37～0.4（内掺水重3%～5%的108胶）水泥浆一遍，或用混凝土界面处理剂处理。

②抹灰前应检查门、窗框位置是否正确，与墙连接是否牢固。连接处的缝隙应用水泥砂浆或水泥混合砂浆（加少量麻刀）分层嵌塞密实。

③凡室内管道穿越的墙洞和楼板洞，凿剔墙后安装的管道，墙面的脚手孔洞均应用1∶3水泥砂浆填嵌密实。

④不同基层材料（如砖石与木、混凝土结构）相接处应铺钉金属网并绷紧牢固，金属网与各结构的搭接宽度从相接处起每边不少于100mm。

⑤为控制抹灰层的厚度和墙面的平整度，在抹灰前应先检查基层表面的平整度，并用与抹灰层相同砂浆设置50mm×50mm的标志或宽约100mm的标筋。

⑥抹灰工程施工前，对室内墙面、柱面和门洞的阳角，宜用1∶2水泥砂浆做护角，其高度不低于2m，每侧宽度不少于50mm。对外墙窗台、窗楣、雨篷、阳台、压顶和突出腰线等，上面应做成流水坡度，下面应做滴水线或滴水槽，滴水槽的深度和宽度均不应小于10mm，要求整齐一致。

（2）顶棚抹灰的基层处理。

预制混凝土楼板顶棚在抹灰前应检查其板缝大小，若板缝较大，应用细石混凝土灌实；若板缝较小，可用1∶0.3∶3的水泥石灰混合砂浆勾实，否则抹灰后将顺缝产生裂缝。预制混凝土板或钢模现浇混凝土顶棚拆模后，构件表面较为光滑、平整，并常粘附一层隔离剂。当隔离剂为滑石粉或其他粉状物时，应先用钢丝刷刷除，再用清水冲干净，当隔离剂为油脂类时，先用浓度为10％的火碱溶液洗刷干净，再用清水冲洗干净。

4. 一般抹灰的施工要点

(1) 墙面抹灰：待标筋砂浆有七至八成干后，就可以进行底层砂浆抹灰。

抹底层灰可用托灰板（大板）盛砂浆，用力将砂浆推抹到墙面上，一般应从上而下进行，在两标筋之间的墙面砂浆抹满后，即用长刮尺两头靠着标筋，从下而上进行刮灰，使抹上的底层灰与标筋面相平。再用木抹来回抹压，去高补低，最后再用铁抹压平一遍。

中层砂浆抹灰应待水泥砂浆（或水泥混合砂浆）底层凝结后或石灰砂浆底层灰七、八成干后，方可进行。

中层砂浆抹灰时，应先在底层灰上洒水，待其收水后，即可将中层砂浆抹上去，一般应从上而下，自左向右涂抹，不用再做标志及标筋，整个墙面抹满后，用木抹来回搓抹，去高补低，再用铁抹压抹一遍，使抹灰层平整、厚度一致。

面层灰应待中层灰凝固后才能进行。先在中层灰上洒水湿润，将面层砂浆（或灰浆）均匀地抹上去，一般应从上而下，自左向右涂抹整个墙面，抹满后，即用铁抹分遍压抹，使面层灰平整、光滑，厚度一致。铁抹运行方向应注意：最后一遍抹压宜是垂直方向，各分遍之间应互相垂直抹压。墙面上半部与墙面下半部面层灰接头处应压抹理顺，不留抹印。

两墙面相交的阴角、阳角抹灰方法，一般按下述步骤进行。

①用阴角方尺检查阴角的直角度；用阳角方尺检查阳角的直角度。用线锤检查阴角或阳角的垂直度。根据直角度及垂直度的误差，确定抹灰层厚薄。阴、阳角处洒水湿润。

②将底层抹于阴角处，用木阴角器压住抹灰层并上下搓动，使阴角的抹灰基本上达到直角。如靠近阴角处有已结硬的标筋，则木阴角器应沿着标筋上下搓动，基本搓平后，再用阴角抹子上下抹压，使阴角线垂直。

③将底层灰抹于阳角处，用木阳角器压住抹灰层并上下搓动，使阳角处抹灰基本上达到直角。再用阳角抹子上下抹压，使阳角线垂直。

④在阴角、阳角处底层灰凝结后，洒水湿润，将面层灰抹于阴角、阳角处，分别用阴角抹、阳角抹上下抹压，使中层灰达到平整光滑。

阴阳角找方应与墙面抹灰同时进行，即墙面抹底层灰时，阴、阳角抹底层找方。

(2) 顶棚抹灰：钢筋混凝土楼板下的顶棚抹灰，应待上层楼板地面面层完成后才能进行。板条、金属网顶棚抹灰，应待板条、金属网装钉完成，并经检查合格后，方可进行。

顶棚抹灰不用做标志、标筋，只要在顶棚周围的墙面弹出顶棚抹灰层的面层标高线，此标高线必须从地面量起，不可从顶棚底向下量。

顶棚抹灰宜从房间里面开始，向门口进行，最后从门口退出。

顶棚抹灰应搭设满堂里脚手架。脚手板面至顶棚的距离以操作方便为准。

抹底层灰前，应扫尽钢筋混凝土楼板底的浮灰、砂浆残渣，去除油污及隔离剂剩料，并喷水湿润楼板底。

在钢筋混凝土楼板底抹底层灰，铁抹抹压方向应与模板纹路或预制板拼缝相垂直；在板条、金属网顶棚上抹底层灰，铁抹抹压方向应与板条长度方向相垂直，在板条缝处要用力压抹，使底层灰压入板条缝或网眼内，形成转脚以使结合牢固。底层灰要抹得平整。

抹中层灰时，铁抹抹压方向宜与底层灰抹压方向相垂直。高级顶棚抹灰，应加钉长350～450mm的麻束，间距为400mm，并交错布置，分遍按放射状梳理抹进中层灰内，所以中层灰应抹得平整、光洁。

抹面层灰时，铁抹抹压方向宜平行于房间进光方向。面层灰应抹得平整、光滑，不见抹印。

顶棚抹灰应待前一层灰凝结后才能抹上后一层灰，不可紧接进行。顶棚面积较小时，整个顶棚抹上灰后再进行压平、压光；顶棚面积较大时，可分段分块进行抹灰、压平、压光，但接合处必须理顺；底层灰全部抹压后，才能抹中层灰，中层灰全部抹压后，才能抹面层灰。

（二）装饰抹灰施工

装饰抹灰与一般抹灰的区别在于两者具有不同的装饰面层，其底层和中层的做法与一般抹灰基本相同，下面介绍几种主要装饰面层的施工工艺。

1. 水刷石施工

水刷石饰面，是将水泥石子浆罩面中尚未干硬的水泥用水冲刷掉，使各色石子外露，形成具有"绒面感"的表面。水刷石是石粒类材料饰面的传统做法，这种饰面耐久性强，具有良好的装饰效果，造价较低，是传统的外墙装饰做法之一。

水刷石面层施工的操作方法及施工要点如下：

（1）水泥石子浆大面积施工前，为防止面层开裂，须在中层砂浆六、七成干时，按设计要求弹线、分格，钉分格条时木分格条事先应在水中浸透。用以固定分格条的两侧八字形纯水泥浆，应抹成45°角。

水刷石面层施工前，应根据中层抹灰的干燥程度浇水湿润。紧接着用铁抹子满刮水灰比为0.37～0.4的水泥浆（内掺3％～5％水重的108胶）一道，随即抹水泥石子浆面层。面层厚度视石子粒径而定，通常为石子粒径的2.5倍。水泥石子浆的稠度以5～7cm为宜，用铁抹子一次抹平、压实。

每一块分格内抹灰顺序应自下而上，同一平面的面层要求一次完成，不宜留施工缝。如必须留施工缝时，应留在分格条位置上。

（2）修整。罩面灰收水后，用铁抹子溜一遍，将遗留的孔隙抹平。然后用软毛刷蘸水刷去表面灰浆，再拍平；阳角部位要往外刷，水刷石罩面应分遍拍平压实，石子应分布均匀、紧密。

（3）喷刷、冲洗。喷刷、冲洗是水刷石施工的重要工序，喷刷、冲洗不净会使水刷石表面色泽灰暗或明暗不一致。

罩面灰浆初凝后，达到刷不掉石子程度时，即可开始喷刷，喷刷时可以两人配合操作：一人用毛刷蘸水轻轻刷掉罩面灰浆，另一人用喷雾器，或用手压喷浆机紧跟着喷刷，先将分格四周喷湿，然后由上向下喷水，喷射要均匀，喷头至罩面距离10～20cm。不仅要将表面的水泥浆冲掉，还要将石渣间的水泥冲出来，使得石渣露出灰浆表面1～2mm，甚至露出粒径的1/2，使之清晰可见，均匀密布。然后用清水从上往下全部冲洗干净。

（4）起分格条。喷刷后，即可用抹子柄敲击分格条，用抹尖扎入木条上下活动，轻轻取出分格条。然后修饰分格缝并描好颜色。

水刷石是一项传统工艺，由于其操作技术要求较高，洗刷浪费水泥，墙面污染后不易清洗，故现今较少采用。

2. 干粘石施工

干粘石是将干石子直接粘在砂浆层上的一种装饰抹灰做法。装饰效果与水刷石差不多，但湿作业量小，节约原材料，又能明显提高工效。

干粘石面层操作方法和施工要点如下：

（1）抹粘结层。待中层水泥砂浆干至七成左右，洒水湿润后，粘分格条，待分格条粘牢后，在墙面刷水泥浆一遍，随后按格抹砂浆粘结层（1：3水泥砂浆，厚度4～6mm，砂浆稠度不大于8cm），粘结层砂浆一定要抹平，不显抹纹，按分格大小，一次抹一块或数块，应避免在块中甩槎。

（2）甩石子。干粘石所选石子的粒径比水刷石要小些，一般为4～6mm。粘结砂浆抹平后，应立即甩石子，先甩四周易干部位，然后甩中间，要做到大面均匀，边角和分格条两侧不漏粘，由上而下快速进行。石子使用前应用水冲洗干净晾干，甩时用托盘盛装，托盘底部用窗纱钉成，以便筛净石子中的残留粉末。如发现饰面上石子有不匀或过稀现象，应用抹子或手直接补贴，否则会使墙面出现死坑或裂缝。

（3）压石子。当粘结砂浆表面均匀地粘上一层石子后，用抹子或辊子轻轻压一下，使石子嵌入砂浆的深度不小于1/2的石子粒径。拍压后石子表面应平整坚实，拍压时用力不宜过大，否则容易翻浆糊面，出现抹子或辊子轴的印迹。阳角处应在角的两侧同时操作，否则当一侧石子粘上后再粘另一侧时不易粘上，出现明显的接槎黑边。

干粘石也可用机械喷石代替手工甩石，施工时利用压缩空气和喷枪将石子均匀有力地喷射到粘结层上。喷头对准墙面距墙约300～400mm，气压以0.6～0.8MPa为宜。在粘结层硬化期间，应洒水养护，保持湿润。

（4）起分格条与修整。干粘石墙面达到表面平整，石子饱满，即可将分格条取出，取分格条应注意不要掉石子。如局部石子不饱满，可立即刷108胶水溶液，再甩石子补齐。将分格条取出后，随用小溜子和素水泥浆将分格缝修补好，达到顺直清晰。

干粘石操作简便，但日久经风吹雨打易产生脱粒现象，现在已不多采用。

3. 斩假石施工

斩假石又称剁斧石，是在水泥砂浆基层上涂抹水泥石子浆，待硬化后，用剁斧、齿斧及各种凿子等工具剁出有规律的石纹，使其类似天然花岗石、玄武石、青条石的表面形态，即为斩假石。

斩假石面层施工要点如下：

(1) 在凝固的底层灰上弹出分格线，洒水湿润，按分格线将木分格条用稠水泥浆粘贴在墙面上。

(2) 待分格条粘牢后，在各个分格区内刮一道水灰比为 0.37～0.4 的水泥浆（内掺水重 3%～5% 的 108 胶），随即抹上 1∶1.25 水泥石子浆，并压实抹平。隔 24h 后，洒水养护。

(3) 待面层水泥石子浆养护到试剁不掉石屑时，就可开始斩剁。斩剁采用剁斧从上而下进行。边角处应斩剁成横向纹道或留出窄条不剁。其他中间部位宜斩剁成竖向纹道。剁的方向应一致，剁纹要均匀，一般要斩剁两遍成活。已剁好的分格周围就可起出分格条。

(4) 全部斩剁完后，清扫斩假石表面。

4. 聚合物水泥砂浆的喷涂、滚涂与弹涂施工

(1) 喷涂是把聚合物水泥砂浆用砂浆泵或喷斗将砂浆喷涂于外墙面形成的装饰抹灰。

材料要求：浅色面层用白水泥，深色面层用普通水泥；细骨料用中砂或浅色石屑，含泥量不大于 3%，过 3mm 孔筛。

聚合物砂浆应用砂浆搅拌机进行拌合。先将水泥、颜料、细骨料干拌均匀，再边搅拌边顺序加入木质素磺酸钠（先溶于少量水中）、108 胶和水，直至全部拌匀为止。如是水泥石灰砂浆，应先将石灰膏用少量水调稀，再加入水泥与细骨料的干拌料中。拌合好的聚合物砂浆，宜在 2h 内用完。

喷涂聚合物砂浆的主要机具设备有：空气压缩机（$0.6m^3/min$）、加压罐、灰浆泵、振动筛（5mm 筛孔）、喷枪、喷斗、胶管（25mm）、输气胶管等。

波面喷涂使用喷枪第一遍喷到底层灰变色即可，第二遍喷至出浆不流为度，第三遍喷至全部出浆，表面均匀呈波状，不挂流，颜色一致。喷涂时枪头应垂直于墙面，相距约 30～50cm，其工作压力，在用挤压式灰浆泵时为 0.1～0.15MPa，空压机压力为 0.4～0.6MPa。喷涂必须连续进行，不宜接槎。

(2) 滚涂施工。滚涂是将 2～3mm 厚带色的聚合物水泥砂浆均匀地涂抹在底层上，用平面或刻有花纹的橡胶、泡沫塑料辊子在罩面层上直上直下施滚涂拉，并一次成活滚出所需花纹。

滚涂饰面的底、中层抹灰与一般抹灰相同。中层一般用 1∶3 水泥砂浆，表面搓平实。然后根据图纸要求，将尺寸分匀以确定分格条位置，弹线后贴分格条。

抹灰面干燥后，喷涂有机硅溶液一遍。滚涂操作有干滚和湿滚两种。干滚法是辊子不蘸水，辊子上下来回后再向下滚一遍，达到表面均匀拉毛即可，滚出的花纹较粗，但工效高；湿滚法为辊子蘸水上墙，并保持整个表面水量一致，滚出的花纹较细，但比较费工。

(3) 弹涂施工。弹涂是利用弹涂器将不同色彩的聚合物水泥砂浆弹在色浆面层上，形成有类似于干粘石效果的装饰面。

弹涂基层除砖墙基体应先用1∶3水泥砂浆抹找平层并搓平，一般混凝土等表面较为平整的基体，可直接刷底色浆后弹涂。弹涂前基体应干燥、平整、棱角规矩。

弹涂时，先将基层湿润刷（喷）底色浆，然后用弹涂器将色浆弹到墙面上，形成直径为1～3mm大小的图形花点，弹涂面层厚为2～3mm，一般2～3遍成活，每遍色浆不宜太厚，不得流坠，第一遍应覆盖60%～80%，最后罩一遍甲基硅醇钠憎水剂。

弹涂应自上而下，从左向右进行。先弹深色浆，后弹浅色浆。

喷涂、滚涂、弹涂饰面层，要求颜色一致，花纹大小均匀，不显接槎。

5. 假面砖

假面砖又称仿面砖，适用于装饰外墙面，远看像贴面砖，近看才是彩色砂浆抹灰层上分格。

假面砖抹灰层由底层灰、中层灰、面层灰组成。底层灰宜用1∶3水泥砂浆，中层灰宜用1∶1水泥砂浆，面层灰宜用5∶1∶9水泥石灰砂浆（水泥∶石灰膏∶细砂），按色彩需要掺入适量矿物颜料，成为彩色砂浆。面层灰厚3～4mm。

待中层灰凝固后，洒水湿润，抹上面层彩色砂浆，要压实抹平。待面层灰收水后，用铁梳或铁辊顺着靠尺由上而下划出竖向纹，纹深约1mm，竖向纹划完后，再按假面砖尺寸，弹出水平线，将靠尺靠在水平线上，用铁刨或铁勾顺着靠尺划出横向沟，沟深约3～4mm。全部划好纹、沟后，清扫假面砖表面。

6. 仿石

仿石适用于装饰外墙。仿石抹灰层由底层灰、结合层及面层灰组成。底层灰用12mm厚1∶3水泥砂浆，结合层用水泥浆（内掺水重3%～5%的108胶），面层用10mm厚1∶0.5∶4水泥石灰砂浆。

仿石施工要点：

（1）底层灰凝固后，在墙面上弹出分块线，分块线按设计图案而定，使每一分块呈不同尺寸的矩形或多边形。

（2）洒水湿润墙面按照分块线，将木分格条用稠水泥浆粘贴在墙面上。

（3）在各分块涂刷水泥浆结合层，随即抹上水泥石灰砂浆面层灰，用刮尺沿分格条刮平，再用木抹搓平。

（4）待面层稍收水后，用短直尺紧靠在分格条上，用竹丝帚将面灰扫出清晰的条纹。各分块之间的条纹应一块横向、一块竖向，竖横交替。若相邻两块条纹方向相同，则其中一块可不扫条纹。

（5）扫好条纹后，应立即起出分格条，用水泥砂浆勾缝，进行养护。

（6）面层干燥后，扫去浮灰，再用胶漆刷涂两遍，分格缝不刷漆。

（三）饰面砖镶贴

1. 施工准备

饰面砖的基层处理和找平层砂浆的涂抹方法与装饰抹灰基本相同。饰面砖在镶贴前，应根据设计对釉面砖和外墙面砖进行选择，要求挑选规格一致，形状平整方正，不缺棱掉角，不开裂和脱釉，无凹凸扭曲，颜色均匀的面砖及各种配件。按标准尺寸检查饰面砖，分出符合标准尺寸和大于或小于标准尺寸三种规格的饰面砖，同一类尺寸应用于同一层间或同一面墙上，以做到接缝均匀一致。陶瓷锦砖应根据设计要求选择好色彩和图案，统一编号，便于镶贴时依号施工。

釉面砖和外墙面砖镶贴前应先清扫干净，然后置于清水中浸泡。釉面砖浸泡到不冒气泡为止，一般约2~3h。外墙面砖则需隔夜浸泡、取出晾干。以饰面砖表面有潮湿感，手按无水迹为准。

饰面砖镶贴前应进行预排，预排时应注意同一墙面的横竖排列，均不得有一行以上的非整砖。非整砖应排在最不醒目的部位或阴角处，用接缝宽度调整。

外墙面砖预排时应根据设计图纸尺寸，进行排砖分格并绘制大样图。一般要求水平缝应与窗台齐平，竖向要求阴角及窗口处均为整砖，分格按整块分匀，并根据已确定的缝大小做分格条和划出皮数杆。对墙、墙垛等处要求先测好中心线、水平分格线和阴阳角垂直线。

2. 釉面砖镶贴

（1）墙面镶贴方法。釉面砖的排列方法有"对缝排列"和"错缝排列"两种（图9-2-5）。

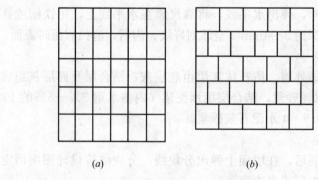

图 9-2-5 釉面砖的排列方法
(a) 矩形砖对缝；(b) 方形砖错缝

①在清理干净的找平层上，依照室内标准水平线，校核地面标高和分格线。

②以所弹地平线为依据，设置支撑釉面砖的地面木托板，加木托板的目的是为防止釉面砖因自重向下滑移，木托板表面应加工平整，其高度为非整砖的调节尺寸。整砖的镶贴，就从木托板开始自下而上进行。每行的镶贴宜以阳角开始，把非整砖留在阴角。

③调制糊状的水泥浆，其配合比为水泥：砂＝1：2（体积比）另掺水泥重量3%~4%的108胶；掺时先将108胶用两倍的水稀释，然后加在搅拌均匀的水泥砂浆中，继续搅拌至混合为止。也可按水泥：108胶水：水＝100：5：26的比例配制素水泥浆进行镶贴。镶贴时，用铲刀将水泥砂浆或水泥浆均匀涂抹在釉面砖背面（水泥砂浆厚度6~10mm，水泥浆厚度2~3mm为宜），四周刮成斜面，按线就位后，用手轻压，然后用橡皮锤或小铲把轻轻敲击，使其与中层贴紧，确保

釉面砖四周砂浆饱满，并用靠尺找平。镶贴釉面砖宜先沿底尺横向贴一行，再沿垂直线竖向贴几行，然后从下往上从第二横行开始，在已贴的釉面砖口间拉上准线（用细钢丝），横向各行釉面砖依准线镶贴。

釉面砖镶贴完毕后，用清水和棉纱，将釉面砖表面擦洗干净。室外接缝应用水泥浆或水泥砂浆勾缝，室内接缝宜用与釉面砖相同颜色的石灰膏或白水泥色浆擦嵌密实，并将釉面砖表面擦净。全部完工后，根据污染的不同程度，用棉纱和稀盐酸刷洗并及时用清水冲净。

镶贴墙面时，应先贴大面，后贴阴阳角、凹槽等难度较大、耗工较多的部位。

(2) 顶棚镶贴方法。镶贴前，应把墙上的水平线翻到墙顶交接处（四边均弹水平线），校核顶棚方正情况，阴阳角应找直，并按水平线将顶棚找平。如果墙与顶棚均贴釉面砖时，则房间要求规方，阴阳角都须方正，墙与顶棚成90°直角，排砖时，非整砖应留在同一方向，使墙顶砖缝交圈。镶贴时应先贴标志块，间距一般为1.2m，其他操作与墙面镶贴相同。

3. 外墙釉面砖镶贴

外墙釉面砖镶贴由底层灰、中层灰、结合层及面层组成。

外墙釉面砖的镶贴形式由设计而定。矩形釉面砖宜竖向镶贴；釉面砖的接缝宜采用离缝，缝宽不大于10mm；釉面砖一般应对缝排列，不宜采用错缝排列。

(1) 外墙面贴釉面砖应从上而下分段，每段应自下而上镶贴。

(2) 在整个墙面两头各弹一条垂直线，如墙面较长，在墙面中间部位再增弹几条垂直线，垂直线之间距离应为釉面砖宽的整倍数（包括接缝宽），墙面两头垂直线应距墙阳角（或阴角）为一块釉面砖的宽度。垂直线作为竖行标准。

(3) 在各分段分界处各弹一条水平线，作为贴釉面砖横向标准。各水平线的距离应为釉面砖高度（包括接缝）的整倍数。

(4) 清理底层灰面，并浇水湿润，刷一道素水泥浆，紧接着抹上水泥石灰砂浆，随即将釉面砖对准位置镶贴上去，用橡胶锤轻敲，使其贴实平整。

(5) 每个分段中宜先沿水平线贴横向一行砖，再沿垂直线贴竖向几行砖，从下往上第二横行开始，应在垂直线处已贴的釉面砖上口间拉上准线，横向各行面砖依准线镶贴。

(6) 阳角处正面的釉面砖应盖住侧面的釉面砖的端边，即将接缝留在侧面，或在阳角处留成方口，以后用水泥砂浆勾缝。阴角处应使釉面砖的接缝正对阴角线。

(7) 镶贴完一段后，即把釉面砖的表面擦洗干净，用水泥细砂浆勾缝，待其干硬后，再擦洗一遍釉面砖面。

(8) 墙面上如有突出的预埋件时，此处釉面砖的镶贴，应根据具体尺寸用整砖裁割后贴上去，不得用碎块砖拼贴。

(9) 同一墙面应用同一品种、同一色彩、同一批号的釉面砖，并注意花纹倒顺。

4. 外墙锦砖（马赛克）镶贴

外墙贴锦砖可采用陶瓷锦砖或玻璃锦砖。锦砖镶贴由底层灰、中层灰、结合层及面层等组成。锦砖的品种、颜色及图案选择由设计而定。锦砖是成联供货的，所镶贴墙面的尺寸最好是砖联尺寸的整倍数，尽量避免将联拆散。

外墙镶贴锦砖施工要点：

（1）外墙镶贴锦砖应自上而下进行分段，每段内从下而上镶贴。

（2）底层灰凝固后，清理墙面使其干净。按砖联排列位置，在墙面上弹出砖联分格线。根据图案形式，在各分格内写上砖联编号，相应在砖联纸背上也写上砖联编号，以便对号镶贴。

（3）清理各砖联的粘贴面（即锦砖背面），按编号顺序预排就位。

（4）在底层灰面上洒水湿润，刷上水泥浆一道（中层灰），接着涂抹纸筋石灰膏水泥混合灰结合层，紧跟着将砖联对准位置镶贴上去并用木垫板压住，再用橡胶锤全面轻轻敲打一遍，使砖联贴实平整。砖联可预先放在木垫板上，连同木垫板一齐贴上去，敲打木垫板即可。砖联平整后即取下木垫板。

（5）待结合层的混合灰能粘住砖联后，即洒水湿润砖联的背纸，轻轻将其揭掉。要将背纸撕揭干净，不留残纸。

（6）在混合灰初凝前，修整各锦砖间的接缝，如接缝不正、宽窄不一，应予拨正。如有锦砖掉粒，应予补贴。

（7）在混合灰终凝后，用同色水泥擦缝（略洒些水）。白色为主的锦砖应用白水泥擦缝；深色为主的锦砖应用普通水泥擦缝。

（8）擦缝水泥干硬后，用清水擦洗锦砖面。

（9）非整砖联处，应根据所镶贴的尺寸，预先将砖联裁割，去掉不需要的部分（连同背纸），再镶贴上去，不可将锦砖块从背纸上剥下来，一块一块地贴上去。

（10）如结合层所用的混合灰中未掺入108胶，应在砖联的粘贴面随贴随刷一道混凝土界面处理剂，以增强砖联与结合层的粘结力。

（11）每个分段内的锦砖宜连续贴完。

（12）墙及柱的阳角处，不宜将一面锦砖边凸出去盖住另一面锦砖接缝，而应各自贴到阳角线处，缺口处用水泥细砂浆勾缝。

（四）大理石板、花岗石板、青石板等饰面板的安装

1. 小规格饰面板的安装

小规格大理石板、花岗石板、青石板，板材尺寸小于300mm×300mm，板厚8~12mm，粘贴高度低于1m的踢脚线板、勒脚、窗台板等，可采用水泥砂浆粘贴的方法安装。

（1）踢脚线粘贴。

用1∶3水泥砂浆打底，找规矩，厚约12mm，用刮尺刮平，划毛。待底子灰凝固后，将经过湿润的饰面板背面均匀地抹上厚2~3mm的素水泥浆，随即将其贴于墙面，用木锤轻敲，使其与基层粘结紧密。随之用靠尺找平，使相邻各块饰面板接缝齐平，高差不超过0.5mm，并将边口和挤出拼缝的水泥擦净。

（2）窗台板安装。

安装窗台板时，先校正窗台的水平，确定窗台的找平层厚度，在窗口两边按

图纸要求的尺寸在墙上剔槽。多窗口的房屋剔槽时要拉通线,并将窗口找平。

清除窗台上的垃圾杂物,洒水润湿。用1∶3干硬性水泥砂浆或细石混凝土抹找平层,用刮尺刮平,均匀地撒上干水泥,待水泥充分吸水呈水泥浆状态,再将湿润后的板材平稳地安上,用木锤轻轻敲击,使其平整并与找平层有良好粘结。在窗口两侧墙上的剔槽处要先浇水润湿,板材伸入墙面的尺寸(进深与左右)要相等。板材放稳后,应用水泥砂浆或细石混凝土将嵌入墙的部分塞密堵严。窗台板接槎处注意平整,并与窗下槛同一水平。

(3)碎拼大理石。

大理石厂生产光面和镜面大理石时,裁割的边角废料,经过适当的分类加工,可作为墙面的饰面材料,能取得较好的装饰效果。如矩形块料、冰裂状块料、毛边碎块等各种形体的拼贴组合,都会给人以乱中有序、自然优美的感觉。主要是采用不同的拼法和嵌缝处理,来求得一定的饰面效果。

①矩形块料:对于锯割整齐而大小不等的正方形大理石边角块料,以大小搭配的形式镶拼在墙面上,缝隙间距1~1.5mm,镶贴后用同色水泥色浆嵌缝,可嵌平缝,也可嵌凸缝,擦净后上蜡打光。

②冰状块料:将锯割整齐的各种多边形大理石板碎料,搭配成各种图案。缝隙可做成凹凸缝,也可做成平缝,用同色水泥色浆嵌抹,擦净后上蜡打光。平缝的间隙可以稍小,凹凸缝的间隙可在10~12mm,凹凸约2~4mm。

③毛边碎料:选取不规则的毛边碎块,因不能密切吻合,故镶拼的接缝比以上两种块料为大,应注意大小搭配,乱中有序,生动自然。

2. 湿法铺贴工艺

湿法铺贴工艺适用于板材厚为20~30mm的大理石、花岗石或预制水磨石板,墙体为砖墙或混凝土墙。

湿法铺贴工艺是传统的铺贴方法,即在竖向基体上预挂钢筋网(图9-2-6),用铜丝或镀锌钢丝绑扎板材并灌水泥砂浆粘牢。这种方法的优点是牢固可靠,缺点是工序繁琐,卡箍多样,板材上钻孔易损坏,特别是灌注砂浆易污染板面和使板材移位。

采用湿法铺贴工艺,墙体应设置锚固体。砖墙体应在灰缝中预埋$\phi 6$钢筋勾,钢筋勾中距为500mm或按板材尺寸,当挂贴高度大于3m时,钢筋勾改用$\phi 10$钢筋,钢筋勾埋入墙体内深度应不小于120mm,伸出墙面30mm,混凝土墙体可射入$\phi 3.7\times 62$的射钉,中距亦为500mm或按材尺

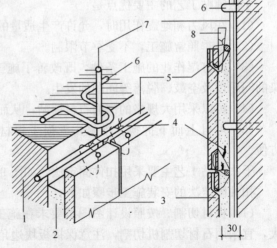

图9-2-6 饰面板钢筋网片固定及安装方法(mm)
1—墙体;2—水泥砂浆;3—大理石板;4—铜丝;5—横筋;
6—铁环;7—立筋;8—定位木楔

寸，射钉打入墙体内30mm，伸出墙面32mm。

挂贴饰面板之前，将φ6钢筋网焊接或绑扎于锚固件上。钢筋网双向中距为500mm或按板材尺寸。

在饰面板上、下边各钻不少于两个φ5的孔。孔深15mm，清理饰面板的背面。用双股18号铜丝穿过钻孔，把饰面板绑牢于钢筋网上。饰面板的背面距墙面应不小于50mm。

饰面板的接缝宽度可垫木楔调整，应确保饰面板外表面平整、垂直及板的上沿平顺。

每安装好一行横向饰面板后，即进行灌浆。灌浆前，应浇水将饰面板背面及墙体表面湿润，在饰面板的竖向接缝内填塞15～20mm深的麻丝或泡沫塑料条以防漏浆（光面、镜面和水磨石饰面板的竖缝，可用石膏灰临时封闭，并在缝内填塞泡沫塑料条）。

拌合好1∶2.5水泥砂浆，将砂浆分层灌注到饰面板背面与墙面之间的空隙内，每层灌注高度为150～200mm，且不得大于板高的1/3，并插捣密实。待砂浆初凝后，应检查板面位置，如有移动错位应拆除重新安装；若无移位，方可安装上一行板。施工缝应留在饰面板水平接缝以下50～100mm处（图9-2-6）。

突出墙面的勒脚饰面板安装，应待墙面饰面板安装完工后进行。

待水泥砂浆硬化后，将填缝材料清除。饰面板表面清洗干净。光面和镜面的饰面经清洗晾干后，方可打蜡擦亮。

3. 干法铺贴工艺

干法铺贴工艺，通常称为干挂法施工，即在饰面板材上直接打孔或开槽，用各种形式的连接件与结构基体用膨胀螺栓或其他架设金属连接而不需要灌注砂浆或细石混凝土。饰面板与墙体之间留出40～50mm的空腔。这种方法适用于30m以下的钢筋混凝土结构，不适用于砖墙和加气混凝土墙。

干法铺贴工艺的主要优点是：

(1) 在风力和地震作用时，允许产生适量的变位，而不致出现裂缝和脱落。

(2) 冬季照常施工，不受季节限制。

(3) 没有湿作业的施工条件，既改善了施工环境，也避免了浅色板材透底污染的问题以及空鼓、脱落等问题的发生。

(4) 可以采用大规格的饰面石材铺贴，从而提高了施工效率。

(5) 可自上而下拆换、维修，无损于板材和连接件，使饰面工程拆改翻修方便。

干法铺贴工艺主要采用扣件固定法，如图9-2-7所示。

扣件固定法的安装施工步骤如下：

(1) 板材切割。按照设计图图纸要求在施工现场进行切割，由于板块规格较大，宜采用石材切割机切割，注意保持板块边角的挺直和规矩。

(2) 磨边。板材切割后，为使其边角光滑，可采用手提式磨光机进行打磨。

(3) 钻孔。相邻板块采用不锈钢销钉连接固定，销钉插在板材侧面孔内。孔径φ5mm，深度12mm，用电钻打孔。由于它关系到板材的安装精度，因而要求钻

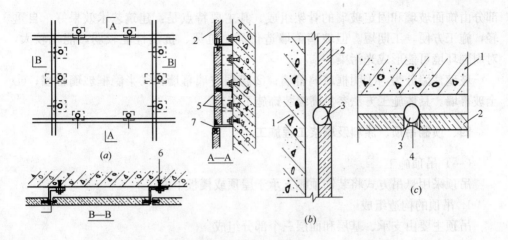

图 9-2-7 用扣件固定大规格石材饰面板的干作业做法
(a) 板材安装立面图；(b) 板块水平接缝剖面图；(c) 板块垂直接缝剖面图
1—混凝土外墙；2—饰面石板；3—泡沫聚乙烯嵌条；4—密封硅胶；
5—钢扣件；6—胀铆螺栓；7—销钉

孔位置准确。

(4) 开槽。由于大规格石板的自重大，除了由钢扣件将板块下口托牢以外，还需在板块中部开槽设置承托扣件以支承板材的自重。

(5) 涂防水剂。在板材背面涂刷一层丙烯酸防水涂料，以增强外饰面的防水性能。

(6) 墙面修整。如果混凝土外墙表面有局部凸出处影响扣件安装时，须进行凿平修整。

(7) 弹线。从结构中引出楼面标高和轴线位置，在墙面上弹出安装板材的水平和垂直控制线，并做出灰饼以控制板材安装的平整度。

(8) 墙面涂刷防水剂。由于板材与混凝土墙身之间不填充砂浆，为了防止因材料性能或施工质量可能造成的渗漏，在外墙面上涂刷一层防水剂，以加强外墙的防水性能。

(9) 板材安装。安装板块的顺序是自下而上进行，在墙面最下一排板材安装位置的上下口拉两条水平控制线，板材从中间或墙面阳角开始就位安装。先安装好第一块作为基准，其平整度以事先设置的灰饼为依据，用线垂吊直，经校准后加以固定。一排板材安装完毕，再进行上一排扣件固定和安装。板材安装要求四角平整，纵横对缝。

(10) 板材固定。钢扣件和墙身用胀铆螺栓固定，扣件为一块钻有螺栓安装孔和销钉孔的平钢板，根据墙面与板材之间的安装距离，在现场用手提式折压机将其加工成角型钢。扣件上的孔洞均呈椭圆形，以便安装时调节位置。

(11) 板材接缝的防水处理。石板饰面接缝处的防水处理采用密封硅胶嵌缝。

(五) 玻璃幕墙施工

玻璃幕墙是近代科学技术发展的产物，是高层建筑时代的显著特征，其主要部分由饰面玻璃和固定玻璃的骨架组成。其主要特点是：建筑艺术效果好，自重轻，施工方便，工期短。但玻璃幕墙造价高，抗风、抗震性能较弱，能耗较大，对周围环境可能形成光污染。

玻璃幕墙分为：①明框玻璃幕墙；②隐框玻璃幕墙；③半隐框玻璃幕墙；④全玻幕墙。具体施工方法参见高级装饰施工工艺。

四、顶棚吊顶、涂料及刷浆工程施工

（一）吊顶施工

吊顶采用悬吊方式将装饰顶棚支承于屋顶或楼板下面。

1. 吊顶的构造组成

吊顶主要由支承、基层和面层三个部分组成。

（1）支承。吊顶支承由吊杆（吊筋）和主龙骨组成。

①木龙骨吊顶的支承。木龙骨吊顶的主龙骨又称为大龙骨或主梁，传统木质吊顶的主龙骨，多采用 50mm×70mm～60mm×100mm 方木或薄壁槽钢，L60×6～L70×7mm 角钢制作。龙骨间距按设计，如设计无要求，一般按 1m 设置。主龙骨一般用 $\phi 8$～10mm 的吊顶螺栓或 8 号镀锌钢丝与屋顶或楼板连接。木吊杆和木龙骨必须作防腐和防火处理。

②金属龙骨吊顶的支承部分。轻钢龙骨与铝合金龙骨吊顶的主龙骨截面尺寸取决于荷载大小，其间距尺寸应考虑次龙骨的跨度及施工条件，一般采用 1～1.5m。其截面形状较多，主要有 U 形、T 形、C 形、L 形等。主龙骨与屋顶结构楼板结构多通过吊杆连接，吊杆与主龙骨用特制的吊杆件或套件连接。金属吊杆和龙骨应作防锈处理。

（2）基层。基层用木材、型钢或其他轻金属材料制成的次龙骨组成。吊顶面层所用材料不同，其基层部分的布置方式和次龙骨的间距大小也不一样，但一般不应超过 600mm。

吊顶的基层要结合灯具位置、风扇或空调透风口位置等进行布置，留好预留洞及吊挂设施等，同时应配合管道、线路等安装工程施工。

（3）面层。木龙骨吊顶，其面层多用人造板（如胶合板、纤维板、木丝板、刨花板）面层或板条（金属网）抹灰面层。轻钢龙骨、铝合金龙骨吊顶，其面板多用装饰吸声板（如纸面石膏板、钙塑泡沫板、纤维板、矿棉板、玻璃丝棉板等）制作。

2. 吊顶施工工艺

（1）木质吊顶施工。

①弹水平线。首先将楼地面基准线弹在墙上，并以此为起点，弹出吊顶高度水平线。

②主龙骨的安装。主龙骨与屋顶结构或楼板结构连接主要有三种方式：用屋面结构或楼板内预埋铁件固定吊杆；用射钉将角钢等固定于楼底面固定吊杆；用金属膨胀螺栓固定铁件再与吊杆连接（图 9-2-8）。

主龙骨安装后，沿吊顶标高线固定沿墙木龙骨，木龙骨的底边与吊顶标高线

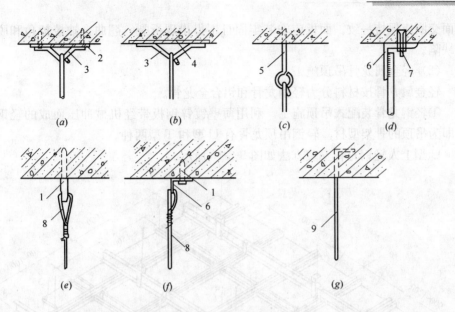

图 9-2-8 吊杆固定

(a) 射钉固定；(b) 预埋件固定；(c) 预埋 φ6 钢筋吊环；(d) 金属膨胀螺栓固定；
(e) 射钉直接连接钢丝；(f) 射钉角钢连接法；(g) 预埋 8 号镀锌钢丝

1—射钉；2—焊板；3—φ10 钢筋吊环；4—预埋钢板；5—φ6 钢筋；6—角钢；
7—金属膨胀螺栓；8—镀锌钢丝（8号、12号、14号）；9—8号镀锌钢丝

齐平。一般是用冲击电钻在标高线以上 10mm 处墙面打孔，孔内塞入木楔，将沿墙龙骨钉固于墙内木楔上。然后将拼接组合好的木龙骨架托到吊顶标高位置，整片调正调平后，将其与沿墙龙骨和吊杆连接（图 9-2-9）。

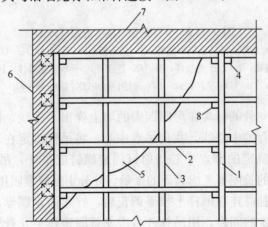

图 9-2-9 木龙骨吊顶

1—吊筋横梁；2—纵撑横龙骨；3—横撑龙骨；
4—吊筋；5—罩面板；6—木砖；7—砖墙；8—吊木

③罩面板的铺钉。罩面板多采用人造板，应按设计要求切成方形、长方形等。板材安装前，按分块尺寸弹线，安装时由中间向四周呈对称排列，顶棚的接缝与

墙面交圈应保持一致。面板应安装牢固且不得出现折裂、翘曲、缺棱掉角和脱层等缺陷。

(2) 轻金属龙骨吊顶施工。

轻金属龙骨按材料分为轻钢龙骨和铝合金龙骨。

①轻钢龙骨装配式吊顶施工。利用薄壁镀锌钢板带经机械冲压而成的轻钢龙骨即为吊顶的骨架型材。轻钢吊顶龙骨有 U 型和 T 型两种。

U 型上人轻钢龙骨安装方法如图 9-2-10 所示。

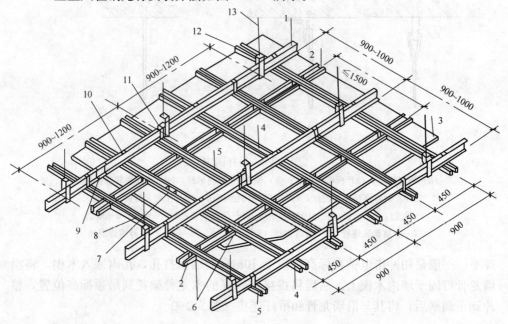

图 9-2-10　U 型龙骨吊顶示意图（mm）

1—BD 大龙骨；2—UZ 横撑龙骨；3—吊顶板；4—UZ 龙骨；5—UX 龙骨；
6—UZ$_3$ 支托连接；7—UZ$_2$ 连接件；8—UX$_2$ 连接件；9—BD$_2$ 连接件；10—UX$_1$ 吊挂；
11—UX$_2$ 吊件；12—BD$_1$ 吊件；13—UX$_3$ 吊杆 $\phi 8 \sim \phi 10$

施工前，先按龙骨的标高在房间四周的墙上弹出水平线，再根据龙骨的要求按一定间距弹出龙骨的中心线，找出吊点中心，将吊杆固定在埋件上。吊顶结构未设埋件时，要按确定的节点中心用射钉固定螺钉或吊杆，吊杆长度计算好后，在一端套丝，丝口的长度要考虑紧固的余量，并分别配好紧固用的螺母。

主龙骨的吊顶挂件连在吊杆上校平调正后，拧紧固定螺母，然后根据设计和饰面板尺寸要求确定的间距，用吊挂件将次龙骨固定在主龙骨上，调平调正后安装饰面板。

饰面板的安装方法有：

搁置法：将饰面板直接放在 T 型龙骨组成的格框内。有些轻质饰面板，考虑刮风时会被掀起（包括空调口，通风口附近），可用木条、卡子固定。

嵌入法：将饰面板事先加工成企口暗缝，安装时将 T 型龙骨两肢插入企口缝内。

粘贴法：将饰面板用胶粘剂直接粘贴在龙骨上。
钉固法：将饰面板用钉、螺钉、自攻螺钉等固定在龙骨上。
卡固法：多用于铝合金吊顶，板材与龙骨直接卡接固定。

②铝合金龙骨装配式吊顶施工。铝合金龙骨吊顶按罩面板的要求不同分龙骨底面不外露和龙骨底面外露两种形式；按龙骨结构型式不同分T型和TL型。TL型龙骨属于安装饰面板后龙骨底面外露的一种（图9-2-11、图9-2-12）。

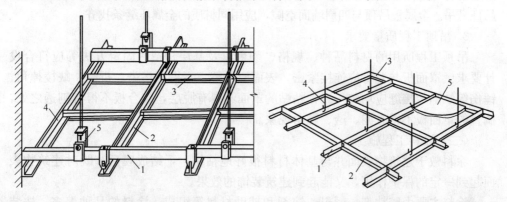

图9-2-11　TL型铝合金吊顶
1—大龙骨；2—大T；3—小T；
4—角条；5—大吊挂件

图9-2-12　TL型铝合金不上人吊顶
1—大T；2—小T；3—吊件；
4—角条；5—饰面板

③常见饰面板的安装。铝合金龙骨吊顶与轻钢龙骨吊顶饰面板安装方法基本相同。石膏饰面板的安装可采用钉固法、粘贴法和暗式企口胶结法。U型轻钢龙骨采用钉固法安装石膏板时，使用镀锌自攻螺钉与龙骨固定。钉头要求嵌入石膏板内0.5～1mm，钉眼用腻子刮平，并用石膏板与同色的色浆腻子涂刷一遍。螺钉规格为M5×25mm或M5×35mm。螺钉与板边距离应不大于15mm，螺钉间距以150～170mm为宜，均匀布置，并与板面垂直。石膏板之间应留出8～10mm的安装缝。待石膏板全部固定好后，用塑料压缝条或铝压缝条压缝，钙塑泡沫板的主要安装方法有钉固和粘贴两种。钉固法即用圆钉或木螺钉，将面板钉在顶棚的龙骨上，要求钉距不大于150mm，钉帽应与板面齐平，排列整齐，并用与板面颜色相同的涂料装饰。钙塑板的交角处，用木螺钉将塑料小花固定，并在小花之间沿板边按等距离加钉固定。用压条固定时，压条应平直，接口严密，不得翘曲。钙塑泡沫板用粘贴法安装时，胶粘剂可用401胶或氧丁胶浆——聚异氧酸脂胶（10∶1）涂胶后应待稍干，方可把板材粘贴压紧。胶合板、纤维板安装应用钉固法：要求胶合板钉距80～150mm，钉长25～35mm，钉帽应打扁，并进入板面0.5～1mm，钉眼用油性腻子抹平；纤维板钉距80～120mm，钉长20～30mm，钉帽进入板面0.5mm，钉眼用油性腻子抹平；硬质纤维板应用水浸透，自然阴干后安装。矿棉板安装的方法主要有搁置法、钉固法和粘贴法。顶棚为轻金属T型龙骨吊顶时，在顶棚龙骨安装放平后，将矿棉板直接平放在龙骨上，矿棉板每边应留有板材安装缝，缝宽不宜大于1mm。顶棚为木龙骨吊顶时，可在矿棉板每四块的交角处和板的中心用专门的塑料花托脚，用木螺钉固定在木龙骨上；混凝土顶

面可按装饰尺寸做出平顶木条,然后再选用适宜的胶粘剂将矿棉板粘贴在平顶木条上。金属饰面板主要有金属条板、金属方板和金属格栅。板材安装方法有卡固法和钉固法。卡固法要求龙骨形式与条板配套;钉固法采用螺钉固定时,后安装的板块压住前安装的板块,将螺钉遮盖,拼缝严密。方形板可用搁置法和钉固法,也可用铜丝绑扎固定。格栅安装方法有两种,一种是将单体构件先用卡具连成整体,然后通过钢管与吊杆相连接;另一种是用带卡口的吊管将单体物体卡住,然后将吊管用吊杆悬吊。金属板吊顶与四周墙面空隙,应用同材质的金属压缝条找齐。

3. 吊顶工程质量要求

吊顶工程所用的材料品种、规格、颜色以及基层构造、固定方法等应符合设计要求。罩面板与龙骨应连接紧密,表面应平整,不得有污染、折裂、缺棱掉角、锤伤等缺陷,接缝应均匀一致,粘贴的罩面不得有脱层,胶合板不得有刨透之处,搁置的罩面板不得有漏、透、翘角现象。

(二)涂料工程施工

涂料敷于建筑物表面并与基体材料很好地粘结,干结成膜后,既对建筑物表面起到一定的保护作用,又能起到建筑装饰的效果。

涂料主要由胶粘剂、颜料、溶剂和辅助材料等组成。涂料的品种繁多,按装饰部位不同有内墙涂料、外墙涂料、顶棚涂料、地面涂料;按成膜物质不同有油性涂料(也称油漆)、有机高分子涂料、无机高分子涂料、有机无机复合涂料;按涂料分散介质不同有:溶剂型涂料、水性涂料、乳液涂料(乳胶漆)。

1. 基层处理

混凝土和抹灰表面:基层表面必须坚实,无酥板、脱层、起砂、粉化等现象,否则应铲除。基层表面要求平整,如有孔洞、裂缝,须用同种涂料配制的腻子批嵌,除去表面的油污、灰尘、泥土等,清洗干净。对于施涂溶剂型涂料的基层,其含水率应控制在 8% 以内,对于施涂乳液型涂料的基层,其含水率应控制在 10% 以内。

木材基层表面:应先将木材表面上的灰尘、污垢清除,并把木材表面的缝隙、毛刺等用腻子填补磨光,木材基层的含水率不得大于 12%。

金属基层表面:将灰尘、油渍、锈斑、焊渣、毛刺等清除干净。

2. 涂料施工

涂料施工主要操作方法有:刷涂、滚涂、喷涂、刮涂、弹涂、抹涂等。

(1)刷涂。是人工用刷子蘸上涂料直接涂刷于被饰涂面。要求:不流、不挂、不皱、不漏、不露刷痕。刷涂一般不少于两道,应在前一道涂料表面干后再涂刷下一道。两道施涂间隔时间由涂料品种和涂刷厚度确定,一般为 2~4 小时。

(2)滚涂。是利用涂料辊子蘸上少量涂料,在基层表面上下垂直来回滚动施涂。阴角及上下口一般需先用排笔、鬃刷刷涂。

(3)喷涂。是一种利用压缩空气将涂料制成雾状(或粒状)喷出,涂于被饰涂面的机械施工方法。其操作过程为:

①将涂料调至施工所需黏度,将其装入贮料罐或压力供料筒中。

②打开空压机,调节空气压力,使其达到施工压力,一般为 0.4~0.8MPa。

③喷涂时，手握喷枪要稳，涂料出口应与被涂面保持垂直，喷枪移动时应与喷涂面保持平行。喷距500mm左右为宜，喷枪运行速度应保持一致。

④喷枪移动的范围不宜过大，一般直接喷涂700～800mm后折回，再喷涂下一行，也可选择横向或竖向往返喷涂。

⑤涂层一般两遍成活，横向喷涂一遍，竖向再涂一遍。两遍之间间隔时间由涂料品种及喷涂厚度而定，要求涂膜应厚薄均匀、颜色一致、平整光滑，不出现露底、皱纹、流挂、钉孔、气泡和失光现象。

(4) 刮涂。是利用刮板，将涂料厚浆均匀地批刮于涂面上，形成厚度为1～2mm的厚涂层。这种施工方法多用于地面等较厚层涂料的施涂。

刮涂施工的方法为：

①腻子一次刮涂厚度一般不应超过0.5mm，孔眼较大的物面应将腻子填嵌实，并高出物面，待干透后再进行打磨。待批刮腻子或者厚浆涂料全部干燥后，再涂刷面层涂料。

②刮涂时应用力按刀，使刮刀与饰面成50°～60°角刮涂。刮涂时只能来回刮1～2次，不能往返多次刮涂。

③遇有圆、棱形物面可用橡皮刮刀进行刮涂。刮涂地面施工时，为了增加涂料的装饰效果，可用划刀或记号笔刻出席纹、仿木纹等各种图案。

(5) 弹涂。先在基层刷涂1～2道底涂层，待其干燥后通过机械的方法将色浆均匀地溅在墙面上，形成1～3mm左右的圆状色点。弹涂时，弹涂器的喷出口应垂直正对被饰面，距离300～500mm，按一定速度自上而下，由左至右弹涂。选用压花型弹涂时，应适时将彩点压平。

(6) 抹涂。先在基层刷涂或滚涂1～2道底涂料，待其干燥后，使用不锈钢抹灰工具将饰面涂料抹到底层涂料上。一般抹1～2遍，间隔1h后再用不锈钢抹子压平。涂抹厚度内墙为1.5～2mm，外墙2～3mm。

在工厂制作组装的钢木制品和金属构件，其涂料宜在生产制作阶段施工，最后一遍安装后在现场施涂。现场制作的构件，组装前应先施涂一遍底子油（干油性且防锈的涂料），安装后再施涂。

3. 喷塑涂料施工

(1) 喷塑涂料的涂层结构。

按喷塑涂料层次的作用不同，其涂层构造分为封底涂料、主层涂料、罩面涂料。按使用材料分为底油、骨架和面油。喷塑涂料质感丰富、立体感强，具有浮雕饰面的效果。

①底油：底油是涂布在基层上的涂层。它的作用是渗透到基层内部，增强基层的强度，同时又对基层表面进行封闭，并消除基层表面有损于涂层附着的因素，增加骨架涂料与基层之间的结合力。作为封底涂料，可以防止硬化后的水泥砂浆抹灰层可溶性盐渗出而破坏面层。

②骨架：骨架是喷塑涂料特有的一层成型层，是喷塑涂料的主要构成部分。使用特制大口径喷枪或喷斗，喷涂在底油之上，再经过滚压，即形成质感丰富，新颖美观的立体花纹图案。

③面油：面油是喷塑涂料的表面层。面油内加入各种耐晒彩色颜料，使喷塑涂层具有理想的色彩和光感。面油分为水性和油性两种，水性面油无光泽，油性面油有光泽，但目前大都采用水性面油。

(2) 喷塑涂料施工。

喷涂程序：刷底油→喷点料（骨架材料）→滚压点料→喷涂或刷涂面层

底油的涂刷用漆刷进行，要求涂刷均匀不漏刷。

喷点施工的主要工具是喷枪，喷嘴有大、中、小三种，分别可喷出大点、中点和小点。施工时可按饰面要求选择不同的喷嘴。喷点操作的移动速度要均匀，其行走路线可根据施工需要由上向下或左右移动。喷枪在正常情况下其喷嘴距墙50～60cm为宜。喷头与墙面成60°～90°夹角，空压机压力为0.5MPa。如果喷涂顶棚，可采用顶棚喷涂专用喷嘴。

如果需要将喷点压平，则喷点后5～10min便可用胶辊蘸松节水，在喷涂的圆点上均匀地轻轻滚，将圆点压扁，使之成为具有立体感的压花图案。

喷涂面油应在喷点施工12min进行，第一道滚涂水性面油，第二道可用油性面油，也可用水性面油。

如果基层有分格条，面油涂饰后即行揭去，对分格缝可按设计要求的色彩重新描绘。

4. 多彩喷涂施工

多彩喷涂具有色彩丰富、技术性能好、施工方便、维修简单、防火性能好、使用寿命长等特点，因此运用广泛。

多彩喷涂的工艺可按底涂、中涂、面涂或底涂、面涂的顺序进行。

底涂：底层涂料的主要作用是封闭基层，提高涂膜的耐久性和装饰效果。底层涂料为溶剂性涂料，可用刷涂、滚涂或喷涂的方法进行操作。

中涂：中层为水性涂料，涂刷1～2遍，可用刷涂、滚涂及喷涂施工。

面涂（多彩）喷涂：中层涂料干燥约4～8h后开始施工。操作时可采用专用的内压式喷枪，喷涂压力0.15～0.25MPa，喷嘴距墙300～400mm，一般一遍成活，如涂层不均匀，应在4h内进行局部补喷。

5. 聚氨酯仿瓷涂料层施工

这种涂料是以聚氨酯-丙烯酸树脂溶液为基料，加入优质大白粉、助剂等配制而成的双组份固化型涂料。涂膜外观是瓷质状，其耐沾污性、耐水性及耐火性等性能均较优异。可以涂刷在木质、水泥砂浆及混凝土饰面上，具有优良的装饰效果。聚氨酯仿瓷复层涂料一般分为底涂、中涂和面涂三层，其操作要点如下：

(1) 基层表面应平整、坚实、干燥、洁净，表面的蜂窝、麻面和裂缝等缺陷应采用相应的腻子嵌平。金属材料表面应除锈，有油渍斑污者，可用汽油、二甲苯等溶剂清理。

(2) 底涂施工。底涂施工可采用刷涂、滚涂、喷涂等方法进行。

(3) 中涂施工。中涂一般均要求采用喷涂，喷涂压力依照材料使用说明，喷嘴口径一般为$\phi 4$。根据不同品种，将其甲乙组份进行混合调制或直接采用配套中层涂料均匀喷涂，如果涂料太稠，可加入配套溶液或醋酸丁酯进行稀释。

(4) 面涂施工。面涂可用喷涂、滚涂或刷涂方法施工，涂层施工的间隔时间一般在2～4h之间。

仿瓷涂料施工要求环境温度不低于5℃，相对湿度不大于85%，面涂完成后保养3～5d。

（三）刷浆工程施工

1. 刷浆材料

刷浆所用材料主要是指石灰浆、水泥色浆、大白浆和可赛银浆等，石灰浆和水泥浆可用于室内外墙面，大白浆和可赛银浆只用于室内墙面。

(1) 石灰浆。用生石灰块或淋好的石灰膏加水调制而成，可在石灰浆内加0.3%～0.5%的食盐或明矾，或20%～30%的108胶，目的在于提高其附着力。如需配色浆，应先将颜料用水化开，再加入石灰浆内拌匀。

(2) 水泥色浆。由于素水泥浆易粉化、脱落，一般用聚合物水泥浆，其组成材料有：白水泥、高分子材料、颜料、分散剂和憎水剂。高分子材料采用108胶时，一般为水泥用量的20%。分散剂一般采用六偏磷酸钠，掺量约为水泥用量的1%，或木质素磺酸钙，掺量约为水泥用量的0.3%，憎水剂常用甲基硅醇钠。

(3) 大白浆。由大白粉加水及适量胶结材料制成，加入颜料，可制成各种色浆。胶结材料常用108胶（掺入量为大白粉的15%～20%）或聚醋酸乙烯液（掺入量为大白粉的8%～10%），大白浆适于喷涂和刷涂。

(4) 可赛银浆。可赛银浆是由可赛银粉加水调制而成。可赛银粉由碳酸钙、滑石粉和颜料研磨，再加入干酪素胶粉等混合配制而成。

2. 施工工艺

(1) 基层处理。刮腻子刷浆前应清理基层表面的灰尘、污垢、油渍和砂浆流痕等。在基层表面的孔眼、缝隙、凸凹不平处应用腻子找补并打磨齐平。

对室内中、高级刷浆工程，在局部找补腻子后，应满刮1～2道腻子，干后用砂纸打磨表面。大白浆和可赛银粉要求墙面干燥，为增加大白浆的附着力，在抹灰面未干前应先刷一道石灰浆。

(2) 刷浆。刷浆一般用刷涂法、滚涂法和喷涂法施工。其施工要点同涂料工程的涂饰施工。

聚合物水泥浆刷浆前，应先用乳胶水溶液或聚乙烯醇缩甲醛胶水溶液湿润基层。

室外刷浆在分段进行时，应以分格缝、墙角或水落管等处为分界线。同一墙面应用相同的材料和配合比，浆料必须搅拌均匀。

刷浆工程的质量要求和检验方法应符合薄涂料的涂饰质量和检验方法的规定。

【实训练习】

实训项目一：编写楼地面工程施工方案。

资料内容：利用教学用施工图纸和所学知识，结合指定施工现场，编写一种楼地面工程施工方案。

实训项目二：编写塑钢门窗施工方案。

资料内容：利用教学用施工图纸和所学知识，结合指定施工现场，编写塑钢门窗施工方案。

实训项目三：编写墙柱面装饰工程施工方案。

资料内容：利用教学用施工图纸和所学知识，结合指定施工现场，编写墙柱面抹灰和高级装饰工程施工方案。

实训项目四：编写顶棚工程施工方案。

资料内容：利用教学用施工图纸和所学知识，结合指定施工现场，编写一种顶棚工程施工方案。

【复习思考题】

1. 简述水磨石的施工要点。
2. 试述水泥砂浆地面、细石混凝土地面的施工方法和要点。
3. 简述板块面层施工准备过程。
4. 试述木门窗的安装方法及注意事项。
5. 试述塑钢门窗的安装方法及注意事项。
6. 试述铝合金门窗的安装方法及注意事项。
7. 简述釉面砖镶贴施工要点。
8. 简述大理石、花岗石饰面的施工方法和要点。
9. 试述一般抹灰的施工要点。
10. 简述喷涂、滚涂、弹涂的施工要点。
11. 试述木龙骨吊顶、铝合金龙骨吊顶、轻钢龙骨吊顶的构造和施工要点。
12. 试述喷塑涂料的施工过程。

任务三　一般装饰工程计量计价

【引入问题】

1. 楼地面工程计量项目有哪些？
2. 楼地面工程工程量如何计算？
3. 门窗工程计量项目有哪些？
4. 门窗工程工程量如何计算？
5. 抹灰工程计量项目有哪些？
6. 抹灰工程工程量如何计算？

【工作任务】

掌握楼地面工程、门窗工程、抹灰工程计量的有关规定，熟练掌握楼地面工程、门窗工程、抹灰工程工程量计算方法，能根据施工图纸正确地计算一般装饰工程的工程量。

【学习参考资料】

1. 《建筑工程概预算》黑龙江科技出版社，王春宁主编．2000．
2. 《建筑工程概预算》电子工业出版社，汪照喜主编．2007．

3.《建筑工程预算》中国建筑工业出版社，袁建新、迟晓明编著．2007．

4.《房屋建筑工程量速算方法实例详解》中国建材工业出版社，李传让编著．2006．

【主要学习内容】

一、楼地面工程计量

楼地面工程主要包括垫层、找平层、整体面层、块料面层等项目。

(一) 楼地面工程的有关规定

1. 换算的规定

(1) 灰土、碎砖三合土、碎砖四合土、水泥石灰炉渣、石灰炉渣、炉（矿）渣混凝土、水泥砂浆、水泥石子浆、混凝土等的配合比，如设计规定与定额不同时，可以换算。

(2) 若设计采用碎石三合土、碎石四合土时，可按碎砖三合土、碎砖四合土的定额项目执行，材料价格可以换算，其他不变。

(3) 各种明沟平均净空断面（深×宽）均按190mm×260mm计算，断面不同时允许换算。

(4) 水磨石嵌铜条项目，设计要求采用其他金属嵌条时，其嵌条可以换算，其他不变。

(5) 水泥白石子浆，如需要加色时，每100m² 加色粉 6kg，其他不变。设计要求用彩色石子或大理石子时，可按附录配合比表换算，其他不变。

(6) 垫层用于基础垫层时，按相应定额项目人工乘以系数1.2。

2. 定额项目选用

(1) 毛石基础上、地面垫层上和楼面预制（现浇）板上做水泥砂浆整体面层时，如设计没有找平层，可按1cm厚计算找平层。

(2) 地面混凝土垫层按不分格考虑，分格者另行计算。

(3) 基础垫层、住宅小区室外混凝土地坪需支模板时，另按模板章节混凝土基础垫层模板项目计算。

(4) 基础回填砂，执行砂基础定额项目。

(5) 块料面层，定额项目中不包括砂浆找平层，设计规定需要找平时，按找平层相应定额另行计算。

(6) 细石混凝土地面设计厚度大于60mm（不含60mm）时，厚度超过60mm部分按细石混凝土垫层，以 m³ 计算。

(7) 水磨石嵌条面层，是按嵌玻璃条考虑的，设计要求采用嵌铜条时，可按不嵌条项目和安装嵌铜条项目分别套项。

3. 踢脚板

(1) 整体面层中的水泥砂浆地面每100m² 面积均包括90m的踢脚板，楼梯抹面包括154m踢脚板。楼梯项目中已包括底、侧面抹灰、刷大白浆。

(2) 踢脚板高度是按150mm编制的，超过时材料用量可以调整，人工、机械用量不变。

(3) 水泥豆石浆地面、楼梯抹面设计规定有踢脚板时，可参照水泥砂浆踢脚板定额项目，砂浆可以换算，其他不变。

4. 施工工艺要求

(1) 台阶不包括翼墙、侧面装饰。

(2) 彩色镜面磨石系指高级水磨石，除质量要求达到规范要求外，其操作工序一般应按"五浆五磨"研磨、七道"抛光"工序施工。

(二) 楼地面工程量计算规则

1. 地面面层

(1) 整体面层。水泥砂浆、混凝土及水磨石面层的工程量均按主墙间净空面积以平方米计算。应扣除凸出地面的构筑物、设备基础、室内管道、地沟及截面积在 $0.3m^2$ 以上柱所占的面积。不扣除柱（截面积在 $0.3m^2$ 以内）、垛、间壁墙、附墙烟囱及面积在 $0.3m^2$ 以内孔洞所占面积，但门洞、空圈、暖气包槽、壁龛的开口部分亦不增加。

混凝土地面采用锯缝机锯缝，按图示尺寸以延长米计算。

面层（垫层）采用木分隔条时，按平方米计算。

(2) 块料面层。按图示尺寸以净面积计算。应扣除柱、垛、间壁墙、附墙烟囱及面积在 $0.3m^2$ 以内孔洞所占面积，但门洞、空圈、暖气包槽、壁龛的开口部分的面积应合并在相应面层内。

2. 垫层

(1) 基础垫层。

基础垫层的工程量，按图示尺寸以立方米计算。垫层的长度：外墙按中心线、内墙按垫层净长线；垫层的宽度与厚度均按图示尺寸确定。

(2) 地面垫层。

地面垫层按室内主墙间净空面积乘以设计厚度，以立方米计算。应扣除凸出地面的构筑物、设备基础、室内铁道、地沟等所占面积，不扣除柱（柱截面积在 $0.3m^2$ 以内）、垛、间壁墙、附墙烟囱及面积在 $0.3m^2$ 以内孔洞所占体积。

地面垫层的工程量，可按下式计算：

$$垫层体积＝地面面层面积×垫层厚度$$

(3) 其他垫层。

其他垫层主要包括屋面垫层、台阶垫层、散水垫层、坡道垫层等，其工程量均按图示尺寸以立方米计算。

3. 找平层

(1) 毛石基础顶面找平层的工程量，按基础的长度乘以基础顶面宽度以平方米计算。基础的长度：外墙按中心线、内墙按净长线计算；基础顶面宽度按图示尺寸确定。

(2) 地面找平层的工程量，同地面面层。

(3) 屋面找平层的工程量，同屋面防水层和隔汽层，分别套填充材料上和硬基上找平层项目。

4. 楼梯面层

楼梯面层（包括踏步、平台以及小于500mm宽的楼梯井）按水平投影面积计算。楼梯与楼地面相连时，算至梯口梁内侧边沿，如图9-3-1所示。无梯口梁者，算至最上一层踏步边沿加300mm。

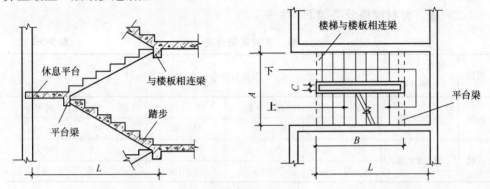

图9-3-1 楼梯示意图

5. 台阶面层

台阶面层（包括踏步及最上一层踏步沿300mm，见图9-3-2）按水平投影面积计算。侧面按展开面积计算。

6. 其他面层

（1）踢脚板按延长米计算，洞口、空圈长度不予扣除，洞口、空圈、垛、附墙烟囱等侧壁长度亦不增加。

（2）防滑条按楼梯踏步两端距离减300mm，以延长米计算。

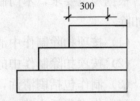

图9-3-2 台阶示意图（mm）

（3）防滑坡道按图示尺寸以平方米计算。

（4）散水按图示尺寸以平方米计算。其计算公式为：

散水面积＝（外墙外边线周长＋4×散水宽度－台阶长度）×散水宽度

（5）明沟按图示尺寸以延长米计算。明沟是指建筑物周围散水坡边沿的雨水沟。沟宽一般为15~30mm，定额中包括砌沟、抹面层等所需的工料，但不包括挖土和铺垫层。明沟的工程量计算公式为：

明沟长度＝外墙外边线周长＋8×散水宽度＋4×明沟宽度

二、门窗及木结构工程计量

门窗及木结构工程主要包括各种门窗、木地板、木搁板、木间壁墙、顶棚木龙骨、木屋架、屋面木基层及檩木等项目。

（一）门窗及木结构工程计量有关规定

1. 操作方法

本部分是按机械和手工操作综合编制的。不论实际采取何种操作方法，均按定额执行。

2. 木材种类

(1) 木材种类均以一、二类木种为准,如采用三、四类木种时,分别乘以下列系数:木门窗制作项目的合计工日和机械台班量乘以 1.3 系数,木门窗安装项目的合计工日乘以 1.16 系数,其他项目的合计工日和机械台班量乘 1.35 系数。

(2) 板、方材规格分类如下(表 9-3-1)。

板、方材规格分类　　　　表 9-3-1

项目	按宽厚尺寸比例分类	按板材厚度、方材宽、厚乘积				
板材	宽≥3×厚	名　称	薄　板	中　板	厚　板	特厚板
		厚度(mm)	≤18	19～35	36～65	≥66
方材	宽<3×厚	名　称	小　方	中　方	大　方	特大方
		宽×厚(cm²)	≤54	55～100	101～225	≥226

(3) 木材断面或厚度均以毛料为准。如设计图纸所注明的断面或厚度为净料时,应增加刨光损耗;板、方材一面刨光增加 3mm,两面刨光增加 5mm;圆木构件按每立方米材积增加 0.05m³ 的刨光损耗。

3. 木门制作中包括工作

根据规范要求,木门制作中包括刷一遍清油的工料,如不刷者,应按下列规定扣除:

(1) 按项扣除制作中清油、油漆溶剂油的用量。

(2) 按项扣除制作中的辅助工,辅助工占综合工日的 5%。

(3) 制作包括刷清油,只起保护作用,与门正常刷油无关。

门制作中包括木砖,如不带木砖者,应按项每 100m² 框外围面积扣 0.058m³ 木材量。

4. 木屋架

木屋架如需刨光,相应木屋架项目综合工日乘 1.15 系数;钢木屋架综合工日乘 1.1 系数。

木屋架定额所含铁件重量与设计不同时可以换算,其他不变。钢木屋架的型钢、钢板、金属拉杆数量与设计不同时,可以换算,其他不变。

(二) 门窗及木结构工程计量方法

1. 木门窗

(1) 普通门窗。其框、扇的工程量,均按图示框外围尺寸以平方米计算。

①对于窗内有部分不装窗扇,而直接在框上装玻璃者。

应将框上装玻璃部分的工程量分别计算,并选套框上镶玻璃定额项目。其面积按装玻璃的框中心线宽度,高度按边框外围尺寸计算。如图 9-3-3 所示的普通窗,其工程量的计算方法如下:

(a) 窗框,$F=b \times h$(套五块料以上窗框定额);

(b) 窗扇,$F=b_1 \times h$(套普通窗扇定额);

(c) 框上镶玻璃,$F=2b_2 \times h$(套框上镶玻璃定额)。

②对于普通门的上亮子为框上镶玻璃者。

窗框上装玻璃其框上镶玻璃的工程量应另列项目计算,选套普通窗的框上镶玻璃定额项目。如图9-3-4所示的普通门,其工程量的计算方法如下:

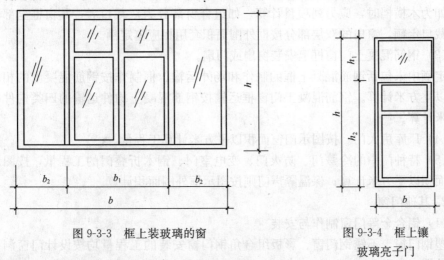

图9-3-3 框上装玻璃的窗　　　图9-3-4 框上镶玻璃亮子门

(a) 门框,$F=b\times h$(套五块料以内定额);
(b) 门扇,$F=b\times h_2$(套不带亮子的门扇定额);
(c) 框上镶玻璃亮子,$F=b\times h_1$(套普通窗框上镶玻璃定额)。

③门连窗的工程量。

框应全部套用门框定额,门窗扇分别计算,套用相应的门窗定额。窗的宽度算至门框外皮。如图9-3-5所示。

④普通窗上部带有半圆窗。

工程量应分别按半圆窗和普通窗的相应定额计算。半圆窗与普通窗之间以横框的上裁口线为分界线,如图9-3-6所示。半圆窗的工程量可按下式计算

$$F=0.393\times B^2$$

式中　F——框外围面积;

B——窗框外围宽度。

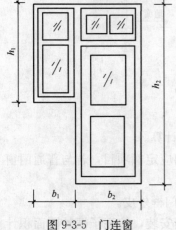

图9-3-5 门连窗

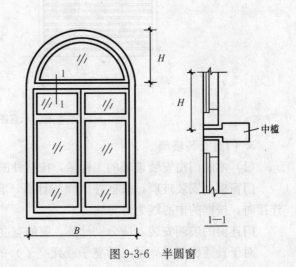

图9-3-6 半圆窗

(2) 组合窗和天窗。

按图示窗框外围面积计算工程量，其组合缝的填充料、盖口条及安装连接的螺栓等均已包括在定额内，不另计算。角钢横档以图示规格计算重量，按铁件计价。如为木横档时，应另列项目计算。如组合窗部分为双裁口者，其窗框全部套用双裁口定额，窗扇的双层部分按框外围面积套用相应窗定额。

(3) 钢筋混凝土门窗框上安装窗扇或门扇。

定额中未包括钢筋混凝土框的制作和场外运输。框制作按钢筋混凝土的相应项目以立方米计算。钢筋混凝土门窗框运输按钢筋混凝土构件运输的四类构件以立方米计算。

(4) 厂库房大门。按图示门窗面积以平方米计算工程量。

(5) 特种门中的冷藏门、防火门、变电室门、钢木折叠门的工程量，按图示门扇面积以平方米计算；保温隔声门则按图示框外围面积计算。

2. 其他门窗

(1) 铝合金等门窗制作与安装。

塑钢门窗、不锈钢门窗、彩板组合角钢门窗安装的工程量均按设计门窗洞口面积计算。

(2) 钢门窗安装的工程量，按门窗洞口面积计算。全板钢大门制作安装按洞口面积计算工程量。

(3) 不锈钢片包门框按框外表面面积以平方米计算。

(4) 卷闸门安装按洞口高度增加 600mm 乘以门实际宽度以平方米计算工程量（图 9-3-7）。

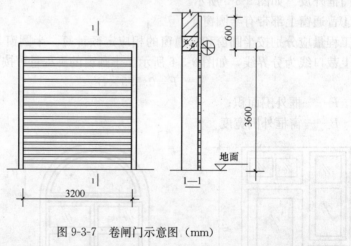

图 9-3-7 卷闸门示意图 （mm）

3. 门窗安装玻璃

(1) 木制门窗安装玻璃的工程量，按框外围面积计算。

门窗框上安装玻璃，按框外围面积计算，套用相应定额项目，若与普通门窗连接时，按框的中心线为分界线。

门连窗的玻璃安装，应分别计算，窗的宽度算至门框外皮。

对于普通板门带亮子（活亮子或死亮子）的玻璃安装，按亮子框外围面积计算,套普通窗安装定额。

(2) 普通钢门窗安装玻璃的工程量,按框外围面积计算。钢门部分安装玻璃,按部分框外围面积计算。

(3) 橱窗、天窗、吸顶灯安装玻璃的工程量,按展开的框外围面积计算。

4. 墙、柱面木龙骨

墙、柱面龙骨的工程量,按图示尺寸以平方米计算,并根据龙骨断面和龙骨平均中距选套相应定额项目。

5. 木顶棚

木顶棚包括龙骨(楞木)和面层两部分内容。顶棚的龙骨分为木龙骨和轻钢龙骨,其中木龙骨又分为方木和圆木两种。

顶棚的面层材料可分为板面做抹灰层(如板条、钢丝网等)和板面不做抹灰层(如胶合板、吸声板、纤维板、刨花板、木丝板、石棉板、薄板等)两种。

对于木龙骨顶棚面层和轻钢龙骨顶棚、铝合金龙骨顶棚,均按高级装饰定额计算。

(1) 顶棚木龙骨的工程量均按主墙间实钉面积计算,不扣除间壁墙、检查口、穿过顶棚的柱、垛、附墙烟囱等所占的面积。顶棚检查口和通风洞的工料已包括在定额内,不另计算。顶棚中的折线、迭落等圆弧形、高低吊灯槽等面积也不展开计算。

(2) 檐口顶棚分别按相应的顶棚龙骨及面层定额计算。

6. 木地板

木地板在定额中分为木地楞和面层两部分。木地楞有圆木和方木两种,一般常用的是方木楞。方木楞又分为双层木楞和单层木楞。

木地板的铺面材料定额分为平口板、企口板、席纹地板等项目。对于木地板块面层,按高级装饰定额计算。

(1) 木地板以主墙间的净空面积计算工程量,不扣除间壁墙、穿过木地板的柱、垛和附墙烟囱等所占的面积,但门和空圈的开口部分也不增加。木地楞包括在木地板定额内,不另计算。

(2) 木踢脚板按延长米计算工程量,计算长度时不扣除门窗洞口和空圈的长度,但侧壁部分也不增加。柱的踢脚板工程量应合并计算。

7. 木楼梯、木柱、木梁

(1) 木楼梯按水平投影面积计算,应扣除宽度大于300mm楼梯井。其踢脚板,平台和伸入墙内部分不另计算。

圆形木楼梯按木楼梯项目乘以1.2系数;半圆形木楼梯按木楼梯项目乘以1.15系数。

(2) 木柱、木梁均按图示尺寸以立方米计算工程量。

8. 木屋架和木基层

木屋架和木基层是坡屋面的主要结构之一。屋架是由一组杆件在同一平面内组装而成,整体地承担荷载,每个杆件承受拉力或压力。屋架以上的全部木构件称为屋面木基层,一般由檩条、椽木、屋面板、顺水条、挂瓦条等组成。

(1) 木屋架制作安装。

按设计断面竣工木料以立方米计算工程量。其后备长度及配制损耗均已包括在定额内，不另计算。附属于屋架的胶合板、垫木、风撑及与屋架连接的挑檐木等均按竣工木料计算，并入相应的屋架内。

其工程量可按下式计算：

屋架竣工木料体积＝图示屋架各杆件体积＋胶合板、垫木、挑檐木等体积

(2) 带气楼屋架的气楼部分及四坡屋面的马尾、折角和正交部分的半屋架，应并入相连接的正屋架的竣工木材体积内计算。为了简化工程量计算，马尾、折角及正交部分的半屋架可以按折合整屋架榀数计算。

其计算公式如下：

马尾、折角及正交部分折合整屋架榀数＝马尾、折角及正交部分投影面积/每榀屋架负重投影面积

(3) 支承屋架的混凝土垫块，按钢筋混凝土分部工程中的小型构件定额项目计算。

(4) 屋顶老虎窗是指凸出在坡屋面上的窗，它起采光和通风的作用。老虎窗定额项目中包括骨架、窗扇、屋面板等制作、安装，以正面面积在 $1.5m^2$ 以内为准，其工程量按个数计算。

(5) 檩木按竣工木料以立方米计算工程量，檩垫木或钉在屋架上的檩托木已包括在定额内，不另计算。

简支檩木每根长度按设计规定计算，如设计无规定时，按屋架或山墙中距增加 200mm 接头计算（两端出山檩条算至博风板）。

连续檩木长度按设计长度计算，其接头长度按全部连续檩的总长度增加 5%计算。

(6) 屋面木基层（椽子、挂瓦条、顺水条、屋面板）的工程量，按屋面的斜面积计算（斜面积计算方法可参见屋面工程）。天窗挑檐重叠部分按设计规定增加。屋面烟囱、斜沟、通风道、屋顶小气窗所占的面积不予扣除，但小气窗出檐部分也不增加。

(7) 封檐板按檐口外围长度以延长米计算工程量。博风板按斜长度计算，每个大刀头增加长度 500mm。

9. 其他木结构及扶手

(1) 木制通风口（地板下或室内用）按个数计算工程量。

(2) 山墙尖处的窗（含框，矩形）按图示框外围面积计算工程量。

(3) 玻璃木黑板的工程量，按边框外围尺寸以平方米计算工程量。定额中包括了磨砂玻璃，不另计算。

(4) 木搁板按图示板面尺寸以平方米计算工程量。定额是按一般固定式考虑的，如用角钢托架者，角钢应按定额铁件项目计算。

(5) 抹灰间壁墙，在定额中包括了木龙骨和面层（板条和钢丝网墙面层）工料，因此木龙骨不另外计算。抹灰间壁墙按图示尺寸以平方米计算工程量，应扣除门窗洞口及大于 $0.3m^2$ 孔洞的面积。

(6) 对于木板和胶合板木间壁，定额中包括了木龙骨和面层工料，木龙骨不另外计算。如果是玻璃屏门，定额还包括了玻璃工料，也不另外计算玻璃安装。木间壁按图示尺寸以平方米计算工程量，应扣除大于 $0.3m^2$ 的孔洞面积。

(7) 石棉瓦墙和单面瓦垄薄钢板墙，按图示尺寸以平方米计算工程量，应扣除门窗洞口及大于 $0.3m^2$ 孔洞的面积。对于安装或钉在木梁上的墙，定额中已包括固定在木梁上所需的木方，不得另行计算方材。

(8) 对于铁栏杆木扶手和铁栏杆钢管扶手，其扶手按图示尺寸延长米计算工程量。铁栏杆制作按吨计算，执行定额铁件项目。

10. 木屋架

木屋架的制作安装工程量，按以下规定计算：

(1) 木屋架制作安装均按设计断面木料以立方米计算，其后备长度及配制损耗均不另外计算。

(2) 方木屋架一面刨光时增加 3mm，两面刨光时增加 5mm，圆木屋架按屋架刨光时木材体积每立方米增加 $0.05m^3$ 计算。附属于屋架的胶合板、垫木等已并入相应的屋架制作项目中，不另计算；与屋架连接的挑檐木、支撑等，其工程量并入屋架木料体积内计算。

(3) 屋架的制作安装应区别不同跨度，其跨度应以屋架上、下弦杆的中心线交点之间的长度为准。带气楼的屋架并入所依附屋架的体积内计算。

(4) 屋架的马尾、折角和正交部分半屋架，应并入相连接屋架的体积内计算。

(5) 钢木屋架区分圆、方木，按设计断面木料以立方米计算。

11. 圆木屋架连接的挑檐木、支撑

圆木屋架连接的挑檐木、支撑等如为方木时，其方木部分应乘以系数 1.7 折合成圆木并入屋架木料内，单独的方木挑檐按矩形檩木计算。

12. 檩木

檩木按设计断面木料以立方米计算。简支檩长度按设计规定计算，如设计无规定者，按屋架或山墙中距增加 200mm 计算。如两端出山，檩条长度算至博风板；连续檩条的长度按设计长度计算，其接头长度按全部连续檩木总体积的 5% 计算。檩条托木已计入相应的檩木制作安装项目中，不另计算。

三、抹灰工程计量

抹灰工程主要包括室内外的一般抹灰（砂浆类、弹涂、喷涂、滚涂、勾缝等），装饰抹灰（水刷石、干粘石、斩假石、水磨石、拉毛、甩毛等）。

(一) 抹灰工程计量有关规定

1. 墙、柱面一般抹灰

(1) 墙、柱面一般抹灰砂浆种类。

墙、柱面一般抹灰砂浆主要有石灰砂浆、水泥砂浆、混合砂浆。墙面抹石灰砂浆分二遍、三遍、四遍，其标准如下：

①二遍：一遍底层、一遍面层。

②三遍：一遍底层、一遍中层、一遍面层。

③四遍：一遍底层、一遍中层、二遍面层。

（2）抹灰等级与抹灰遍数、工序、外观质量的对应关系（表9-3-2）。

抹灰等级与抹灰遍数、工序、外观质量的对应关系　　　表9-3-2

名　称	普通抹灰	中级抹灰	高级抹灰
遍　数	二　遍	三　遍	四　遍
主要工序	分层找平、修整、表面压光	阳角找方、设置标筋、分层找平、修整、表面压光	阳角找方、设置标筋、分层找平、修整、表面压光
外观质量	表面光滑、洁净、接槎平整	表面光滑、洁净、接槎平整、压线清晰、顺直	表面光滑、洁净、颜色均匀、无抹纹压线、平直方整、清晰美观

（3）抹灰厚度。

抹灰厚度，如设计与定额取定不同时，除定额项目有注明可以换算外，其他一律不作调整。抹灰厚度，按不同的砂浆分别列在定额项目中，同类砂浆列总厚度，不同砂浆分别列出厚度，如定额项目中的"18+6mm"即表示两种不同砂浆的各自厚度。

（4）圆弧形、锯齿形等不规则墙面抹灰，按相应项目人工乘以系数1.15。

2. 顶棚面一般抹灰

井字梁混凝土顶棚抹灰，按混凝土顶棚抹灰项目每100m^2增加4.66个工日。

3. 零星项目与装饰线条

"零星项目"适用于挑檐、天沟、腰线、窗台线、门窗套、压顶、扶手、栏板（带立柱、立板型）、遮阳板、雨篷周边、壁柜、碗柜、过人洞、暖气壁龛、池槽、花台等。

"装饰线条"适用于门窗套、挑檐、腰线、压顶、遮阳板、宣传栏边框等凸出墙面展开宽度小于300mm以内的竖、横线条抹灰。超过300mm的线条抹灰按"零星项目"执行。

4. 其他

（1）定额项目中均包括3.6m以内简易脚手架的搭设及拆除。

（2）PG板带钢丝网墙抹灰执行钢丝网抹灰项目。

（3）构筑物抹灰工程单体面积不超过10m^2，按相应定额项目人工乘1.25系数。

（4）定额中凡注明了砂浆种类、配合比，如与设计规定不同时，可按设计规定调整，但人工数量不变。

（二）抹灰工程计量方法

1. 内墙一般抹灰工程量

（1）内墙抹灰的工程量，按内墙面积以平方米计算。

应扣除门窗洞口和空圈所占的面积，不扣除踢脚板、装饰线、挂镜线、0.3m^2以内孔洞及墙与构件交接处所占的面积，门窗洞口、空圈及暖气包槽侧壁和顶面面积亦不增加,但附墙垛、附墙烟囱侧面抹灰应并入内墙抹灰工程量内。

其工程量可按下式计算:

$$内墙抹灰面积 = L \times H - S_{洞口} + S_{附墙垛、烟囱侧壁面积}$$

式中 L——内墙长度,按主墙间结构面净长计算;

H——内墙高度,无墙裙者,其高度按室内地面或楼板面算至顶棚底面;有墙裙者,其高度按墙裙顶面算至顶棚底面;钉板条顶棚者,其高度按室内地面或楼板面算至顶棚底面另加 100mm。

(2) 内墙裙抹灰的工程量,按内墙间净长乘以墙裙高度以平方米计算,扣除、不扣除、增加、不增加内容同上。其工程量可按下式计算:

内墙裙抹灰面积=墙裙长×墙裙高-门窗洞口及空圈面积+附墙垛、烟囱侧壁面积

(3) 砖墙中的钢筋混凝土梁、柱等抹灰,应并入墙面抹灰工程量内。

(4) 内墙装饰线,按图示尺寸净长计算工程量。

2. 外墙一般抹灰工程量计算

(1) 外墙抹灰。

外墙抹灰面积,按外墙面的垂直投影面积以平方米计算。应扣除门窗洞口、外墙裙和大于 0.3m² 孔洞所占面积,洞口侧壁面积不另增加。附墙垛、梁、柱侧面抹灰面积并入外墙面抹灰工程量内计算。栏杆、窗台线、门窗套、扶手、压顶、挑檐、遮阳板、突出墙外的腰线等,另按相应规定计算。

(2) 外墙裙抹灰。

外墙裙抹灰面积按其长度乘高度计算,扣除门窗洞口和大于 0.3m² 孔洞所占的面积,门窗洞口及孔洞的侧壁不增加。

(3) 窗台线、门窗套、挑檐、腰线、遮阳板等。

窗台线、门窗套、挑檐、腰线、遮阳板等展开宽度在 300mm 以内者,按装饰线以延长米计算;如展开宽度超过 300mm 以上时,按图示尺寸以展开面积计算,套零星抹灰定额项目。

(4) 女儿墙。

女儿墙(包括泛水、挑砖)内侧抹灰按垂直投影面积乘以系数 1.10,带压顶者乘以系数 1.30,女儿墙外侧抹灰按垂直投影面积,并入相应墙面工程量内计算。

(5) 栏杆、栏板抹灰。

栏杆、栏板(带立柱、立板型)抹灰(包括立柱、立板、扶手、压顶等)按立面垂直投影面积乘以 2.2 系数以平方米计算。

阳台栏板内外抹灰分别执行内外墙相应定额项目,人工乘以系数 1.2,其他不变。

(6) 阳台底面抹灰。

阳台底面抹灰按水平投影面积以平方米计算,并入相应顶棚抹灰面积内。阳台如带悬臂梁者,其工程量乘系数 1.30。

(7) 雨篷抹灰。

雨篷底面(或顶面)抹灰按水平投影面积以平方米计算,并入相应顶棚抹灰面积内计算。雨篷带悬臂梁、反沿或反梁者,其工程量乘系数 1.2;雨篷外边线按

相应装饰或零星项目执行。

(8) 独立柱。

独立柱一般抹灰按结构断面周长乘以柱的高度以平方米计算。

3. 外墙装饰抹灰工程量计算

外装装饰抹灰包括水刷石、干粘石、斩假石、水磨石、拉毛灰和甩毛灰等项目。

(1) 外墙各种装饰抹灰均按图示尺寸以实抹面积计算。应扣除门窗洞口及空圈的面积，其侧壁面积不另增加。

(2) 挑檐、天沟、腰线、栏杆、栏板、门窗套、窗台线、压顶等，均按图示尺寸展开面积以平方米计算，套装饰抹灰零星项目。

(3) 墙面贴块料面层均按图示尺寸以实贴面积计算。

(4) 独立柱一般抹灰、装饰抹灰、镶贴块料按结构断面周长乘以柱的高度以平方米计算。

(5) 各种"零星项目"均以图示尺寸展开面积计算。

4. 顶棚抹灰

(1) 顶棚抹灰面积，按主墙间的净面积计算。不扣除间壁墙、垛、柱（柱截面积在 $0.3m^2$ 以内）、附墙烟囱、检查口和管道所占的面积。

(2) 带梁顶棚，梁下无墙时，梁侧壁抹灰面积并入顶棚工程量内计算。梁下有墙时，梁侧壁抹灰面积并入墙面工程量内计算。密肋梁和井字梁顶棚抹灰面积，按展开面积计算。

(3) 板式楼梯底面抹灰按水平投影面积乘1.15系数计算，锯齿形楼梯底面抹灰按展开面积计算。

(4) 顶棚抹灰如带有装饰线者，区分三道线以内或五道线以内，按延长米计算。线角的道数以一个突出的棱角为一道线。檐口顶棚的抹灰面积，并入相同的顶棚抹灰中计算。顶棚中的折线、灯槽线、圆弧线、拱形线等艺术形式的抹灰，按展开面积计算。

【实训练习】

实训项目一：楼地面工程计量与计价。

资料内容：利用教学用施工图纸和预算定额，进行楼地面工程项目列项、计算工程量，填写工程量计算表和工程预算表。

实训项目二：门窗工程计量与计价。

资料内容：利用教学用施工图纸和预算定额，进行门窗工程项目列项、计算工程量，填写工程量计算表和工程预算表。

实训项目三：抹灰工程计量与计价。

资料内容：利用教学用施工图纸和预算定额，进行抹灰工程项目列项、计算工程量，填写工程量计算表和工程预算表。

【复习思考题】

1. 整体面层与块料面层工程量计算有何不同？
2. 楼梯面层与台阶面层工程量计算有何不同？
3. 散水坡工程量如何计算？
4. 木门窗应计算哪些定额项目？
5. 塑钢门窗、不锈钢门窗、彩板组角钢门窗安装的工程量如何计算？
6. 楼梯栏杆扶手工程量如何计算？
7. 内墙与外墙抹灰工程量计算有哪些区别？
8. 阳台、雨篷的工程量如何计算？
9. 哪些项目套用零星项目与装饰线条？

学习情境十 措 施 项 目

任务一 施工排水、降水工程计量

【引入问题】
1. 土方工程施工时，基坑内的水如何排放？
2. 施工排水、降水工程量如何计算？

【工作任务】
了解土方工程降水的方法及施工工艺，能够根据场地的实际情况选择合适的降水措施，能熟练的进行施工排水、降水工程量计算。

【学习参考资料】
1. 《建筑施工技术》中国建筑工业出版社，姚谨英主编. 2003.
2. 《基坑降水手册》中国建筑工业出版社，姚天强主编. 2004.
3. 《建筑工程概预算》黑龙江科技出版社，王春宁主编. 2000.
4. 《建筑工程概预算》电子工业出版社，汪照喜主编. 2007.
5. 《建筑工程预算》中国建筑工业出版社，袁建新、迟晓明编著. 2007.

【主要学习内容】

一、土方工程施工排水与降低地下水位

在开挖基坑、地槽、管沟或其他土方时，土的含水层常被切断，地下水将会不断地渗入坑内。雨期施工时，地面水也会流入坑内。为了保证施工的正常进行，防止边坡塌方和地基承载能力的下降，必须做好基坑降水工作。降水方法分明沟排水法和人工降低地下水位法两类。

（一）明沟排水法

在基坑或沟槽开挖时，采用截、疏、抽的方法来进行排水。开挖时，沿坑底周围或中央开挖排水沟，再在沟底设集水井，使基坑内的水经排水沟流向集水井，然后用水泵抽走（图10-1-1）。

基坑四周的排水沟及集水井应设置在基础范围以外，地下水流的上游。明沟排水的纵坡宜控制在1‰～2‰；集水井应根据地下水量、基坑

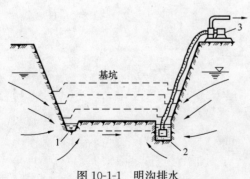

图10-1-1 明沟排水
1—排水沟；2—集水坑；3—水泵

平面形状及水泵能力,每隔20～40m设置一个。

集水井的直径或宽度,一般为0.7～0.8m。其深度随着挖土的加深而加深,要始终低于挖土面0.8～1.0m。井壁可用竹、木等简易加固。当基坑挖至设计标高后,井底应低于坑底1～2m,并铺设0.3m碎石滤水层,以免在抽水时将泥砂抽出,并防止井底的土被搅动。

明沟排水法由于设备简单和排水方便,采用较为普通,但当开挖深度大、地下水位较高而土质又不好时,用明沟排水法降水,挖至地下水水位以下时,有时坑底下面的土会形成流动状态,随地下水涌入基坑。这种现象称为流砂现象。发生流砂时,土完全丧失承载能力。使施工条件恶化,难以达到开挖设计深度。严重时会造成边坡塌方及附近建筑物下沉、倾斜、倒塌等。总之,流砂现象对土方施工和附近建筑物有很大危害。

(二) 人工降低地下水位

人工降低地下水位,就是在基坑开挖前,预先在基坑四周埋设一定数量的滤水管(井),利用抽水设备从中抽水,使地下水位降落在坑底以下,直至施工结束为止。这样,可使所挖的土始终保持干燥状态,改善施工条件,同时还使动水压力方向向下,从根本上防止流砂发生,并增加土中有效应力,提高土的强度或密实度。因此,人工降低地下水位不仅是一种施工措施,也是一种地基加固方法。

采用人工降低地下水位,可适当改陡边坡以减少挖土数量,但在降水过程中,基坑附近的地基土壤会有一定的沉降,施工时应加以注意。

人工降低地下水位的方法有:轻型井点、喷射井点、电渗井点、管井井点及深井泵等。各种方法的选用,视土的渗透系数、降低水位的深度、工程特点、设备及经济技术指标等具体条件参照表10-1-1选用。其中以轻型井点采用较广。

各类井点的适用范围 表10-1-1

项 次	井点类别	土层渗透系数 (cm/s)	降低水位深度 (m)
1	单层轻型井点	$10^{-2} \sim 10^{-5}$	3～6
2	多层轻型井点	$10^{-2} \sim 10^{-5}$	6～12(由井点层数而定)
3	喷射井点	$10^{-3} \sim 10^{-6}$	8～20
4	电渗井点	$<10^{-6}$	宜配合其他形式降水使用
5	深井井管	$\geq 10^{-5}$	>10

1. 轻型井点降低地下水位

(1) 轻型井点设备:轻型井点设备由管路系统和抽水设备组成(图10-1-2)。管路系统包括:滤管、井点管、弯联管及总管等。抽水设备是由真空泵、离心泵和水气分离器(又叫集水箱)等组成。

滤管(图10-1-3)为进水设备,通常采用长1.0～1.2m,直径38mm或51mm的无缝钢管,管壁钻有直径为12～19mm的滤孔。滤管上端与井点管连接。井点管为直径38mm或51mm、长5～7m的钢管,可整根或分节组成。井点管的上端用弯联管与总管相连。集水总管用直径100～127mm的无缝钢管,每段长4m,其上装有与井点管连接的短接头,间距0.8m或1.2m。

一套抽水设备的负荷长度(即集水总管长度),采用W5型真空泵时,不大于100m;采用W6型真空泵时,不大于200m。

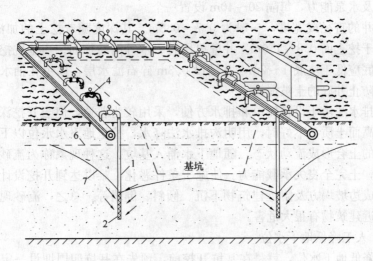

图 10-1-2 轻型井点降低地下水位图
1—井点管；2—滤管；3—总管；4—弯联管；5—水泵房；6—原有地下水位线；7—降低后地下水位线

(2) 轻型井点的布置。井点系统的布置，应根据基坑大小与深度、土质、地下水位高低与流向、降水深度要求等确定。

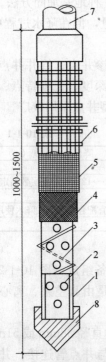

图 10-1-3 滤管构造
1—钢管；2—管壁上的小孔；3—缠绕的塑料管；4—细滤网；5—粗滤网；6—粗钢丝保护网；7—井点管；8—铸铁头

①平面布置：当基坑或沟槽宽度小于 6m，水位降低值不大于 5m 时，可用单排线状井点，布置在地下水流的上游一侧，两端延伸长一般不小于沟槽宽度（图 10-1-4）。如沟槽宽度大于 6m，或土质不良，宜用双排井点（图 10-1-5）。面积较大的基坑宜用环状井点（图 10-1-6）。有时也可布置为 U 形，以利挖土机械和运输车辆出入基坑，环状井点四角部分应适当加密，井点管距离基坑一般为 0.7～1.0m，以防漏气。井点管间距一般用 0.8～1.5m，或由计算和经验确定。

②高程布置：轻型井点的降水深度在考虑设备水头损失后，不超过 6m。

井点管的埋设深度 H（不包括滤管长）按下式计算：

$$H \geqslant H_1 + h + IL$$

式中 H_1——井管埋设面至基坑底的距离（m）；

h——基坑中心处基坑底面（单排井点时，为远离井点一侧坑底边缘）至降低后地下水位的距离，一般为 0.5～1.0m；

I——地下水降落坡度，环状井点 1/10，单排线状井点为 1/4；

L——井点管至基坑中心的水平距离（m），在单排井点中，为井点管至基坑另一侧的水平距离（图 10-1-4、图 10-1-5）。

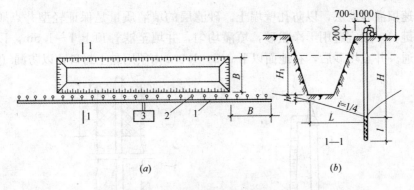

图 10-1-4 单排线状井点布置（mm）
(a) 平面布置；(b) 高程布置
1—总管；2—井点管；3—抽水设备

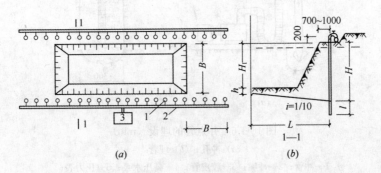

图 10-1-5 双排线状井点布置（mm）
(a) 平面布置；(b) 高程布置
1—井点管；2—总管；3—抽水设备

此外，确定井点埋深时，还要考虑到井点管一般要露出地面 0.2m 左右。

如果计算出的 H 值大于井点管长度，则应降低井点管的埋置面（但以不低于地下水位为准）以适应降水深度的要求。在任何情况下，滤管必须埋在透水层内。

为了充分利用抽吸能力，总管的布置标高宜接近地下水位线（可事先挖槽），水泵轴心标高宜与总管平行或略低于总管。总管应具有 0.25%～0.5% 坡度（坡向泵房）。各段总管与滤管最好分别设在同一水平面，不宜高低悬殊。

(3) 井点管的安装使用。轻型井点的安装程序是：先排放总管，再埋设井点管，用弯管将井点管与总管接通，最后安装抽水设备。而井点管的埋设是关键工作之一。

井点管埋设一般用水冲法，分为冲孔和埋管两个过程（图 10-1-6）。冲孔时，先用起重设备将冲管吊起并插在井点的位置上，然后开动高压水泵，将土冲松，冲管则边冲边沉。冲孔直径一般为 300mm，以保证井管四周有一定厚度的砂滤层；冲孔深度宜比滤管底深 0.5m 左右，以防冲管拔出时，部分土颗粒沉于底部而触及滤管底部。井孔冲成后，立即拔出冲管，插入井点管，并在井点管与孔壁之间迅速填灌砂滤层，以防孔壁塌土。砂滤层的填灌质量是保证轻型井点顺利抽水的关键。一般宜选用干净粗砂，填灌均匀，并填至滤管顶上 1～1.5m，以保证水流畅通。井点填砂后，在地面以下 0.5～1.0m 内须用黏土封口，以防漏气。

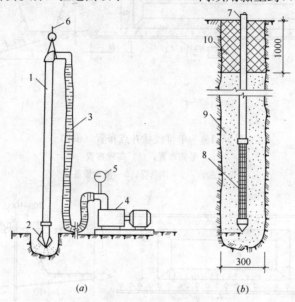

图 10-1-6　井点管的埋设（mm）
(a) 冲孔；(b) 埋管

1—冲管；2—冲嘴；3—胶皮管；4—高压水泵；5—压力表；
6—起重机吊钩；7—井点管；8—滤管；9—填砂；10—黏土封口

井点管埋设完毕，应接通总管与抽水设备进行试抽水，检查有无漏水、漏气，出水是否正常，有无淤塞等现象，如有异常情况，应检修好后方可使用。

轻型井点使用时，一般应连续抽水（特别是开始阶段）。时抽时停滤网容易堵塞，出水浑浊并引起附近建筑物由于土颗粒流失而沉降、开裂。同时由于中途停抽，使地下水回升，也可能引起边坡塌方等事故，抽水过程中，应调节离心泵的出水阀以控制水量，使抽吸排水保持均匀，做到细水长流。正常的出水规律是"先大后小，先浑后清"。真空泵的真空度是判断井点系统工作情况是否良好的尺寸，必须经常观察。造成真空度不足的原因很多，但大多是井点系统有漏气现象，应及时检查并采取措施。在抽水过程中，还应检查有无堵塞的"死井"（工作正常的井管，用手探摸时，应有冬暖夏凉的感觉），如死井太多，严重影响降水效果时，应逐个用高压水反冲洗或拔出重埋。为观察地下水位的变化，可在影响半径内设观察孔。井点降水工作结束后所留的井孔，必须用砂砾或黏土填实。

2. 喷射井点降低地下水位

当基坑开挖较深或降水深度超过 6m，必须使用多级轻型井点，这样，会增大基坑的挖土量、延长工期并增加设备数量，不够经济。当降水深度超过 6m，土层渗透系数为 0.1～2.0m/d 的弱透水层时，采用喷射井点降水比较合适，其降水深度可达 20m。

3. 深井井点降低地下水位

深井井点降水是将抽水设备放置在深井中进行抽水来达到降低地下水位的目的。适用于抽水量大、降水较深的砂类土层，降水深可达 50m 以内。

4. 降水对周围建筑的影响及防止措施

在弱透水层和压缩性大的黏土层中降水时，由于地下水流失造成地下水位下降、地基自重应力增加和土层压缩等原因，会产生较大的地面沉降；又由于土层的不均匀性和降水后地下水位呈漏斗曲线，四周土层的自重应力变化不一而导致不均匀沉降，使周围建筑物基础下沉或房屋开裂。因此，在建筑物附近进行井点降水时，为防止降水影响或损害区域内的建筑物，就必须阻止建筑物下的地下水流失。为达到此目的，除可在降水区域和原有建筑物之间的土层中设置一道固体抗渗屏幕外，还可用回灌井点补充地下水的办法来保持地下水位。使降水井点和原有建筑物下的地下水位保持不变或降低较少，从而阻止建筑物下地下水的流失。这样，也就不会因降水而使地面沉降，或减少沉降值。

回灌井点是防止井点降水损害周围建筑物的一种经济、简便、有效的办法，它能将井点降水对周围建筑物的影响减少到最小程度。为确保基坑施工的安全和回灌的效果，回灌井点与降水井点之间应保持一定的距离，一般不宜小于 6m。

为了观测降水及回灌后四周建筑物、管线的沉降情况及地下水位的变化情况，必须设置沉降观测点及水位观测井，并定时测量记录，以便及时调节灌、抽量，使灌、抽基本达到平衡，确保周围建筑物或管线等的安全。

二、施工排水、降水计量

（一）施工排水、降水计量的有关规定

1. 施工排水、降水的内容

施工排水、降水包括井点排水、抽水机降水、井点降水。井点降水分为轻型井点、喷射井点、大口径井点、电渗井点、水平井点。

2. 井点降水井管间距

井点降水井管间距应根据地质条件和施工降水要求，依据施工组织设计确定。施工组织设计没有规定时，可按轻型井点管距 0.8~1.6m，喷射井点管距 2~3m 确定。

3. 井点降水使用天数

井点降水使用天应以每昼夜 24h 为一天，使用天数应按施工组织设计规定的使用天数计算，或按实际天数计算。

（二）施工排水、降水工程量计算规则

1. 井点降水

井点降水井管安装、拆除项目按不同井管深度的以"根"为单位；井点降水使用按"套、天（24h 为一天）"计算。井点套组成按下表（表10-1-2）计算。

井 点 套 组 成　　　　　表 10-1-2

轻型井点	喷射井点	大口径井点	电渗井点阳极	水平井点
50 根为一套	30 根为一套	45 根为一套	30 根为一套	10 根为一套

2. 井点排水

井点排水按不同打拔井深以井点个数计算。管道摊销区分井深以每昼夜计算，设备使用区分单机组或双机组抽水计算。

3. 抽水机降水

抽水机降水按槽底降水面积以平方米计算。

【实训练习】

实训项目：计算土方工程施工排水与降低地下水位工程量。

资料内容：利用教学用施工图纸和预算定额，进行土方工程施工排水与降低地下水位工程项目列项、计算工程量，填写工程量计算表和工程预算表。

【复习思考题】

1. 井点降水工程量如何计算？
2. 井点降水使用天数如何确定？

任务二　脚手架工程计量

【引入问题】

1. 什么是脚手架？
2. 脚手架的种类有哪些？
3. 脚手架工程量如何计算？

【工作任务】

了解施工中所用脚手架的构造及要求。能够根据工程的实际情况选择合适的脚手架类型。能熟练的进行脚手架工程量计算。

【学习参考资料】

1.《建筑施工技术》中国建筑工业出版社，姚谨英主编.2003.
2.《建筑施工碗扣式钢管脚手架安全技术规范》中国建筑工业出版社，河北建设集团有限公司主编.2009.
3.《模板与脚手架工程施工技术措施》中国建筑工业出版社，北京土木建筑学会主编.2006.
4.《建筑工程概预算》黑龙江科技出版社，王春宁主编.2000.
5.《建筑工程概预算》电子工业出版社，汪照喜主编.2007.
6.《建筑工程预算》中国建筑工业出版社，袁建新、迟晓明编著.2007.

【主要学习内容】

一、脚手架的组成和搭设要求

脚手架是建筑施工中重要的临时设施，是在施工现场为安全防护、工人操作以及解决楼层间少量垂直和水平运输而搭设的支架。脚手架的种类很多，按其搭设位置分为外脚手架和里脚手架两大类；按其所用材料分为木脚手架、竹脚手架与金属脚手架；按其用途分为操作脚手架、防护用脚手架、承重和支撑用脚手架；按其构造形式分为多立杆式、框式、吊挂式、悬挑式、升降式以及用于楼层间操作的工具式脚手架等。

建筑施工脚手架应由架子工搭设。对脚手架的基本要求是：应满足工人操作、材料堆置和运输的需要；坚固稳定，安全可靠；搭拆简单，搬移方便；尽量节约材料，能多次周转使用。脚手架的宽度一般为 1.5～2.0m，砌筑用脚手架的每步架高度一般为 1.2～1.4m，装饰用脚手架的一步架高一般为 1.6～1.8m。

（一）外脚手架

外脚手架沿建筑物外围从地面搭起，既可用于外墙砌筑，又可用于外装饰施工。其主要形式有多立杆式、框式、桥式等。多立杆式应用最广，框式次之。

1. 多立杆式脚手架

（1）基本组成和一般构造。

多立杆式脚手架主要由立杆、纵向水平杆（大横杆）、横向水平杆（小横杆）、斜撑、脚手板等组成（图 10-2-1）。其特点是每步架高可根据施工需要灵活布置，取材方便，钢、竹、木等均可应用。

多立杆式脚手架分双排式和单排式两种形式。双排式（图 10-2-1b）沿墙外侧设两排立杆，小横杆二端支承在内外二排立杆上，多、高层房屋均可采用，当房屋高度超过 50m 时，需专门设计。单排式（图 10-2-1c）沿墙外侧仅设一排立杆，其小横杆一端与大横杆连接，另一端支承在墙上，仅适用于荷载较小，高度较低（小于 25m），墙体有一定强度的多层房屋。

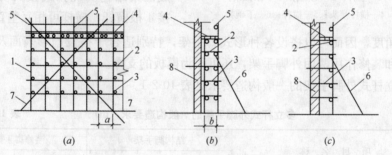

图 10-2-1 多立杆式脚手架
(a) 立面；(b) 侧面（双排）；(c) 侧面（单排）
1—立柱；2—大横杆；3—小横杆；4—脚手板；5—栏杆；6—抛撑；7—斜撑；8—墙体

早期的多立杆式外脚手架主要是采用竹、木杆件搭设而成，后来逐渐采用钢管和特制的扣件来搭设。这种多立杆式钢管外脚手有扣件式和碗扣式两种。

钢管扣件式多立杆脚手架由钢管（Φ8×3.5）和扣件（图 10-2-2）组成，采用扣件连接，既牢固又便于装拆，可以重复周转使用，因而应用广泛。这种脚手架在纵向外侧每隔一定距离需设置斜撑，以加强其纵向稳定性和整体性。另外，为了防止整片脚手架外倾和抵抗风力，整片脚手架还需均匀设置连墙杆，将脚手架

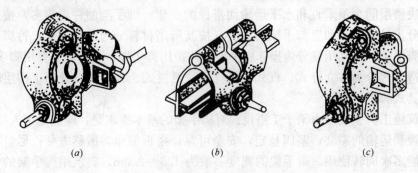

图 10-2-2 扣件形式
(a) 回转扣件；(b) 对接扣件；(c) 直角扣件

与建筑物主体结构相连，依靠建筑物的刚度来加强脚手架的整体稳定性。

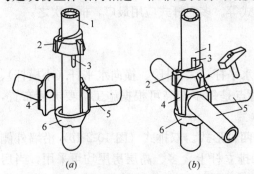

图 10-2-3 碗扣接头构造
(a) 连接前；(b) 连接后
1—立杆；2—上碗扣；3—限位销；
4—横杆接头；5—横杆；6—下碗扣

碗扣式钢管脚手架立杆与水平杆用特制的碗扣接头连接（图 10-2-3）。碗扣分上碗扣和下碗扣，下碗扣焊在钢管上，上碗扣对应地套在钢管上，其销槽对准焊在钢管上的限位销即能上下滑动。连接时，只需将横杆接头插入下碗扣内，将上碗扣沿限位销扣下，并顺时针旋转，靠上碗扣螺旋面使之与限位销顶紧，从而将横杆和立杆牢固地连在一起，形成框架结构。碗扣式接头可同时连接 4 根横杆，横杆可相互垂直亦可组成其他角度，因而可以搭设各种形式脚手架，特别适合于搭设扇形表面及高层建筑施工和装修作用两用外脚手架，还可作为模板的支撑。

多立杆式外脚手架的一般构造要求见表 10-2-1。

多立杆式外脚手架的一般构造要求（m）　　　　表 10-2-1

项目名称		结构脚手架		装修脚手架	
		单 排	双 排	单 排	双 排
脚手架内立杆离墙面的距离		—	0.35～0.50	—	0.35～0.50
小横杆内端离墙面的距离或插入墙体的长度		0.30～0.50	0.10～0.15	0.30～0.50	0.15～0.20
小横杆外端伸出大横杆外的长度		>0.15			
双排脚手架内外立杆横距 单排脚手架立杆与墙面距离		1.35～1.80	1.00～1.50	1.15～1.50	0.15～1.20
立杆纵距	单立杆	1.00～2.00			
	双立杆	1.50～2.00			

续表

项目名称	结构脚手架		装修脚手架	
	单排	双排	单排	双排
大横杆间距（步高）	≤1.50		≤1.80	
第一步架步高	一般为1.60~1.80，且≥2.00			
小横杆间距	≤1.00		≤1.50	
15~18m高度段内铺板层和作业层的限制	铺板层不多于六层，作业层不超过两层			
不铺板时，小横杆的部分拆除	每步保留、相间抽拆，上下两步错开，抽拆后的距离为：结构架子≤1.50；装修架子≤3.00			
剪刀撑	沿脚手架纵向两端和转角处起，每隔10m左右设一组，斜杆与地面夹角为45°~60°，并沿全高度布置			
与结构拉结（连墙杆）	每层设置，垂直距离≤4.0，水平距离≤6.0，且在高度段的分界面上必须设置			
水平斜拉杆	设置在与联墙杆相同的水平面上		视需要设置	
护身栏杆和挡脚板	设置在作业层，栏杆高1.00，挡脚板高0.40			
杆件对接或搭接位置	上下或左右错开，设置在不同的（步架和纵向）网格内			

注：高层脚手架当采用分段搭设时，每段的脚手架分别支承在托架上，每段搭设高度不宜超过25m。

（2）承力结构。

脚手架的承力结构主要指作业层、横向构架和纵向构架三部分。作业层是直接承受施工荷载，荷载由脚手板传给小横杆，再传给大横杆和立柱。横向构架由立杆和小横杆组成，是脚手架直接承受和传递垂直荷载的部分。它是脚手架的受力主体。纵向构架是由各榀横向构架通过大横杆相互之间连成的一个整体。

（3）支撑体系。

脚手架的支撑体系包括纵向支撑（剪刀撑）、横向支撑和水平支撑。这些支撑应与脚手架这一空间构架的基本构件很好连接。

设置支撑体系的目的是使脚手架成为一个几何稳定的构架，加强其整体刚度、以增大抵抗侧向力的能力，避免出现节点的可变状态和过大的位移。

①纵向支撑（剪刀撑）。

纵向支撑是指沿脚手架纵向外侧隔一定距离由下而上连续设置的剪刀撑。具体如下：

（a）脚手架高度在25m以下时，在脚手架两端和转角处必须设置，中间每隔12~15m设一道，且每片架子不少于三道。剪刀撑宽度宜取3~5倍立杆纵距，斜杆与地面夹角宜在45°~60°范围内，最下面的斜杆与立杆的连接点离地面不宜大于500mm。

（b）脚手架高度在25~50m时，除沿纵向每隔12~15m自下而上连续设置一道剪刀撑外，在相邻两排剪刀撑之间，尚需沿高度每隔10~15m加设一道沿纵向通长的剪刀撑。

（c）对高度大于50m的高层脚手架，应沿脚手架全长和全高连续设置剪刀撑。

②横向支撑。

横向支撑指在横向构架内从底到顶沿全高呈之字形设置的连续的斜撑。具体设置如下：

(a) 脚手架的纵向构架因条件限制不能形成封闭形，如"一"字形、"L"形或"凹"字形的脚手架，其两端必须设置横向支撑，并于中间每隔六个间距加设一道横向支撑。

(b) 脚手架高度超过 25m 时，每隔六个间距要设置横向支撑一道。

③ 水平支撑。

水平支撑是指在设置连墙拉结杆件的所在水平面内连续设置的水平斜杆。一般可根据需要设置，如在承载力较大的结构脚手架中或在承受偏心荷载较大的承托架、防护棚、悬挑水平安全网等部位设置，以加强其水平刚度。

(4) 抛撑和连墙杆。

脚手架由于其横向构架本身是一个高跨比相差悬殊的单跨结构，仅依靠结构本身尚难以做保持结构的整体稳定，防止倾覆和抵抗风力。对于高度低于三步的脚手架，可以采用加设抛撑来防止其倾覆，抛撑的间距不超过 6 倍立杆间距，抛撑与地面的夹角为 45°～60°，并应在地面支点处铺设垫板。对于高度超过三步的脚手架防止倾斜和倒塌的主要措施是将脚手架整体依附在整体刚度很大的主体结构上，依靠房屋结构的整体刚度来加强和保证整片脚手架的稳定性。其具体做法是在脚手架上均匀地设置足够多的牢固的连墙点（图 10-2-4）。连墙点的位置应设置在与立杆和大横杆相交的节点处，离节点的间距不宜大于 300mm。

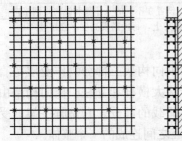

图 10-2-4 连墙杆的布置

设置一定数量的连墙杆后，整片脚手架的倾覆破坏一般不会发生。但要求与连墙杆连接一端的墙体本身要有足够的刚度，所以连墙杆在水平方向应设置在框架梁或楼板附近，竖直方向应设置在框架柱或横隔墙附近。连墙杆在房屋的每层范围均需布置一排，一般竖向间距为脚手架步高的 2～4 倍，不宜超过 4 倍，且绝对值在 3～4m 范围内；横向间距宜选用立杆纵距的 3～4 倍，不宜超过 4 倍，且绝对值在 4.5～6.0m 范围内。

(5) 搭设要求。

脚手架搭设时应注意地基平整坚实，设置底座和垫板，并有可靠的排水措施，防止积水浸泡地基引起不均匀沉陷。杆件应按设计方案进行搭设，并注意搭设顺序，扣件拧紧程度应适度，一般扭力矩应在 40～60kN·m 之间。禁止使用规格和质量不合格的杆配件。相邻立柱的对接扣件不得在同一高度，应随时校正杆件的垂直和水平偏差。脚手架处于顶层连墙点之上的自由高度不得大于 6m。当作业层高出其下连墙件 2 步或 4m 以上，且其上尚无连墙件时，应采取适当的临时撑拉措施。脚手板或其他作业层铺板的铺设应符合有关规定。

2. 框式脚手架

(1) 基本组成。

框式脚手架也称为门式脚手架，是应用最普遍的脚手架之一。它不仅可作为外脚手架，而且可作为内脚手架或满堂脚手架。框式脚手架由门式框架、剪刀撑、水平梁架、螺旋基脚组成基本单元，将基本单元相互连结并增加梯子、栏杆及脚手板等即形成脚手架（图10-2-5）。

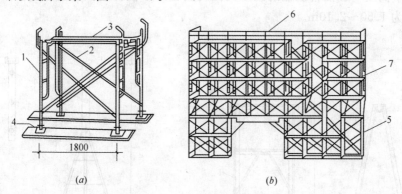

图 10-2-5　框式脚手架
(a) 基本单元；(b) 框式外脚手架
1—门式框架；2—剪刀撑；3—水平梁架；4—螺旋基脚；5—梯子；6—栏杆；7—脚手板

（2）搭设要求。

框式脚手架是一种工厂生产、现场搭设的脚手架，一般只要按产品目录所列的使用荷载和搭设规定进行施工，不必再进行验算。如果实际使用情况与规定有出入时，应采取相应的加固措施或进行验算。通常框式脚手架搭设高度限制在45m以内，采取一定措施后达到80m左右。施工荷载一般为：均布荷载1.8kN/m^2，或作用于脚手架板跨中的集中荷载2kN。

搭设框式脚手架时，基底必须夯实找平，并铺可调底座，以免发生塌陷和不均匀沉降。要严格控制第一步门式框架垂直度偏差不大于2mm，门架顶部的水平偏差不大于5mm。门架的顶部和底部用纵向水平杆和扫地杆固定。门架之间必需设置剪刀撑和水平梁架（或脚手板），其间连接应可靠，以确保脚手架的整体刚度。

（二）里脚手架

里脚手架搭设于建筑物内部，每砌完一层墙后，即将其转移到上一层楼面，进行新的一层砌体砌筑，它可用于内外墙的砌筑和室内装饰施工。里脚手架用料少，但装拆频繁，故要求轻便灵活，装拆方便。其结构型式有折叠式、支柱式和门架式等多种。

1. 折叠式

折叠式里脚手架适用于民用建筑的内墙砌筑和内粉刷，也可用于砖围墙、砖平房的外墙砌筑和粉刷。根据材料不同，分为角钢、钢管和钢筋折叠式里脚手架。角钢折叠式里脚手（图10-2-6）的架设间距，砌墙时不超过2m，粉刷时不超过2.5m。可以搭设两步脚手架，第一步高约1m，第二步高约1.65m。钢管和钢筋折叠式里脚手架的架设间距，砌墙时不超过1.8m，粉刷时不超过2.2m。

2. 支柱式

支柱式里脚手架由若干个支柱和横杆组成。适用于砌墙和内粉刷。其搭设间距，砌墙时不超过2m，粉刷时不超过2.5m。支柱式里脚手架的支柱有套管式和承插式两种形式。图10-2-7所示为套管式支柱，它是将插管插入立管中，以销孔间距调节高度，在插管顶端的凹形支托内搁置方木横杆，横杆上铺设脚手板。架设高度为1.50～2.10m。

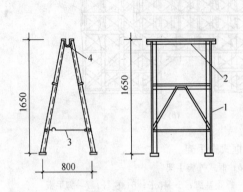
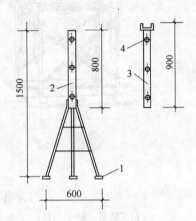

图10-2-6　折叠式里脚手架（mm）
1—立柱；2—横楞；3—挂钩；4—铰链

图10-2-7　管套式支柱（mm）
1—支脚；2—立管；3—插管；4—销孔

3. 门架式

门架式里脚手架由两片A形支架与门架组成（图10-2-8）。适用于砌墙和粉刷。支架间距，砌墙时不超过2.2m，粉刷时不超过2.5m。按照支架与门架的不同结合方式，分为套管式和承插式两种。

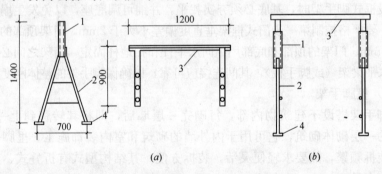

图10-2-8　门架式里脚手架（mm）
（a）A形支架与门架；（b）安装示意
1—立管；2—支脚；3—门架；4—垫板

A形支架有立管和套管两部分，立管常用$\phi 50 \times 3$mm钢管，支脚可用钢管、钢筋或角钢焊成。套管式的支架立管较长，由立管与门架上的销孔调节架子高度。承插式的支架立管较短，采用双承插管，在改变架设高度时，支架可不再挪动。门架用钢管或角钢与钢管焊成，承插式门架在架设第二步时，销孔要插上销钉，防止A形支架被撞后转动。

（三）其他几种脚手架简介

1. 木、竹脚手架

由于各种先进金属脚手架的迅速推广，使传统木、竹脚手架的应用减少，但在我国南方地区和广大乡镇地区仍时常采用木、竹脚手架。木、竹脚手架是由木杆或竹竿用铅丝、棕绳或竹篾绑扎而成。木杆常用剥皮杉杆，缺乏杉杆时，也可用其他坚韧质轻的木料。竹竿应用生长 3 年以上的毛竹。木、竹多立杆式脚手架的一般构造要求见表 10-2-2。

木、竹多立杆式脚手架的构造要求（m）　　　表 10-2-2

项目	砌筑用			装饰用			满堂架	
	木		竹	木		竹	木	竹
	单排	双排	双排	单排	双排	双排		
里皮立柱离墙		0.5	0.5		0.5	0.5	0.5	0.5
排距	1.2~1.5	1~1.5	1~1.3	1.2~1.5	1~1.5	1~1.3	1.8~2	1.8~2
柱距	1.5~1.8	1.5~1.8	1.3~1.5	2	2	1.8	1.8~2	1.8~2
步距	1.2~1.4	1.2~1.4	1.2	1.6~1.8	1.6~1.8	1.6~1.8	1.6~1.8	1.6~1.8
横向水平杆间距	<1	<1	<0.75	1	1	<1	1	<1
横向水平杆悬臂		0.45	0.45		0.4	0.4	0.4	0.4

2. 悬挑式脚手架

悬挑式脚手架（图 10-2-9）简称挑架。搭设在建筑物外边缘向外伸出的悬挑结构上，将脚手架荷载全部或部分传递给建筑结构。悬挑支承结构有用型钢焊接制作的三角桁架下撑式结构以及用钢丝绳斜拉住水平型钢挑梁的斜拉式结构两种主要形式。在悬挑结构上搭设的双排外脚手架与落地式脚手架相同，分段悬挑脚手架的高度一般控制在 25m 以内。该形式的脚手架适用于高层建筑的施工。由于脚手架系沿建筑物高度分段搭设，故在一定条件下，当上层还在施工时，其下层即可提前交付使用；而对于有裙房的高层建筑，则可使裙房与主楼不受外脚手架的影响，同时展开施工。

3. 吊挂式脚手架

吊挂式脚手架（图 10-2-10）在主体结构施工阶段

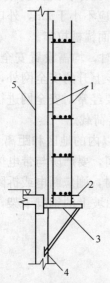

图 10-2-9　悬挑脚手架
1—钢管脚手架；2—型钢横梁；
3—三角支承架；4—预埋件；
5—钢筋混凝土柱（墙）

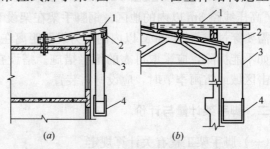

图 10-2-10　吊挂脚手架
(a) 在平屋顶的安装；(b) 在坡屋顶的安装
1—挑梁；2—吊环；3—吊索；4—吊篮

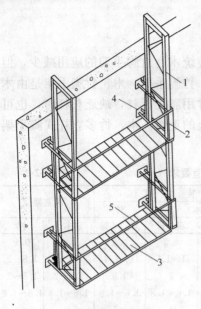

图 10-2-11 升降式脚手架
1—内套架；2—外套架；3—脚手板；
4—附墙装置；5—栏杆

为外挂脚手架，随主体结构逐层向上施工，用塔吊吊升，悬挂在结构上。在装饰施工阶段，该脚手架改为从屋顶吊挂，逐层下降。吊挂式脚手架的吊升单元（吊篮架子）宽度宜控制在5～6m，每一吊升单元的自重宜在1t以内。该形式的脚手架适用于高层框架和剪力墙结构施工。

4. 升降式脚手架

升降式脚手架（图 10-2-11）简称爬架。它是将自身分为两大部件，分别依附固定在建筑结构上。在主体结构施工阶段，升降式脚手架利用自身带有的升降机构和升降动力设备，使两个部件互为利用，交替松开、固定，交替爬升，其爬升原理同爬升模板。在装饰施工阶段，交替下降。该形式的脚手架搭设高度为3～4个楼层，不占用塔吊，相对落地式外脚手架，省材料，省人工，适用于高层框架、剪力墙和筒体结构的快速施工。

（四）脚手架的安全防护措施

在房屋建筑施工过程中因脚手架出现事故的概率相当高，所以在脚手架的设计、架设、使用和拆卸中均需十分重视安全防护问题。当外墙砌筑高度超过4m或立体交叉作业时，除在作业面正确铺设脚手板和安装防护栏杆和挡脚板外，还必须在脚手架外侧设置安全网。架设安全网时，其伸出宽度应不小于2m，外口要高于内口，搭接应牢固，每隔一定距离应用拉绳将斜杆与地面锚桩拉牢。

当用里脚手架施工外墙或多层、高层建筑用外脚手架时，均需设置安全网。安全网应随楼层施工进度逐步上升，高层建筑除这一道逐步上升的安全网外，尚应在下面每隔3～4层的部位设置一道安全网。施工过程中要经常对安全网进行检查和维修，每块支好的安全网应能承受不小于1.6kN的冲击荷载。

钢脚手架不得搭设在距离35kV以上的高压线路4.5m以内的地区和距离1～10kV高压线路3m以内的地区。钢脚手架在架设和使用期间，要严防与带电体接触，需要穿过或靠近380V以内的电力线路距离在2m以内时，则应断电或拆除电源，如不能拆除，应采取可靠的绝缘措施。搭设在旷野、山坡上的钢脚手架，如在雷击区域或雷雨季节时，应设避雷装置。

二、脚手架计量与计价

（一）脚手架工程有关计算规定

由于脚手架的类型繁多，各地区的选材和搭设方法也不同，所以脚手架的费用就相差较多。为了使脚手架的摊销费用相对合理，很多地区在编制预算定额时，脚手架工程按综合脚手架和单项脚手架两种定额编制。对于综合脚手架，要将木和金属脚手架综合考虑，在施工中无论采用哪种脚手架，均执行定额，不得换算。

1. 选套脚手架定额的条件

凡按建筑面积计算规则,能计算建筑面积的工业与民用建筑工程,均应执行综合脚手架定额项目。

凡是不能计算建筑面积的建筑物与构筑物、综合脚手架定额未包括的脚手架,均执行单项脚手架定额项目。

滑升模板施工的钢筋混凝土烟囱(水塔)、筒仓,不另计算脚手架。

2. 综合脚手架的综合内容

综合脚手架定额项目中,综合了建筑物的基础、内外墙砌筑、浇筑混凝土、构件吊装、内外装饰工程、室内满堂脚手、斜道、上料平台、卷扬机架、安全网、建筑物封闭密目网、防护架、设备基础等一切建筑工程和装饰工程的承重、非承重脚手架。

因此,凡按建筑面积计算综合脚手架者,除有以下特殊情况符合单项脚手架的计算条件外,其余均不得再计算脚手架费用。

(1)室内顶棚高度超过3.6m而设计要求顶棚装饰所搭设的满堂脚手架;

(2)10m以上顶棚喷(刷)浆使用的脚手架;

(3)建筑物的室内设备基础和大型池槽等搭设的脚手架;

(4)锅炉房的房上烟囱和附墙烟囱其出屋面部分所搭设的脚手架;

(5)安装电梯的脚手架,均按单项脚手架计算。

3. 单项脚手架定额的综合内容

(1)外墙脚手架定额均综合了上料平台、护卫栏杆等;

(2)斜道是按依附斜道编制的,独立斜道按依附斜道定额项目人工、机械乘以系数1.8;

(3)水平、垂直防护架是指脚手架以外单独搭设的,用于车辆通道、人行通道、工程修缮维护及其他物体隔离的防护;

(4)烟囱脚手架综合了垂直运输架、斜道、缆风绳、地锚等;

(5)水塔脚手架按相应的烟囱脚手架人工乘以系数1.11,其他不变;

(6)架空运输道以架宽2m为准,如架宽超过2m时,应按相应项目乘以系数1.2;超过3m时,按相应项目乘以系数1.5。

4. 脚手架的高度规定

建筑物的脚手架搭设高度按设计室外地坪至屋面檐口(或女儿墙上表面)标高计算。构筑物的脚手架搭设高度按设计室外地坪至顶面标高计算。

综合脚手架项目是按20m以内相应单项脚手架综合取定的,适用于20m以内的建筑物;超过20m以上时,按20m以内综合脚手架定额乘以下表(表10-2-3)系数计算。

综合脚手架超高系数表 表10-2-3

建筑物高度(层数)	30m以内(7~10层)	50m以内(11~16层)	70m以内(17~22层)	90m以内(23~28层)	110m以内(29~34层)	130m以内(35~40层)	150m以内(40~45层)
系 数	1.08	1.31	1.76	2.08	2.56	3.11	3.71

建筑物不同高度时,分别按单体的不同高度计算。突出屋面建筑物不足标准

层建筑面积 50%时，只计算面积，不计算高度；超过标准层 50%的，计算建筑面积，也可计算高度。

（二）脚手架工程量的计算方法

1. 综合脚手架

综合脚手架的工程量按建筑物的总建筑面积计算。

多层建筑物层高超过 6m、单层建筑物 6m 以上以及单层工业厂房的天窗高度超过 6m（其面积超过建筑物占地面积 10%）者，按每增高 1m 为一个增加层计算脚手架增高费。增加的高度在 0.6m 以内者不计算增加层，0.6m 以上者按一个增加层计算。

对于高低联跨的单层建筑物，应分别计算其建筑面积套用相应定额项目。单层与多层相连的建筑物，以相应的分界墙中心线为准分别计算。多层建筑物局部房间层高超过 6m 者，其面积按分界墙的外边线计算。

2. 单项脚手架

（1）外墙脚手架的工程量。

外墙脚手架按外墙外边线长度，乘以外墙砌筑高度以平方米计算，突出墙外宽度在 24cm 以内的墙垛、附墙烟囱等不计算脚手架；宽度超过 24cm 以外时，按图示尺寸展开计算，并入外脚手架工程量之内。计算外脚手架时，不扣除门窗洞口、空圈洞口等所占的面积。

建筑物外墙脚手架，凡设计室外地坪至檐口（或女儿墙上表面）的砌筑高度在 15m 以下的按单排脚手架计算；砌筑高度在 15m 以上的或砌筑高度虽不足 15m，但外墙门窗及装饰面积超过外墙表面积 60%以上时，均按双排脚手架计算。

锅炉房的房上（或附墙）烟囱，其出屋面部分以及室外独立柱、框架柱（不计算建筑面积者）所搭设的脚手架按其断面外围周长加 3.6m 乘以高度计算工程量，并选套双排外脚手架相应定额项目。

石墙工程，凡砌筑高度超过 1.0m 以上时，按外脚手架计算。

（2）里脚手架的工程量。

里脚手架按墙面垂直投影面积计算。计算里脚手架时，不扣除门窗洞口、空圈洞口等所占的面积。

建筑物内墙脚手架，凡设计室内地坪至顶板下表面（或山墙高度的 1/2 处）的砌筑高度在 3.6m 以下的，按里脚手架计算；砌筑高度超过 3.6m 以上时，按单排脚手架计算。

（3）围墙脚手架的工程量。

按围墙中心线长乘以墙高（室外自然地坪至围墙顶面标高）以平方米计算。不扣除围墙门洞所占的面积，但独立门柱使用的脚手架也不另行计算。

围墙脚手架，凡室外自然地坪至围墙顶面的砌筑高度在 3.6m 以下的，按里脚手架计算；砌筑高度超过 3.6m 以上时，按单排脚手架计算。

（4）满堂脚手架的工程量。

室内顶棚装饰面距设计室内地坪在 3.6m 以上时，应计算满堂脚手架。计算满堂脚手架后，墙面装饰工程则不再计算脚手架。对于高度在 3.6m 以上的屋面板（或楼板）勾缝、无露明屋架的顶棚油漆以及 10m 以上的顶棚喷（刷）浆使用的脚手架，按满堂脚手架的 1/3 计算。

对于满堂脚手架的高度按设计室内地面至顶棚底净高计算，斜屋面或斜顶棚按平均高度计算。

满堂脚手架，按室内净空水平投影面积计算，不扣除附墙垛、柱等所占的面积，其"基本层"高度在 3.6~5.2m 之间，若超过 5.2m 时，再按每增高 1.2m 定额项目计算其"增加层"费用。增加层数按下式计算（计算结果按四舍五入取整数）：

$$增加层数 = \frac{室内顶棚高度 - 5.2m}{1.2m}$$

(5) 悬空脚手架与挑脚手架。

①悬空脚手架，按搭设水平投影面积以平方米计算。

②挑脚手架，按搭设长度和层数以延长米计算。挑脚手架适用于采用里脚手架砌外墙时的檐口、腰线等装饰工程，其工程量按搭设长度和层数以延长来计算。

(6) 卷扬机塔架。

卷扬机塔架按施工组织设计的规定计算。施工组织设计无规定者，按建筑物外围周长每 120m 设置一座计算。卷扬机塔架高度按室外设计地坪至建筑物檐口顶面（或构筑物顶面）标高加 3.6m 计算。

(7) 安全网、防护架与建筑物垂直封闭。

①立挂式安全网按架网部分的实挂长度乘以实挂高度计算。

②挑出式安全网按挑出的水平投影面积计算。

③建筑物垂直封闭工程量按封闭面的垂直投影面积计算。

④水平防护架，按实际铺板的水平投影面积以平方米计算。

⑤垂直防护架，按自然地坪至最上一层横杆之间的搭设高度，乘以实际搭设长度，以平方米计算。借助外脚手架时，按 50% 计算。

(8) 架空运输脚手架。

架空运输脚手架，按搭设长度以延长米计算。按中心线长度以延长米计算工程量。其搭设的座数均按施工组织设计的规定计算。其架高是指由室外设计地坪至架板顶面的高度。

管道脚手架，按架空运输道项目执行。按中心线长度以延长米计算工程量，其高度超过 3m 时，乘以系数 1.5；高度超过 6m 时，乘以系数 2。

(9) 构筑物脚手架。

①构筑物脚手架搭设高度，自设计室外地坪至顶面标高。

②砌筑贮仓脚手架，不分单筒或贮仓组，均按单筒外边线周长，乘以设计室外地坪至贮仓上口之间高度，以平方米计算，套双排脚手架定额。

③贮水（油）池、较复杂的大型设备基础脚手架，凡距地坪高度超过 1.2m 以上时，按外壁（或外形）周长乘以地坪至池壁（或外形）顶面之间高度，以平方米计算，套双排脚手架定额。

④整体满堂设备基础，凡其底面积超过 $20m^2$ 时按其底板面积计算满堂脚手架。

⑤砖烟囱、水塔、电梯井、斜道脚手架，区别不同搭设高度（设计地坪至顶

面),以座计算工程量。

【实训练习】

实训项目一：编写脚手架施工方案。

资料内容：利用教学用施工图纸和所学知识，结合指定施工现场，编写脚手架施工方案。

实训项目二：计算脚手架工程量。

资料内容：利用教学用施工图纸和预算定额，进行脚手架工程项目列项、计算工程量；填写工程量计算表和工程预算表。

【复习思考题】

1. 简述砌筑用脚手架的作用及基本要求。
2. 脚手架的支撑体系包括哪些？
3. 脚手架的安全防护措施有哪些内容？
4. 综合脚手架的综合内容有哪些？
5. 满堂脚手架的工程量如何计算？
6. 建筑物垂直封闭、水平防护架、垂直防护架如何计算？

任务三　模板工程计量

【引入问题】

1. 模板的种类及各自的施工要点有哪些？
2. 模板工程量如何计算？

【工作任务】

了解模板工程的施工工艺，了解早拆模板的安装及拆除要求。能够根据工程的实际情况选择合适的模板。能熟练的进行模板工程量计算。

【学习参考资料】

1.《建筑施工技术》中国建筑工业出版社，姚谨英主编.2003.

2.《建筑施工模板安全技术规范》中国建筑工业出版社，沈阳建筑大学主编.2008.

3.《模板与脚手架工程施工技术措施》中国建筑工业出版社，北京土木建筑学会主编.2006.

4.《建筑工程概预算》电子工业出版社，汪照喜主编.2007.

5.《建筑工程预算》中国建筑工业出版社，袁建新、迟晓明编著.2007.

【主要学习内容】

一、模板工程施工工艺

模板是使混凝土结构和构件按所要求的几何尺寸成型的模型板。模板系统包括模板和支架系统两大部分，此外尚须适量的紧固连接件。在现浇钢筋混凝土结构施工中，对模板的要求是保证工程结构各部分形状尺寸和相互位置的正确性，具有足够的承载能力、刚度和稳定性，构造简单，装拆方便。接缝不得漏浆。模板工程量大，材料和劳动力消耗多。正确选择模板形式、材料及合理组织施工对加速现浇钢筋混凝土结构施工和降低工程造价具有重要作用。

（一）木模板

木模板一般是在木工车间或木工棚加工成基本组件（拼板），然后在现场进行拼装。拼板（图10-3-1）由板条用拼条钉成，板条厚度一般为25～50mm。宽度不宜超过200mm（工具式模板不超过150mm），以保证在干缩时缝隙均匀，浇水后易于密缝，受潮后不易翘曲，梁底的拼板由于承受较大的荷载要加厚至40～50mm。拼板的拼条根据受力情况可以平放也可以立放。拼条间距取决于所浇筑混凝土的侧压力和板条厚度，一般为400～500mm。

(1) 基础模板（图10-3-2）：如土质较好，阶梯形基础模板的最下一级可不用模板而进行原槽浇筑。安装时，要保证上、下模板不发生相对位移。如有杯口还要在其中放入杯口模板。

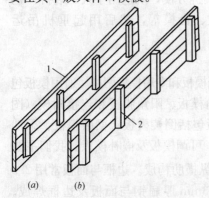

图10-3-1 拼板的构图
(a) 拼条平放；(b) 拼条立放
1—板条；2—拼条

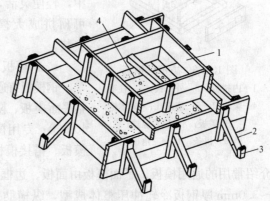

图10-3-2 阶梯形基础模板
1—拼板；2—斜撑；3—木桩；4—铁丝

(2) 柱模板：由两块相对的内拼板夹在两块外拼板之间拼成（图10-3-3），亦可用短横板（门子板）代替外拼板钉在内拼板上。柱底一般有一钉在底部混凝土上的木框，用以固定柱模板底板的位置。柱模板底部开有清理孔，沿高度每间隔2m开有浇筑孔。模板顶部根据需要开有与梁模板连接的缺口。为承受混凝土的侧压力和保持模板形状，拼板外面要设柱箍。柱箍间距与混凝土侧压力、拼板厚度有关。由于柱底部混凝土侧压力较大，因而柱模板越靠近下部柱箍越密。

(3) 梁模板（图10-3-4）：由底模板和侧模板等组成。梁底模板承受垂直荷载，一般较厚，下面有支架（琵琶撑）支撑。支架的立柱最好做成可以伸缩的，以便调整高度，底部应支承在坚实的地面、楼面并垫以木板。在多层框架结构施工中，应使上层支架的立柱对准下层支架的立柱。支架间应用水平和斜向拉杆拉牢，以增强整体稳定性，当层间高度大于5m时，宜选桁架作模板的支架，以减少支架的数量。梁侧模板主要承受混凝土的侧压力,底部用钉在支架顶部的夹条夹住,顶部可由支承楼板的格栅或支撑顶住。高大的梁,可在侧板中上位置用钢丝或螺栓相互撑拉,梁跨度不小于4m时,底模应起拱,如设计无要求时,起拱高度宜为全跨长度的(1~3)/1000。

(4)楼板模板(图10-3-4)主要承受竖向荷载,目前多用定型模板。它支承在格栅上,格栅支承在梁侧模外的横档上,跨度大的楼板,格栅中间可以再加支撑作为支架系统。

(二)组合钢模板

组合钢模板由钢模板和配件两大部分组成,它可以拼成不同尺寸、不同形状的模板,以适应基础、柱、梁、板、墙施工的需要。组合钢模尺寸适中,轻便灵活,装拆方便,既适用于人工装拆,也可预拼成大模板、台模等,然后用起重机吊运安装。

1. 钢模板

钢模板有通用模板和专用模板两类。通用模板包括平面模板、阴角模板、阳角膜板和连接角模(图10-3-5);专用模板包括倒棱模板、梁腋模板、柔性模板、搭接模板、可调模板及嵌补模板。我们主要

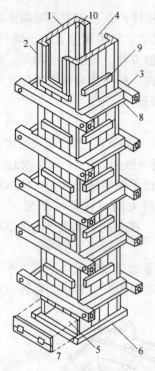

图10-3-3 方形柱模板
1—内拼板;2—外拼板;3—柱箍;
4—梁缺口;5—清理孔;6—木框;
7—盖板;8—拉紧螺栓;
9—拼条;10—三角板

介绍常用的通用模板。平面模板由面板、边框、纵横肋构成。边框与面板常用2.5~3.0mm厚钢板冷轧冲压整体成型,纵横肋用3mm厚扁钢与面板及边框焊成。为便于连接,边框上有连接孔,边框的长向及短向其孔距均一致,以便横竖都能

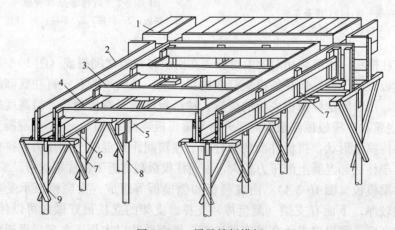

图10-3-4 梁及楼板模板
1—楼板模板;2—梁侧模板;3—格栅;4—横档;5—牵档;
6—夹条;7—短撑;8—牵杠撑;9—支撑

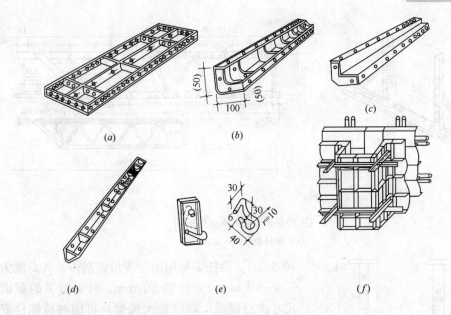

图 10-3-5 组合钢模板
(a) 平模板；(b) 阴角模板；(c) 阳角膜板；(d) 联接角模板；(e) U形卡；(f) 附墙柱模

拼接。平模的长度有 1800mm、1500mm、1200mm、900mm、750mm、600mm、450mm 七种规格，宽度有 100～600mm（以 50mm 进级）十一种规格，因而可组成不同尺寸的模板。在构件接头处（如柱与梁接头）及一些特殊部位，可用专用模板嵌补。不足模数的空缺也可用少量木模补缺，用钉子或螺栓将方木与平模边框孔洞连接。阴、阳角膜用以成型混凝土结构的阴、阳角，连接角模用作两块平模拼成 90°角的连接件。

2. 钢模配板

采用组合钢模时，同一构件的模板展开可用不同规格的钢模做多种方式的组合排列，因而形成不同的配板方案。配板方案对支模效率、工程质量和经济效益都有一定影响。合理的配板方案应满足：钢模块数少，木模嵌补量少，并能使支承件布置简单，受力合理。配板原则有：①优先采用通用规格及大规格的模板；②合理排列模板，宜以其长边沿梁、板、墙的长度方向或柱的方向排列，以利使用长度规格大的钢模。模板端头接缝宜错开布置，以提高模板的整体性。③合理使用角模对无特殊要求的阳角，可不用阳角膜，而用连接角模代替。阴角模宜用于长度大的阴角，柱头、梁口及其他短边转角（阴角）处，可用方木嵌补。④便于模板支承件（钢楞或桁架）的布置，对面积较方正的预拼装大模板及钢模端头接缝集中在一条线上时，直接支承钢模的钢楞，其间距布置要考虑接缝位置，应使每块钢模都有两道钢楞支承。对端头错缝连接的模板，其直接支承钢模的钢楞或桁架的间距，可不受接缝位置的限制。

3. 支承件

支承件包括柱箍、梁托架、钢楞、桁架、钢管顶撑及钢管支架。柱箍可用角钢、槽钢制作，也可采用钢管及扣件组成。梁侧托架用来支托梁底模和夹模（图

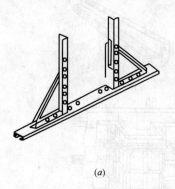
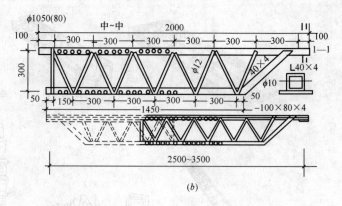

图 10-3-6 托架及支托桁架
(a) 梁托架；(b) 支托桁架

10-3-6a）。梁托架可用钢管或角钢制作，其高度为500～800mm，宽度达600mm，可根据梁的截面尺寸进行调整，高度较大的梁，可用对拉螺栓或斜撑固定两边侧模。

支托桁架有整体式和拼接式两种，拼接式桁架可由两个半榀桁架拼接，以适应不同跨度的需要（图 10-3-6b）。

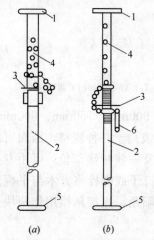

图 10-3-7 钢管顶撑
(a) 对接扣联接；(b) 回转扣联接
1—顶板；2—套管；3—转盘；
4—插管；5—底板；6—转动手柄

钢管顶撑由套管及插管组成（图 10-3-7），其高度可借插销粗调，借螺旋微调。钢管支架由钢管及扣件组成，支架柱可用钢管对接（用对接扣连接）或搭接（用回转扣连接）接长。支架横杆步距为1000～1800mm。钢管顶撑或支架支柱可按偏心受压杆计算。

4. 常用模板配备

表10-3-1给出了每1万 m^2 钢模板及其附件配备表。

每1万 m^2 钢模板及附件配备参考表　　　表 10-3-1

名称	代号	规格（mm）	比例（%）	每件面积（m^2）	每件重量（kg）	件数	备注
平面模板	P3012	300×1200×55	36	0.36	12.61	10000	使用时可按工程情况适当调整配比
	P3009	300×900×55	7.5	0.27	9.61	2780	
	P3007	300×750×55	4	0.225	7.95	1780	
	P3004	300×450×55	2.5	0.135	4.96	1850	
	P2012	200×1200×55	14.4	0.21	8.41	6000	
	P2009	200×900×55	3	0.18	6.41	1670	
	P2007	200×750×55	1.6	0.15	5.31	1070	
	P2004	200×450×55	1	0.09	3.31	1110	
	P1512	150×1200×55	8.44	0.18	6.92	4800	
	P1509	150×900×55	1.8	0.135	5.27	1340	
	P1507	150×750×55	0.96	0.1125	4.37	850	

续表

名 称	代 号	规格（mm）	比例（%）	每件面积（m²）	每件重量（kg）	件 数	备注
平面模板	P1504	150×450×55	0.6	0.0675	2.71	890	使用时可按工程情况适当调整配比
	P1012	100×1200×55	5.04	0.12	5.44	4200	
	P1009	100×900×55	1.05	0.09	4.13	1170	
	P1007	100×750×55	0.56	0.075	3.43	750	
	P1004	100×450×55	0.35	0.045	2.12	780	
阴角膜	E1012	1200×150×100	5.76	0.30	9.55	1920	
	E1009	900×150×100	1.20	0.225	7.26	540	
	E1007	750×150×100	0.64	0.1875	6.02	340	
	E1004	450×150×100	0.4	0.1125	3.73	360	
阳角膜	Y0512	1200×50×50	2.16	0.12	5.77	1800	
	Y0509	900×50×50	0.45	0.09	4.40	500	
	Y0507	750×50×50	0.24	0.075	3.64	320	
	Y0504	450×50×50	0.15	0.045	2.28	340	
连接角模	J0012	1200×55×55			2.67	1800	
	J0009	900×55×55			2.02	500	
	J0007	750×55×55			1.65	320	
	J0004	450×55×55			1.02	340	
回形销					0.20	200000	
穿钉					0.40	40000	
梁卡具					13.97	1500	
柱卡具					24.91	2500	
直顶柱					34.69	1500	
斜顶柱					29.34	300	
桁架					12.54	5000	
桁架托					9.72	500	
墙头					4.14	500	
大小管卡					0.68	4000/300	
穿销					2.66	2000	
钩销					0.82	1500	

（三）大模板

大模板是一种大尺寸的工具式定型模板（图 10-3-8），一般是一块墙面用一、二块大模板。因其重量大需起重机配合装拆进行施工。

大模板施工，关键在于模板。一块大模板由面板、加劲肋、竖楞、支撑桁架、稳定机构及附件组成。面板要求平整、刚度好。平整度按中级抹灰质量要求确定。面板我国目前多用钢板和多层板制成。用钢板做面板的优点是刚度大和强度高，表面平滑，所浇筑的混凝土墙面外观好，不需再抹灰，可以直接粉面，模板可重复使用 200 次以上。缺点是耗钢量大、自重大、易生锈、不保温、损坏后不易修复。钢面板厚度根据加劲肋的布置确定，一般为 4~6mm。用 12~18mm 厚多层板做的面板，用树脂处理后可重复使用 50 次，重量轻，制作安装更换容易、规格灵活，对于非标准尺寸的大模板工程更为适用。加劲肋的作用是固定面板，阻止其变形并把混凝土传来的侧压力传递到竖楞上。加劲肋可用 6 号或 8 号槽钢，间距一般为 300~500mm。竖楞是与加劲肋相连接的竖直部件。它的作用是加强模

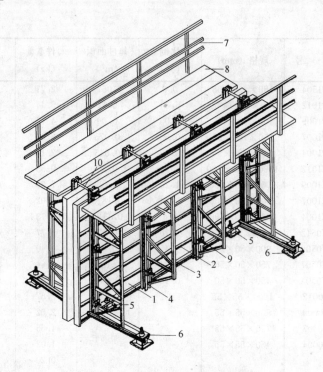

图 10-3-8 大模板构造示意图
1—面板；2—水平加劲肋；3—支撑桁架；4—竖楞；5—调整水平度的螺旋千斤顶；
6—调整垂直度的螺旋千斤顶；7—栏杆；8—脚手板；9—穿墙螺栓；10—固定卡具

板刚度，保证模板的几何形状，并作为穿墙螺栓的固定支点，承受由模板传来的水平力和垂直力。竖楞多采用 6 号或 8 号槽钢制成，间距一般约为 1~1.2m。

支撑结构主要承受风荷载和偶然的水平力，防止模板倾覆。用螺栓或竖楞连接在一起，以加强模板的刚度。每块大模板采用 2~4 榀桁架作为支撑结构，兼做搭设操作平台的支座，承受施工活荷载，也可用大型型钢代替桁架结构。大模板的附件有操作平台、穿墙螺栓和其他附属连接件。大模板亦可用组合钢模板拼成，用后拆卸仍可用于其他构件。

（四）早拆模板

按照常规的支模方法，现浇楼板施工的模板配置量，一般均需 3~4 个层段的支柱、龙骨和模板，一次投入最大。采用早拆体系模板，就是根据现行《混凝土结构工程施工质量验收规范》(GB 50204—2002) 对于跨度不大于 2m 跨度的现浇楼盖，其混凝土拆模强度可比跨度在 2~8m 间的现浇楼盖拆模强度减少 25%，即达到设计强度的 50% 即可拆模。早拆体系模板就是通过合理的支设模板，将较大跨度的楼盖，通过增加支承点（支柱），缩小楼盖的跨度（不大于 2m），从而达到"早拆模板，后拆支柱"的目的。这样，可使模板的周转加快。模板一次配置量可减少 1/3~1/2。

1. SP-70 早拆模板的组成及构造

SP-70 早拆模板可用于现浇楼（顶）板结构的模板。由于支撑系统装有早拆柱头，可以实现早期拆除模板、后期拆除支撑（又称早拆模板、后拆支撑），从而大大加快了模板的周转。这种模板亦可用于墙、梁模板。

SP-70模板由模板块、支撑系统、拉杆系统、附件和辅助零件组成。

(1) SP-70的模板块：模板块由平面模板块、角模、角钢和镶边件组成。

(2) SP-70的支撑系统：支撑系统由早拆柱头、主梁、次梁、支柱、横撑、斜撑、调节螺栓组成（图10-3-9）。

早拆柱头是用于支撑模板梁的支拆装置，其承载力约为

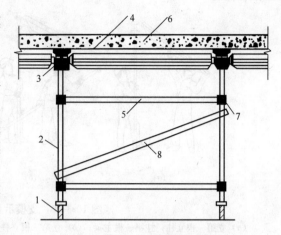

图 10-3-9　SP-70支撑系统示意图
1—地脚螺栓；2—支柱；3—早拆柱头；4—主梁
5—水平支撑；6—现浇楼板；7—梅花接头；8—斜撑

35.3kN。按照现行混凝土结构工程施工质量验收规范，当跨度小于2m的现浇结构，其拆模强度可不小于混凝土设计强度50%的规定，在常温条件下，当楼板混凝土浇筑3~4d后，即可用锤子敲击柱头的支承板，使梁托下落115mm。此时便可先拆除模板梁及模板，而柱顶板仍然支顶着现浇楼板。直到混凝土强度达到规范要求拆模强度为止。

(3) 拉杆系统：是用于墙体模板的定位工具，由拉杆、母螺栓、模板块挡片、翼形螺母组成。

(4) 附件：用于非标准部位或不符合模数的边角部位，主要有悬臂梁或预制拼条等。

(5) 辅助零件：有镶嵌槽钢、楔板、钢卡和悬挂撑架等。

2. 早拆模板施工工艺

钢框木（竹）组合早拆模板用于楼（顶）板工程的支拆工艺如下：

(1) 支模工艺。

①根据楼层标高初步调整好立柱的高度，并安装好早拆柱头板。将早拆柱头板托板升起，并用楔片楔紧；

②根据模板设计平面布置图，立第一根立柱；

③将第一榀模板主梁挂在第一根立柱上（图10-3-10a）；

④将第二根立柱及早拆柱头板与第一根模板主梁挂好，按模板设计平面布置图将立柱就位（图10-3-10b），并依次再挂上第一根模板主梁，然后用水平撑和连接件做临时固定；

⑤依次按照模板设计布置图完成第一个格构的立柱和模板梁的支设工作，当第一个格构完全架好后，随即安装模板块（图10-3-10c）；

⑥依次架立其余的模板梁和立柱；

⑦调整立柱垂直，然后用水平尺调整全部模板的水平度；

⑧安装斜撑，将连接件逐个锁紧。

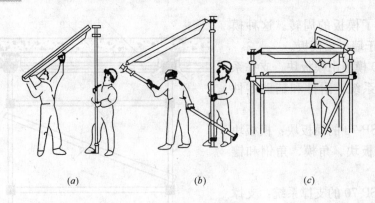

图 10-3-10 支模示意图

（a）立第一根立柱；挂第一根主梁；（b）立第二根立柱；（c）完成第一格构；随即铺模板块

（2）拆模工艺。

①用锤子将早拆柱头板铁楔打下，落下托板。模板主梁随之落下；

②逐块卸下模板块；

③卸下模板主梁；

④拆除水平撑及斜撑；

⑤将卸下的模板块、模板主梁、悬挑梁、水平撑、斜撑等整理码放好备用；

⑥待楼板混凝土强度达到设计要求后，再拆除全部支撑立柱。

（五）滑升模板

滑升模板是一种工具式模板，最适于现场浇筑高耸的圆形、矩形、筒壁结构。如筒仓、贮煤塔、竖井等。近年来，滑升模板施工技术有了进一步的发展，不但适用浇筑高耸的变截载面结构，如烟囱、双曲线冷却塔，而且经常应用于剪力墙、筒体结构等高层建筑的施工。

滑升模板施工的特点，是在建筑物或构筑物底部，沿其墙、柱、梁等构件的周边组装高 1.2m 左右的模板，随着在模板内不断浇筑混凝土和不断向上绑扎钢筋的同时，利用一套提升设备，将模板装置不断向上提升，使混凝土连续成型，直到需要浇筑的高度为止。

用滑升模板可以节约大量的模板和脚手架，节省劳动力，施工速度快，工程费用低，结构整体性好；但模板一次投资多，耗钢量大，对建筑的立面和造型有一定的限制。

滑升模板是由模板系统、操作平台系统和提升机具系统三部分组成。模板系统包括模板、围圈和提升架等，它的作用主要是成型混凝土。操作平台系统包括操作平台、辅助平台和外吊脚手架等，是施工操作的场所。提升机具系统包括支承杆、千斤顶和提升操纵装置等，是滑升的动力。这三部分通过提升架连成整体，构成整套滑升模板装置，如所示图 10-3-11。

滑升模板装置的全部荷载是通过提升架传递给千斤顶，再由千斤顶传递给支承杆承受。千斤顶是使滑升模板装置沿支承杆向上滑升的主要设备，形式很多，目前常用的是 HQ-30 型液压千斤顶，主要由活塞、缸筒、底座、上卡头、下卡头

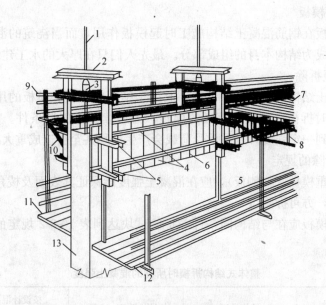

图 10-3-11 滑升模板组成示意图
1—支承杆；2—提升架；3—液压千斤顶；4—围圈；5—围圈支托；6—模板；
7—操作平台；8—平台桁架；9—栏杆；10—外排三角架；
11—外吊脚手；12—内吊脚手；13—混凝土墙体

和排油弹簧等部件组成。它是一种穿心式单作用液压千斤顶，支承杆从千斤顶的中心通过，千斤顶只能沿支承杆向上爬升，不能下降。起重量为 30kN，工作行程为 30mm。

（六）其他形式的模板

1. 台模

台模是一种大型工具模板，用于浇筑楼板。台模由面板、纵梁、横梁和台架等组成的一个空间组合体。台架下装有轮子，以便移动。有的台模没有轮子，用专用运模车移动。台模尺寸应与房间单位相适应，一般是一个房间一个台模。施工时，先施工内墙墙体，然后吊入台模，浇筑楼板混凝土。脱模时，只要将台架下降，将台模推出墙面放在临时挑台上，用起重机吊至下一单元使用。楼板施工后再安装预制外墙板。

目前国内常用台模有用多层板做面板，铝合金型钢加工制成的桁架式台模；用组合钢模板、扣件式钢管脚手架、滚轮组装成的移动式台模。利用台模浇筑楼板可省去模板的装拆时间，能节约模板材料和降低劳动消耗，但一次性投资较大，且须大型起重机械配合施工。

2. 隧道模

隧道模采用由墙面模板和楼板模板组合成可以同时浇筑墙体和楼板混凝土的大型工具式模板，能将各开间沿水平方向逐间整体浇筑，故施工的建筑物整体性好、抗震性能好、节约模板材料，施工方便。但由于模板用钢量大、笨重、一次投资大等原因，国内较少采用。

3. 永久性模板

永久性模板在钢筋混凝土结构施工时起模板作用，而当浇筑的混凝土结硬模板不再取出而成为结构本身的组成部分。最先人们只在厚大的水工建筑物上用。

（七）模板拆除

现浇混凝土结构模板的拆除日期，取决于结构的性质、模板的用途和混凝土硬化速度。及时拆模，可提高模板的周转，为后续工作创造条件。如过早拆模，因混凝土未达到一定强度，过早承受荷载会产生变形甚至会造成重大的质量事故。

1. 模板拆除的规定

（1）非承重模板（如侧板），应在混凝土强度能保证其表面及棱角不因拆除模板而受损坏时，方可拆除。

（2）承重模板应在与结构同条件养护的试块达到表10-3-2规定的强度，方可拆除。

整体式结构拆模时所需的混凝土强度　　　　　　　　　　表10-3-2

项 次	结构类型	结构跨度（m）	按设计混凝土强度的标准值百分率计（%）
1	板	≤2	50
		>2，≤8	75
		>8	100
2	梁、拱、壳	≤8	75
		>8	100
3	悬臂梁构件		100

（3）在拆除模板过程中，如发现混凝土有影响结构安全的质量问题时，应暂停拆除。经过处理后，方可继续拆除。

（4）已拆除模板及其支架的结构，应在混凝土强度达到设计强度后才允许承受全部计算荷载。当承受施工荷载大于计算荷载时，必须经过核算，加设临时支撑。

2. 拆除模板应注意下列几点

（1）拆模时不要用力过猛，拆下来的模板要及时运走、整理、堆放，以便再用。

（2）模板及其支架拆出的顺序及安全措施应按施工技术方案执行。拆模程序一般应是后支的先拆，先拆除非承重部分，后拆除承重部分。一般是谁安谁拆。重大复杂模板的拆除，事先应制定拆模方案。

（3）拆除框架结构模板的顺序，首先是柱模板，然后是楼板底板，梁侧模板，最后是梁底模板。拆除跨度较大的梁下支柱时，应先从跨中开始，分别拆向两端。

（4）楼层板支柱的拆除，应按下列要求进行：上层楼板正在浇筑混凝土时，下一层楼板的模板支柱不得拆除，再下一层楼板模板的支柱，仅可拆除一部分；跨度4m及4m以上的梁下均应保留支柱，其间距不大于3m。

（5）拆模时，应尽量避免混凝土表面或模板受到损坏，注意整块板落下伤人。

二、模板工程计量与计价

（一）模板工程量计算规定

1. 现浇混凝土模板种类

现浇混凝土模板按不同构件，以组合钢模板为主（个别项目为木模板）编制的。

预制钢筋混凝土模板，按不同构件分别以组合钢模板、木模板、定型钢模、长线台钢拉模，并配制相应的砖地模、砖胎模、长线台混凝土地模编制的。

2. 模板的工作内容

模板的工作内容包括：清理、场内运输、安装、刷隔离剂、浇灌混凝土与模板维护、拆模、集中堆放、场外运输等。木模板包括制作，组合钢模板包括装箱。

组合钢模板已包括了回库维修费用。维修费用中包括了运输费，维修的人工、材料、机械费用等。

3. 模板的支模高度

现浇钢筋混凝土梁、板、柱、墙的模板是按支模高度（地面至板底）3.6m编制的。支模高度超过3.6m时，按超过部分的工程量套相应超高定额项目计算。

4. 定额选套

（1）挡土墙模板按钢筋混凝土直形墙相应项目计算。

（2）弧形圈梁按弧形梁的定额项目执行。

（3）T形吊车梁、基础梁按相应梁的定额项目执行。

5. 钢滑升模板

用钢滑升模板施工的烟囱、水塔、贮仓是按无井架施工计算的，并综合了操作平台。不再计算脚手架和竖井架。

用钢滑升模板施工的烟囱、水塔，提升模板使用的钢爬杆用量是按100%摊销计算的；贮仓是按50%摊销计算的。设计要求不同时，另行计算。用钢爬杆代替构件钢材使用时，构件钢材的相应用量应在项目中扣除。

6. 贮水油池

贮水油池组合钢模板项目中包括了防水拉环，实际施工与定额含量不同时可以调整定额含量，其他不变。

贮水油池是以支模高度4.5m编制，支模高度超过4.5m时，超过部分的工程量套相应超高定额项目计算。

（二）模板工程量计算规则

1. 现浇混凝土及钢筋混凝土构件模板

现浇混凝土及钢筋混凝土构件模板工程量，除另有规定者外，均按混凝土与模板接触面的面积，以平方米计算。

（1）现浇钢筋混凝土墙、板上单个孔洞面积在$0.3m^2$以内时不扣除，洞侧壁模板亦不增加；单孔面积在$0.3m^2$以外时，应予扣除，洞口侧壁模板面积并入墙、板模板工程量内计算。

（2）现浇钢筋混凝土框架分别按梁、板、柱、墙有关规定计算，附墙柱并入墙内工程量计算。

(3) 柱与梁、柱与墙、梁与梁等连接的重叠部分以及伸入墙内的梁头、板头部分，均不计算模板面积。

(4) 现浇钢筋混凝土悬挑板（包括雨篷、阳台）按图示外挑部分尺寸的水平投影面积计算。挑出墙外的牛腿梁及板边模板不另计算。

(5) 现浇钢筋混凝土楼梯，以图示露明面尺寸的水平投影面积计算，不扣除小于500mm宽的楼梯井所占面积。楼梯的踏步、踏步板平台梁等侧面模板，不另计算。

(6) 现浇钢筋混凝土小型池槽按构件外围体积计算，池槽内、外侧及底部的模板不另计算。

(7) 现浇钢筋混凝土台阶不包括梯带，按图示台阶尺寸的水平投影面积计算。

(8) 构造柱与墙接触面不计算模板面积，外露部分计算模板面积，套矩形柱定额项目。

(9) 杯形基础杯口高度大于杯口大边长度的，套高杯基础定额项目。

(10) 大型池槽等分别按基础、墙、板、梁、柱等有关规定计算并套相应定额项目。

2. 预制钢筋混凝土模板工程量

预制钢筋混凝土模板工程量，除另有规定者外，均按混凝土实体体积以立方米计算。

预制桩尖按虚体积（不扣除桩尖虚体积部分）计算。

【实训练习】

实训项目一：编写模板工程施工方案。

资料内容：利用教学用施工图纸和所学知识，结合指定施工现场，编写一种模板施工方案，包括支模、拆模。

实训项目二：计算各种钢筋混凝土构件的工程量。

资料内容：利用教学用施工图纸和预算定额，进行柱、梁、板、墙等工程项目列项、计算工程量，填写工程量计算表和工程预算表。

【复习思考题】

1. 简述模板的作用。
2. 模板有哪些类型？各有何特点？适用范围。
3. 基础、柱、梁、板结构的模板构造及安装要求有哪些？
4. 现浇钢筋混凝土墙、板工程量如何计算？
5. 柱与梁、柱与墙、梁与梁等连接时模板工程量如何处理？
6. 现浇钢筋混凝土悬挑板（包括雨篷、阳台）、现浇钢筋混凝土楼梯如何计算？

任务四 垂直运输计量

【引入问题】
1. 施工中垂直运输设施有哪些？
2. 垂直运输工程量如何计算？

【工作任务】
了解垂直运输设备的工作特点及设置要求，能够合理选择垂直运输设备。能够根据工程的实际情况选择合适的垂直运输设施。能熟练的进行垂直运输工程量计算。

【学习参考资料】
1. 《建筑施工技术》中国建筑工业出版社，姚谨英主编.2003.
2. 《建筑施工手册》中国建筑工业出版社，《建筑施工手册》编写组编.2008.
3. 《建筑工程概预算》黑龙江科技出版社，王春宁主编.2000.
4. 《建筑工程预算》中国建筑工业出版社，袁建新、迟晓明编著.2007.

【主要学习内容】
垂直运输设施指在建筑施工中担负垂直输送材料和人员上下的机械设备和设施。砌筑工程中的垂直运输量很大，不仅要运输大量的砖（或砌块）、砂浆，而且还要运输脚手架、脚手板和各种预制构件，因此垂直运输的安排直接影响到砌筑工程的施工速度和工程成本。

一、垂直运输设施的种类

目前砌筑工程中常用的垂直运输设施有塔式起重机、井架、龙门架、施工电梯、灰浆泵等。

1. 塔式起重机

塔式起重机具有提升、回转、水平运输等功能，不仅是重要的吊装设备，而且也是重要的垂直运输设备，尤其在吊运长、大、重的物料时有明显的优势，在可能条件下宜优先选用。

2. 井架、龙门架

井架（图10-4-1）是施工中最常用的、也是最为简便的垂直运输设施。它的稳定性好、运输量大，除用型钢或钢管加工的定型井架之外，还可用脚手架材料搭设而成。井架多为单孔井架，但也可构成两孔或多孔井架。井架通常带一个起重臂和吊盘。起重臂起重能力为5～10kN，在其外伸工作范围内也可作小距离的水平运输。吊盘起重量为10～15kN，其中可放置运料的手推车或其他散装材料。搭设高度可达40m，需设缆风绳保持井架的稳定。

龙门架是由两根三角形截面或矩形截面的立柱及天轮梁（横梁）组成的门式架。在龙门架上设滑轮、导轨、吊盘、缆风绳等，进行材料、机具和小型预制构件的垂直运输（图10-4-2）。龙门架构造简单、制作容易、用材少、装拆方便，但刚度和稳定性较差，适用于中小型工程。

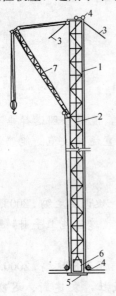

图10-4-1 钢井架
1—井架；2—钢丝绳；3—缆风绳；4—滑轮；
5—垫梁；6—吊盘；7—辅助吊臂

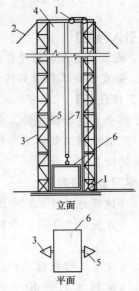

图10-4-2 龙门架
1—滑轮；2—缆风绳；3—立柱；4—横梁；
5—导轨；6—吊盘；7—钢丝绳

3. 施工电梯

多数施工电梯为人货两用，少数为供货用。电梯按其驱动方式可分为齿条驱动和绳轮驱动两种。齿条驱动电梯又有单吊箱（笼）式和双吊箱（笼）式两种，并装有可靠的限速装置，适用于20层以上建筑工程；绳轮驱动电梯为单吊箱（笼），无限速装置，轻巧便宜，适于20层以下建筑工程使用。

4. 灰浆泵

灰浆泵是一种可以在垂直和水平两个方向连续输送灰浆的机械，目前常用的有活塞式和挤压式两种。活塞式灰浆泵按其结构又分为直接作用式和隔膜式两类。

二、垂直运输设施的设置要求

垂直运输设施的设置一般应根据现场施工条件满足以下一些基本要求。

1. 覆盖面和供应面

塔吊的覆盖面是指以塔吊的起重幅度为半径的圆形吊运覆盖面积。垂直运输设施的供应面是指借助于水平运输手段（手推车等）所能达到的供应范围。建筑工程的全部作业面应处于垂直运输设施的覆盖面和供应面的范围之内。

2. 供应能力

塔吊的供应能力等于吊次乘以吊量（每次吊运材料的体积、重量或件数）；其他垂直运输设施的供应能力等于运次乘以运量，运次应取垂直运输设施和与其配合的水平运输机具中的低值。另外，还需乘以0.5~0.75的折减系数，以考虑由于难以避免的因素对供应能力的影响（如机械设备故障等）。垂直运输设备的供应能力应能满足高峰工作量的需要。

3. 提升高度

设备的提升高度能力应比实际需要的升运高度高，其高出程度不少于3m，以确保安全。

4. 水平运输手段

在考虑垂直运输设施时，必须同时考虑与其配合的水平运输手段。

5. 装设条件

垂直运输设施装设的位置应具有相适应的装设条件，如具有可靠的基础、与结构拉结和水平运输通道条件等。

6. 设备效能的发挥

必须同时考虑满足施工需要和充分发挥设备效能的问题。当各施工阶段的垂直运输量相差悬殊时，应分阶段设置和调整垂直运输设备，及时拆除已不需要的设备。

7. 设备拥有的条件和今后利用问题

充分利用现有设备，必要时添置或加工新的设备。在添置或加工新的设备时应考虑今后利用的前景。

8. 安全保障

安全保障是使用垂直运输设施中的首要问题，必须引起高度重视。所有垂直运输设备都要严格按有关规定操作使用。

三、垂直运输有关规定

1. 建筑物垂直运输

（1）建筑物檐高是指室外设计地坪至屋面板顶的高度，突出主体建筑屋顶的电梯间、水箱间等不计入檐高高度之内。

（2）建筑物垂直运输工作内容，包括单位工程在合理工期内完成全部工程项目（包括高级装饰）所需的垂直运输机械台班，不包括机械的场外往返运输、一次安拆及路基铺垫和轨道铺拆等的费用。

（3）同一建筑物结构不同、用途不同、高度不同，应分别计算。结构与用途不同、以建筑面积较大的为准。

（4）厂房是按Ⅰ类厂房为准编制的，Ⅱ类厂房定额乘以1.14系数。厂房分类如下表（表10-4-1）。

厂房分类表　　　　　　　　　表10-4-1

Ⅰ 类	Ⅱ 类
机加工、机修、五金缝纫、一般纺织（粗纺、制条、洗毛等）及无特殊要求的车间	厂房内设备基础及工艺要求较复杂、建筑设备或建筑标准较高的车间 如铸造、锻压、电镀、酸碱、电子、仪表、手表、电视、医药、食品等车间

（5）建筑标准较高的车间，指车间有吊顶或油漆的顶棚、内墙面贴墙纸（布）

或油漆墙面、水磨石地面等三项，其中一项所占建筑面积达到全车间建筑面积50%及以上者，即为建筑标准较高的车间。

（6）地下室工程的垂直运输按建筑面积（不计层数），并入上层工程量内计算。

（7）在一个工程中同时使用塔式起重机和卷扬机时，按塔式起重机计算。

（8）预制钢筋混凝土柱、钢屋架的单层厂房按预制排架定额计算。

（9）服务用房系指城镇、街道、居民区具有较小规模综合服务功能的设施。其建筑面积不超过 $1000m^2$，层数不超过三层的建筑，如副食、百货、饮食店等。

（10）檐高 3.6m 以内的单层建筑，不计算垂直运输机械台班。

（11）垂直运输定额项目划分是以建筑物檐高及层数两个指标同时界定的，凡檐高达到上限而层数未达到时，以檐高为准；如层数达到上限而檐高未达到时，以层数为准。

2. 构筑物垂直运输

（1）构筑物的高度，从设计室外地坪至构筑物的顶面高度为准。

（2）贮水油池池壁高度 4.5m 以内时不计算垂直运输机械台班。

四、垂直运输工程量计算规则

1. 建筑物垂直运输工程量

建筑物垂直运输机械台班用量，区分不同建筑物的结构类型、用途及高度按建筑面积以平方米计（m^2）算。建筑面积按建筑面积计算规范计算。

2. 构筑物垂直运输工程量

构筑物垂直运输机械台班以座计算。超过规定高度时再按每增高 1m 定额项目计算，其高度不足 1m 时，亦按 1m 计算。

3. 贮水油池垂直

贮水油池垂直运输机械台班，按图示尺寸以立方米（m^3）计算。

【实训练习】

实训项目：计算垂直运输工程量。

资料内容：利用教学用施工图纸和预算定额，进行垂直运输工程量计算，填写工程量计算表和工程预算表。

【复习思考题】

1. 同一建筑物结构不同、用途不同、高度不同时，垂直运输工程量如何计算？

2. 垂直运输定额项目划分是以建筑物檐高及层数两个指标同时界定的，当二者不一致时，如何处理？

3. 什么是服务用房？

任务五 建筑物超高计量

【引入问题】

1. 建筑物的高度如何确定?
2. 计算建筑物超高的条件有哪些?

【工作任务】

掌握建筑物超高的条件,合理确定建筑物高度。能熟练的进行建筑物超高工程量计算。

【学习参考资料】

1. 《建筑工程概预算》黑龙江科技出版社,王春宁主编.2000.
2. 《建筑工程预算》中国建筑工业出版社,袁建新、迟晓明编著.2007.

【主要学习内容】

一、建筑物超高的有关规定

1. 计算建筑物超高的条件

除脚手架工程、建筑工程垂直运输在定额中已注明其适用高度外,其他项目定额均按建筑物檐口高度20m以下编制的。若檐口高度超过20m(层数6层)时,应计算建筑物超高增加的人工、机械费,檐口高度和层数两个指标必须都达到方可计算超高。

2. 建筑物檐高的确定

檐高是指设计室外地坪至檐口的高度。突出主体建筑屋顶的楼梯间、电梯间、水箱间等不计入檐高之内,但可以计算建筑面积。

建筑物檐高的起点以设计室外地坪为准,上部顶点按下列情况确定:

(1) 建筑物有挑檐、无女儿墙时,算至挑檐板顶面标高;
(2) 建筑物有女儿墙时,算至屋面檐口顶标高(水落管出口底皮)。

3. 同一建筑物高度不同的处理

对于同一建筑物但高度不同时,按不同高度的建筑面积,分别按相应项目计算。

4. 建筑物超高定额包括的内容

建筑物超高人工、机械降效,主要包括工人上下班降低工效、上楼工作前休息及自然休息增加的时间;垂直运输影响的时间;由于人工降效引起的机械降效等。

建筑物超高加压水泵台班考虑了由于水压不足所发生的加压用水泵台班等操作过程。

构筑物不计算超高降效,已包括在工程项目中。

5. 降效系数

各种降效系数均包括了建筑物基础以上的全部工程内容,但不包括垂直运输、各类构件的水平运输及各项脚手架。

人工降效按规定内容中的全部人工费乘以定额系数计算。

吊装机械降效按工程吊装项目中全部机械费乘以定额系数计算。

其他机械降效，按规定内容的全部机械费（不包括吊装机械、水平运输机械）乘以定额系数计算。

6. 建筑物超高没有考虑的因素

在建筑物超高定额中未考虑的因素有：超高安全措施（在脚手架定额中考虑）；劳保用品（已包括在人工费中）；卫生设备、垃圾清理（在费用定额的相应费用中考虑）；塔式起重机防雷（机械本身带有避雷装置）；施工用电变压等（应列在"三通一平"费用中）。

二、建筑物超高的工程量计算

1. 增加人工、机械

建筑物超高人工、机械降效，按超高部分的建筑面积计算工程量。

2. 增加水泵台班

建筑物超高施工用水加压增加的水泵台班，按超高部分的建筑面积计算工程量。

【实训练习】

实训项目：计算建筑物超高的工程量。

资料内容：利用教学用施工图纸和预算定额，进行建筑物超高工程量计算，填写工程量计算表和工程预算表。

【复习思考题】

1. 计算建筑物超高的条件如何确定？
2. 同一建筑物高度不同时如何处理？
3. 建筑物超高定额包括哪些内容？

任务六　大型机械场外运输及基础轨道安装与铺拆计量

【引入问题】

1. 施工中大型施工机械有哪些？
2. 大型机械运输、安拆工程量如何计算？

【工作任务】

掌握施工中大型施工机械场外运输及基础轨道安拆工程量计算方法。

【学习参考资料】

1.《建筑工程概预算》黑龙江科技出版社，王春宁主编．2000．

2.《建筑工程预算》中国建筑工业出版社，袁建新、迟晓明编著．2007．

【主要学习内容】

一、塔吊及设备基础

1. 塔吊、现场自动化搅拌站、载人客货两用电梯基础

塔吊、现场自动化搅拌站、30m 以上的载人客货两用电梯，按设备说明书及塔吊基础施工方案，计算设备基础及固定螺栓（一次摊销）。

如需打桩时，其打桩费和桩本身的价值按定额的相应项目另行计算。

2. 组合塔吊基础

组合塔吊基础按实际发生计算。

二、特、大型机械场外运输及安装拆卸

1. 特、大机械安拆的有关规定

（1）特、大机械的安拆费中已包括了机械安装完毕后的试运转费用。

（2）特、大机械场外运输费用中已包括机械回程费用，机械进出场的运距在 25km 以内。

（3）檐口（屋面板上皮）高度超过 100m 时，以安拆费为基数，每增加 10m 增加按拆费的 20%，不足 10m 按 10m 计算。

（4）塔吊、现场自动化搅拌站、载人客货两用电梯设备基础需要拆出时按 m^3 计算，套相应的定额项目。拆出物外运不另行计算。

（5）拖式铲运机的场外运输费按相应规格的履带式推土机乘以 1.1 系数。

（6）各类钻孔机、打孔机的一次安拆费均按柴油打桩机项目计算。场外运输费均按工程钻机项目计算。

2. 特、大机械安拆的计算方法

（1）塔式起重机——按起重量以台次计算。

（2）施工电梯——按高度以台次计算。

（3）其他各项机械——按不同要求以台次计算。

【实训练习】

实训项目：计算大型机械场外运输及基础轨道安装与铺拆工程量。

资料内容：利用教学用施工图纸和预算定额，计算大型机械场外运输及基础轨道安装与铺拆工程量、并计算其费用，填写工程量计算表和工程预算表。

【复习思考题】

1. 特、大机械包括哪些？

2. 塔吊、现场自动化搅拌站、30m 以上的载人客货两用电梯的基础工程量如何计算？

参 考 文 献

[1] 王春宁主编. 建筑工程概预算. 哈尔滨：黑龙江科技出版社，2000.
[2] 汪照喜主编. 建筑工程概预算 北京：电子工业出版社，2007.
[3] 袁建新，迟晓明编著. 建筑工程预算 北京：中国建筑工业出版社，2007.
[4] 李传让编著. 房屋建筑工程量速算方法实例详解 北京：中国建材工业出版社，2006.
[5] 姚谨英主编. 建筑施工技术(第三版). 北京：中国建筑工业出版社，2006.
[6] 龚仕杰主编. 混凝土工程施工技术. 北京：中国环境科学出版社，2004.
[7] 建设部人事教育司组织编写. 防水工. 北京：中国建筑工业出版社，2002.
[8] 建筑施工手册编写组编写. 建筑施工手册(第三版). 北京：中国建筑工业出版社，2003.
[9] 高远，张艳芳编者. 建筑识图与构造. 北京：中国建筑工业出版社，2008.
[10] 宋岩丽编. 建筑与装饰材料. 北京：中国建筑工业出版社，2007.
[11] 赵研编. 建筑构造与识图. 北京：中国建筑工业出版社，2008.
[12] 魏明编. 建筑构造与识图. 北京：机械工业出版社，2008.
[13] 李燕，任淑霞编. 建筑装饰材料. 北京：科学出版社，2006.
[14] 张粉琴，赵志曼编. 建筑装饰材料. 重庆：重庆大学出版社，2007.
[15] 高军林编. 建筑装饰材料. 北京：北京大学出版社，2009.